面向新工科普通高等教育系列教材

计 算 机 网 络

第2版

陈　虹　陈万志　主　编

李婕娜　肖振久　副主编

徐娇月　李建东　参　编

机 械 工 业 出 版 社

本书按照计算机网络体系结构组织知识点，系统地介绍了计算机网络体系结构各层次的结构、原理及相关协议，以及无线网络、网络管理和网络安全等基础知识。全书由 9 章组成，主要内容包括计算机网络的基本概念、网络体系结构；数据通信基础与物理层、数据链路层、网络层、传输层、应用层的基本概念、基本原理及各层协议的功能和组成等；网络互连设备、路由选择协议；无线网络的基本知识；网络管理的基本概念；网络安全的基本概念，密码技术、网络安全技术和安全协议等基本知识。为帮助读者充分了解和掌握每一章节的基础理论知识，每章附有思维导图及思考与练习。本书概念清晰、系统性强、重点突出、图文并茂。

本书既可作为高等院校计算机网络相关课程的教材，也可供从事计算机网络研究和应用的工程技术人员参考。

本书配有授课电子课件，需要的教师可登录 www.cmpedu.com 免费注册，审核通过后下载，或联系编辑索取（微信：13146070618，电话：010-88379739）。

图书在版编目（CIP）数据

计算机网络 / 陈虹，陈万志主编. —2 版. —北京：机械工业出版社，2023.6（2025.1 重印）

面向新工科普通高等教育系列教材

ISBN 978-7-111-73196-2

Ⅰ. ①计… Ⅱ. ①陈… ②陈… Ⅲ. ①计算机网络-高等学校-教材 Ⅳ. ①TP393

中国国家版本馆 CIP 数据核字（2023）第 088809 号

机械工业出版社（北京市百万庄大街 22 号　邮政编码　100037）

策划编辑：郝建伟　　　　责任编辑：郝建伟　侯　颖

责任校对：张昕妍　张　薇　　责任印制：邓　博

北京盛通数码印刷有限公司印刷

2025 年 1 月第 2 版第 3 次印刷

184mm×260mm · 17.75 印张 · 482 千字

标准书号：ISBN 978-7-111-73196-2

定价：69.90 元

电话服务　　　　　　　　网络服务

客服电话：010-88361066　　机　工　官　网：www.cmpbook.com

010-88379833　　机　工　官　博：weibo.com/cmp1952

010-68326294　　金　　书　　网：www.golden-book.com

机工教育服务网：www.cmpedu.com

第 2 版前言

第 2 版仍然遵循了第 1 版的编写思路，依据计算机网络课程教育和学习的规律，采取循序渐进的方式介绍相关知识。按照计算机网络体系结构，以自底向上的方式组织知识体系，同时介绍了网络互连、网络管理、网络安全、无线网络技术等相关知识。

第 2 版修正了第 1 版中的一些错误，根据计算机网络的发展情况和一些读者的建议，扩充了部分内容，并对部分章节内容进行了适当整合和增减。如每章增加了延伸阅读、思维导图，对数据通信基础与物理层内容进行了整合，补充了广域网和局域网部分内容，删除了 RS-232 和 SNMP 等内容。

全书共 9 章，具体内容安排如下。

第 1 章计算机网络概述。主要包括计算机网络的基本概念、计算机网络的分类和计算机网络的体系结构等内容。

第 2 章数据通信基础与物理层。主要包括数据通信的基本概念、数据通信的主要性能指标，数据编码与调制技术，传输介质，物理层的定义、功能、接口特性及 IEEE 802 物理层标准等内容。

第 3 章数据链路层。主要包括数据链路层的定义和主要功能、数据链路层差错控制机制和差错控制编码、介质访问控制方式、局域网、广域网、HDLC 协议和 PPP 等内容。

第 4 章网络层。主要包括网络层的功能，IP 地址的组成及分类，标准子网划分及 CIDR 子网规划，网络层主要协议 ARP、IP、ICMP、IGMP 的报文格式和工作原理，虚拟专用网（VPN）和地址转换技术（NAT）等内容。

第 5 章网络互连。主要包括网络互连设备、网络互连原理、距离矢量路由选择算法（DV 算法）、链路状态路由选择算法（Dijkstra 算法）、路由信息协议（RIP）、开放最短路径优先（OSPF）协议和边界网关协议（BGP）等内容。

第 6 章传输层。主要包括传输层的基本概念，UDP 的报文格式及工作原理，以及 TCP 的报文格式、连接管理、差错控制机制、流量控制机制、拥塞控制机制等内容。

第 7 章应用层。主要包括应用层的体系结构，应用层主要协议 DNS、Telnet、FTP、SMTP 和 POP3、HTTP、DHCP 的基本概念、报文格式、工作原理等内容。

第 8 章无线网络。主要包括无线传输技术，无线局域网体系结构、协议体系、IEEE 802.11 系列标准，蓝牙拓扑结构及其协议体系，ZigBee 拓扑结构及其协议架构，移动 IP 网络的基本概念和工作原理，移动 Ad Hoc 网络的结构等内容。

第 9 章网络管理与网络安全。主要包括网络管理的基本概念、主要功能，网络安全的基本概念，网络安全威胁、网络攻击、防火墙、入侵检测、密码学的基本概念，以及安全协议等内容。

本书由辽宁工程技术大学软件学院多年从事计算机网络教学工作的一线教师编写。其中，陈虹编写第 1、4、9 章，徐娇月编写第 2 章，陈万志编写第 3、8 章，李婕娜编写第 5 章，肖振久编写第 6 章，李建东编写第 7 章。全书由陈虹负责统稿。

本书既可以作为高等院校计算机网络相关课程的教材，也可作为计算机网络工程技术人员的参考书。

本书配有电子课件、基本网络实验指导、习题解答、知识点讲授视频等资源。本书获辽宁工程技术大学优秀教材出版资助，感谢学校的支持。

由于编者水平有限，书中难免有不妥和疏漏之处，恳请读者赐教指正。

编　者

第1版前言

计算机网络是计算机技术与通信技术紧密结合的产物，涉及通信、计算机等领域。随着社会进步和科技的发展，尤其是计算机的普及和 Internet 的高度渗透，各行各业、各领域乃至家庭无处不在使用计算机网络。计算机网络在当今社会发展中起着非常重要的作用，对人类社会的进步做出了巨大贡献。从某种意义上讲，计算机网络的发展水平不仅反映了一个国家的计算机科学和通信技术水平，而且已经成为衡量其国力及现代化程度的重要标志之一。

本书作为计算机学科的基础教材，在编写过程中力求做到遵循计算机网络课程教育和学习的规律，采取循序渐进的方式介绍相关知识。按照计算机网络体系结构，以自底向上的方式组织知识体系，同时介绍了网络互连、网络管理、网络安全、无线网络技术等相关知识。

全书共 11 章，具体内容安排如下。

第 1 章介绍计算机网络的基本概念，主要包括计算机网络的定义、计算机网络的分类、计算机网络的体系结构和计算机网络的应用等内容。

第 2 章介绍数据通信基础知识，主要包括数据通信基本概念及原理、数据通信模型、数据通信的主要性能指标、数据编码技术、多路复用技术、传输介质等内容。

第 3 章介绍计算机网络体系结构的最低层——物理层，包括物理层的定义、物理层提供的主要服务、物理层需要解决的主要问题、物理层接口的特性、物理层的两个主要标准 EIA-RS-232 和 IEEE 802.3 协议等内容。

第 4 章介绍数据链路层的基础知识，主要包括数据链路层的定义、主要功能、数据链路层传输产生差错的原因、差错控制机制和差错控制编码等，共享式和轮询式介质访问控制方式，高级数据链路控制规程（HDLC）的工作原理和帧格式，点对点协议（PPP）的帧格式、工作原理及 PPP 认证等内容。

第 5 章介绍网络层的相关知识，主要包括网络层的功能、IP 地址的组成及分类、子网划分及超网、ARP 报文格式及工作原理、IP 的基本功能和报文格式、ICMP 与 IGMP 的作用、特点、报文格式和报文分类、虚拟专用网（VPN）和地址转换技术（NAT）等内容。

第 6 章介绍传输层的相关知识，主要包括传输层的基本概念和功能、UDP 的报文格式及工作原理、TCP 的报文格式、连接管理、差错控制机制、流量控制机制、拥塞控制机制等内容。

第 7 章介绍应用层的相关知识，主要包括应用层的体系结构、域名系统（DNS）的定义、域名解析过程、DNS 报文格式、Telnet 协议的基本概念和工作原理、FTP 的基本概念和工作原理、SMTP 和 POP3 的工作原理、WWW 服务、HTML 和 HTTP、DHCP 的基本概念、报文类型、报文格式、工作原理等内容。

第 8 章介绍计算机网络互连的相关知识，主要包括网络互连设备、网络互连原理、距离矢量路由选择算法、链路状态路由选择算法、路由选择信息协议（RIP）、开放最短路径优先（OSPF）协议和边界网关协议（BGP）等内容。

第 9 章介绍无线网络的基础知识，主要包括无线传输技术、无线局域网体系结构、协议体系、IEEE 802.11 系列标准、蓝牙拓扑结构及其协议体系、ZigBee 拓扑结构及其协议架构、移动

IP 网络的基本概念和工作原理、移动 Ad Hoc 网络的结构等内容。

第 10 章介绍网络管理与网络安全的基础知识，主要包括网络管理的基本概念、主要功能以及简单网络管理协议 SNMP，网络安全的基本概念、网络安全威胁、网络攻击、防火墙、入侵检测、密码学基本概念和安全协议等内容。

第 11 章介绍 IPv6 协议基础知识，主要包括 IPv6 协议概述、IPv6 地址结构、IPv6 协议数据报结构和 IPv6 邻居发现协议等内容。

本书由辽宁工程技术大学软件学院多年从事计算机网络教学工作的一线教师编写，其中陈虹编写第 2、3、4 章，陈虹和江烨（北京维斯万博科技有限公司）共同编写第 9 章，肖成龙编写第 5、8 章，郭鹏飞编写第 1、10、11 章，肖振久编写第 6、7 章，全书由陈虹负责统稿。徐娇月、大同大学周东华参与了本书部分内容的编写，感谢聂紫阳、金秋、郭冰莹、万广雪、陈建虎、肖越、赵悦等研究生为本书的编写、校对提供的大力帮助。

本书可以作为高等院校计算机、软件工程、网络工程、电子信息类及相关专业配套的计算机网络课程教材，也可作为从事计算机网络的工程技术人员的参考书。本书在编写过程中得到了机械工业出版社、辽宁工程技术大学的大力支持与帮助。在本书出版之际，谨向上述单位表示衷心的感谢。

由于编者水平有限，书中难免有不妥和疏漏之处，恳请读者赐教指正。

编　者

目录

第 1 章 计算机网络概述

本章导读（思维导图）

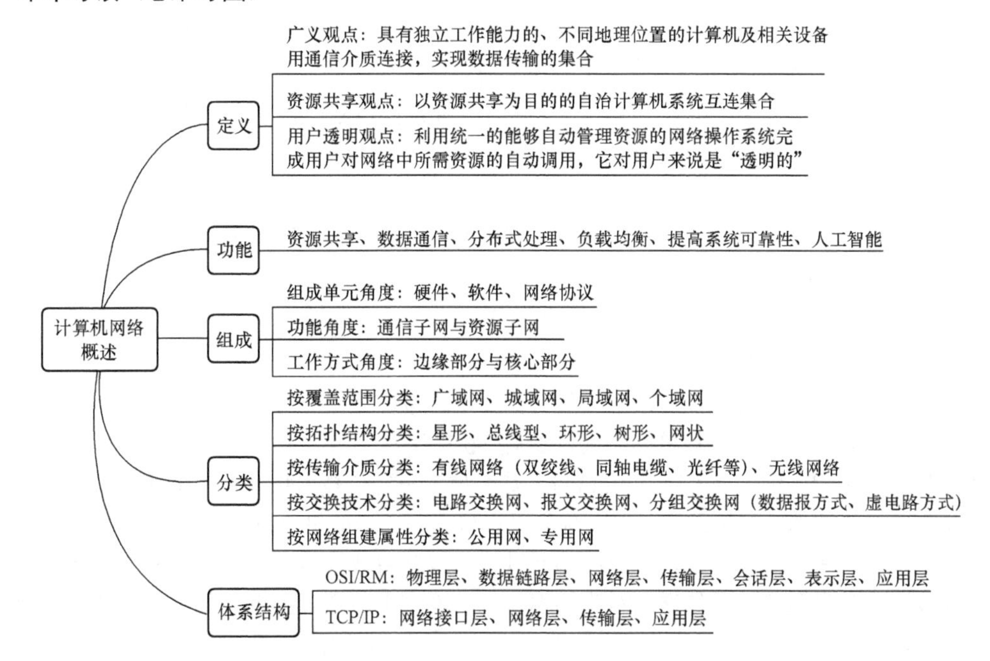

自 20 世纪 50 年代产生计算机网络开始，到 70 年代出现第一个远程计算机网络，到 80 年代的局域网，再到 90 年代的 Internet（国际互联网）……计算机网络得到了迅猛发展。现在，Internet 已经将地球缩小为一个“村”——地球村，随着计算机网络规模和功能不断扩大和增强，网络应用已遍布社会各个领域。从某种意义上讲，计算机网络的发展水平不仅反映了一个国家计算机科学与通信技术的水平，同时也是衡量其国力及现代化程度的重要标志之一。计算机网络是信息社会广泛应用的一门综合性学科，涉及的内容比较广泛。本章主要介绍计算机网络的发展、定义及特点，计算机网络的分类、网络体系结构等计算机网络的基础知识。

1.1 计算机网络的基本概念

计算机网络发展至今已无处不在，尤其是互联网，它可以为人们提供交友、娱乐、购物、教育、文化及商业等各种服务，给人们生活带来了极大便利，全面影响了人类社会的进步与发展。

1.1.1　计算机网络的发展

通信技术和计算机技术的结合与发展，满足了人们对信息快速获取、处理以及传播的需求，产生了计算机网络。

1．通信技术的发展

通信技术的发展经历了一个漫长的过程。1835 年，莫尔斯发明了电报；1876 年，贝尔发明了电话；随着德国物理学家海因里希·鲁道夫·赫兹（Heinrich Rudolf Hertz）在 1888 年发现了电磁波后，无线电技术得到了发展，从此开辟了近代通信技术发展的历史；20 世纪 50 年代，随着通信理论的建立，逐步实现了电话系统、通信卫星及彩色电视的普及。

2．计算机技术的发展

计算机的发展可以追溯到 1642 年法国哲学家和数学家帕斯卡（Blaise Pascal）发明的世界上第一台加减法计算机。其后，1833 年，英国科学家巴贝奇（Charles Babbage）提出了制造自动化计算机的设想，他所设计的分析机，引入了程序控制的概念。尽管由于当时技术和工艺的局限性，机器未能制造完成，但其设计思想奠定了现代计算机雏形。1925 年，美国麻省理工学院由布什（Vannever Bush）领导的一个小组制造了第一台机械模拟式计算机；1942年，制成了采用继电器、速度更快的模拟式计算机。1944 年，艾肯（Howard Aiken）在美国国际商用机器公司（IBM）的赞助下领导研制成功了世界上第一台数字式自动计算机——Mark I，实现了当年巴贝奇的设想。而真正意义上的电子计算机是 1946 年 2 月 15 日在美国宾夕法尼亚大学研制成功的 ENIAC，它是世界上第一台电子数字计算机。ENIAC 在计算机发展史上具有划时代的意义，标志电子计算机时代到来。ENIAC 诞生后，数学家冯·诺依曼提出了重大的改进理论，这不仅奠定了今天的冯·诺依曼机的基础，也使计算机技术得到了飞速发展。

3．计算机网络的发展

计算机网络的发展，由初期到成熟一般分为 4 个阶段。

（1）主机带终端形式的计算机网络（20 世纪 50 年代）

20 世纪 50 年代初期，人们首次尝试将计算机技术与通信技术相结合，形成了第一代以主机为中心携带多个终端的计算机网络体系，称为以主机为中心的联机系统，如图 1-1 所示。该系统以一台计算机作为系统处理中心，多台终端通过通信线路将数据传送到中央主机上进行处理，再利用通信线路将处理后的信息传送到对应终端。在该系统中，中央主机负载大，终端只负责数据的输入和输出。

（2）基于通信网的计算机网络（20 世纪 60 年代中期—70 年代中期）

随着计算机技术与通信技术的不断进步，计算机网络结构发生了改变，出现了分组交换技术。利用分组交换机制组建的网络称为基于通信网的计算机网络，如图 1-2 所示。其中，分组交换网由若干交换机与链路组成，交换机实现数据传输，主机用于处理信息。分组交换采用存储转发技术及动态分配传输带宽。

（3）标准化的计算机网络（20 世纪 70 年代中期—90 年代初期）

随着计算机网络发展日趋成熟，各计算机厂商为了自家计算机产品得到更好推广，纷纷基于自家产品制定了一系列网络技术标准。如 1974 年，IBM 公司制定了系统网络体系结构（Systems Network Architecture，SNA）标准，DEC 公司发布了数字网络体系结构（Digital Network Architecture，DNA）等。不同的计算机厂商制定的网络体系结构标准只适用于自家计算机设备连成网络，各厂商产品之间却无法互连。为了解决这一问题，国际标准化组织（International

Organization for Standardization，ISO）于 1978 年提出了“异种机联网标准”的框架结构，即开放系统互连参考模型（Open System Interconnection Reference Model，OSI/RM），简称 OSI 参考模型。所有联网计算机只要使用 OSI 参考模型，则可与同样采用该参考模型的任何计算机进行通信，从此计算机网络体系结构实现了标准化。

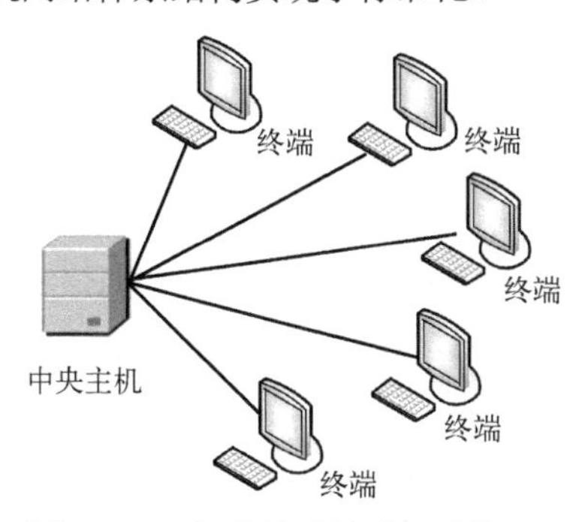

图 1-1　主机带终端的联机系统

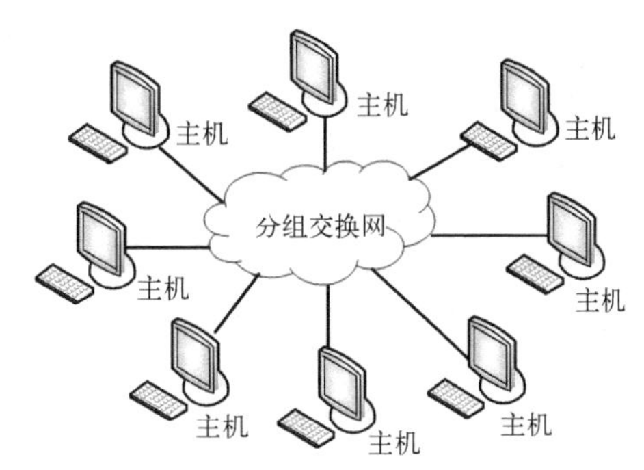

图 1-2　分组交换网为中心的计算机网络

20 世纪 80 年代，随着微型计算机的发展，企业内微型计算机与智能设备的互连也得到了发展，由此带动了局域网技术的发展与普及。1980 年，IEEE 802 委员会制定了局域网标准，促进了局域网趋向成熟。

（4）以 Internet 为代表的计算机互联网络（20 世纪 90 年代起）

20 世纪 90 年代起，以 Internet 为代表的计算机网络得到了快速发展，它在科学、军事、经济、文化和社会发展的各个领域都占据了重要地位。Internet 中的信息来源于各行各业，如医疗、交通、文化教育、商业、金融行业、政府等。网络安全技术为整个网络的安全提供保障。同时，Internet 逐渐渗透到人们的日常生活中，人们利用 Internet 可以进行聊天、收/发电子邮件、学习、搜索资源等。随着 Internet 的广泛应用和高速网络的发展，移动网络、网络多媒体计算、网络并行计算、存储区域网，以及物联网和云计算等成为网络领域新的研究热点和话题。互联网结构示意图如图 1-3 所示。

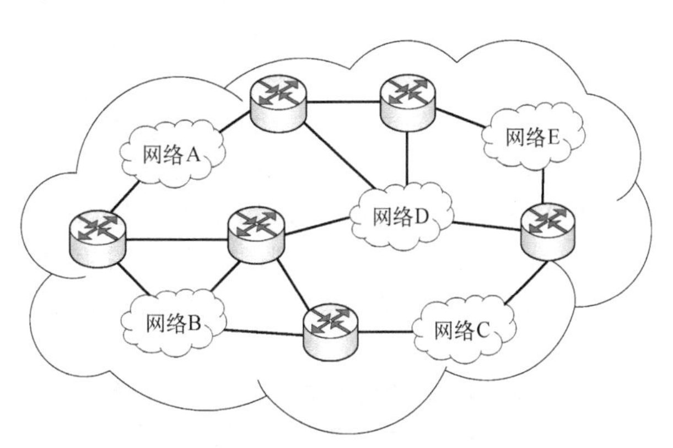

图 1-3　互联网结构示意图

1.1.2　计算机网络的定义与功能

1. 计算机网络的定义

计算机网络在不同发展阶段有着不同的定义。目前，计算机网络的定义可分为广义观点、资源共享观点，以及用户透明观点。

（1）广义观点

广义观点认为，计算机网络是用通信介质将不同地理位置的具有独立工作能力的计算机、智能设备及相应通信设备连接起来的集合，在网络协议控制下实现数据传输。

（2）资源共享观点

资源共享观点认为，计算机网络是将以资源共享为目的的自治计算机系统互连在一起的集合。资源共享观点是现阶段对计算机网络定义较为准确的描述。

资源共享观点阐述的计算机网络的主要特征可概括为以下几点。

- 计算机网络建立的目的是实现资源共享。共享资源包括网络中的硬件、软件和数据资源。
- 计算机网络是由分布在不同地理位置、自治的计算机组成。网络中的计算机不一定具有主从关系，它们既可以独立工作，也可以协同工作。
- 计算机网络中的数据传输必须遵循统一的规则——网络协议。如果没有统一的网络协议进行约束和规范，网络无法实现有条不紊的数据交换。

（3）用户透明观点

用户透明观点认为，存在一种能为用户自动统一管理资源的网络操作系统，利用该操作系统可完成用户对所需资源的调用，它对用户来说是“透明的”。用户透明观点的实质是描述了一种分布式的计算机系统（简称分布式系统）。分布式系统一般建立在计算机网络系统的基础上，两者的物理结构基本相同，两者的不同之处在于：设计思想不同，工作方式和网络结构部署也不同。

📖 资源共享观点是现阶段对计算机网络较为准确的描述，协作计算是计算机网络未来的目标。

2. 计算机网络的功能

计算机网络的主要功能包括资源共享、数据通信、分布式处理、负载均衡、提高系统可靠性和人工智能等。

1）资源共享。资源共享是计算机网络的目的。在计算机网络中，用户可以共享网络中的各种硬件（如计算机、绘图仪、打印机、扫描仪等）、软件和数据等资源，实现了资源的无地域共享，用户之间可以分工协作，提高了系统资源利用率，减少了重复资源投资，节约了成本。

2）数据通信。数据通信是计算机网络最基本和最重要的功能。计算机网络消除了地域限制，联网计算机之间可以进行各种数据的传输。例如，分布于不同地理位置的公司各部门可以利用计算机网络进行统一调配、控制和管理，如可以进行文件传输、收/发邮件，远距离协同作业等。在日常生活中，人们可以利用计算机网络实现聊天、购物、教育、医疗、娱乐等。

3）分布式处理。对于大型任务或网络中某台计算机系统负荷过重时，可将任务分配给网络中比较空闲的计算机系统共同分担，既可降低软件设计的复杂性，也可提高整个系统的利用率，降低运行成本。

4）负载均衡。通过网络和应用程序的控制与管理，可将工作任务分配给网络中的各台计算机共同完成，实现均衡负载，从而提高每台计算机的利用率。

5）提高系统可靠性。网络中的各台计算机均可通过网络相互成为后备机。当某台计算机出现故障时，可由其他计算机替代，避免由于某台计算机发生故障而引起整个系统瘫痪，从而提高系统的可靠性。

6）人工智能。随着计算机技术和人工智能的发展，计算机网络也在朝着智能化方向发展。例如，网络智能化资源管理、数据挖掘、智能入侵检测、物联网等。

📖 人工智能使计算机网络智能化。它不是人的智能，却能像人那样思考，也可能超过人的智能。

1.1.3 计算机网络的组成

从不同的角度，可以将计算机网络的组成分为以下几类。

1. 从组成单元角度

计算机网络由硬件、软件和网络协议组成。硬件主要由主机（又称端系统）、通信线路（如双绞线、光纤、无线电波等）、通信设备（交换机、路由器等）和通信处理机（如网卡）等部分组成。软件主要包括实现资源共享的软件及相关的工具软件（如网络操作系统、邮件收/发软件、即时通信软件等）。网络协议是计算机网络的核心，规定了网络中传输数据所应遵循的规则。

2. 从功能角度

计算机网络由通信子网和资源子网组成，其结构示意图如图 1-4 所示。通信子网由通信设备、传输介质及相应的网络协议组成，它使计算机网络具有数据传输、交换、控制和存储的能力，实现了计算机网络的数据通信功能。资源子网是提供共享资源的设备及其软件的集合。

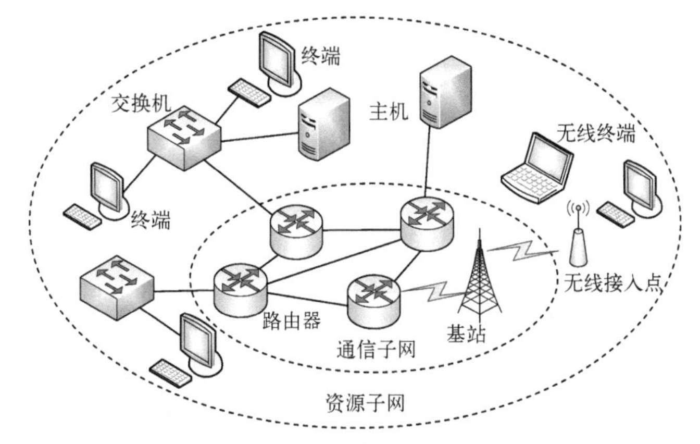

图 1-4　通信子网与资源子网结构示意图

3. 从工作方式角度

从工作方式角度，计算机网络（主要指 Internet）可分为边缘部分与核心部分。边缘部分由连接到 Internet 上、供用户直接使用的主机组成，实现数据通信和资源共享，类似资源子网。核心部分由大量的通信网络及连接这些通信网络的路由器组成，为边缘部分提供连通性和数据交换服务，类似通信子网。

扫码看视频

1.1.4　计算机网络的应用

计算机网络的应用已经渗透到社会各领域，日益改变着人们的工作、学习与生活方式，推动着社会与科技的发展。计算机网络最基本的功能数据通信与资源共享在日常生活中得到普遍应用，广泛应用于企业、商业、教育、医疗及休闲娱乐等领域。

1）在企业中的应用。计算机网络改变了企业的管理模式与经营模式。根据企业经营管理的地理分布状况，可以组建企业信息网络，使企业摆脱地理位置带来的不便，对广泛分布在各地的业务进行及时、统一的管理和控制，实现整个企业内部的信息资源共享，提高市场竞争力。

2）在商业领域的应用。计算机网络在商业领域得到了广泛、快速的应用。电子商务改变了人们传统的购物习惯。电子商务可以降低经营成本，简化交易流程，改善物流和现金流、商品流、信息流的环境与系统。

3）在教育领域的应用。计算机网络打破了传统教育的单一模式，通过网络共享教育资源，可以将优秀的教学资源传播出去，以帮助一些资源较匮乏、教育比较落后的地区和学校。网络教学、网上图书馆、远程教育等是计算机网络在教育领域应用的集中体现。

4）在医疗领域的应用。通过计算机网络，可使医院的医疗资源高度共享，既可减轻医务人员的劳动强度，也可优化患者诊疗流程及提高对患者的治疗速度。远程医疗可让病人在得到专家的远程会诊咨询服务的同时节约大量的时间与费用，从而改善医疗资源配置，降低成本。

5）在休闲娱乐领域的应用。计算机网络使人们的沟通、休闲娱乐更加便捷，网上交友、游戏、网上影院、网络电视等都给人们的生活带来了巨大影响。即时通信具有传统纸张信件无法比拟的优势与快捷；网络电视实现了按需观看、随看随停的便捷方式。

1.2 计算机网络的分类

计算机网络从不同角度有不同的分类方式，下面分别从覆盖范围、拓扑结构、传输介质、交换技术和网络组建属性几个角度对计算机网络进行分类。

1.2.1 按覆盖范围分类

按照网络覆盖范围，计算机网络可以分为广域网、城域网、局域网和个域网。

1．广域网（Wide Area Network，WAN）

广域网是规模最大的一种计算机网络，其网络覆盖范围可以从几十千米到几千千米，分布的地理范围非常广。例如，多个城市、多个国家，横跨几个洲，甚至全球范围，形成了远程网络。Internet 是典型的广域网，提供最大范围的公共服务。广域网的特点主要包括网络覆盖范围广、网络成本高、安全系数低，网络结构复杂、传输速率慢、误码率高等。

2．城域网（Metropolitan Area Network，MAN）

城域网的覆盖范围主要在十千米到几十千米之间，一般横跨一个城市或几个街区。城域网可以为一个或几个单位提供网络服务，一般用于提供公共服务。可以将多个局域网进行互连形成城域网，而且目前很多城域网采用的是以太网技术，因此很多时候可以将城域网归入到局域网中一同讨论。

3．局域网（Local Area Network，LAN）

局域网覆盖范围较小，通常为几十米到几千米的区域。主要是将有限地理范围内（如一个实验室、一幢大楼、一所校园）的计算机、终端及外部设备等组成网络。局域网按照采用的技术、应用范围和协议标准的不同可以分为共享局域网与交换局域网。局域网技术发展迅速，应用日益广泛，是目前计算机网络中最活跃的领域之一。局域网的特点主要包括网络具有私有性、分布范围小、组建简单、传输速度快、误码率低。局域网的种类随着网络技术的发展而不断变化。早期有 IBM 令牌网、光纤分布式数据接口（FDDI）网等，目前主要有以太网（Ethernet）和无线局域网（WLAN）等。

📖 局域网是计算机网络的研究热点。“地球村”是指将若干局域网通过广域通信网连接在一起的互连网络。

4．个域网（Personal Area Network，PAN）

个域网是目前覆盖范围最小的网络，通常为十米到几十米。指将个人电子设备（如平板计算机、智能手机、智能家居设备等）用无线技术连接起来的网络，也称为无线个人区域网（WPAN）。

1.2.2 按拓扑结构分类

计算机网络的拓扑结构描述了网络中的传输介质与网络节点之间的连接方式，即线路的几何结构。计算机网络拓扑结构可以分为星形、总线型、环形、树形以及网状 5 种网络拓扑结构。

1．星形网络

星形网络通常是指由一个中央节点及周围若干用户节点组成的网络。星形网络拓扑结构如图 1-5 所示。中央节点与周围用户节点直接通信，用户节点间的通信必须经由中央节点进行。中央节点通常是一台网络转接或交换设备，如交换机（Switch）或集线器（Hub）。星形网络的优点是数据传输效率高、可靠性高、可扩展性好；其缺点是安装布线成本高、网络的可靠性依赖于中央节点的可靠性。

2．总线型网络

总线型网络通常采用一条公共总线作为整个网络的传输介质，网络中的每台计算机通过相应的硬件接口连到总线上，数据沿着总线以广播的方式进行传输。总线型网络拓扑结构如图 1-6 所示。总线型网络的优点是建网容易、可靠性高、可扩展性好（增/减节点方便）、节省线路；其缺点是重负载时通信效率不高、总线是网络的瓶颈、网络故障难以诊断与隔离。

3．环形网络

环形网络是一个封闭的环形结构，网络中各节点均配有一个硬件入网接口，这些接口首尾相连，形成一条链路。链路中的数据传输采用单向（如顺时针或逆时针）逐点传输方式，数据传输为广播方式。环形网络拓扑结构如图 1-7 所示。环形网络的优点是传输距离远、线缆用量小，故障易定位、初始安装容易；其缺点是单环可靠性较差、管理费用较高、灵活性差，增/减节点困难。

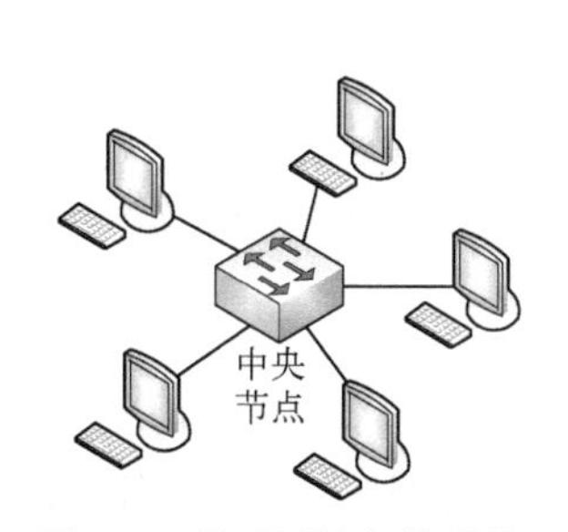

图 1-5　星形网络拓扑结构

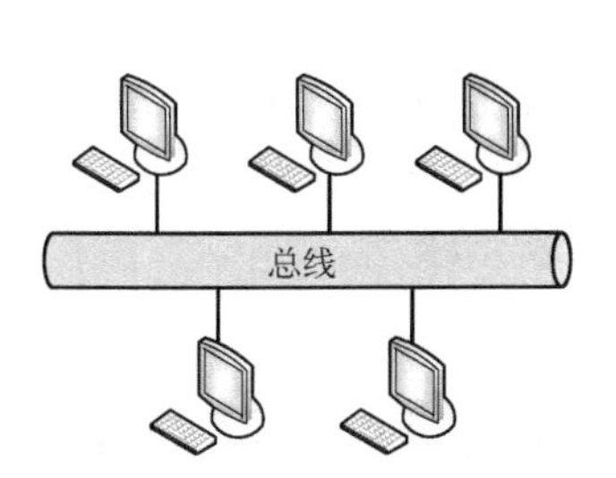

图 1-6　总线型网络拓扑结构

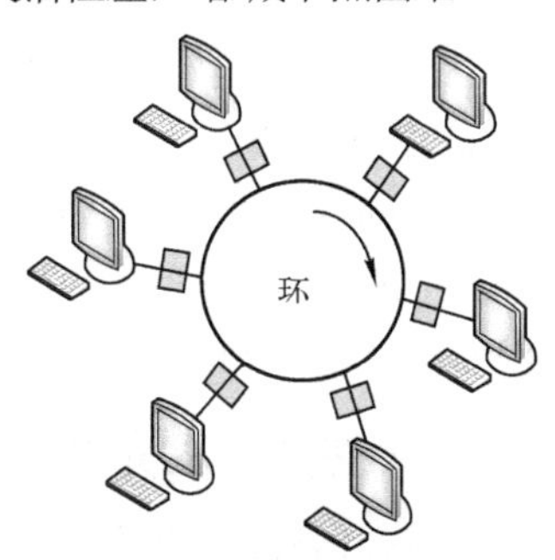

图 1-7　环形网络拓扑结构

4．树形网络

树形结构是一种层次结构，可以看作是一种多级连接的星形结构，但这种多级的星形结构从上而下以三角形结构分布，形状犹如一棵树。树形网络拓扑结构如图 1-8 所示。树的顶端通常称为根节点（网络的核心层），最底端称为叶子节点（网络的边缘层，一般为网络用户节点），中间称为树枝节点或中间节点（网络的汇聚层，完成数据的存储转发）。树形结构通常采用分级的集中控制方式，网络中的传输介质有多条分支，但是网络中不存在闭合回路，并且网络中的每条通信线路都必须支持双向传输。树形网络的优点是易于扩展、故障排查容易；其缺点是可靠性依赖于根节点。

5．网状网络

网状结构是指网络中任意两个节点之间均可直接相连，且任意两个节点之间可能存在多条路径，拓扑结构没有固定模式，数据在传输过程中可以选择适当的路由，绕过失效的路线或者是过忙的节点。网状拓扑结构通常用于广域网（如 Internet）中。网状网络拓扑结构如图 1-9 所示。网状网络的优点是可靠性高、不受瓶颈问题和失效问题影响；其缺点是结构复杂、网络构建成本高、网络协议较复杂。

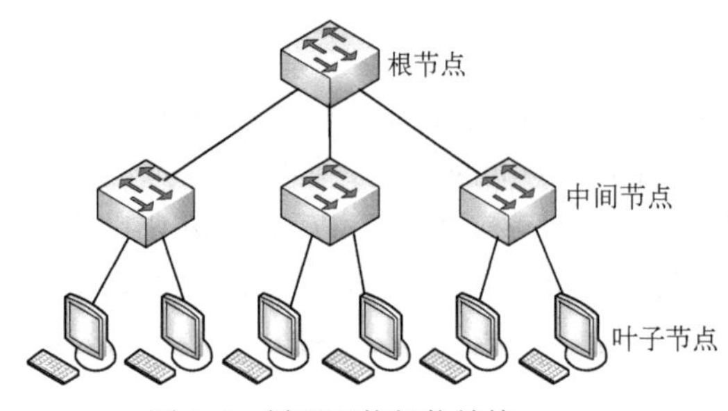

图 1-8　树形网络拓扑结构

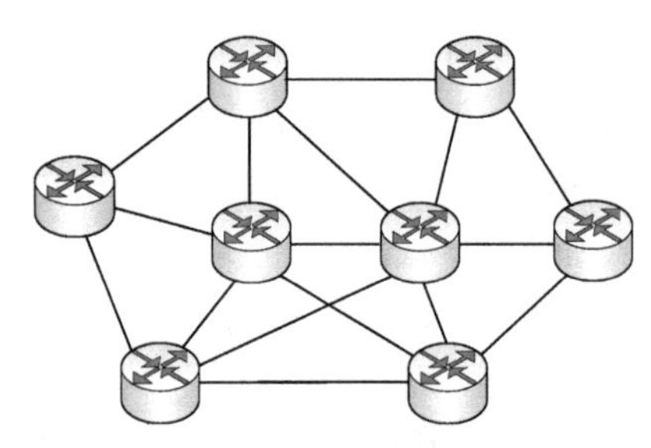
图 1-9　网状网络拓扑结构

📖 网络拓扑结构是描述网络结构的重要方法，将具体的网络结构抽象成点、线、面的几何结构，可以清晰、准确地描述网络的逻辑结构。

1.2.3　按传输介质分类

传输介质是指连接通信设备之间的物理连接媒介，可以将信号从一台设备传送到另一台设备。计算机网络按传输介质可以分为有线网络和无线网络两大类。

1．有线网络

有线网络是指网络的传输介质为双绞线、同轴电缆和光纤等实体媒介。双绞线和同轴电缆传输电信号，光纤传输光信号。

2．无线网络

无线网络是指不使用有线的物理连接，而是利用无线传输介质进行数据传输的网络。无线传输介质一般是指自由空间中的电磁波，数据被加载到电磁波上在空间中进行传输。电磁波根据电磁波谱可分为无线电波、微波、红外线、激光等。

1.2.4　按交换技术分类

根据数据在计算机网络内的传输交换方式的不同，计算机网络可分为电路交换网和存储转发交换网，其中后者又可分为报文交换和分组交换，分组交换有数据报和虚电路两种方式。

1．电路交换网

电路交换网又称为线路交换网，它基于电路（线路）交换技术。电路交换技术是通信网中最早出现的一种数据交换方式，其工作方式属于直接交换方式。通信过程可以分为电路建立、数据传输和电路拆除 3 个阶段。

1）电路建立阶段：两台计算机进行数据交换之前，一方呼叫另一方，建立一个真正的物理电路通路（建立电路连接）。

2）数据传输阶段：电路连接建立完成后，双方在该条电路上完成数据交换，通常为全双工传输。数据传输期间双方独占该条电路，因此，电路交换属于独占式数据交换。

3）电路拆除阶段：双方数据传输完毕，妥善释放连接的电路，释放占用的资源。

电路交换方式属于交互式通信，采用专用信道通信，实时性较强，数据传输迅速且可靠。但由于独占电路，因此电路利用率较低。此外，该方式不具备存储数据的能力、不能平衡通信量、不具备差错控制能力，并且无法发现与纠正传输过程中发生的差错。

2．报文交换网

报文交换网采用存储转发技术。存储转发技术不需要在两个通信节点之间建立专用线路，中间交换节点将收到的数据存储在缓冲区中，根据目的地址寻找下一个连接节点并将缓冲数据转发出去。

在报文交换网中，当源节点向目的节点发送数据时，首先将需要传送的所有数据封装成一个报文，然后一次性传送出去，不论报文长度如何。

报文交换的优点是采用存储转发方式，可以共享通信线路，线路的利用率高；其缺点是先存储后转发的方式会产生时延，尤其是长报文传输，所以该方式不适合实时通信。

3．分组交换网

分组交换又称为包交换，也是采用存储转发方式进行数据传输。报文交换方式存在的时延问题与报文长度有密切关系，因此在现代计算机网络中，源节点通常会将长报文分为若干数据块，称为分组。在分组交换网中，源节点发出的数据被分成若干个分组，以分组为单位在通信线路中进行传输，当所有分组均到达目的节点时，再将所有分组重组成原来的数据。分组交换技术较好地解决了报文交换中的时延问题。分组具有统一的格式和长度，便于在中间节点上存储和处理。分组交换方式又分为数据报和虚电路两种工作方式。

（1）数据报方式

在数据报方式中，分组传输前不需要预先在源节点与目的节点间建立连接，源节点发送的每个分组均可独立选择一条传输路径，每个分组在通信子网中可能通过不同的传输路径到达目的节点。

因为分组独立选择传输路径，所以可以提高线路利用率、实现均衡负载，但同一报文的各分组到达目的节点时可能出现乱序、重复与丢失现象。此外，由于各分组独立传输，因此各分组都必须带有目的地址与源地址，传输延迟较大。数据报方式适用于突发性通信，不适用于长报文、会话式通信。

（2）虚电路方式

虚电路方式是将数据报与电路交换相结合的数据传输方式。虚电路方式在分组发送前，发送方和接收方需要建立一条称为虚电路的逻辑连接（类似电路交换的电路建立）。虚电路方式的工作过程分为虚电路建立、数据传输与虚电路拆除 3 个阶段。

虚电路方式在传输之前源节点与目的节点间建立一条逻辑连接，本次通信的所有分组都通过该虚电路顺序传输，因此分组不必带目的地址、源地址等信息，分组到达目的节点时不会出现丢失、重复与乱序的现象，对分组只需要进行差错检测，不需要做路由选择。在通信子网中，每个节点可以与任何节点建立多条虚电路连接。

1.2.5　按网络组建属性分类

根据计算机网络的组建、经营和管理方式，特别是数据传输和交换系统的拥有性，可将计算机网络分为公用网（Public Network）和专用网（Private Network）。

公用网是指电信公司出资建造的大型网络，为所有愿意按电信公司的规定缴纳费用的公众（可以是企业、部门、个人等）提供服务的网络。

专用网是指为政府、企业、行业等部门提供的具有部门特点、特定服务应用功能的计算机网络。这种网络不向本单位以外的人员提供服务，其组网方式可以是利用公用网提供的虚拟网，如虚拟专用网（Virtual Private Network，VPN），或是自行架设通信线路。

扫码看视频

1.3　计算机网络的体系结构

计算机网络是一个复杂的、具有综合性技术的系统。通常将网络功能的精确定义和网络协议定义的集合称为网络体系结构（Architecture）。为了更好地描述计算机网络体系结构，降低协议设计的复杂性，同时便于对网络进行研究、实现和维护，网络设计者制定了层次型的网络体系结构。

1.3.1 计算机网络分层结构

计算机网络的分层结构一般是指将计算机网络所需的功能根据相互之间的依赖关系划分为多个层次，将相同的功能划分在同一层中，不同功能划分在不同层次。

计算机网络体系结构层次划分原则如下。

- 每层实现一种相对独立的功能，降低整个系统的复杂度。
- 各层之间的界面自然清晰、易于理解，相互交流尽可能少，降低层间耦合度。
- 各层功能的精确定义应独立于具体的实现方法，可以采用最合适的技术实现。
- 相邻层提供的服务具有一定的依赖关系，保持下层对上层的独立性，上层单向使用下层提供的服务。
- 不同系统的同等层（对等层）具有相同功能（服务）。
- 整个分层结构应能促进标准化工作。

计算机网络分层结构具有灵活性好等很多优点，主要表现如下。

- 各层功能相对独立。层次结构中各层相对独立，第 n 层通过接口使用第 n-1 层提供的服务以实现本层功能，并对第 n+1 层提供服务。第 n 层只需知道第 n-1 层提供的服务，不需知道第 n-1 层的具体实现方法。
- 简化体系结构设计难度。由于各层相对独立地实现某种功能，从而将一个庞大、复杂的大型问题拆解处理，简化了问题难度，易于实现和维护。
- 网络体系的灵活性更好。因为网络结构层次间相对独立，因此，当某一层功能发生变更时，只要上下接口不发生变化，即向上层提供的服务和向下层要求的服务不变，则在更改层之上或之下的层次都不会受到影响。层次间的灵活性保证了每层可以根据自己的需求进行不断改进，而不影响其他层的设计。

1.3.2 实体、网络协议、接口、服务的概念

1. 实体

在计算机网络分层体系结构中，各层的活动元素称为实体（Entity）。实体是实现网络功能的载体，可以是硬件或软件进程，通常是一个特定的软件模块。网络中不同系统的同一层称为对等层，对等层实体称为对等实体，对等实体通常实现相同功能（即提供相同服务）。对等实体通过对等层协议交互，上下相邻层实体通过接口交互。

2. 网络协议

计算机网络中为了有条不紊地交换数据而建立的规则、标准或约定的集合称为网络协议（Network Protocol），简称为协议。网络协议是节点之间数据交换的通信规则，是两个（或多个）对等实体进行通信的规则集合，是水平的，不对等实体之间不存在协议，只有遵循对等协议才能保证数据交换正确、顺畅。网络协议对数据传输的速率、数据代码、数据结构、数据控制步骤、出错控制等做出了一系列的标准和规范。

网络协议由语义、语法和同步三要素组成。

- 语义规定了所要完成的功能，即规定通信双方需要发出何种控制信息、完成何种动作及

做出何种应答等。

- 语法规定了传输数据的格式，即规定数据和控制信息的结构、编码及信号电平等。
- 同步（又称为时序）规定了执行各种操作的条件、时序关系等，即事件实现顺序的详细说明、双方速率匹配等。

一套完整的网络协议通常应具有链路管理（连接的建立、维护和释放）、差错控制、流量控制及数据转换等功能。

3. 接口

接口（Interface）是同一节点内相邻两层间交换数据的连接点，是一个系统内部的规定。每层只为紧邻的上、下层之间定义接口，不能跨层定义接口。在典型的接口中，相邻层实体通过服务访问点（Service Access Point，SAP）进行交互。第 n 层服务通过 SAP 提供给第 n+1 层使用，第 n 层的 SAP 就是第 n+1 层可以访问第 n 层服务的地方（逻辑接口）。每个 SAP 都有一个能够标识它的地址。

4. 服务

服务（Service）是指下层为相邻上层提供的功能，是垂直的。上层实体称为服务用户，下层实体称为服务提供者。上下相邻层实体交互时需要使用的命令称为服务原语。OSI（Open System Interconnection，开放系统互连）提供 4 类服务原语。

- 请求（Request）。由服务用户发送给服务提供者，请求完成某项工作。
- 指示（Indication）。由服务提供者发送给服务用户，指示用户做某件事情。
- 响应（Response）。由服务用户发送给服务提供者，作为对指示的应答。
- 证实（Confirmation）。由服务提供者发送给服务用户，作为对请求的应答。

4 类原语用于不同的功能，如建立连接、数据传输、释放连接等。有应答服务包括 4 类原语，无应答服务则只有请求和指示两类原语。

计算机网络提供的服务有以下 3 种分类方式。

- 面向连接服务与无连接服务。
- 可靠服务与不可靠服务。
- 有应答服务与无应答服务。

实体、协议、接口、服务之间的关系示意图如图 1-10 所示。

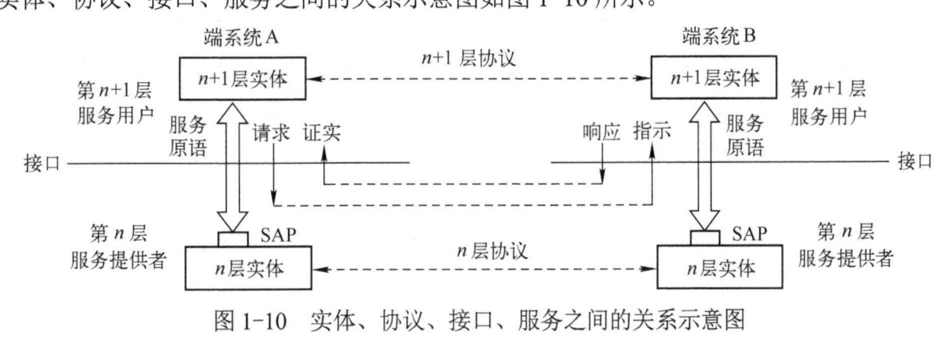

图 1-10　实体、协议、接口、服务之间的关系示意图

1.3.3　计算机网络分层参考模型

计算机网络体系结构又称为参考模型，它为计算机之间互连和互操作提供了相应的规范和标准。计算机网络分层参考模型目前流行的主要是开放系统互连参考模型（Open System Interconnection Reference Model，OSI/RM），简称 OSI 参考模型，以及 TCP/IP（Transmission

Control Protocol/Internet Protocol）参考模型。

1. OSI 参考模型

OSI 采用分层体系结构，将庞大而复杂的问题划分为若干个相对独立、容易处理的小问题。由于众多原因，OSI 是一个概念性框架，未定义相应协议的实现。OSI 精确定义了网络系统的层次结构、层次间的相互关系，以及各层所包括的可能功能及服务，以实现开放系统环境中的互连性、互操作性与应用的可移植性，协调与组织各层协议的制定，对网络内部结构进行准确概括与描述。OSI 采用三级抽象，即体系结构（Architecture）、服务定义（Service Definition）与协议规范（Protocol Specifications）。

OSI 模型将网络体系结构划分为 7 层，自底向上分别是物理层（Physical Layer）、数据链路层（Data Link Layer）、网络层（Network Layer）、传输层（Transport Layer）、会话层（Session Layer）、表示层（Presentation Layer）和应用层（Application Layer）。OSI 参考模型 7 层结构如图 1-11 所示。

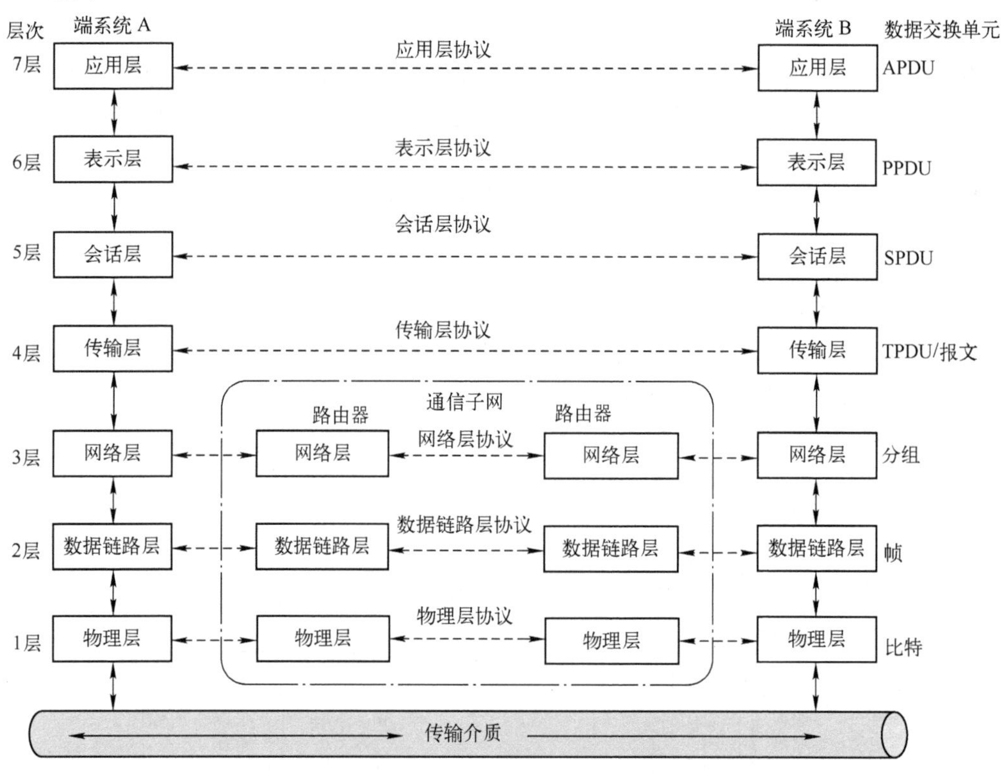

图 1-11 OSI 参考模型 7 层结构

- 第 1 层～第 3 层属于 OSI 参考模型的低层，负责创建网络通信连接的链路，通常称为通信子网。
- 第 4 层是高层与低层之间的连接层，起着承上启下的作用，是 OSI 参考模型中从低到高第一个端到端通信的层次。
- 第 5 层～第 7 层是 OSI 参考模型的高层，具体负责端到端的数据通信、加密/解密、会话控制等，通常称为资源子网。

OSI 参考模型各层的主要功能如下。

1）物理层。物理层的任务是在一条物理通信线路上传输原始比特（二进制的 1 或 0）。发送方发送 1（或 0）时，接收方应当接收到 1（或 0），而不是 0（或 1）。因此，物理层需要考虑的是使用什么样的电磁波信号来代表 1 或 0，以及接收方采用何种方式来识别发送方的比特位，从而实现比特流的透明传输，为数据链路层提供数据传输服务。物理层的传输单元为比特。

2）数据链路层。数据链路层的任务是在物理层提供的服务基础上，为实体间的通信建立真正的数据链路连接。发送方将数据拆分成数据帧，顺序地发送这些数据帧。接收方正确接收到发送过来的数据帧之后，向发送方发送一个确认帧，作为回复消息。数据链路层的传输单元为帧，并采用差错控制与流量控制方法，确保数据无差错传输。

3）网络层。网络层的任务是通过路由算法为分组选择最适合子网通信的路径，实现网络互连和拥塞控制。路由可以建立在静态表的基础上，也可以采用一种自动更新的方式，以避免网络中出现故障组件。路由可以处于高度动态中，这样针对每一个数据报都重新确定路径，反映当前网络的负载情况。网络层的传输单元是分组。

4）传输层。传输层的任务是向用户提供一种端到端的服务。传输层是通信体系中关键的一层，因为它实现了向高层屏蔽下层数据通信的全部细节。传输层接收上一层传来的数据，将数据分割成较小的单元，将这些数据单元传递给网络层。传输层自始至终将数据从源端带到目的端。也就是说，源端在传输层利用报文首部和控制信息与目的端的类似程序进行会话，其下面各层通过协议与同等层级进行通信，传输层并不需要知道其通信过程涉及多少路由，也不涉及源端与目的端。

5）会话层。会话层的任务是维护两个节点之间会话的建立、管理和终止。会话层允许在不同机器上建立用户会话。会话可以提供各种服务，包括对话控制、令牌管理以及同步功能。目前，会话层没有具体的协议。

6）表示层。表示层的任务是处理两个通信系统之间交换信息的表示方式。表示层关注的是信息的语法和语义。不同的数据结构必须以相同的一种抽象方式来定义，以实现这些计算机之间的通信。表示层正是用来定义和管理这些抽象的数据结构。它主要包括数据格式变换、数据加密和解密、数据压缩与恢复等功能。目前，表示层也没有具体的协议。

7）应用层。应用层是 OSI 参考模型的最高层，它是服务用户，是唯一直接为用户应用进程访问 OSI 环境提供手段和服务的层，应用层以下各层通过应用层间接地向应用进程提供服务。因此，应用层向应用进程提供的服务是所有层提供服务的总和。应用层需要识别并保证通信双方的可用性，保证应用程序之间的同步，建立传输错误纠正机制和保证数据完整性控制机制。应用层包含了用户通常需要的各种协议。

2. TCP/IP 模型

TCP/IP 的研究和应用先于 OSI，而且其协议实现在先，体系结构定义在后。TCP/IP 最早由斯坦福大学的两名研究人员于 1973 年提出。1983 年，TCP/IP 被 UNIX 4.2BSD 系统采用。随着 UNIX 的成功，TCP/IP 逐步成为 UNIX 系统的标准网络协议。Internet 的前身 ARPAnet 最初使用 NCP（Network Control Protocol），由于 TCP/IP 具有跨平台特性，ARPAnet 的实验人员在对 TCP/IP 改进后，规定连入 ARPAnet 的计算机都必须采用 TCP/IP。随着 ARPAnet 逐渐发展成为 Internet，TCP/IP 也就成为 Internet 的标准连接协议，因此，TCP/IP 成了事实上的国际工业标准。从 TCP/IP 发展历程来看，共出现了 6 个版本，后三个版本是版本 4、版本 5 与版本 6。目前，广泛使用的 TCP/IP 版本是 4，称之为 IPv4。

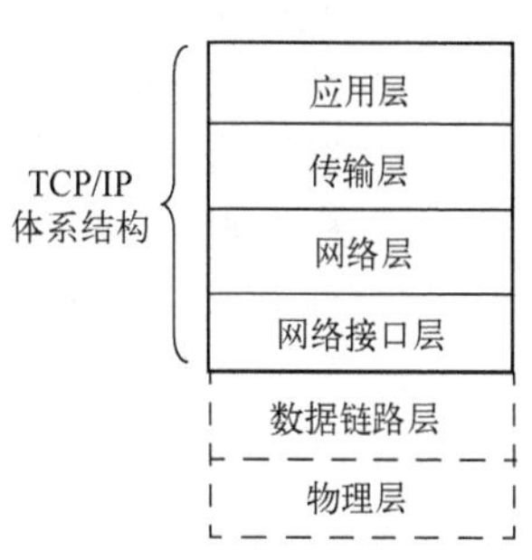

图 1-12　TCP/IP 体系结构

TCP/IP 体系结构分为四层，如图 1-12 所示，自底向上分别是网络接口层、网络层、传输层和应用层。图中虚线框中的数据链路层和物理层严格说并不属于TCP/IP体系结构，但却被TCP/IP的网络接口层很好地调用。

TCP/IP在Internet中得到迅速发展的一个重要原因是它适应了世界范围内数据通信的需要，实现了异构网络的互连。TCP/IP的主要特点如下。

- TCP/IP独立于特定的计算机硬件与操作系统，是一个开放的协议标准，可以运行在局域网、广域网，更适用于互连网络。
- 采用统一的网络地址分配方式，Internet中的所有设备都有唯一的地址。
- TCP/IP并不只是TCP和IP，而是Internet网络体系中使用的整个TCP/IP协议族。

TCP/IP各层功能及主要协议如下。

1）网络接口层。TCP/IP体系结构严格说并未实现数据链路层和物理层的功能，它只定义了一个接口，称为网络接口层，网络接口层不是一个独立的层次，它仅仅是一个接口，用于提供对数据链路层和物理层的接口。而且，网络接口层在TCP/IP中并没有规定具体内容，只是借助目前已成熟的、具体的物理网络协议来实现，如IEEE 802协议族等。

2）网络层。TCP/IP的网络层基本对应于OSI参考模型的网络层，它是TCP/IP参考模型中最主要的层次，是整个体系结构的关键部分。它的功能是将源主机的报文分组独立地传输到目的主机，源主机和目的主机可以处在一个网络中，也可以处在不同网络中，还可以完成路由选择和流量控制等功能。并且分组到达目的主机的顺序与发送的顺序可能相同，也可能不同，乱序到达的分组需要高层协议完成重新排序。网络层定义的主要协议有IP、ARP、ICMP、IGMP等。网络层的数据单元是IP分组。

3）传输层。TCP/IP的传输层对应于OSI的传输层和会话层。TCP/IP传输层的功能主要包括：对应用层数据进行分段；对接收的数据进行检查以保证所接收数据的完整性；为多个应用进程同时传输数据，多路复用数据流；对乱序接收的数据重新排序，提供端到端的可靠传输。传输层定义了两个协议，即传输控制协议（TCP）和用户数据报协议（UDP）。

4）应用层。TCP/IP的应用层是最高层，对应于OSI参考模型的应用层。TCP/IP的应用层主要是为用户提供一些常用的应用程序，并规定各种应用程序之间通过什么样的应用协议来使用网络所提供的服务。应用层包含所有的高层协议，如域名系统（DNS）、超文本传送协议（HTTP）、远程登录（Telnet）协议、文件传输协议（FTP）、简单邮件协议（SMTP）、邮件获取（POP3、IMAP4）协议、动态主机配置协议（DHCP）等。

扫码看视频

1.4 延伸阅读——计算机网络技术发展趋势

计算机网络几十年的发展可谓日新月异，应用领域几乎是全覆盖，遍布国防、军事、教育、医疗、生活等方方面面，对国家稳定、经济发展、人民生活有着极其重要的影响。目前，计算机网络技术发展趋势主要有以下几个方向。

1）虚拟现实技术。虚拟现实技术是指融合了多媒体、传感器、新型显示、互联网和人工智能等多种前沿技术的综合性技术。可与教育、军事、制造、娱乐、医疗、文化艺术、旅游等领域进行深度融合，创新社会服务方式，有效缓解医疗、养老、教育等社会公共资源不均衡的问题，促进社会和谐发展。随着虚拟现实产品与技术的不断进步，虚拟现实技术的工业应用需求日益明晰，应用场景也更加丰富。

2）量子通信技术。量子通信是利用量子叠加态和纠缠效应进行信息传递的新型通信方式，基于量子力学中的不确定性、测量坍缩和不可克隆三大原理，提供了无法被窃听和被计算破解的绝对安全性保证。量子通信主要分为量子隐形传态和量子密钥分发两种。其中，以量子密钥分发为基础的量子保密通信成为未来保障网络信息安全的一种非常有潜力的技术手段，是量子通信领域理论和应用研究的热点。2022 年，中国科学家设计出一种相位量子态与时间戳量子态混合编码的量子直接通信新系统，成功实现 100 千米量子直接通信。

3）移动通信技术。移动网络通信标准从 1G 到 5G，甚至 6G 的发展变迁一直伴随着技术标准之争。通信技术标准的制定与国家安全及利益紧密相关，能否参与技术标准的制定直接关系到国家利益与企业利益。我国研发制定的 TD-LTE 是第一个由中国主导的、具有全球竞争力的 4G 标准，为我国的全球通信地位奠定了稳固基础，其后实现了 5G 时代下移动通信技术的领跑地位。目前，6G 标准是一个概念性无线网络移动通信技术，6G 网络的目标是将地面无线与卫星通信全连接集成，实现全球无缝覆盖。6G 的数据传输速率可能达到 5G 的 50 倍，时延缩短到 5G 的 1/10，在峰值速率、时延、流量密度、连接数密度、移动性、频谱效率、定位能力等方面都远优于 5G。

4）人工智能技术。人工智能（Artificial Intelligence，AI）是研究、开发用于模拟、延伸和扩展人的智能的理论、方法、技术及应用系统的一门新的技术科学。人工智能是计算机科学的一个分支，研究领域包括机器人、语言识别、图像识别、自然语言处理和专家系统等。

5）云计算与大数据技术。云计算是与信息技术、软件、互联网相关的一种服务，云计算是指分布式计算、效用计算、负载均衡、并行计算、网络存储、热备份冗杂和虚拟化等计算机技术综合的技术。大数据技术与云计算密不可分，大数据是指海量数据，单台计算机难以进行处理，需要依托云计算的分布式处理、分布式数据库和云存储、虚拟化技术完成数据处理。

1.5　思考与练习

1．选择题

1）计算机网络可以被简单地理解为（　　）。

A．执行计算机数据处理的软件模块　　B．由自治计算机互联的集合体
C．多个处理器通过共享内存实现紧耦合系统　　D．共同完成一项任务的分布式系统

2）计算机网络最基本的功能是（　　）。

A．数据通信　　B．资源共享
C．分布式处理　　D．信息综合处理

3）计算机网络系统的基本组成是（　　）。

A．局域网和广域网　　B．本地计算机网络和通信网
C．通信子网和资源子网　　D．服务器和工作站

4）计算机网络分为星形、总线型、环形、网状等，其划分的主要依据是（　　）。

A．覆盖范围　　B．拓扑结构　　C．通信方式　　D．传输介质

5）计算机网络的资源主要是指（　　）。

A．服务器、路由器、通信线路与用户计算机　　B．计算机硬件、软件与数据
C．Web 服务器、数据库服务器、文件服务器　　D．操作系统、数据库与应用软件

6）协议是指在（　　）之间进行通信的规则或约定。

A．同一节点的上下层　　B．不同节点
C．相邻实体　　D．不同节点对等实体

7）下列选项中，不属于网络体系结构所描述的内容是（　　）。

A．网络的层次　　B．每层使用的协议
C．协议的内部实现细节　　D．每层必须完成的功能

8）在 OSI 参考模型中，第 n 层与它之上的第 n+1 层的关系是（　　）。

A．第 n 层为第 n+1 层提供服务
B．第 n+1 层为从第 n 层接收的报文添加报头
C．第 n 层使用第 n+1 层提供的服务
D．第 n 层和第 n+1 层相互没有影响

9）计算机网络中 OSI 参考模型中 3 个主要概念是（　　）。

A．服务、接口、协议　　B．结构、模型、交换
C．子网、层次、端口　　D．体系、层次、实体

10）OSI 参考模型中的数据链路层不具有（　　）功能。

A．物理寻址　　B．流量控制
C．差错控制　　D．拥塞控制

11）在 OSI 参考模型中，实现端到端的应答、分组排序和流量控制功能的层次是（　　）。

A．会话层　　B．网络层　　C．传输层　　D．数据链路层

12）在 OSI 参考模型中，功能需由应用层的相邻层实现的是（　　）。

A．对话管理　　B．数据格式转换　　C．路由选择　　D．可靠数据传输

13）在 OSI 参考模型中，直接为会话层提供服务的是（　　）。

A．应用层　　B．表示层　　C．传输层　　D．网络层

14）OSI 参考模型的第 5 层（自下而上）完成的主要功能是（　　）。

A．差错控制　　B．路由选择
C．会话管理　　D．数据表示转换

15）Internet 采用的核心技术是（　　）。

A．TCP/IP　　B．局域网技术　　C．远程通信技术　　D．光纤技术

2．问答题

1）简述计算机网络的发展阶段及各阶段的特点。

2）简述计算机网络及网络协议的定义。

3）简述计算机网络的分类。

4）简述 OSI 和 TCP/IP 模型各层的主要功能。

第 2 章 数据通信基础与物理层

本章导读（思维导图）

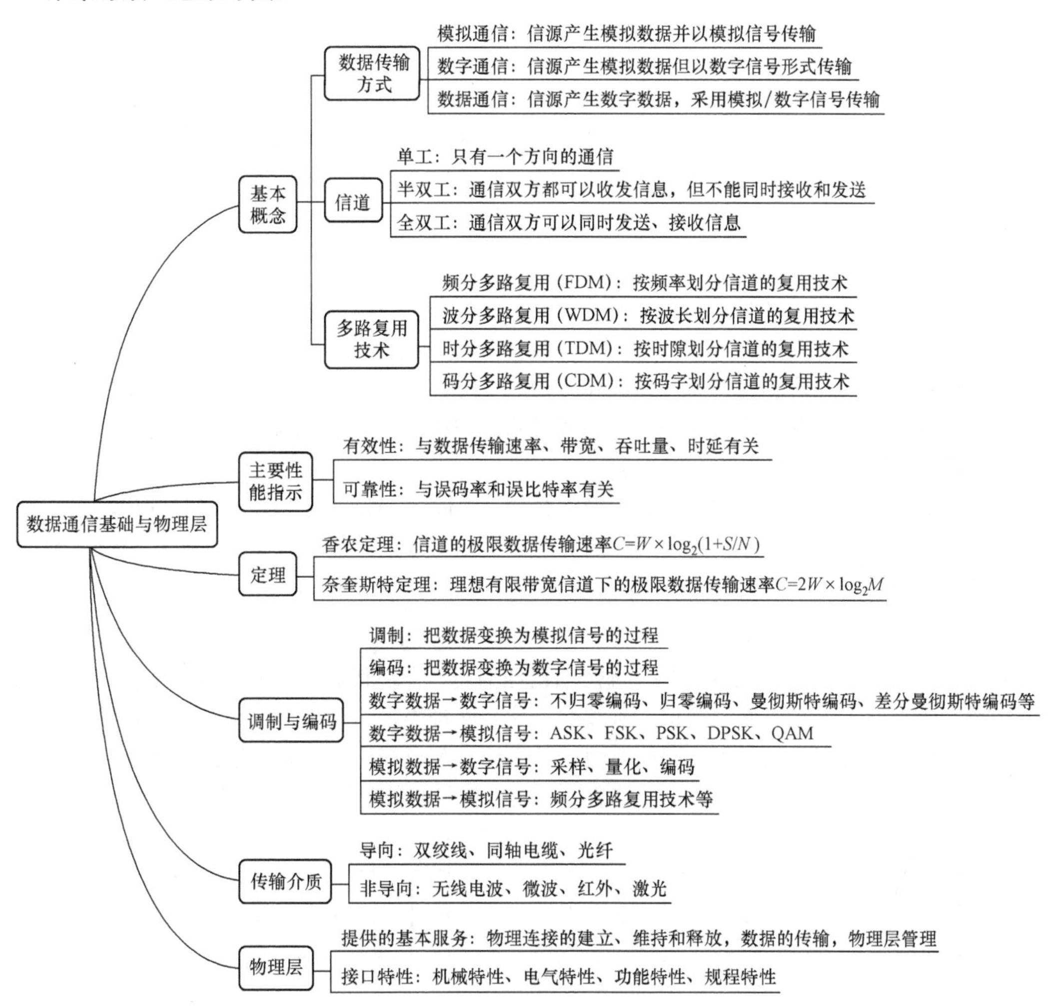

数据通信技术是指利用通信技术和计算机网络传送数据，从而达到信息交换目的的基础通信技术，是建立计算机网络系统的基础。作为计算机网络体系结构的最底层，物理层负责解决如何为信息传输提供物理链路，如何将信息变换为适合物理链路传输的光、电信号，或者将所传输的

信号变换为终端设备可接收的数据形式，以及在物理链路中传输数据时如何应答等问题。本章主要介绍数据通信理论中的基本概念和主要技术，以及物理层的基本概念等。

数据通信技术是计算机网络的基础，其发展制约着计算机网络的发展。

物理层是整个计算机网络的物理基础，是物理传输介质到数据链路层的桥梁。

2.1 数据通信概述

数据通信是按照一定的通信协议，在两个实体间进行数据传输和数据交换的通信过程。数据通信涉及的基本概念主要有信息、数据、信号、通信系统模型、数据传输类型和通信方式、多路复用技术等。

2.1.1 信息、数据与信号

信息（Information）、数据（Data）与信号（Signal）是数据通信技术中十分重要的概念，因为通信的目的是交换信息，数据是信息的表现形式，信号是数据的载体。

1. 信息

信息是对客观世界中各种事物的运动状态和变化的反映，是客观事物之间相互联系和相互作用的表征。从信息论角度，信息被定义为“对消息的界定和说明”，即对现实世界事物存在方式或运动状态的某种认知。信息有文字、语音、图形、图像及视频等多种表现形式，而计算机产生的信息一般是字母、数字、语音、图形或图像的组合。

2. 数据

数据一般可以理解为“信息的数字化形式”。计算机中的数据通常是指具有一定数字特性的信息，如统计数据、气象数据、测量数据，以及计算机中区别于程序的数据等。在计算机网络中，数据通常被广义地理解为存储、处理和传输的二进制编码。因此，为了在网络中传送信息，首先要将文本、语音、图形或图像等形式的信息用二进制编码表示。为了传输二进制数据，必须将它们用模拟或数字信号编码的方式表示。

数据分为模拟数据和数字数据两种。模拟数据（Analog Data）是指在一段时间内具有连续变化的值，例如温度、压力、声音、视频图像等连续变化的数据。数字数据（Digital Data）是指模拟数据经量化后得到的有限个离散的值。

3. 信号

信号是数据的具体物理表现，具有确定的物理描述，在现代通信中通常是指电信号，即数据的电压或电磁编码。信号可分为模拟信号和数字信号两种类型。模拟信号是指取值连续的信号，在一定时间范围内可有无限多个不同的取值。数字信号是指在取值上是离散的、不连续的信号，在一定时间范围内只有有限个数的不同的取值。模拟信号与数字信号示例如图2-1所示。

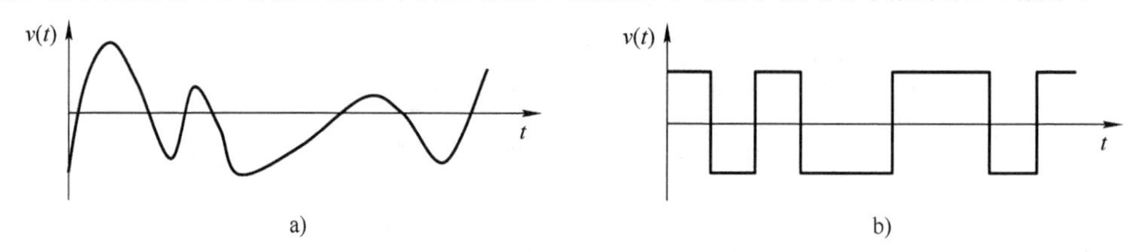

图2-1 模拟信号与数字信号

a) 模拟信号 b) 数字信号

信息、数据和信号这三者是有区别却又紧密相关的。例如，人们用语言描述某一座高山的外貌，即是山的信息；而人们用符号“某某某山”将其表示出来，“某某某山”就是数据；当然，人们还可以用具体的电压信号来表示山的具体高度，即为“信号”。

4．通信系统模型

若要将信息以信号的形式从源节点传送到目的节点，就必须建立通信系统。通信系统是指通信中所需要的一切技术设备和传输介质构成的总体。通信系统基本模型如图 2-2 所示。通信系统模型由信源、发送变换器、信道、噪声源、接收变换器和信宿组成。通信中产生和发送信息的一端称为信源，接收信息的一端称为信宿，信源和信宿之间的通信线路称为信道。信息在进入信道前通过发送变换器变换为适合信道传输的形式，在进入信宿前通过接收变换器变换为适合信宿接收的形式。信息在传输过程中会受到外界的干扰，通常将这种干扰统称为噪声。不同的物理信道受噪声的影响不同，例如，如果信道上传输的是电信号，就会受到外界电磁场的干扰，光纤信道则基本不受电磁场的干扰。

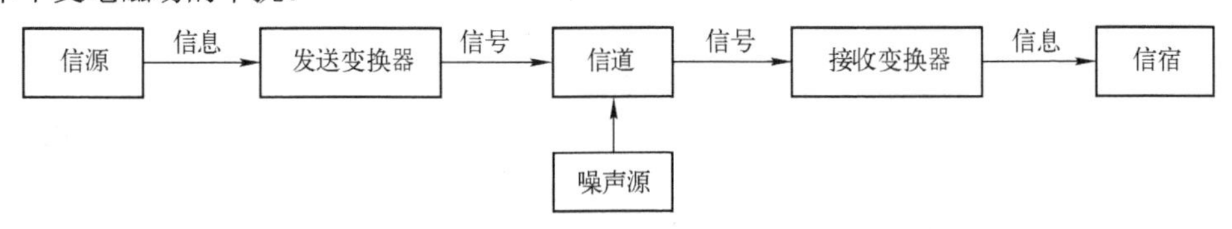

图 2-2　通信系统基本模型

图 2-2 所示的通信系统中涉及的概念如下。

1）信源。信源是信息产生的源头，可以是人或设备。信源产生的信息可以是多种形式，如文字、语音、图形、图像、视频、数据等。

2）发送变换器。发送变换器用于将信源发出的信息转换成适合在线路上传输的某种信号。如数据编码信号的调制、放大、滤波及发射等。发送变换器具有与传输线路相匹配的接口，信号的类型可以是模拟信号，也可以是数字信号。

3）信道。信道是指信号传输的通道，即传送信号的传输介质。信道可以是有线信道，也可以是无线信道。

4）噪声源。通信系统中通常存在多种噪声干扰，如无线电噪声、工业噪声、天电噪声、设备内部噪声等。为了便于理解和分析问题，一般将通信系统中各类噪声统称为噪声源。噪声会对信号的传送产生干扰。在通信系统中，噪声是影响系统传输性能的重要因素。

5）接收变换器。接收变换器用于接收信道中的信号，将其恢复成与信源所发信息相一致的格式并传送给信宿。接收器性能的高低体现在能否尽可能准确地从被干扰的信号中准确提取和还原出来自信源的信息。

6）信宿。信宿是信息传输的目的地（归宿），可以是接收信息的人或设备。

此外，在通信系统中，还常涉及以下几个重要概念。

1）码元。在数字通信系统中，常用时间间隔相同的符号表示一个二（或多）进制数字，这样的时间间隔内的信号称为码元。而该时间间隔称为码元宽度或码元周期。

2）码元速率。码元速率是指每秒传输码元的数目，单位是波特（Baud），用符号 R_B 表示。数字信号可以是二进制码，也可以是其他进制码，但码元速率与信号的进制无关，它只与码元宽度 T 有关。也就是说，不论一个信号码元中信号有多少状态，码元速率只计算 1s 内数据信号的码元个数。例如，某 N 进制信号，其码元宽度为 T，则每秒钟码元的数目为 $1/T$，故码元速率 R_B=$1/T$ 波特。码元速率也称为调制速率、波形速率、符号速率或波特率。

例如，码元周期 T=833×10^{-6}s，则码元速率

$$R_B = \frac{1}{T} = \frac{1}{833\times10^{-6}\text{s}} \approx 1200\text{波特}$$

3）信息速率。信息速率是指每秒钟所传输的信息量，单位是 bit/s（比特/秒），用符号 R_b 表示。信息速率又称为比特率。

码元和比特是两个不同的概念，因此码元速率和信息速率也是不同的概念。如果码元是采用 N 进制表示的数据，则 1 个码元可携带 $\log_2 N$ 比特的信息，信息速率

$$R_b=\log_2 N \cdot R_B \tag{2-1}$$

2.1.2 数据传输类型与通信方式

数据通信是指在不同计算机之间传送表示字母、数字、符号的二进制序列的模拟或数字信号的过程。数据传输有 3 种类型，数据通信方式从不同的角度可以有不同的划分方式。

1．数据传输类型

数据在计算机中是以离散的二进制数字信号表示，但是在数据通信过程中，它是以数字信号方式还是以模拟信号方式表示，主要取决于选用的通信信道所允许传输的信号类型。如果通信信道不允许直接传输计算机所产生的数字信号，则需要在发送端将数字信号变换成模拟信号，在接收端再将模拟信号还原成数字信号，这个过程称为调制解调。

如果通信信道允许直接传输计算机所产生的数字信号，为了很好地解决收发双方的同步及具体实现中的技术问题，有时也需要将数字信号进行适当的波形变换。因此，数据传输类型可分为模拟通信、数字通信和数据通信。

如果信源产生的是模拟数据并以模拟信号传输，则称为模拟通信；如果信源产生的是模拟数据但以数字信号形式传输，则称为数字通信；如果信源产生的是数字数据，则既可以采用模拟信号传输，也可采用数字信号传输，一般称为数据通信。数据传输类型见表 2-1。

表 2-1　数据传输类型

数据传输类型	信源产生的信号类型	信道中传输的信号类型
模拟通信	模拟数据	模拟信号
数字通信	模拟数据	数字信号
数据通信	数字数据	模拟信号
		数字信号

2．数据通信方式

数据通信方式从不同的角度可以有不同的划分方式。按照数据通信中使用的信道数量可分为串行通信和并行通信；按照数据传输方向与时间的关系可分为单工通信、半双工通信和全双工通信；按照数据传输中采用的同步技术可分为异步传输和同步传输；按照传输信号是否调制可分为基带传输和频带传输。

（1）串行通信与并行通信

按照通信过程中所占用的信道数量，数据通信可以分为串行通信与并行通信，如图 2-3 所示。

串行通信是指构成字符的二进制代码在一条信道上以位（码元）为单位，按时间顺序逐位传输的方式。按位发送，逐位接收，同时需要确认还原字符，因此需采取同步措施以保证收发双方同步。串行通信速度虽慢，但只需一条传输信道，投资小，易于实现，是数据传输采用的主要传

输方式，也是计算机通信采取的一种主要方式。

并行通信是指数据以成组的方式，在多条并行信道上同时进行传输。常用的就是将一个字符代码的若干位二进制码，分别在几个并行信道上同时传输。例如，8 位字符可以用 8 个信道并行传输，一次传送一个字符，因此收发双方不存在字符的同步问题，不需要加“起”和“止”信号或者其他信号来实现收发双方的字符同步，这是并行通信的一个主要优点。但是，并行通信必须有并行信道，这也带来了设备上或实施条件的限制。

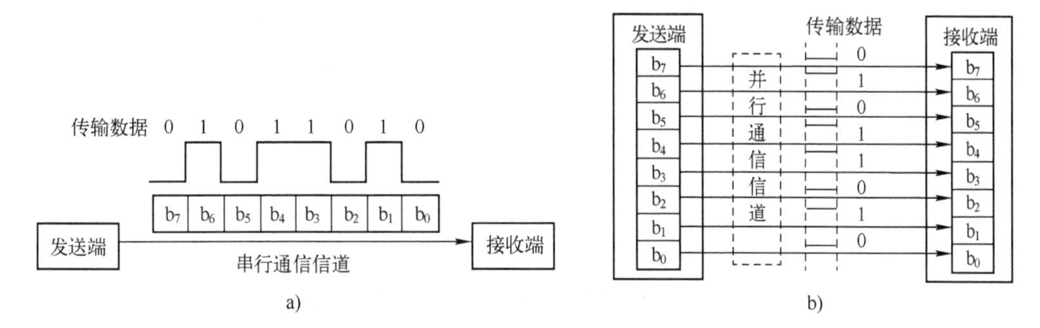

图 2-3　串行通信与并行通信

a) 串行通信　b) 并行通信

（2）单工通信与双工通信

根据数据通信双方是否能实现双向通信及如何实现双向通信，数据通信可以分为单工通信、半双工通信与全双工通信，如图 2-4 所示。

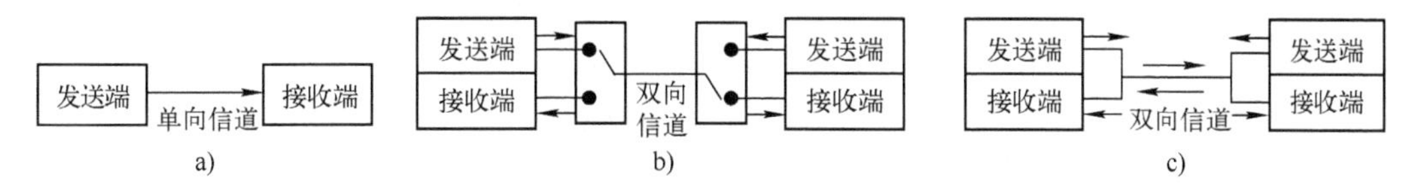

图 2-4　单工通信、半双工通信与全双工通信

a) 单工通信　b) 半双工通信　c) 全双工通信

单工通信是只支持数据在一个方向上传输，在任何时候都不能改变信号传输方向的通信，又称为单向通信。例如无线电广播和电视广播都是单工通信。

半双工通信是允许数据在两个方向上传输，但在同一时刻，只允许数据在一个方向上传输的通信。也就是说，数据可以双向传输，但是必须是交替进行的。它实际上是一种可切换方向的单工通信。这种方式一般用于计算机网络的非主干线路中。

全双工通信是允许数据同时在两个方向上传输的通信，又称为双向同时通信，即通信的双方可以同时发送和接收数据。例如现代电话通信就是全双工通信。这种通信方式主要用于计算机与计算机之间的通信。

（3）异步传输与同步传输

在数据通信过程中，通信双方要正确地交换数据，必须保持协同工作。数据接收方要根据发送方所发送的每个码元的起止时刻和传输速率进行数据的接收，否则，收发双方之间就会产生不一致。即使开始时刻单个码元的收发偏差非常小，随着时间的不断累积，收发偏差也会不断增大，直到出现数据接收错误。为此，要保持数据发送方和数据接收方同步。同步是指要求通信的收发双方在时间基准上保持一致。

数据通信的同步技术包括字符同步（Character Synchronous）和位同步（Bit Synchronous）。

按照数据通信中采用的同步技术的不同可分为异步传输（Asynchronous Transmission）和同步传输（Synchronous Transmission）。

异步传输是字符同步方式，又称起止式同步。在异步传输中，在每个要传送的字符码（7 或 8 位）前面，都要加上一个字符起始位，用以表示字符码的开始，在字符码或字符校验码之后加上 1 个、1.5 个或 2 个终止位，用以表示该字符的结束。接收方根据起始位和终止位判断每个字符码的开始和结束，从而保证通信双方的同步。在这种同步方式下，即使发送方和接收方的时钟有微小偏差，但由于每次都重新检测字符码的起始位，而且每个字符码的位数较短，因此不会产生大的时钟误差累积，从而保证了字符码发送和接收的同步性。图 2-5a 给出了有 1 个起始位、8 个数据位、1 个奇偶校验位和 1 个停止位的异步传输方式。异步传输方式实现比较容易，但是它在每个字符码前后添加了起始位和终止位，其数据传输效率较低。例如，采用 1 个起始位、8 个数据位和 1 个停止位的异步传输方式，其数据传输效率为 8/(8+2)=80%。

同步传输是一次传输若干个字符码或若干个二进制位组成的数据块。在该数据块发送之前，先发送一个同步字符 SYN（01101000）或一个同步字节（01111110）。接收方检测该同步字符或同步字节，做好接收数据的准备。在同步字符或同步字节之后，可以连续发送任意长的字符或数据块，在数据发送完成后，再利用同步字符或同步字节告知接收方整个发送过程结束。图 2-5b 所示为同步传输方式。

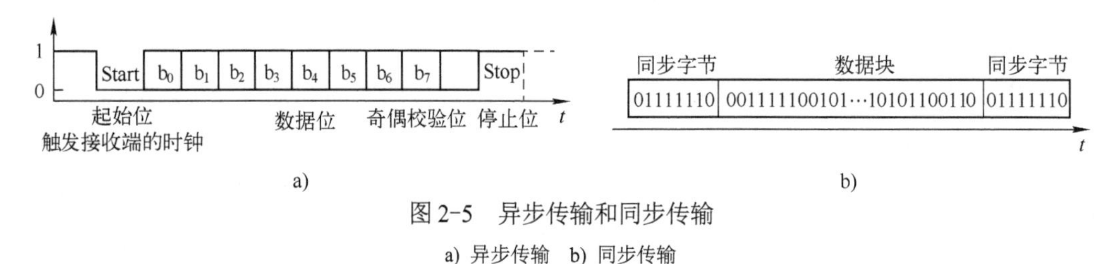

图 2-5 异步传输和同步传输

a) 异步传输 b) 同步传输

（4）基带传输与频带传输

按照传输信号是否调制可分为基带传输和频带传输。

基带传输是指数字信号不加任何改变直接在信道中进行传输的过程。数字信号是用高、低电平表示比特“0”和比特“1”的矩形脉冲信号。这种矩形脉冲信号所固有的频带称为基本频带（基带），因此数字信号也称为数字基带信号。数字基带信号没有经过调制，它所占据的频带一般是从直流或低频开始。通常，发送端在进行基带传输之前，需要对信源发送的数字信号进行编码；在接收端，对接收到的数字信号进行解码，以恢复原始数据。基带传输实现简单、成本低，得到了广泛应用。

某些基带信号并不适合在某些信道上传输，所以必须使用一些技术手段改变基带信号的频谱特性，这就是频带传输。频带传输是指数字信号经过调制后在信道中传输的过程。信号调制的目的是使信号能够更好地适应传输通道的频率特性，以减少信号失真；另外，数字信号经调制处理后能够克服基带信号占用频带过宽的缺点，从而提高线路的利用率。在接收端，需要使用专门的解调设备对调制后的信号进行解调。频带传输中最典型的设备是调制解调器。

📖 计算机网络中主要采用全双工通信、串行通信、异步传输，局域网中一般采用基带传输，远距离传输一般采用频带传输。

2.1.3 多路复用技术

多路复用（Multiplexing）技术是在单一线路上同时传输多路信号的技术，其逆过程称解多路复用。多路复用的目的是使多路信号能够共用同一线路，最大限度地利用信道资源。多路复用技术主要有 4 种方式：频分多路复用（Frequency Division Multiplexing，FDM）、波分多路复用（Wave-length Division Multiplexing，WDM）、时分多路复用（Time Division Multiplexing，TDM）和码分多路复用（Code Division Multiplexing，CDM）。

1. 频分多路复用技术

频分多路复用（FDM）是将线路的可用频带划分成若干条在频率上互不重叠的较窄的子频带，每一条子频带传输一路信号。各子频带之间通常要留有一定的空闲频带，称为保护频带，以减少各路信号的相互干扰。因此，各路信号可以互不干扰地同时传输。例如，传统的有线电视系统和无线电广播都是采取这种方式。在传统有线电视系统中，尽管多个频道的电视节目都是通过同一条同轴电缆进行传送，但不同频道的电视节目占用不同的频段，彼此之间不会出现相互干扰。假如 3 路原始模拟信号带宽均为 3MHz，为了进行频分多路复用，分别将 3 路信号调制到不同频段，这样就形成了一个带宽为 9MHz 的频分多路复用信号，在接收端进行解复用，具体过程如图 2-6 所示。

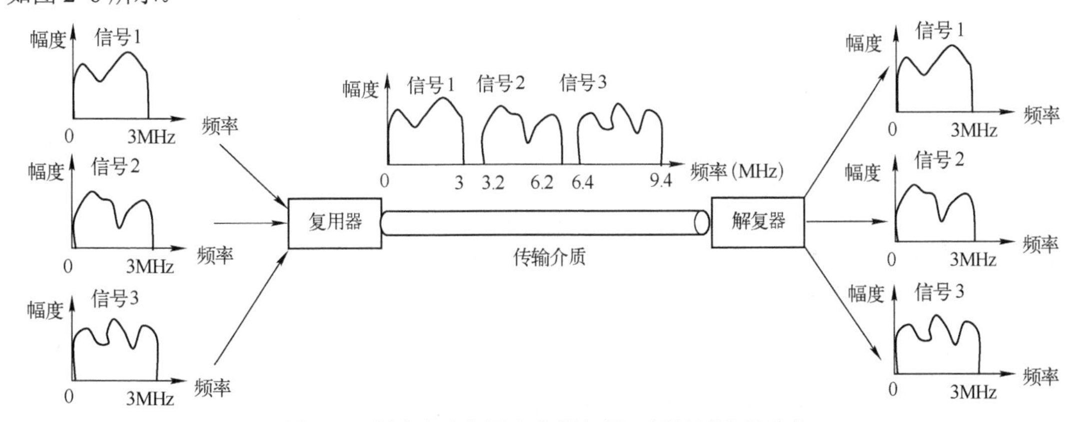

图 2-6　频分多路复用中信号复用、解复用过程示意

2. 波分多路复用技术

波分多路复用（WDM）过程和频分多路复用过程十分相似，其本质上也属于频分多路复用。波分多路复用是将多个单一波长的光信号复用在一起，而且每一种光信号只有有光和无光（信号强度为 0）这两种强度。通过使用不同波长的光载波，可以在一根光纤上传输多路光信号。由于光载波的频率很高，人们习惯上用波长而不是频率来表示不同频率的光载波，因此，将光载波在光纤上的复用称为波分多路复用。其原理为发送端将多路处于不同波段的光纤信号的光谱，通过棱镜或衍射光栅将其合成到一条共享光纤上，经过传输到达目的地后，用同样的方法分离出多路不同波长的光纤信号。WDM 被应用于光纤通信领域。

3. 时分多路复用技术

时分多路复用（TDM）是将一条线路的传输时间分成若干个时隙（Time Slot，又称为时间片），按一定的次序轮流给各路信号源使用，即每路信号占用一个时隙。在每路信号所占用的时隙内，其使用通信线路的全部带宽。使用 TDM 的前提是线路所能达到的数据传输速率超过各路信号源所需的数据传输速率。TDM 主要用于数字信道的多路复用，根据时隙的分配方法，TDM 可分为同步时分多路复用（Synchronous Time Division Multiplexing，STDM）和异步时分多路复用（Asynchronous Time Division Multiplexing，ATDM）两种类型。

（1）同步时分多路复用

同步时分多路复用是将传输信号的时间分成多个周期，其中每个周期又根据要传送信号的路数分成若干个时隙，每路信号被固定分配一个时隙。同步时分多路复用技术原理如图2-7所示，其中的复用器和解复器可以理解为连接多个设备的电子开关，在不同的时隙，该开关切换到不同的设备上，进行某路信号的传送。

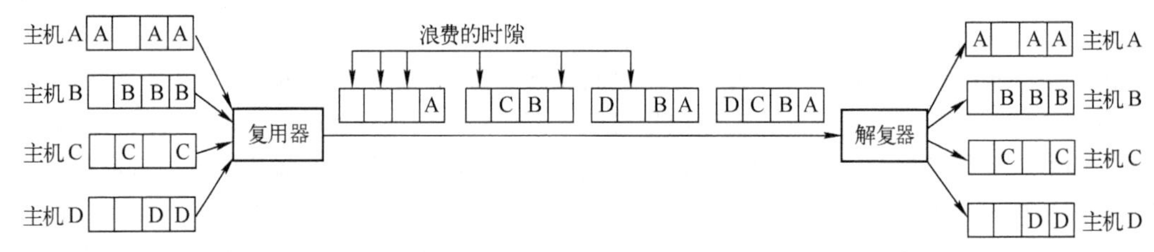

图2-7　同步时分多路复用技术原理

在同步时分多路复用中，每路信号所分配的时隙固定不变；如果在某个时隙，对应的某路信号没有数据发送，就会造成此时隙资源的浪费。为了克服同步时分复用技术的缺陷，可采用异步时分多路复用技术。

（2）异步时分多路复用

异步时分多路复用又称为统计时分多路复用（Statistical Time Division Multiplexing，STDM），仅在某路信号有数据要发送时，才为其分配时隙，即动态地为每路信号按需分配时隙。因此，不会造成时隙资源的浪费，提高了信道的利用率。在异步时分多路复用中的时隙与信号源之间没有一一对应关系，所以数据单元中必须包含地址信息，这样又降低了传输效率。异步时分多路复用技术原理如图2-8所示。

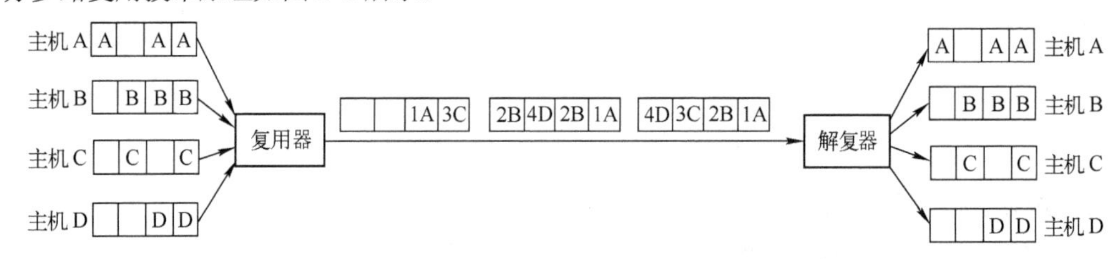

图2-8　异步时分多路复用技术原理

在采用异步时分多路复用时，如果某路信号的数据量较大，则其可以占据较多的时隙资源，以保证其较高的传输速率。例如，线路的最高负载能力是56kbit/s，4路信号共用此线路。若采用同步时分多路复用方式，则每路信号的最高数据传输率为14kbit/s；若采用异步时分多路复用方式，在仅有1路信号有数据要传送的情况下，其最高数据传输率可达到56kbit/s。

4．码分多路复用技术

码分多路复用（CDM）技术是按码字（码片序列）将信道划分为多个码道，每个用户数据占用一个码道，实现并行传输多路数据的技术。若不再将 N 个码道一对一分配给用户，而是动态分配给多个用户使用，就是码分多址（Code Division Multiple Access，CDMA）技术，它是一种扩频多址数字通信技术。所谓扩频技术是利用与待传输数据（信息）无关的码字对被传输信号进行频谱扩展，使传输信息所用的带宽远大于信息本身带宽。在CDMA系统中，采用特殊的编码方法和扩频技术，通过独特的码字建立信道，对不同的用户分配不同的码字，使多个用户可以使用同样的频带在相同的时间内进行通信而相互之间不会造成干扰。同时，CDMA信号的频谱类似于白噪声，具有很强的抗干扰能力。CDMA最初被应用于军事通信，现在已经被广泛应用于民用移动通信领域。

在 CDMA 系统中，每一个比特时间被划分为 m 个短小的间隔，称为码片（Chip）。m 的值通常为 64 或 128。而每个用户则被分配一个唯一的 m 比特码字，发送的每个数据比特均被扩展成 m 位码片。当用户要发送数据比特“1”时，则发送它的 m 位码字；当发送数据比特“0”时，则发送该码字的二进制反码。例如，某用户的码字是 10110101（假设 m=8），当发送数据比特“1”时，就发送序列 10110101；当发送数据比特“0”时，就发送序列 01001010。通常将码片中的 1 写为+1，0 写为−1。

为了保证接收方能够正确解码，需要给不同用户分配唯一的码字，而且相互之间必须正交。所谓的正交是指不同用户码片的规格化内积（点积）为 0。如用户 A 和用户 B 的码片用 C_A 和 C_B 表示，则其规格化内积计算为：

$$C_A \cdot C_B = \frac{1}{m}\sum_{i=1}^{m} C_{Ai}C_{Bi}$$

由于每个用户码字都是由+1 和−1 组成的，因此，每个用户码字与本身进行内积运算为+1，与补码进行内积运算为−1，一个码字与不同的码字进行内积运算为 0，即保证正交特性。

例如，对用户 A 分配的码字为 $C_{A1} = (-1, -1, -1, -1)$，其补码为 $C_{A0} = (+1, +1, +1, +1)$。对用户 B 分配的码字为 $C_{B1} = (+1, -1, +1, -1)$，其补码为 $C_{B0} = (-1, +1, -1, +1)$。则计算用户 A 和用户 B 的内积运算如下：

$C_{A1} \cdot C_{A1} = (-1, -1, -1, -1) \cdot (-1, -1, -1, -1)/4 = +1$

$C_{A1} \cdot C_{A0} = (-1, -1, -1, -1) \cdot (+1, +1, +1, +1)/4 = -1$

$C_{A1} \cdot C_{B1} = (-1, -1, -1, -1) \cdot (+1, -1, +1, -1)/4 = 0$

$C_{A1} \cdot C_{B0} = (-1, -1, -1, -1) \cdot (-1, +1, -1, +1)/4 = 0$

扫码看视频

说明用户 A 和用户 B 的码字正交。在进行 CDMA 信号的接收时，接收站从空中收到的是多个发送站信号的线性叠加码片序列的和。将其与某发送站的码字进行内积运算，即可恢复出该站所发送的原始数据。

2.2　数据通信的主要性能指标

影响数据通信性能的因素有很多，其性能指标主要有以下几个方面。

- 有效性：指消息的传输速度。
- 可靠性：指消息的传输质量。
- 适应性：指环境使用条件。
- 标准性：指元件的标准性、互换性。
- 经济性：指成本的高低。
- 使用/维修：指是否方便。

其中，最主要的是有效性和可靠性指标，因为这两项指标从技术角度体现了对数据通信准确、快速和不间断等要求。有效性性能指标是衡量系统传输能力的主要指标，通常从数据传输速率（码元速率、信息速率）、带宽、吞吐量、时延等方面来考虑。可靠性指标主要用差错率来表示，差错率一般用误码率和误比特率来表示。

1．带宽、吞吐量、时延

（1）带宽

计算机网络中通常使用带宽（Band Width）来描述网络的传输容量。带宽本来是指某个信号具有的频带宽度。带宽的单位为 Hz（或 kHz、MHz 等）。若在通信线路上传输模拟信号时，将通信线路允许通过的信号频带范围称为线路的带宽。若在通信线路上传输数字信号时，带宽就等同于数字信道所能传送的“最大数据率”。如以太网的带宽为10Mbit/s，这意味着每秒钟能传送1千万比特，传送每比特用时0.1ms。目前，以太网的带宽有10Mbit/s、100Mbit/s、1000Mbit/s和10Gbit/s等几种类型。

人们常用更简单的但不很严格的记法来描述网络或链路的带宽，如“线路的带宽是10M或10G”，省略了后面的bit/s，它的意思就表示数据率（即带宽）为10Mbit/s或10Gbit/s。

（2）吞吐量

吞吐量（Throughput）是指一组特定的数据在特定的时间段经过特定的路径所传输的信息量的实际测量值。由于带宽代表数字信号的最大传输速率，因此带宽有时也称为吞吐量。吞吐量常用每秒发送的比特数（或字节数、帧数）来表示。在实际应用中，由于诸多原因，吞吐量常常是远小于所用介质本身可以提供的最大带宽。

（3）时延

时延（Delay或Latency）是指数据（或分组）从一个网络（或一条链路）的一端传送到另一端所需的时间。通常，时延是由发送时延、传播时延、排队时延、处理时延4个部分组成。

1）发送时延。发送时延是指节点将数据分组发送到传输介质中所需要的时间，也就是从数据分组的第一个比特开始发送算起，到最后一个比特发送完毕所需要的时间。发送时延的计算公式如下：

$$\text{发送时延}=\frac{\text{数据分组长度(bit)}}{\text{信道传输速率(bit/s)}} \tag{2-2}$$

发送时延与网络接口/信道的传输速率成反比，与数据分组的长度成正比。

2）传播时延。传播时延是指电磁波在信道中传播一定距离所需要花费的时间。传播时延的计算公式如下：

$$\text{传播时延}=\frac{\text{信道长度(m)}}{\text{电磁波在信道中的传播速度(m / s)}} \tag{2-3}$$

传播时延与信道的传输速率无关，而是与传输介质的长度、信号在传输介质中的传播速度有关。例如，电磁波在自由空间的传播速度是光速，即3.0×10^5km/s。电磁波在网络传输媒体中的传播速度比在自由空间中的传播速度要略低一些。在铜线中的传播速度约为2.3×10^5km/s，在光纤中的传播速度约为2.0×10^5km/s。例如，1000km长的光纤线路产生的传播时延大约为5ms。

3）排队时延。排队时延是指数据分组在所经过的网络节点的缓存队列中排队所经历的时间。排队时延的长短主要取决于网络当时的通信量，当网络的通信量大时，排队时间就长。在极端情况下，当网络发生拥塞导致数据分组丢失时，该节点的排队时延被视为无穷大。此外，在有优先级算法的网络中，排队时延还取决于数据的优先级和节点的队列调度算法。

4）处理时延。处理时延是指数据分组在交换节点为存储转发而进行一些必要的处理所花费的时间。如提取数据分组的首部进行差错校验、为数据分组寻址和选路径等处理。

因此，数据传输经历的总时延就是以上4种时延之和，其计算公式如下：

$$\text{总时延}=\text{发送时延}+\text{传播时延}+\text{排队时延}+\text{处理时延} \tag{2-4}$$

网络传输中发送时延、传播时延、排队时延和处理时延产生的位置如图2-9所示。在一个网络中，发送时延、传播时延通常是固定的，处理时延通常忽略不计，排队时延则随着网络运行状态而发生变化。

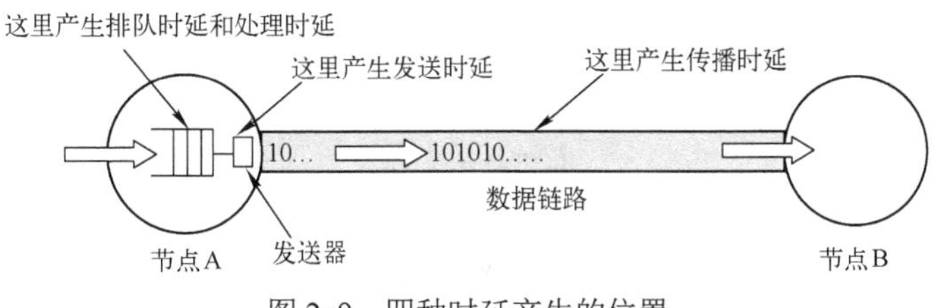

图 2-9　四种时延产生的位置

【例 2-1】 假定终端 A 和终端 B 之间相隔 3 个节点和 4 条通信链路，每条通信链路的长度为 L，电信号经过通信链路的传播速率为 2/3×c (c 为光速)，在电路交换方式下，如果点-点信道的带宽为 X bit/s，忽略连接建立和释放时间，也忽略中间节点的转发时间，求出从终端 A 开始发送到终端 B 接收完 M 字节长度数据所需要的时间。

【解】 从终端 A 开始发送数据到终端 B 接收完数据所需要的时间 t 主要由两部分组成（处理时间忽略）：

$$t = t_1 + t_2$$

其中，t_1 为发送时延，即终端 A 从开始发送数据到发送完最后一位数据需要的时间（M 字节）；t_2 为传播时延，即最后一位数据从终端 A 传播到终端 B 所需要的时间

计算:

$$t_1 = M\times 8/X$$

$$t_2 = (4\times L)/(2/3\times c)= 6\times L/c$$

则

$$t = M\times 8/X + 6\times L/c$$

📖 发送时延和传播时延与带宽和传输距离相关，具有确定性；而排队时延和处理时延与网络状态相关，具有不确定性。

2．带宽与传输速率的关系：香农定理、奈奎斯特定理

数据通信系统的带宽与传输速率是验证其有效性的两个重要参数。通常情况下，一个通信系统的带宽越高，传输速率越快。但是传输速率不会随着带宽的增大而无止境的增大，二者还受着其他条件制约。

（1）香农定理

1948 年，香农（Shannon）利用信息论理论推导出了具有高斯白噪声干扰的带宽受限信道的极限数据传输速率。

香农定理：在有随机热噪声的信道上传输数据信号时，对于信道带宽为 W（单位 Hz）、信噪比为 S/N 的信道，其最大数据传输速率（信道容量）为

$$C=W\times \log_2(1+S/N) \tag{2-5}$$

其中，信噪比（S/N）通常用分贝（dB）衡量，二者之间的数学关系为

$$分贝数（dB）=10\times \log_{10}(S/N) \tag{2-6}$$

例如，当 S/N 为 1000 时，则信噪比为 30dB。

香农公式与信号取的离散值无关，即无论用什么方式调制，只要给定了信噪比，单位时间内最大的信息传输量就确定了。

香农公式表明，信道的带宽或信道中的信噪比越大，则信息的极限传输速率就越高。但要注

意的是，增大信道带宽可以增加信道容量，但不能使信道容量无限制增大。当信道带宽趋于无穷大时，信道容量的极限值为

$$C \approx 1.44S/n_0 \tag{2-7}$$

式中，n_0为噪声功率谱密度。

香农公式只证明了通信系统所能达到的极限信息传输速率，但没指出理想通信系统的实现方法。但只要信息传输速率低于信道的极限信息传输速率，就一定可以找到某种办法来实现无差错的传输。

【例 2-2】 假设信道带宽 W 为 3000Hz，信噪比为 30dB，求信道的最大数据传输速率。

【解】 因为信噪比为 30dB，由

$$30\text{dB}=10\times\log_{10}(S/N)$$

得

$$S/N=1000$$

根据香农定理，最大数据传输速率为

$$C=W\times\log_2(1+S/N)=3000\times\log_2(1+1000)\approx3000\times9.97\approx30000(\text{bit/s})=30\text{kbit/s}$$

所以，信道的最大数据传输速率为 30kbit/s。

（2）奈奎斯特定理

1924 年，奈奎斯特（Nyquist）推导出有限带宽无噪声信道的最大码元速率，称为奈奎斯特定理。

奈奎斯特定理：对于一个信道带宽为 W 的理想信道，其最大码元速率为

$$R_{\text{Bmax}}=2\times W(\text{Baud}) \tag{2-8}$$

这一限制的原因是存在码间干扰。奈奎斯特定理指定的信道容量也称为奈奎斯特极限，这是由信道的物理特性决定的，超过奈奎斯特极限传输脉冲信号是不可能的。

如果被传输的信号包含了 M 个状态值（信号的状态数是 M），则 W 信道所能承载的最大数据传输速率（信道容量）为

$$C=2\times W\times\log_2 M\ (\text{bit/s}) \tag{2-9}$$

码元携带的信息量由码元所取的离散值的个数决定。1 个码元携带的信息量 n（bit）与码元的种类个数 M 的关系为

$$n=\log_2 M \tag{2-10}$$

对于普通电话线路，带宽为 3000Hz，最高波特率为 6000Baud。而最高数据传输速率可随编码方式的不同而取不同的值。这些都是在无噪声的理想情况下的极限值。实际信道会受到各种噪声的干扰，因而远远达不到按奈奎斯特定理所计算出的数据传输速率。

📖 奈奎斯特定理描述了有限带宽、理想信道的最大数据传输速率与信道带宽之间的关系。

📖 香农定理描述了有限带宽、有随机热噪声信道的最大数据传输速率与信道带宽、信号噪声功率比之间的关系。

3．误码率和误比特率

（1）误码率

误码率是指数据传输过程中，出现差错的码元数占传输总码元数的比率，记为

$$p_e=\frac{n_e}{n} \tag{2-11}$$

式中，n 是在一定时间内系统传输的码元总数；n_e 是在相同时间内传输中产生差错的码元数；p_e 为误码率。

（2）误比特率

误比特率（也称误信率）是指数据传输过程中，出现差错的比特数占传输总比特数的比率，记为

$$p_b = \frac{n_b}{n} \tag{2-12}$$

式中，n 是在一定时间内系统传输的比特总数；n_b 是在相同时间内传输中产生差错的比特数；p_b 为误比特率。

如果每个码元仅包含 1 比特的信息，则误码率等于误比特率。在设计实际的数据传输系统时，应该根据实际数据传输的要求提出一个适当的误码率指标，不必一味地追求低误码率。这是因为当数据传输速率确定后，所要求的误码率越低，通信设备就会越复杂，建设和运营成本也就越高。

扫码看视频

2.3　数据编码与调制技术

数字通信系统要求物理链路有较高的带宽，但并不是所有实际使用的物理链路都能达到传输高速基带信号所要求的频率特性，若勉强在用户线上直接传输基带信号，可能产生传输速率很低、传输距离因为信号失真受到限制等结果，从而使最大数据传输速率和传输距离受到影响。因此，在很多物理链路上，不能直接传输基带信号，需要将基带信号调制成频带信号。

数据编码技术是指为进行可靠传输，将需要加工处理的数据表示成某种适合信道传输的信号的一种技术。

2.3.1　模拟数据调制技术

模拟数据调制是指将所传输的数字基带信号调制成适合信道传输的频带信号的过程。调制是指将基带信号表示的二进制数变成用带宽范围内的正弦信号表示的过程。解调是调制的反过程，也就是将用带宽范围内的正弦信号还原成基带信号表示的二进制数。

调制过程通过改变载波（一般为正弦信号）的特征值，使其表示不同的二进制数。正弦信号有幅度、频率和相位 3 种特性，对应这 3 种特性有调幅、调频和调相技术。

基本的模拟数据编码技术主要包括：幅移键控（Amplitude Shift Keying，ASK）技术、频移键控（Frequency Shift Keying，FSK）技术、相移键控（Phase Shift Keying，PSK）技术和差分相移键控（Differential Phase Shift Keying，DPSK）技术、正交振幅调制（Quadrature Amplitude Modulation，QAM）技术。

1．幅移键控（ASK）技术

ASK 用两种不同幅度的载波信号来表示两个不同的二进制数，通常一种载波的幅度为 0，另一种载波的幅度用正常值表示。ASK 的调制如图 2-10 所示。ASK 是一种效率较低的调制技术，在语音频率范围内，数据传输速率只能达到 1.2kbit/s。

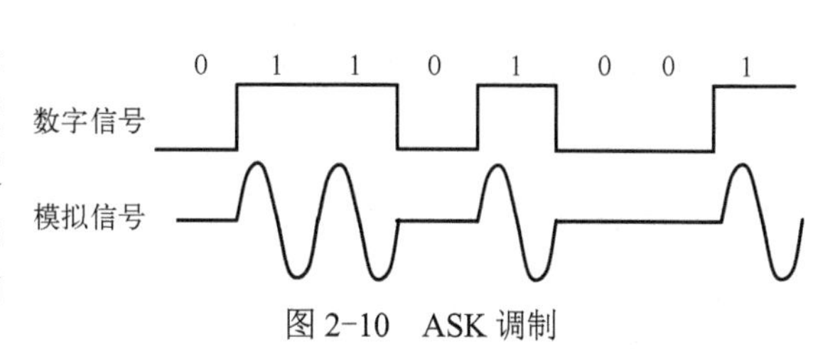

图 2-10　ASK 调制

2．频移键控（FSK）技术

FSK 采用两种不同频率的信号来表示两个不同的二进制数。FSK 的调制如图 2-11 所示。FSK 的数据传输速率也只能在 1.2kbit/s 左右。

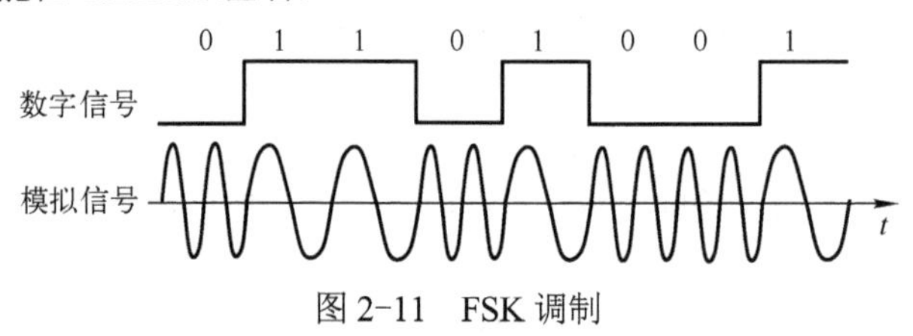

图 2-11 FSK 调制

3．相移键控（PSK）技术和差分相移键控（DPSK）技术

PSK 通过改变载波的相位来表示不同的二进制数，例如，二进制 0 由和载波信号相同相位的信号表示，二进制 1 由和载波信号相反相位（相差 180°）的信号表示。由于 PSK 接收端解调出的数字信号有可能出现全部出错（与原始数字基带信号全部相反）的倒 π 现象，故常用 DPSK 技术。DPSK 相移值不根据固定的载波信号确定，而是根据前一位二进制数的信号确定。例如，二进制 0 由和前一位信号相同相位的信号表示，二进制 1 由和前一位信号相反相位（相差 180°）的信号表示。PSK 和 DPSK 的调制如图 2-12 所示。

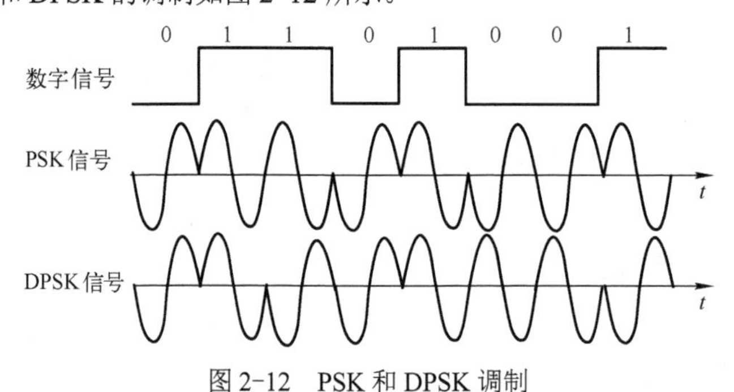

图 2-12 PSK 和 DPSK 调制

4．正交振幅调制（QAM）技术

QAM 是一种将 ASK 和 PSK 混合到一个信道的方法，因此会双倍扩展有效带宽。QAM 有两个相同频率的载波，但是相位相差 90°（1/4 周期）。一个信号叫 I 信号，另一个信号叫 Q 信号。从数学角度，将一个信号表示成正弦，另一个表示成余弦。两种被调制的载波在发射时已被混合。到达目的地后，载波被分离，数据被分别提取然后和原始调制信息相混合。

QAM 是幅度、相位联合调制的技术，它同时利用了载波的幅度和相位来传递信号，因此在最小距离相同的条件下可实现更高的频带利用率，QAM 最高已达到 1024-QAM（1024 个样点）。样点数目越多，其传输效率越高。若码元速率为 B，采用 m 个相位，每个相位有 n 种振幅，则该 QAM 技术的数据传输率为

$$R = B\log_2(m \times n)\ (\text{bit/s})$$

2.3.2 数字数据编码技术

数字数据编码是指在基本不改变数字信号频带（或波形）的情况下将数字信号或模拟信号变换成适合传输的数字信号的过程。数字数据编码分为数字—数字数据编码和模拟—数字数据编码两类。

1．数字—数字数据编码

数字—数字数据编码是指将数字数据变换成更适合传输的数字信号。常见的数字—数字数据编码类型有 3 类：不归零编码（Non-Return to Zero code，NRZ）、归零编码（Return to Zero code，RZ）和双相位编码。不归零编码和归零编码又可分为单极性编码和双极性编码。双相位编码分为曼彻斯特编码（Manchester Encoding，ME）和差分曼彻斯特编码（Difference Manchester Encoding，DME）。

（1）不归零编码（NRZ）

不归零编码用低电平表示“0”，用高电平表示“1”。不归零编码有单极性编码和双极性编码之分。在单极性不归零编码中，以无电平表示比特“0”，以恒定的正电平表示比特“1”，如图 2-13a 所示。在双极性不归零编码中，以恒定的负电平表示比特“0”，以恒定的正电平表示比特“1”，如图 2-13b 所示。

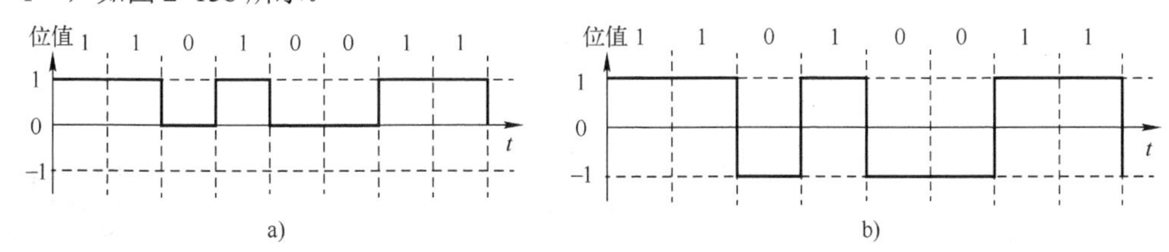

图 2-13　不归零编码（NRZ）

a) 单极性不归零编码　b) 双极性不归零编码

（2）归零编码（RZ）

归零编码是指在一比特时间内，非零电平持续时间小于比特间隙的时间，即在一比特时间内，后半部分电平总是归于零。归零编码与不归零编码相同，采用低电平表示“0”，用高电平表示“1”。归零编码也有单极性编码和双极性编码之分。归零编码解决了不归零编码接收双方无法保持同步的问题。归零编码如图 2-14 所示。

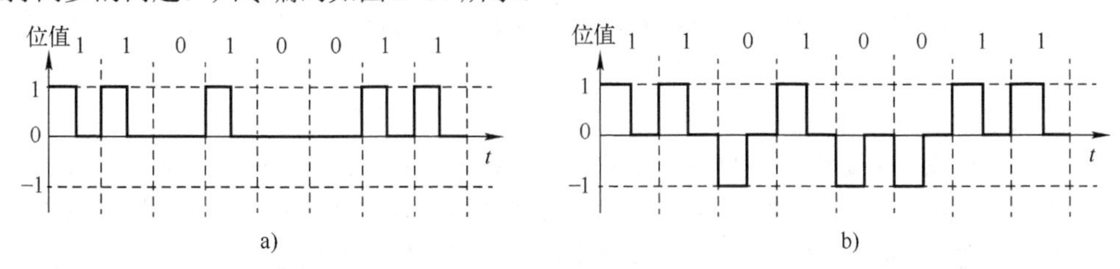

图 2-14　归零编码（RZ）

a) 单极性归零编码　b) 双极性归零编码

（3）曼彻斯特编码（ME）

曼彻斯特编码使用电平跳变来表示比特“0”或“1”，在每比特中间均有一个跳变。这种跳变有双重作用，既作为接收端的时钟信号，从而保证收发双方的同步，也作为数据信号，电平不发生变化的位称为非数据位，常用做传输数据块的控制符。

一般规定：从高电平到低电平的跳变表示比特“1”，从低电平到高电平的跳变表示比特“0”。曼彻斯特编码如图 2-15a 所示。曼彻斯特编码是目前使用非常广泛的一种编码类型，主要用于以太局域网中。

在曼彻斯特编码中，也可以使用相反电平跳变策略来定义比特“0”和比特“1”，也就是采用从低电平到高电平的跳变表示比特“1”，从高电平到低电平的跳变表示比特“0”。

（4）差分曼彻斯特编码（DME）

差分曼彻斯特编码又称为相对码，它是对曼彻斯特编码的改进，每个比特中间的跳变仅做双方时钟同步之用，每个比特取值为“0”或“1”则根据其起始时刻（起始边界）是否存在跳变来决定。一般规定：每个比特起始时刻有跳变表示比特“0”，无跳变则表示比特“1”。差分曼彻斯特编码如图 2-15b 所示。差分曼彻斯特编码主要用于令牌环局域网中。

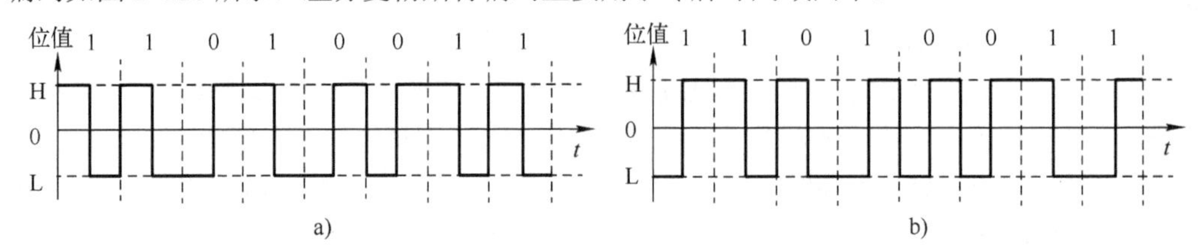

图 2-15 曼彻斯特编码和差分曼彻斯特编码

a) 曼彻斯特编码 b) 差分曼彻斯特编码

曼彻斯特编码和差分曼彻斯特编码的特点是每比特均用不同电平的两个半位来表示，因而始终能保持直流的平衡，而且可以避免连续比特“0”或比特“1”信号的误判。其最大优点是将时钟和数据包含在信号流中，只要有信号，在线路上就存在电平跳变，易于被检测。在传输代码信息的同时，也将时钟同步信号一起传输给对方，因此具有自同步功能，称为自同步编码。但其缺点也很明显，就是编码效率低，例如当数据传输速率为 100Mbit/s 时，需要 200MHz 的脉冲。

📖 曼彻斯特编码和差分曼彻斯特编码是自带同步时钟的编码。

2．模拟—数字数据编码

模拟—数字数据编码是将模拟信号变换为适合传输的数字信号。数字信号的传输失真小、误码率低、数据传输速率高，因此在计算机网络中除计算机直接产生的数字信号外，语音、图像等信息采用数字信号传输已成为发展的必然趋势。脉冲编码调制（Pulse Code Modulation，PCM）是模拟数据数字化的主要方法。PCM 技术的典型应用是语音数字化。语音可以用模拟信号的形式通过电话线路传输，但是要将语音与计算机产生的数字、文字、图像同时传输，就必须首先将语音信号数字化。发送端通过 PCM 编码器将语音信号转换为数字信号，通过通信信道传输到接收端，接收端通过 PCM 解码器将它还原成语音信号。数字化语音数据的传输速率高、失真小，可以存储在计算机中，并且可以进行必要的处理。PCM 操作分为采样、量化与编码 3 个步骤。

（1）采样

模拟信号数字化的第一步是采样。模拟信号是电平连续变化的信号。采样是指每隔固定或非固定长度的时间抽取模拟数据的瞬时值，作为从这一次采样到下一次采样之间该模拟数据的代表值，从而将时间上连续的模拟数据变成时间上离散的采样数据。根据采样时间间隔是否相同，采样可分为均匀采样和非均匀采样。采样时，必须遵循奈奎斯特采样定理，即采样的频率 f 应满足 $f \geqslant 2B$ 或 $f = 1/T \geqslant 2 \times f_{max}$。研究结果表明，这样获得的样本可以包含足以重构原模拟信号的所有信息。

（2）量化

量化是将采样信号的无限多个数值用有限个数值替代的过程，即将采样取得的电平幅值按照一定的分级标度转换为对应的数字值，并取整数，从而将时间上离散、幅值上连续的模拟数据变成时间和幅值上都离散的数字数据。根据量化间隔是否相同，量化可分为均匀量化和非均匀量化。

（3）编码

编码是将量化后的数值（数字数据）按规则转换为对应的位数固定的二进制编码的过程。如果有 k 个量化级，则二进制的位数为 $\log_2 k$。

【例 2-3】 假设模拟信号和 8 个采样点值如图 2-16 所示，量化级为 128，试求 PCM 编码值。

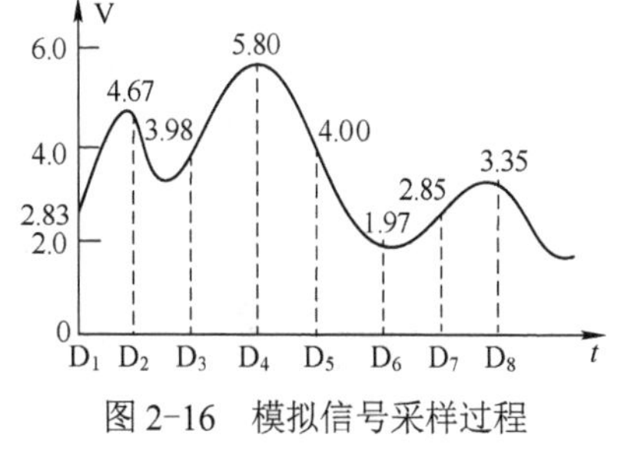

图 2-16　模拟信号采样过程

【解】

1）采样：8 个采样点幅值如图 2-16 所示。

2）量化：量化级为 128，因此将纵坐标 0～6V 区间均匀地划分成 128 个区间，得

$$量化值=128/(6-0)\times 采样点幅值$$

3）编码：二进制码位数$=\log_2 128=7$。

PCM 编码结果见表 2-2，表中给出了对应采样点的信号幅值、量化值及二进制编码。

表 2-2　模拟信号量化及数字化

采样点	采样时间/ms	采样点幅值	量化值	二进制编码	编码信号
D_1	0.000	2.83	60	00111100	
D_2	0.125	4.67	100	01100100	
D_3	0.250	3.98	85	01010101	
D_4	0.375	5.80	124	01111100	
D_5	0.500	4.00	85	01010101	
D_6	0.625	1.97	42	00101010	
D_7	0.750	2.85	61	00111101	
D_8	0.875	3.35	71	01000111	

2.4　传输介质

传输介质又称传输媒体或传输媒介，它是网络中连接收发双方的物理通路，是通信中实际传送信息的载体。传输介质可分为导向传输介质和非导向传输介质两大类。在导向传输介质中，信号被导向沿着固定的介质（如铜线或光纤）传播；非导向传输介质指自由空间，通过无线方式传播电磁波，通常称为无线传输。导向传输介质主要包括双绞线、同轴电缆和光纤；非导向传输介质中常用的无线通信技术有无线电波通信、微波通信、红外通信和自由空间的激光通信等。

2.4.1　双绞线

双绞线（Twisted Pair）一般是由多对两两扭合在一起的带有绝缘层的铜线组成，被封装在一个绝缘套管中。在每根铜导线的绝缘层上通常涂有不同的颜色以示区分。通常，双绞线扭合得越密，其抗干扰能力就越强，传输性能也就越高。双绞线是网络布线中使用非常广泛的一种传输介质，它成本低，制作和使用简便。

双绞线按照是否带有屏蔽层，可分为屏蔽双绞线（Shielded Twisted Pair，STP）和非屏蔽双绞线（Unshielded Twisted Pair，UTP）两类。

屏蔽双绞线（STP）一般由 4 对铜线组成，每对铜线都是由两根铜线绞合在一起形成的，而每根铜线都外裹不同颜色的塑料绝缘体。每对铜线包裹在金属箔片（线对绝缘层）里，而整个 4 对铜线又包在另外一层金属箔片（整体绝缘层）里，最后在屏蔽双绞线的最外面还包有一层塑料外套。

非屏蔽双绞线（UTP）一般也由 4 对铜线组成，每对铜线也都是由两根铜线绞合在一起形成的，而每根铜线都外裹不同颜色的塑料绝缘体，4 对铜线最外面包有一层塑料外套。

非屏蔽双绞线和屏蔽双绞线内部结构如图 2-17 所示，图 2-18 所示为非屏蔽双绞线实物。双绞线使用的连接器主要有 RJ-11 和 RJ-45。其中，RJ-11 用于电话线接口，而 RJ-45 用于网线接口。图 2-19 是一个 RJ-45 连接器插头的外形图。

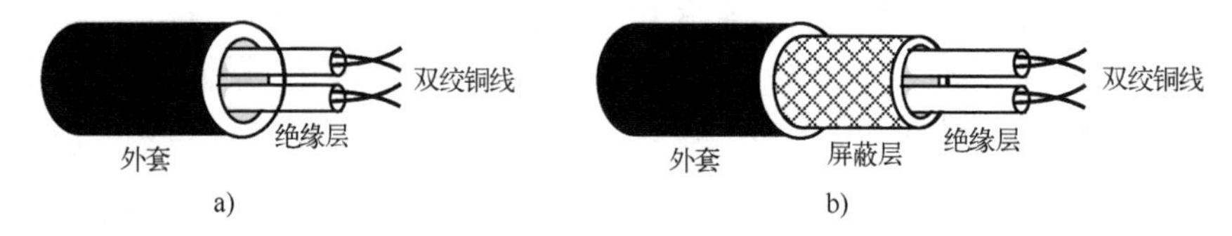

图 2-17　非屏蔽双绞线和屏蔽双绞线内部结构

a) 非屏蔽双绞线　b) 屏蔽双绞线

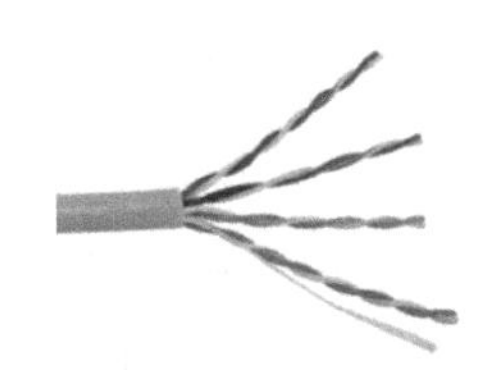

图 2-18　非屏蔽双绞线

图 2-19　RJ-45 连接器插头外形图

UTP 由于不带屏蔽层，容易受到来自外部环境或邻近双绞线的电磁干扰。但它安装和使用方便，且成本低，因此被广泛地应用于网络布线。STP 抗干扰能力强，但成本较高，而且安装相对要复杂一些。

双绞线按照性能不同又可分为 1 类线、2 类线、3 类线、4 类线、5 类线、超 5 类线和 6 类线和 7 类线等。美国电子工业协会（EIA）的电信工业分会（Telecommunication Industry Association，TIA）定义了 EIA/TIA 标准的非屏蔽双绞电缆类型。

- 1 类线：用于电话通信，一般不适合传输数据。
- 2 类线：可用于传输数据，最大传输速率为 4Mbit/s。
- 3 类线：用于以太网，最大传输速率为 10Mbit/s。
- 4 类线：用于令牌环网，最大传输速率为 16Mbit/s。
- 5 类线：用于快速以太网，最大传输速率为 100Mbit/s。
- 超 5 类线：用于千兆以太网，最大传输速率为 1000Mbit/s。
- 6 类线：用于吉比特以太网，最大传输速率为 1Gbit/s。

目前最新的双绞线是 7 类线，但不再是非屏蔽双绞线，而是屏蔽双绞线，主要用于万兆位以太网中，传输速率可达 10Gbit/s。

双绞线的类别越高，传输性能越好，价格也越贵。目前，在计算机网络布线中使用最多的是 5 类线、超 5 类线和 6 类线。

2.4.2 同轴电缆

同轴电缆（Coaxial Cable）由中心导体、同轴向放置的绝缘层、外导体屏蔽层和绝缘保护套组成，如图 2-20 所示。用于传递电信号的一对导体是按照一层圆筒式的外导体套在内导体（中心导体）外面，两个导体之间使用绝缘材料进行隔离来设计的。其外层导体和内层导体在同一个轴心上，所以称其为同轴电缆。理论上，环绕着中心导体同轴放置外导体屏蔽层的方法可以将所有电磁场保持在两个导体之间，可有效地降低外部电磁干扰对同轴电缆中所传输信号的影响，将电磁场保持在两个导体之间。

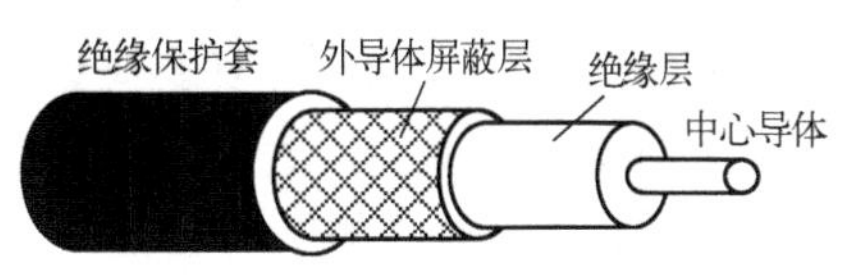

图 2-20　同轴电缆结构

同轴电缆是一种使用非常广泛的传输介质，例如，在有线电视系统中，通常采用同轴电缆作为传输电视信号的介质。与双绞线相比，同轴电缆价格较高，但其具有传输距离长，且抗干扰能力强的优点。

同轴电缆有多种型号。常用同轴电缆的型号和应用范围如下。

- 特性阻抗为 50Ω的粗缆 RG-8 和 RG-11，用于粗缆以太网组网。
- 特性阻抗为 50Ω的细缆 RG-58，用于细缆以太网组网。
- 特性阻抗为 75Ω的宽带同轴电缆 RG-59，用于有线电视中视频信号的传输。

同轴电缆标准衰减在 10MHz 下每 30m 小于 1.5dB，100MHz 下每 30m 小于 5dB。由于受信号衰减和信号失真的限制，同轴电缆的可用距离随着频率的提高而减小。粗缆的传输距离长，可靠性高，其最大传输距离可达 500m。细缆的传输距离短，线缆总长不能超过 185m，否则信号会严重衰减。在计算机网络布线领域，粗缆和细缆已基本被双绞线和光缆所取代。

2.4.3 光纤

光纤是光导纤维（Optics Fiber）的简称。它是一种利用光的全反射原理，在玻璃或塑料制成的非常细的纤维中传输光信号的传输介质。光纤由纤芯和包层构成，纤芯非常细，其直径只有 8～200μm。包层包在纤芯的外面，与纤芯相比，它具有较低的折射率。根据折射定律 $n_1\sin\theta_1=n_2\sin\theta_2$。其中，$n_1$、$n_2$ 分别为纤芯和包层的折射率；θ_1、θ_2 分别为入射角和折射角。当 $n_1>n_2$ 时，其折射角（θ_2）大于入射角（θ_1），随着入射角 θ_1 增大，折射角 θ_2 也随之增大，当入射角 θ_1 足够大（大于或等于临界角）时，折射角 θ_2 超过 90°，形成全反射，反射角为 θ_3，即光信号碰到包层时被全部反射回纤芯，如图 2-21 所示。光纤利用全反射原理，使得光信号在包层表面不断地形成全反射，沿着纤芯进行传播，而不会通过包层折射出去。图 2-22 是光信号在纤芯中传播的示意图。

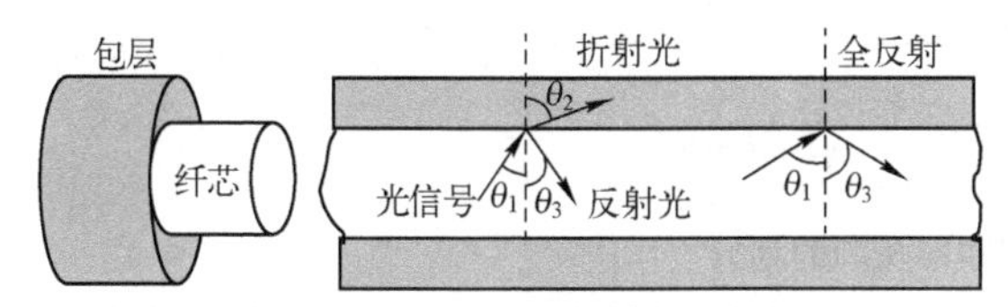

图 2-21　光信号在光纤中的折射和全反射

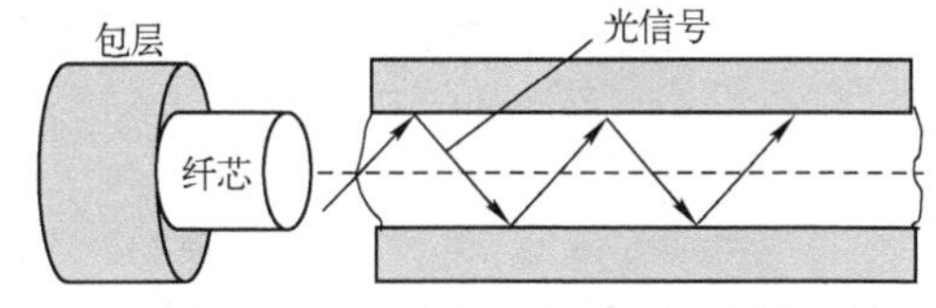

图 2-22　光信号在光纤中的传播过程

光纤的种类主要有以下 3 种。

- 多模突变光纤：该种光纤的纤芯折射率从中心到边缘不变，但与包层之间的边界折射率是突变的，这使得光线频繁发生反射，因此造成色散程度高。但这种光纤是最便宜的，用于对光纤性能要求不高的场合。

- 多模渐变光纤：该种光纤在纤芯中心处的折射率最高，从中心到边缘逐渐降低，这样可以减少反射，降低色散程度。这种光纤比多模突变光纤稍贵。
- 单模光纤：该种光纤具有较小的直径以及其他有助于减少反射的特性。这种光纤是最贵的，色散最少，适用于长距离及较高比特率传输的场合。

光纤的主要优点如下。

- 带宽很高，通信容量大。
- 信号衰减小，传输距离远。
- 抗电磁干扰能力强，传输可靠性高。
- 无信号泄露，难于窃听，安全性好。
- 尺寸小且重量轻，易于运输和铺设。
- 抗腐蚀能力强，使用寿命长。

2.4.4　无线传输介质

无线传输介质是非导向传输介质，不使用有线传输介质传输电磁信号，而是利用电磁信号可以在自由空间中传播的特性来传输信息。无线传输介质实际上是一套无线通信系统。在无线通信系统中，为了区分不同的信号，通常以信号的频率作为划分依据。

1. 电磁波频谱

可用于无线通信的电磁波频谱的范围很宽，频率一般在 10kHz～1GHz。无线电波的传播特性与频率有关。电磁波频谱如图 2-23 所示，无线通信用的电磁波频率资源的划分见表 2-3。

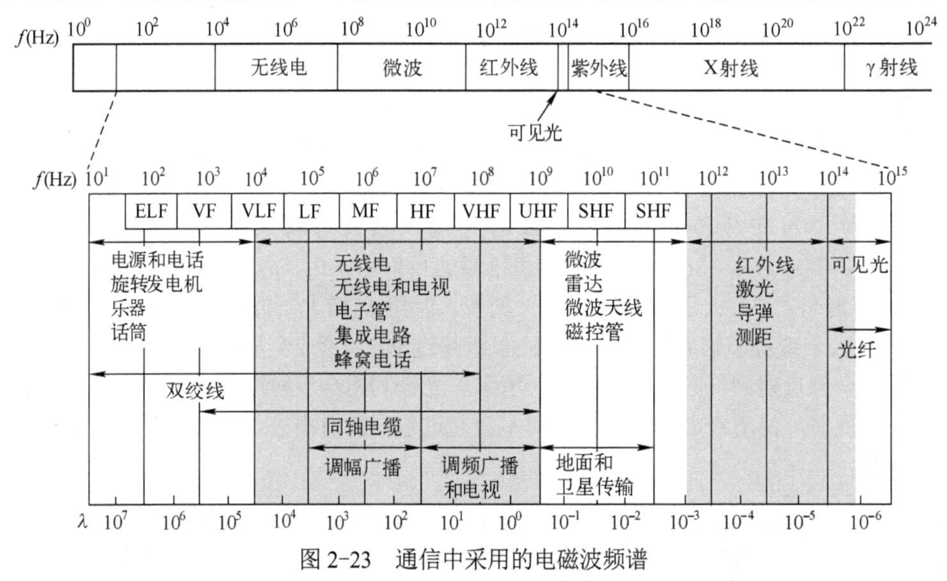

图 2-23　通信中采用的电磁波频谱

表 2-3　电磁波频率资源的划分

频段名称	频率范围	波长范围	波段名称	传播特性	典型应用
极低频（ELF）	30～300Hz	10^7～10^6m	极长波	地波传播	某些家庭控制系统
音频（VF）	300～3000Hz	10^6～10^5m	音频波	地波传播	电话通信系统
甚低频（VLF）	3～30kHz	10^5～10^4m	甚长波	地波传播	航海通信、潜艇通信、地下通信

（续）

频段名称	频率范围	波长范围	波段名称	传播特性	典型应用
低频（LF）	30～300kHz	10^4～10^3m	长波	地波传播	国际广播、长距离导航
中频（MF）	300kHz～3MHz	10^3～10^2m	中波	地波传播	调幅广播、导航、业余无线电通信
高频（HF）	3～30MHz	10^2～10m	短波	天波传播	移动无线电话、短波广播、业余无线电通信
甚高频（VHF）	30～300MHz	10～1m	米波	直线传播	调频广播、电视广播、车辆通信、航空通信
特高频（UHF）	300MHz～3GHz	1m～10cm	分米波	直线传播	电视广播、雷达导航、移动通信、蓝牙
超高频（SHF）	3～30GHz	10～1cm	厘米波	直线传播	微波接力、雷达、卫星和空间通信
极高频（EHF）	30～300GHz	1cm～1mm	毫米波	直线传播	微波接力、雷达、遥感、射电天文学
红外线	300GHz～400THz	1mm～770nm	红外波	直线传播	客户电子应用、红外局域网
可见光	400～900THz	770～330nm	光波	直线传播	光通信

2．无线电波的传播方式

无线电波通信就是利用地面发射的无线电波通过视距或电离层的反射，或电离层与地面的多次反射而到达接收端的一种无线通信方式。无线电波的发送和接收是通过天线进行的。天线一般都具有可逆性，即同一副天线既可以作为发射天线使用，也可以作为接收天线使用。在无线电波的发送端，信号通过馈线输进至天线，由天线以电磁波的形式辐射出去；在无线电波的接收端，天线接收到空中的电磁波信号后，通过馈线传送给后续的接收机单元进行处理。无线电波的传播方式主要有 3 种，即地波传播、天波传播和直线传播，如图 2-24 所示。

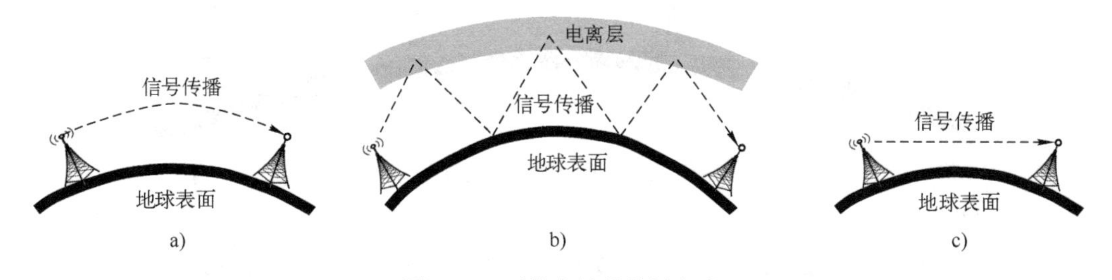

图 2-24　无线电波的传播方式

a) 地波传播（低于 3MHz）　b) 天波传播（3～30MHz）　c) 直线传播（高于 30MHz）

（1）地波传播

地波是指沿地球表面进行传播的无线电波，如图 2-24a 所示。地球表面上各种高低起伏的障碍物会对地波的传播造成影响。只有无线信号的波长大于障碍物的尺寸或与障碍物的尺寸相当时，电磁波才能经过障碍物继续向前传播。在电磁波谱中，长波（VLF 和 LF）和中波（MF）的波长较长，可采用地波的方式进行传播；短波（HF）和微波的波长较短，不适合采用地波的方式进行传播。调幅（AM）广播就是采用地波进行通信的例子。

（2）天波传播

天波是指借助电离层的反射进行传播的无线电波，如图 2-24b 所示。在距离地球表面 60～900km 的大气层中。有一部分大气分子在太阳紫外线、X 射线和高能粒子的作用下发生了电离，形成了带正电的离子和自由电子，这部分发生电离的大气层称为电离层。电离层对于不同波长的无线电波呈现出不同的特性：波长超过 1000m 的长波，几乎会被电离层全部吸收；波长小于 10cm 的微波，能够穿越电离层进入太空；波长介于两者之间的短波和中波，可以通过电离层发生反射，传播至很远的地方。短波广播和业余无线电通信都是采用天波传播的例子。

（3）直线传播

直线传播是指无任何障碍物进行直线传播的无线电波，如图 2-24c 所示。微波采用直线传播，因其波长很短，既不能绕过地面的障碍物，也不能通过电离层进行反射，因此不能采用地波或天波方式传播，只能采用直线方式传播。直线传播也称为视距传播。

3．微波通信

在无线电波中，微波的频率范围是 300MHz～300GHz，波长范围是 1mm～1m。根据其波长的不同，微波又可划分为分米波、厘米波和毫米波。在 100MHz 以上的电磁波频段，电磁波几乎按直线传播，因此，可以将它们聚集成窄窄的一束，通过抛物线形状的天线，将所有能量集中于一小束，从而获得极高的信噪比及较远的传输距离。微波通信常采用 2GHz～40GHz 频段，微波的传播方式是直线传播。可通过微波通信传送视频、图像、电话、电报等信息。

微波通信主要有两种形式：地面微波接力通信和卫星通信。

（1）地面微波接力通信

由于微波是直线传播的，而地球表面的形状是球面的，如果两个微波站相距太远，地球本身就会阻挡传输路径，因此，为了利用微波实现地面上的远距离通信，需要在地球表面建立若干个微波中继站，以实现微波接力通信。微波站的塔越高，微波传播的距离就越远。微波中继站之间的距离大致与塔高的平方根成正比，即对于高度为 100m 的微波塔，两个中继站之间的距离可以为 80km。地面微波接力通信如图 2-25 所示。

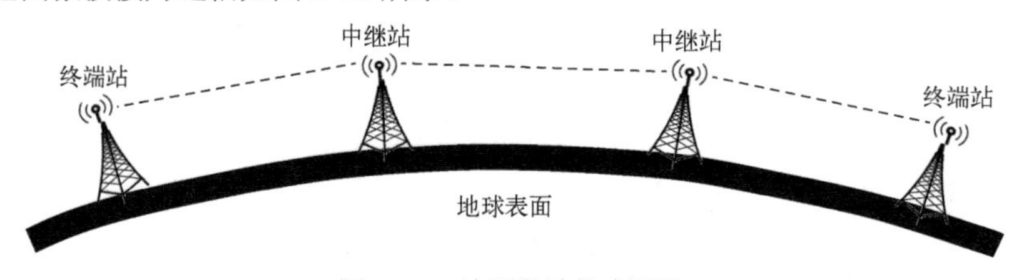

图 2-25　地面微波接力通信

（2）卫星通信

卫星通信也是一种微波通信，它是以卫星作为中继站转发微波信号的无线通信。卫星通信系统由卫星、地面站、用户端 3 部分组成。卫星在空中起中继站的作用，即把地面站发送的电磁波信号经处理后转发给另一个地面站。地面站则是卫星系统与地面公众网的接口，它还包括地面卫星控制中心，及其跟踪、遥测和指令站。用户端是指各种用户终端，它可以通过地面站出入卫星系统形成链路。

卫星通信的主要特点如下。

- 通信范围大，在卫星所覆盖范围下的任意两点之间都可以进行通信。
- 可靠性高，不易受各种陆地灾害的影响。
- 能够方便地实现广播和多址通信。

根据通信卫星与地球表面距离的不同，通信卫星可大致分为 3 种类型：低地球轨道（Low Earth Orbit，LEO）卫星、中地球轨道（Middle Earth Orbit，MEO）卫星和静止地球轨道（Geostationary Earth Orbit，GEO）卫星。

4．红外通信

红外线的频率范围大致为 300GHz～400THz（波长为 1mm～750nm），分为远红外、中红外和近红外 3 个波段。远红外的频率范围是 300GHz～30THz（波长为 1mm～10μm），中红外的频率范围是 30～120THz（波长为 10μm～2.5μm），近红外的频率范围是 120～400THz（波长为 2500nm～750nm）。红外数据传输一般使用近红外波段。

红外通信是指利用红外技术实现两点之间的通信。红外通信系统可分为红外发射单元和红外接收单元两部分。发射单元负责对源信号进行调制，然后以红外线的方式发射出去；接收单元通过光学装置和红外探测器进行红外信号的接收。

红外通信的优点是性价比高，实现容易，抗电磁干扰能力强；缺点是只能在直视范围内通信，且无法穿透不透明的障碍物。

红外通信技术可用于室内点对点通信、无线红外 LAN 通信和军用红外通信。它被广泛应用于移动计算设备、移动通信设备以及对电器设备的控制中，如计算机、移动电话间的数据交换，以及对电视机和空调电器设备的遥控等。

5．自由空间的激光通信

自由空间的激光通信也是一种点对点通信技术，同样是在直视范围内传输。但激光的波束较窄，通常只有几厘米宽，因此在通信时要求激光发送器和激光接收器精确对准，以确保发送的激光光束能够被接收器的感应设备接收到。点对点的激光发送器和接收器通常都是在固定位置进行安装，并且经过仔细校准。

与红外通信相比，自由空间的激光通信适合于户外使用，且能够传输较长的距离。可以利用激光通信完成城市中楼宇之间的信息传输。例如，两座邻近的建筑物需要进行通信，但又不允许进行电缆的铺设（如街道的阻隔等原因），这时可通过在建筑物屋顶架设激光通信设备的方式进行激光通信。

自由空间的激光通信的主要优点如下。

- 通信容量大。从理论上讲，激光通信可同时传送 1000 万路电视节目。
- 保密性好。由于激光具有很强的方向性，不易发生信号泄露。
- 结构轻便，设备成本低。与微波天线相比，激光通信所需的发射和接收天线体积小（直径仅有几十厘米）、重量轻（几千克），便于安装。

自由空间的激光通信的主要缺点如下。

- 受大气和气候的影响较为严重。例如，云雾、雨雪和灰尘等均会阻碍激光的传播，从而减小了其通信距离。
- 发送器和接收器的对准比较困难。由于激光具有很强的方向性，必须保证发送设备和接收设备精确对准，对设备的稳定性、精度和安装调试要求很高。

2.5　物理层概述

物理层并非仅指连接计算机的具体物理设备或负责信号传输的物理设备，而是指在连接开放系统的传输介质上，为数据链路层提供一个透明的原始比特流传输的物理连接，即构造一个可以传输各种数据比特流的透明通信信道。物理层负责解决如何为信息传输提供物理链路，如何将信息变换为适合物理链路传输的光、电信号，或者将所传输的信号变换为终端设备可接收的数据形式，以及在物理链路中传输数据时如何应答等问题。

2.5.1　物理层的基本概念

1．物理层的定义

ISO 对 OSI 参考模型的物理层给出的定义：在物理信道实体之间合理地通过中间系统，为比特流传输所需的物理连接的激活、保持和去除而提供机械的、电气的、功能性和规程性的手段。比特流传输可以采用异步传输，也可以采用同步传输完成。另外，CCITT 在 X.25（公共分组交换网）建议书中也做了类似的定义：利用物理的、电气的、功能的和规程的特性在 DTE 和 DCE 之间实现对物理信道的建立、保持和拆除功能。这里的 DTE（Data Terminal Equipment，数据终端设备）是对属于用户所有的联网设备或工作站的统称，它们是通信的信源或信宿，如计算机终端等；DCE（Data Communication Equipment，数据通信设备）是对为用户提供入接点的网络设备的统称，如自动呼叫应答设备、调制解调器等。

在计算机网络中，计算机终端和外部设备之间的连接需要有标准的接口，这样在设计网络系统时可以任意选择适合该系统的设备，以构成较合理的系统。这里的接口是指 DTE 和 DCE 之间的界面。为了使不同厂家的产品能够交换或互连，DTE 和 DCE 在插接方式、引线分配、电气特性及应答关系上均应符合统一的标准和规范，即 DTE-DCE 接口标准及 ISO 为各种数据通信系统提出的 OSI 参考模型中的物理层协议。

2．物理层提供的基本服务功能

物理层从逻辑角度可以说是传输介质与数据链路层之间的接口，其对应于传输介质与数据链路层的逻辑位置如图 2-26 所示。

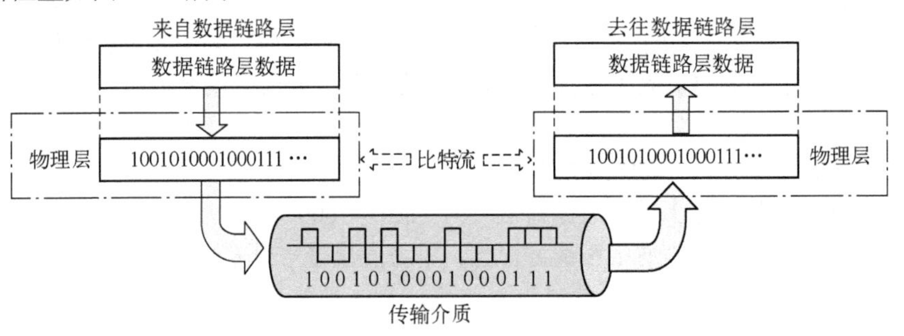

图 2-26　物理层的逻辑位置

物理层定义了在物理传输介质上传输比特流所必需的功能，它向数据链路层提供的基本服务主要包括以下内容。

（1）物理连接的建立、维持和释放

当数据链路层实体发出建立物理连接的请求时，物理层实体使用相关的接口协议（物理层协议）完成这种连接的建立，并且在数据信号传输过程中要维持这个连接，当传输结束后释放这个连接。

（2）数据的传输

物理层为数据传输提供服务，需要形成适合数据传输的实体。该实体应提供足够的带宽，且保证数据能正确通过。传输数据的方式要能满足点到点、点到多点、串行或并行、半双工或全双工、同步或异步传输的需要。

（3）物理层管理

物理层可以对物理层内的一切活动进行管理。在将数据发送到物理传输介质之前，本地节点必须处理原始的数据流，把从数据链路层接收的数据帧转换为用 0 和 1 表示的适合传输介质的电、光或电磁信号。

物理层为数据传输提供可靠的环境，它通常由计算机和传输介质之间的实际界面组成，可定义电气信号、符号、线的状态，以及时钟要求、数据编码和数据传输用的连接器，如最常用的 RS-232 标准、10BaseT 的曼彻斯特编码以及 RJ-45 等。

为建立可靠的传输环境，物理层需要解决的主要问题如下。

1）传输介质与接口的物理特性。物理层定义了设备与传输介质之间的接口特性，也定义了传输介质的类型。物理层定义的传输介质包括有线和无线信道，还包括所用连接器类型、插脚引线或引线管脚分配，以及将比特值转换为电信号的方式。例如，对于局域网，物理层在定义其他协议的同时，还定义了允许使用的电缆类型、将网络电缆连接到硬件设备的连接器类型、电缆长度限制及终端类型等。

2）比特流的表示。物理层的数据是没有任何含义的比特流（由 0 和 1 所组成）。为了能够传输，比特流必须编码成为电信号或光信号。物理层定义编码的类型，即如何将 0 和 1 转换成信号。

3）数据传输速率。物理层同时也定义传输信道的数据传输速率。也就是说，物理层要定义传输一个比特所持续的时间。

4）位同步。发送端的时钟与接收端的时钟必须同步，以使发送端与接收端达到位同步，实现双方收发协调。

5）传输方式。定义两台设备之间的传输方式为单工、半双工或全双工。

6）线路配置。物理层涉及设备与传输介质如何连接的问题。不同传输配置所需的物理线路配置也不同。例如，在点到点配置中，两个设备通过一条专用链路连接。而在点到多点配置中，许多设备会共享一条链路。

7）物理拓扑。物理拓扑定义了如何将物理设备连接成网络。节点的连接方式可以为总线型拓扑、星形拓扑、环形拓扑和网状拓扑等。

3. 物理层的接口特性

物理层接口主要解决网络节点与物理信道如何连接的问题。物理层接口规定了机械特性、电气特性、功能特性和规程特性 4 个特性，其目的是便于不同的制造厂家能够根据公认的标准各自独立地制造设备，且各厂家的产品都能够相互兼容。

（1）机械特性

物理层接口的机械特性涉及的是 DTE 和 DCE 的实际物理连接。它规定了物理连接时所使用的可插接连接器的形状和尺寸、连接器中引脚的数量与排列情况、电缆最大或最小长度、固定和锁定装置等。典型情况下，信号及控制信息的交换电路的多条通信线被捆扎成一根电缆，在电缆的两端各有一个终接插头，可以是插头（“公”）或者插座（“母”）。在电缆两端与其相连的 DTE 和 DCE 设备上必须具有“性别”相反的插头，以实现物理上的连接。例如，常用于串行通信的 EIA RS-232-C 标准使用 25 针插座，CCITT 的 X.21 标准（X.25 的物理层）使用 15 针插座，EIA RS-449 使用 37 针和 9 针插座等。

（2）电气特性

物理层接口的电气特性规定了在物理连接上传输二进制比特流时线路上信号电平的高低、阻抗及阻抗匹配、最大传输速率及距离限制等问题。

（3）功能特性

物理层接口的功能特性规定了物理接口上各条信号线的功能分配及含义。物理层接口的信号线一般分为数据线、控制线、定时线和地线 4 类。

（4）规程特性

物理层接口的规程特性定义了信号线进行二进制比特流传输时的一组操作过程，包括各信号线的工作规则和顺序。对于不同的网络、通信设备、通信方式和应用，物理层接口定义了不同的规程特性。

扫码看视频

📖 物理层接口的 4 个特性描述了物理链路的连接规则、物理信号的编码规则和传递规则。

2.5.2　物理层的接口标准

计算机通信网络中常用的物理层标准有广域网物理层标准 EIA 系列和局域网物理层标准 IEEE 802 系列。本小节主要介绍 IEEE 802 系列标准。

IEEE 802 工作组主要定义了局域网中数据链路层和物理层的规范，成为局域网的国际标准。其中，关于物理层，定义了比特流的发送与接收，具体包括信号的特性、比特流编码/解码方式、传输介质类型、网络拓扑结构及传输速率等规范。

目前应用最广泛的局域网是以太网。根据数据传输速率的不同，以太网可以分为传统以太网（10Mbit/s）、快速以太网（100Mbit/s）、千兆以太网（1000Mbit/s 或 1Gbit/s）和万兆以太网（10Gbit/s）。

1．以太网的物理层结构

IEEE 802.3 标准给出的以太网物理层结构主要包括 4 个功能子层和 2 个接口子层，如图 2-27 所示。

数据链路层
LLC
MAC
RS
协调子层
xMII
（介质无关接口）
物理层
PCS
PMA
PMD
PHY
(物理层设备、
物理层芯片、
物理层收发器)
MDI（介质相关接口）
传输介质

图 2-27　以太网物理层结构

（1）功能子层

1）PMD（Physical Medium Dependent）：物理介质相关子层。

2）PMA（Physical Medium Attachment）：物理介质连接子层。

3）PCS（Physical Coding Sublayer）：物理编码子层，完成对信号的编码和译码、收/发处理、管理和控制等功能，如完成 4B/5B 编码。

4）RS（Reconciliation Sublayer）：协调子层，协调物理层与数据链路层之间的信息传递。

（2）接口子层

1）MDI（Medium Dependent Interface）：介质相关接口。MDI 是将收发器与物理介质相连接的硬件，对于双绞线介质，MDI 就是一个插座。

2）MII（Media Independent Interface）：介质无关接口。它是物理层芯片与 MAC 层芯片之间的接口。图 2-27 中的 xMII 用于表示多种不同速率以太网的介质无关接口。通常，MII 表示 100Mbit/s 的以太网，GMII 表示 1Gbit/s 的以太网，XGMII 表示 10Gbit/s 的以太网。

2．常用以太网物理层标准

以太网接口常用接口类型有双绞线接口（电口）和光纤接口（光口）两种，另外还有早期的同轴电缆接口。常用的以太网物理层标准见表 2-4。“标准名称”说明：起始数字表示传输速率，如 10Base 中的“10”表示信号的传输速率为 10Mbit/s；Base 表示传输的信号是基带信号；-5 表示粗缆，-2 表示细缆；-T 表示传输介质的类型是双绞线，其后面的数字 2 或 4 表示双绞线的对数；UTP 为非屏蔽双绞线，STP 为屏蔽双绞线；-F 表示传输介质的类型是光纤；-SX、-LX、-ZR、-ER 等除表示传输介质类型是光纤外，还表达了波长、距离等含义，如 SX 为短波、LX 为长波、SR 为短距离传输。

表 2-4　常用的以太网物理层标准

类型	标准名称	传输介质	单段最大传输距离	说明
传统以太网	10 Base-2	细同轴电缆	185m	2 表示细缆
	10 Base-5	粗同轴电缆	500m	5 表示粗缆
	10 Base-T	两对双绞线	100m	T 表示双绞线
	10 Base-F	光纤	500m	F 表示光纤
快速以太网	100 Base-T2	两对 3 类线或更高类双绞线	100m	2 表示两对双绞线
	100 Base-T4	4 对 3、4、5 类 UTP	100m	4 表示 4 对双绞线，其中采用 3 对线同时传输数据，1 对用于碰撞检测的接收信道
	100 Base-TX	两对 5 类或更高类 UTP 或 STP	100m	X 表示采用两对高质量的双绞线，其中 1 对双绞线发送信号，另 1 对双绞线接收信号，双向 100Mbit/s 全双工通信。采用 4B/5B 编码方式
	100 Base-FX	两根单模光纤	10km	1 根用于发送，另 1 根用于接收，采用 4B/5B 编码和 NRZ-I 编码
		两根多模光纤	2km	
	100 Base-SX	两根多模光纤	550m	SX 表示短波长激光，波长为 850nm
	100 Base-BX	1 根单模光纤	40km	采用两束不同波长的光进行信号的发送与接收
	100 Base-LX10	两根单模光纤	10km	
千兆以太网	1000 Base-T	4 对 5 类及更高类 UTP	100m	采用全部 4 对双绞线同时进行信号的双向传输
	1000 Base-TX	6 类、7 类双绞线	100m	采用两对双绞线传输
	1000 Base-SX	多模光纤	220～550m	SX 表示短波长激光，其波长为 850nm，传输距离取决于光纤的直径和带宽
	1000 Base-LX	单模光纤	5km	LX 表示长波长激光，其波长为 1310nm
		多模光纤	550m	
	1000 Base-LX10	单模光纤	10km	长波长激光，其波长为 1310nm，最长有效传输距离 10km
	1000 Base-BX10	单模光纤	10km	光纤两端的终端设备不均衡，从网络中心向外围发送波长为 1490nm 的下行光，反向发送波长为 1310nm 的上行光
	1000 Base-ZX	单模光纤	70km	不是 IEEE 标准，但已被工业界所接受，使用长波长激光，波长为 1550nm
万兆以太网	10G Base-SR	多模光纤	300m	SR 表示短距离传输
	10G Base-LR	单模光纤	25km	LR 表示长距离传输
	10G Base-LRM	多模光纤	220～260m	LRM 表示长度延伸多点模式
	10G Base-ER	单模光纤	40km	ER 表示超长距离传输
	10G Base-ZR	单模光纤	80km	不属于 802.3 标准范畴，由制造商提出
	10G Base-LX4	单模光纤	10km	4 表示采用 4 路波长统一为 1300nm 的长波激光源
		多模光纤	240～300m	
	10G Base-T	双绞线	100m	具有更高的功耗和传输延迟

2.6 延伸阅读——我国宇宙通信探索

宇宙通信系统是在通信方面不受时间和地点限制的高级通信网络。通过它，在广播、电视方面将实现数字化、多频道化、高像质化及高现场感；在观测领域将建成高精度的卫星定位系统。它可用于船舶和飞机通信、地图测绘、目标跟踪，还可用于科学技术、卫生医疗、文化教育中。宇宙通信系统的建立离不开航天科技的发展。近年来，我国在航天领域不断创造世界奇迹，在新型火箭首飞、卫星导航系统、月球与深空探测，以及商业航天等领域取得了重大成就，标志着我国已由航天大国正式迈向航天强国。

（1）北斗系统

北斗卫星导航系统（BDS）是我国自行研制的全球卫星导航系统，是继美国全球定位系统（GPS）、俄罗斯格洛纳斯卫星导航系统（GLONASS）之后第三个成熟的卫星导航系统。北斗系统历时 26 年研发，经历了三代系统，共计发射了 59 颗卫星，最终完成全部组网星座发射任务，正式建成，能通过高轨卫星导航和短报文功能重点为亚太地区提供更高质量的服务。

（2）载人航天与空间站

空间站是航天员的“太空家园”，是科学研究的“太空实验室”。2011—2016 年，我国通过天宫一号、天宫二号验证了空间站的一系列关键技术。从 2020 年始，我国相继成功发射了天宫空间站天和核心舱、天舟二号货运飞船和神舟十二号载人飞船，完成了飞船与核心舱的对接和在轨测试，中国航天员首次进入中国人自己的空间站。天舟货运飞船、天和核心舱、神舟十二号飞船任务相继成功，意味着中国空间站时代即将来临。

（3）高性能卫星

2013 年 4 月，我国高分辨率对地观测系统的首发星“高分一号”成功进入轨道。2015 年 12 月，我国成功将暗物质粒子探测卫星“悟空”号发射升空，该卫星具有能量分辨率高、测量能量范围大和本底抑制能力强等优势，将我国的暗物质探测提升至新的水平。2016 年 8 月，我国成功发射世界首颗量子科学实验卫星“墨子”号；2017 年 6 月、8 月，“墨子”号卫星先后在国际上首次成功实现千公里级卫星和地面之间的量子纠缠分发、量子密钥分发和量子隐形传态，这是我国首次实现卫星和地面之间的量子通信。2018 年 2 月，我国成功将电磁监测试验卫星“张衡一号”发射升空并进入预定轨道，标志我国成为世界上少数拥有在轨运行高精度地球物理场探测卫星的国家之一。2019 年 12 月，我国将“实践二十号”卫星送入预定轨道，旨在在轨验证通信、导航、遥感等多领域 16 项关键技术。2020 年 7 月，“亚太 6D”通信卫星成功发射，它是我国目前通信容量最大、波束最多、输出功率最大、设计程度最复杂的民商用通信卫星。2021 年 5 月，我国成功将海洋二号 D 卫星送入预定轨道，该卫星和此前发射的海洋二号 B、C 星组网，标志着我国海洋动力环境卫星迎来三星组网的时代。

（4）嫦娥探月工程

我国在 2004 年正式开展月球探测工程，并命名为“嫦娥工程”。嫦娥工程分为“无人月球探测”“载人登月”和“建立月球基地”3 个阶段。2007 年 10 月 24 日 18 时 05 分，“嫦娥一号”成功发射升空，在圆满完成各项使命后，于 2009 年按预定计划受控撞月。2010 年 10 月 1 日 18 时 57 分 59 秒“嫦娥二号”顺利发射，也已圆满并超额完成各项既定任务。2012 年 9 月 19 日，探月工程已经完成“嫦娥三号”卫星和“玉兔号”月球车的月面勘测任务。“嫦娥四号”是“嫦娥三号”的备份星。2020 年 11 月 24 日，“嫦娥五号”发射成功，挑战月球采样返回，时隔 44 年，为人类再次带回月球样品。

（5）“天问一号”“羲和号”和巡天计划

2021 年 5 月 15 日 7 时 18 分，“天问一号”着陆巡视器成功着陆于火星乌托邦平原南部预选着陆区，我国首次火星探测任务——着陆火星取得圆满成功。2021 年 5 月 22 日 10 时 40 分，“祝融号”火星车安全驶离着陆平台到达火星表面，开始巡视探测。我国成为世界上第二个让火星车成功着陆的国家。

2021 年 10 月 14 日，我国首颗太阳探测科学技术试验卫星“羲和号”成功发射，正式步入“探日”时代，实现太阳探测零的突破，它开创了多个“首次”：国际上首次开展太阳 Hα 波段光谱成像空间探测；首次采用“动静隔离非接触”总体设计新方法；首次提出“载荷舱主动控制、平台舱从动控制”新方法；首次实现卫星大功率、高可靠、高效无线能源传输技术的应用。

“银河画卷”巡天计划是我国唯一在毫米波段的巡天项目，利用位于青海德令哈的口径 13.7m 的毫米波射电望远镜进行天文观测。“银河画卷”一期巡天项目自 2011 年 11 月起历时 10 年，于 2021 年 4 月底结束，完成银纬正负 5 度范围共 2400 平方度的探测覆盖，建立了毫米波分子谱线数据库。2021 年 11 月，为期 10 年的“银河画卷”二期巡天计划启动，将巡天区域扩展至银道面附近银纬正负 10 度的范围，将为多波段天文研究提供更广域的分子气体分布数据。

2.7　思考与练习

1．选择题

1）下列选项中（　　）最好地描述了模拟信号。

A．用图像表示 1 个正弦波　　B．有 2 个不同状态
C．每秒周期数计量　　D．A 和 C

2）波特率等于（　　）。

A．每秒传输的比特
B．每秒钟可能发生的信号变化的次数
C．每秒传输的周期数
D．每秒传输的字节数

3）奈奎斯特定理描述了有限带宽信道、无噪声信道的最大数据传输速率与信道带宽的关系。对于二进制数据，若信道带宽 B=3000Hz，则最大数据传输速率为（　　）。

A．300bit/s　　B．3000bit/s　　C．6000bit/s　　D．2400bit/s

4）根据香农定理，用 C 表示信道的最大信息传输速率，用 H 表示带宽、S 表示信号功率、N 表示噪声功率，则 C、H、S 及 N 之间的关系是（　　）。

A．$C = H \log_2(1+S/N)$　　B．$C = H \log_2(1+N/\mathrm{S})$
C．$C = N \log_2(1+S/H)$　　D．$C = (1+S/H) \log_2 N$

5）利用模拟通信信道传输数字信号的方法称为（　　）。

A．同步传输　　B．异步传输　　C．基带传输　　D．频带传输

6）通过改变载波信号的频率来表示数字信号 0 和 1 的方法称为（　　）。

A．幅移键控　　B．频移键控　　C．绝对调相　　D．相对调相

7）用 PCM 对语音进行数字化，如果将声音分为 128 个量化级，采样频率为 8000 次/s，那么一路话音需要的数据传输速率为（　　）。

A．56 kbit/s　　B．64 kbit/s　　C．128 kbit/s　　D．1024 kbit/s

8）带宽为 W Hz 的理想有限带宽信道的最高码元传输速率为（　　）。

A．*W* Baud　　B．*W* bit　　C．2*W* Baud　　D．3*W* Baud

9）异步 TDM 技术中的时间片分配策略是（　　）。

A．预先分配但不固定　　B．预先分配固定不变

C．动态分配随时可变　　D．动态分配固定不变

10）采用同步 TDM 时，为区分不同数据源数据，发送方采取的措施是（　　）。

A．在数据中加上数据源标识　　B．在数据中加上时间标识

C．各数据源使用固定时间片　　D．各数据源使用随机时间片

11）在异步通信中，每个字符包含 1 位起始位、7 位数据位、1 位奇偶位和 2 位终止位，若每秒钟传送 100 个字符，采用 4 相位调制，则码元速率为（　　）。

A．50Baud　　B．500Baud　　C．550Baud　　D．1100Baud

12）说明接口所用接线器形状和尺寸、引脚数目及排列、固定和锁定装置的特性是（　　）。

A．机械　　B．电气　　C．功能　　D．规程

13）假设模拟信号的最高频率为 5MHz，采样奈奎斯特频率使得到的样本信号不失真，如果每个样本量化为 256 个等级，则数据传输速率是（　　）。

A．10Mbit/s　　B．50Mbit/s　　C．80Mbit/s　　D．100Mbit/s

14）（　　）用来说明某条线上出现的某一电平的电压表示何种意义。

A．机械特性　　B．电气特性　　C．功能特性　　D．规程特性

15）物理层的主要功能是实现（　　）的正确传输。

A．比特流　　B．帧　　C．分组　　D．报文

2．问答题

1）试比较模拟通信与数字通信。

2）简述同步通信与异步通信有何不同。

3）数据在信道中的传输速率受哪些因素的限制？信噪比能否任意提高？香农公式在数据通信中的意义是什么？“bit/s”和“码元/s”有何区别？

4）多路复用的主要目的是什么？常用的多路复用技术有哪些？

5）试画图说明频分多路复用中信号复用、解复用过程。

6）简述物理层的定义和主要特点。

7）简述物理层提供的服务及要解决的问题有哪些。

8）简述物理层接口的 4 个特性。

3．综合应用题

1）设基带数字信号序列为 010011011，已知码元传输速率为 1200Baud，载波频率为 2400Hz。“0”码载波相位不变，“1”码载波相位改变 π，试画出 2ASK 和 2PSK（初始状态和载波相同）波形。

2）试画出序列“011010011”的不归零编码、归零编码、曼彻斯特编码和差分曼彻斯特编码的波形图。

3）现有 A、B、C、D 4 个用户，各自发送的数据如图 2-28 所示，试分别画出利用同步时分多路复用和异步时分多路复用技术情况下，各用户共同占用信道发送数据时数据的结构。

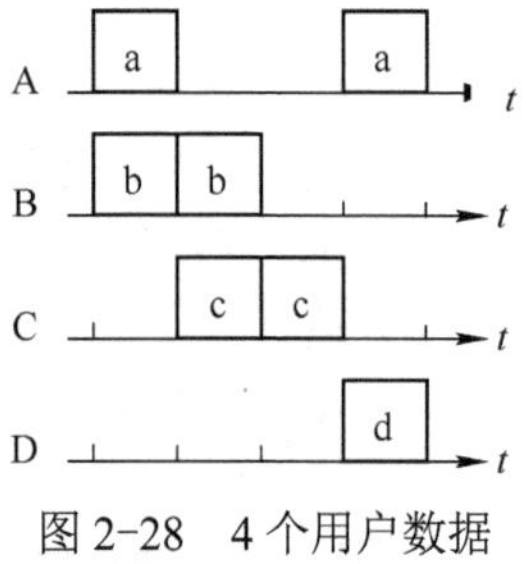

图 2-28　4 个用户数据

第3章 数据链路层

本章导读（思维导图）

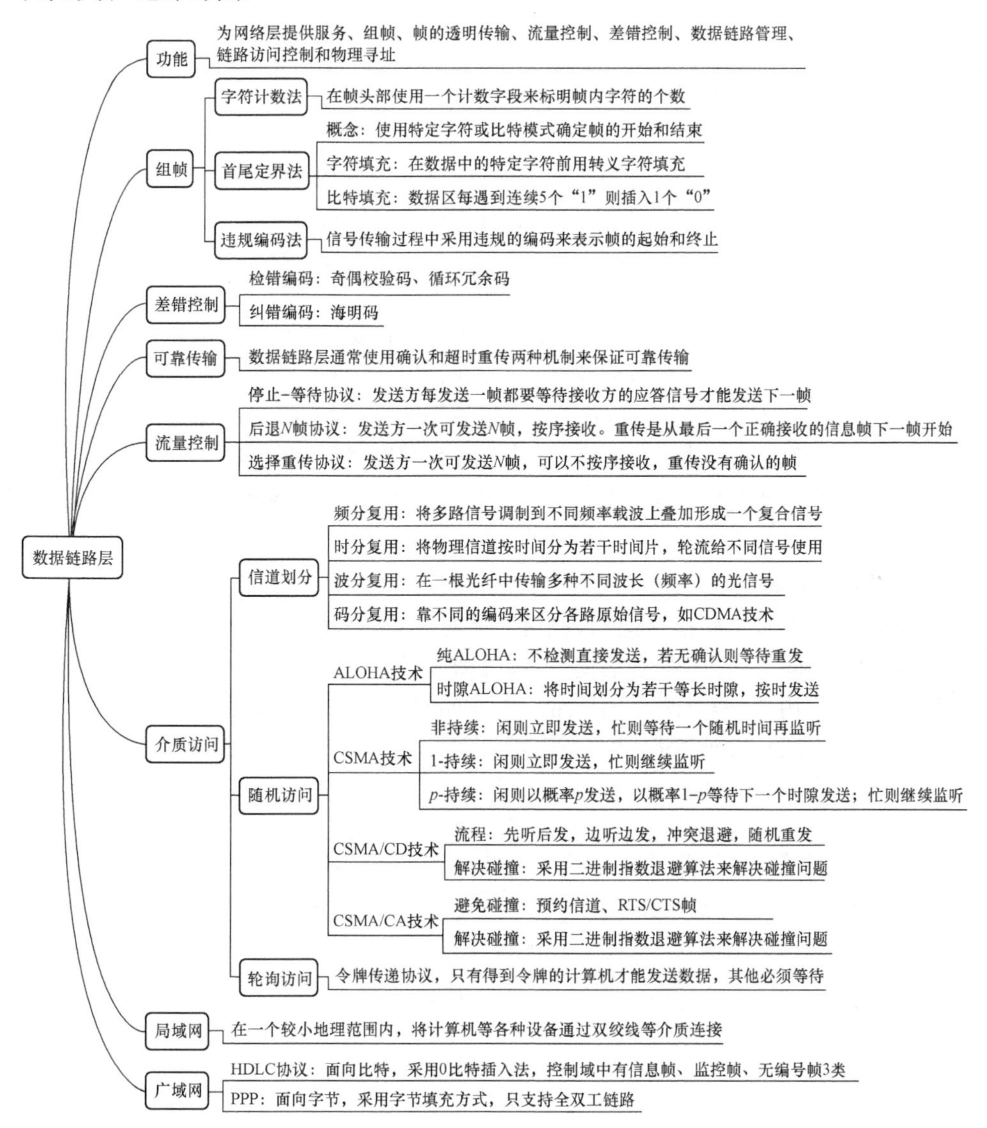

数据链路层处于 OSI 参考模型第二层，介于物理层和网络层之间，属于通信子网。数据链路层和物理层通常构成网络通信中必不可少的低层服务，在节点的网络接口（如通常所称的网卡）中实现。在物理层提供的比特流传输服务的基础上，数据链路层主要实现数据封装成帧、透明传输、差错检验、流量控制和确认机制等功能。数据链路层的主要协议有以太网的 MAC（Media Access Control）协议、经典的 HDLC（High level Data Link Control）协议和 Internet 接入网中的 PPP（Point-to-Point Protocol）等。本章主要介绍数据链路层的基本概念、差错控制技术、流量控制与可靠传输机制、介质访问控制方式、局域网和广域网的主要标准和协议等。

数据链路层是自底向上第一个提供差错控制、流量控制、透明传输的层次。

3.1　数据链路层概述

数据链路层在物理层提供的服务基础上向网络层提供相应服务，其主要作用是加强物理层传输原始比特流的功能，将物理层提供的可能出错的物理链路改造为逻辑上无差错的数据链路。数据链路层是以帧为单位传输数据，同时具备差错检测、流量控制和透明传输等功能。

3.1.1　数据链路层的基本概念

1. 设置数据链路层的原因

设置数据链路层的主要目的是解决物理层传输的不可靠问题，提供功能上和规程上的方法，建立、维护和释放网络实体间的数据链路。设计数据链路层的原因如下。

1）尽管物理层采取了一些必要的措施来减少信号传输过程中噪声的干扰，但数据在物理传输过程中仍然可能受到影响，使得物理传输过程中可能会产生差错。

2）由于物理层只关心原始比特流的传输，不考虑所传输信号的意义和信息的结构，即物理层无法识别或判断数据在传输过程中是否发生了变化，因此也无法采取补救措施。

3）物理层无法处理当发送节点的发送速率过快而接收节点的接收速率过慢时可能发生的数据被淹没现象，即物理层不能协调发送节点的发送速率和接收节点的接收速率。

因此，网络仅有物理层的功能是不够的，位于物理层之上的数据链路层就是为了克服物理层的这些不足而设立的。

2. 数据链路层的定义

数据链路层利用不可靠的物理链路向网络层提供可靠的数据链路，实现网络中两个相邻节点之间的无差错数据传输。它利用物理层提供的原始比特流传输服务，检测并校正物理层的传输差错，在相邻节点之间构成一条无差错的链路，从而向网络层提供可靠的数据传输服务。将实现通信协议的硬件和软件加到物理链路上所构成的可以通信的链路称为数据链路，又称为逻辑链路。数据链路层模型如图 3-1 所示。

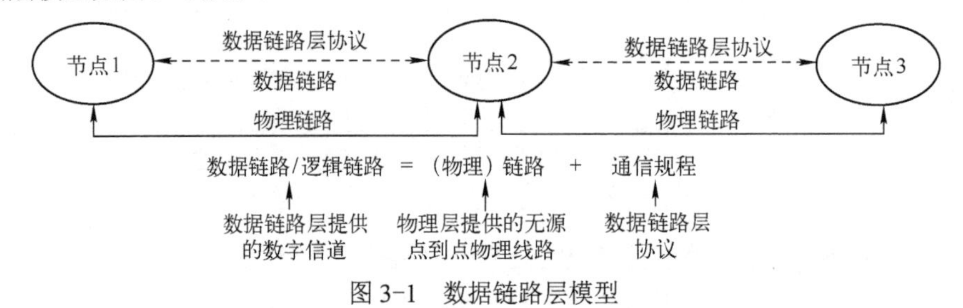

图 3-1　数据链路层模型

3.1.2　数据链路层的功能与服务

为了完成在不可靠的物理链路上实现可靠的数据帧传输任务，数据链路层应具备一定的功能。

1．数据链路层的主要功能

1）组帧。数据链路层之所以要把比特组合成帧为单位进行传输，其目的就是在出错时只重发出错的帧，而不必重发全部数据，从而提高传输效率。为了使接收方能够正确地接收并检查所传输的帧，发送方必须依据一定的规则把网络层递交的分组封装成帧（称为组帧）。同时，为了使物理层能透明地传输数据，数据链路层将采用一定的方法将物理层的比特流划分成离散的帧。组帧主要解决帧定界、帧同步、透明传输等问题。

2）帧的透明传输。组帧是在帧中增加一些控制信息，以确定帧的定界。但为了保证帧的透明传输，还需要进行一些特殊的处理，否则将不能正确地区分数据与控制信息，而这些特殊的处理对高层来说是透明的。

3）流量控制。如果接收节点接收数据的速率小于发送节点发送的速率，则将会造成接收节点缓冲区溢出，从而使接收的数据丢失。流量控制就是对发送方发送数据的速率加以控制，以免超过接收方的接收能力而导致数据丢失的机制。

4）差错控制。差错控制就是接收方对接收到的数据帧进行校验，如果发生差错，则应该能够对错误帧进行相应处理。数据链路层一般采用在信息位中添加冗余码的方法进行差错校验，接收方利用冗余码可以检测出接收到的帧是否存在差错，如果有错，既可以采用纠错编码前向纠错，也可以将它丢弃，并通知发送方重传出错的数据帧。差错控制通常在一个帧的结束处增加一个尾部来处理。

5）数据链路管理。如果在数据链路上采用面向连接的方式传输数据，则发送方和接收方之间需要有建立、维持和释放数据链路连接的管理功能。

6）链路访问控制。当两个以上的节点连接到同一条链路上时，数据链路协议必须能决定在任意时刻由哪一个节点来获取对链路的控制权。介质访问控制协议（MAC 协议）定义了帧在链路上传输的规则。对于点对点链路，MAC 协议比较简单或者不存在；对于多节点共享广播链路，MAC 协议用来协调多个节点的帧的传输，属于多址访问问题。

7）物理寻址。在一条点到点直达的链路上不存在寻址问题。在多点连接的情况下，数据链路层可以通过编址及识别相应的地址（一般称为硬件地址与物理地址）来保证每一帧数据都能被传输到指定的目的地，接收方也应能识别出接收到的数据帧来自哪里。

📖 数据链路层的流量控制和差错控制将有差错的物理链路变为无差错的逻辑链路。

2．数据链路层向网络层提供的服务

当数据链路两端的节点进行通信时，需要根据具体情况配置数据链路层，使之能为网络层提供多种不同类型的服务。数据链路层主要向网络层提供以下 3 种服务。

1）无确认的无连接服务。无确认的无连接服务简单，适用于低误码率环境中的数据传输。大多数局域网的数据链路层都使用无确认的无连接服务。该服务主要包含以下 5 个方面。

- 双方无须建立链路连接。
- 每一帧都带有目的地址。
- 各帧相互独立传输。
- 目的节点对收到的帧不做任何应答确认。
- 由高层处理丢失的帧，数据链路层不做处理。

2）有确认的无连接服务。有确认的无连接服务是在无确认的无连接服务的基础上增加了确认功能，适用于可靠性不高的通信信道。该服务主要包含以下两个方面。

- 目的节点对接收到的每一帧都要向发送方发送确认帧（ACK）。
- 发送方利用超时机制处理确认帧，每发送一个数据帧的同时启动一个定时器，若在规定时间内未收到该帧的确认帧，则发送方启动超时重传机制，重传该数据帧。

3）面向连接服务。面向连接服务是指在数据传输之前首先建立数据链路连接，然后所有的数据帧均在该链路中依次按序传输，最后传输结束时再释放该连接。该方法适用于实时传输或对数据传输有较高可靠性要求的环境。面向连接服务主要有以下 3 个阶段。

- 连接建立阶段。在传输数据之前，首先利用服务原语在发送方和接收方之间建立一条连接（即建立数据链路）。
- 连接维持阶段。发送方和接收方进行数据帧的透明传输。所有的数据帧都带有自己的编号，传输过程中要求对每一帧进行确认，发送方收到确认帧后才能发送下一帧。
- 连接断开阶段。数据传输结束后，发送方和接收方妥善释放数据链路。

扫码看视频

3.2　组帧

数据链路层常用的组帧方法有以下 4 种。

1．字符计数法

字符计数法是在每帧首部使用一个字符表示帧内字符的个数。“帧长度”字段表示该帧所含的字符数，“帧长度”字符本身也被计算在内。字符计数组帧法如图 3-2 所示。

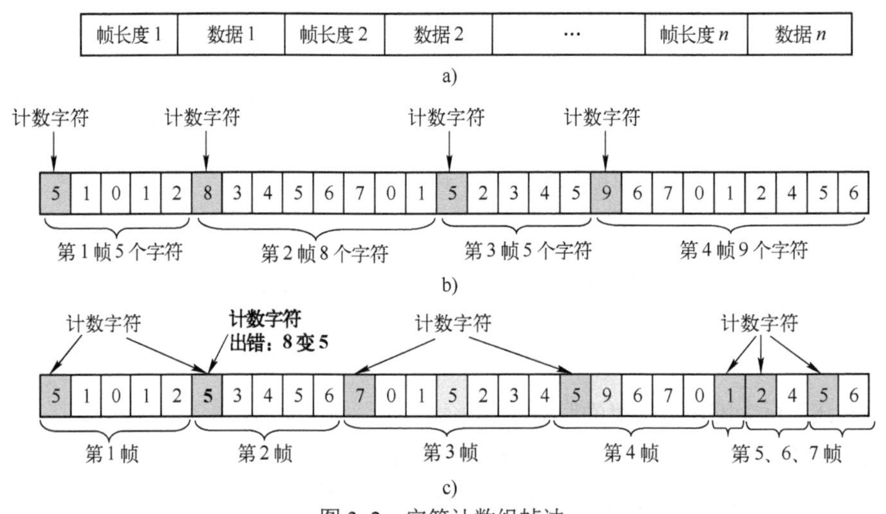

图 3-2　字符计数组帧法

a) 字符计数组帧法的格式　b) 字符计数组帧法实例（无差错的数据帧）　c) 字符计数组帧法实例（有差错的数据帧）

字符计数组帧法的致命缺点在于计数字段一旦出错，则收发双方将无法再同步。因此，字符计数组帧法现在很少使用。

2．带填充字符的首尾定界法

带填充字符的首尾定界法是指每一帧以 ASCII 字符序列 DLE STX（Data Link Escape Start of Text）开头，以 DLE ETX 结束。也就是以特定的字符序列为控制字段，避免了出错后再同步的问题。当传输的二进制数据中出现 DLE STX 或 DLE ETX 时，发送方在每一个 DLE 字符前再插入一个 DLE 字符，接收方再恢复数据的原始状态，如图 3-3 所示。

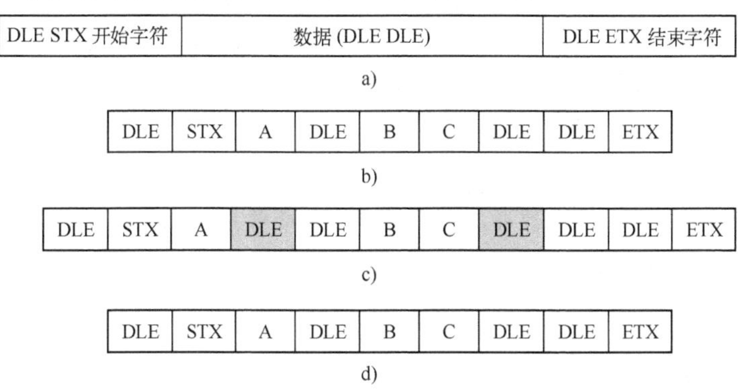

图 3-3　带填充字符的首尾定界组帧法

a) 带填充字符的首尾定界法的格式　b) 网络层发出的数据　c) 经发送方数据链路层填充后的数据

d) 接收方数据链路层传送给网络层的数据

带填充字符的首尾定界法的缺点是依赖于字符集、不通用、扩展性差。

3. 带填充位的首尾定界法

带填充位的首尾定界法简称位填充法。位填充法允许数据帧包含任意个数的比特，采用统一的帧格式，以特定的位序列进行帧的同步和定界。

1）帧的开始和结束：采用特定位模式，即 01111110，称为帧开始和结束标志字节。

2）工作原理：为了解决透明传输比特流，避免传输的比特流中含有“01111110”这样的模式，数据链路层组帧机制采用位填充技术实现。位填充技术又称为“0”比特插入技术，即发送方在发送数据过程中对数据位进行扫描并计数，若遇到连续 5 个“1”比特时，自动在其后插入 1 个“0”比特。当接收方收到连续 5 个“1”比特，且后面跟着 1 个“0”比特时，则判断该“0”比特为发送方填充的，自动将其删除。如果接收方收到连续 5 个“1”比特，且后面跟着的还是“1”比特时，则继续判断下一位，如果下一位是“0”比特，则认为是帧结束标志字节，如果下一位是“1”比特，则可断定是数据位出错了，因为数据中不可能连续出现 7 个“1”比特。

带填充位的首尾定界组帧法如图 3-4 所示。对于通信双方计算机的网络层来说，位填充技术和字符填充技术都是透明的。

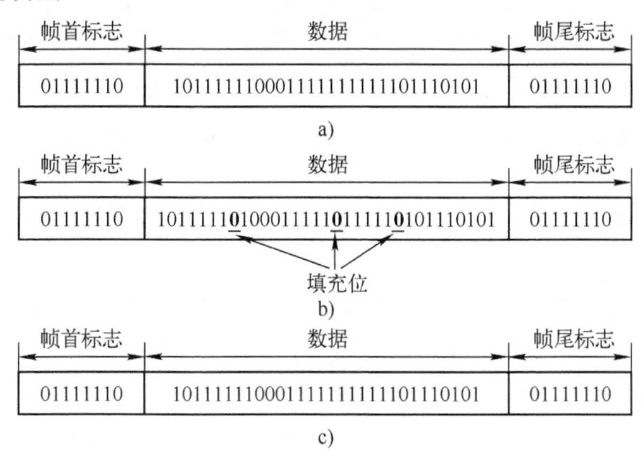

图 3-4　带填充位的首尾定界组帧法

a) 发送方发送的原始数据　b) 传输中带填充位的传输数据　c) 接收方接收到的删除填充位后恢复的数据

4．违规编码法

在物理层进行比特编码时，通常采用违规编码法。例如，曼彻斯特编码方法将数据比特“1”编码成“高-低”电平对，将数据比特“0”编码成“低-高”电平对，而“高-高”电平对和“低-低”电平对在数据比特中是违规的（即没有采用）。因此，可用这些违规编码序列来定界帧的起始和终止，IEEE 802标准就是采用了此方法。

📖 违规编码法不需要采用任何填充技术就实现了数据传输的透明性，但只适用于采用冗余编码的特殊编码环境。由于字符计数法中计数字段的脆弱性和字符填充法实现上的复杂性与不兼容性，目前较常用的组帧方法是比特填充法和违规编码法。

3.3　差错控制技术

物理层的任务是接收一个原始的比特流，并将它传输到目的地。在传输过程中传输的比特流个数和内容可能会发生变化，即产生差错。但目前已有的物理层协议对传输的比特流并不进行任何检测和纠错，即物理层并不保证这个比特流的正确传输。物理层传输产生的差错将由数据链路层负责检测和纠错。

3.3.1　差错产生的原因

差错是指通信接收方收到的数据与发送方实际发出的数据不一致的现象。这种差错一般是由通信信道的噪声导致的。通信信道的噪声分为热噪声和冲击噪声两种。热噪声是由传输介质导体的电子热运动产生的，它的特点是：时刻存在，幅度较小且强度与频率无关，但频谱很宽，是一类随机噪声。由热噪声引起的差错称为随机差错。与热噪声相比，由外界特定的短暂原因所造成的冲击噪声则幅度较大。随机热噪声可以通过信噪比来减少或避免干扰，而冲击噪声不可能靠提高信号幅度来避免干扰造成的差错，是引起传输差错的主要原因。冲击噪声的持续时间要比数据传输中的每比特发送时间长（如外界磁场的变换、电源开关的跳变等），因而冲击噪声可能会引起相邻多个数据位出错。冲击噪声引起的传输差错称为突发差错，它的特点是：差错呈突发状，影响一批连续的数据位。计算机网络中的差错主要是指突发差错。

3.3.2　差错控制

由于信道噪声等各种原因，数据在传输过程中可能会出现错误。使发送方能够确定接收方是否正确收到由其发送的数据的方法称为差错控制。通常，可能的错误分为位错和帧错。

位错是指帧中某些位出现了差错。通常采用循环冗余校验（Cyclic Redundancy Check，CRC）方式发现位错，通过自动重传请求（Automatic Repeat reQuest，ARQ）方式来重传出错的帧。

帧错是指帧丢失、重复或失序等错误。在数据链路层引入定时器和编号机制，能够保证每一帧最终都能有且仅有一次正确地交付给目的节点。

常用的利用编码技术进行差错控制的方法有自动重传请求（ARQ）和前向纠错（Forward Error Correction，FEC）。在ARQ方法中接收方检测出差错时则通知发送方重传，直到接收到正确的码字为止；在FEC方法中接收方不但能发现差错，而且能确定二进制数码的错误位置，并加以纠正。故差错控制又分为检错编码（Error-detecting Code）和纠错编码（Error-correcting Code）。

1．自动重传请求

自动重传请求是计算机网络中较常采用的差错控制方法。自动重传请求的原理是：发送方将要发送的数据附加上一定的冗余检错码一并发送，接收方则根据检错码对数据进行差错检测。如发现差错，则接收方返回重传请求的信息，发送方在收到请求重传的信息后，重新传送数据；如没有发现差错，则发送下一数据帧。具体过程如图 3-5 所示。

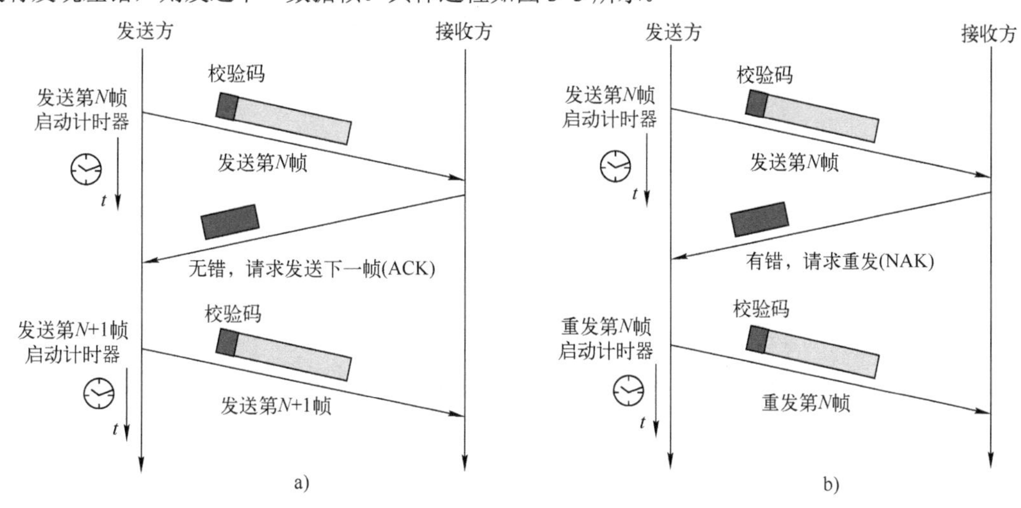

图 3-5　自动重传请求具体过程

a) 无差错情况　b) 出错情况

为保证通信正常进行，还需引入计时器（防止整个数据帧或反馈信息丢失）和帧编号（防止接收方多次收到同一帧并递交给网络层）。自动重传请求的特点是：使用检错码（常用的有奇偶校验码和 CRC 码等），必须是双向信道，发送方需设置缓冲器。

2．前向纠错

前向纠错的原理是发送方将要发送的数据附加上冗余纠错码一并发送，接收方则根据纠错码对数据进行差错检测，如发现差错，由接收方进行纠正。前向纠错的特点是：使用纠错码（纠错码编码效率低且设备复杂），单向信道，发送方无须设置缓冲器。

3．检错编码

检错编码采用冗余编码技术，即在有效数据（信息位）发送前，先按照某种关系附加一定的冗余位，构成一个符合某一规则的码字后再发送。当要发送的有效数据变化时，相应的冗余位也随之改变，保证码字始终遵循既定的规则。接收方根据收到的码字是否仍符合原规则来判断是否出错。常用的检错编码有奇偶校验码和循环冗余码。

（1）奇偶校验码

奇偶校验码是一种通过增加冗余位使得码字中“1”的个数恒为奇数或偶数的编码方法。在实际使用时，它又可分为垂直奇偶校验、水平奇偶校验和水平垂直奇偶校验等。

1）垂直奇偶校验。垂直奇偶校验又称为纵向奇偶校验，它是将要发送的整个信息块分为定长 p 位的若干段（如 q 段），在每段后面按“1”的个数为奇数或偶数的规律加上一位奇偶校验位，如图 3-6 所示。

垂直奇偶校验方法能检测出每列中的所有奇数位错，但检测不出偶数位错。对于突发错误，奇数位错与偶数位错的发生概率趋近于相等，因而对差错的漏检率趋近于 1/2。

2）水平奇偶校验。为了降低对突发错误的漏检率，可以采用水平奇偶校验方法。水平奇偶校验又称为横向奇偶校验，它是对各个信息段的相应位横向进行编码，产生一个奇偶校验冗余位，如图 3-7 所示。

水平奇偶校验不但可以检测出各段同一位上的奇数位错，而且还能检测出突发长度$<p$ 的所有突发错误。按发送顺序，从图 3-7 可以看出“突发长度$<p$”的突发错误必然分布在不同的行中，且每行一位，所以可以检出差错，它的漏检率比垂直奇偶校验方法低。

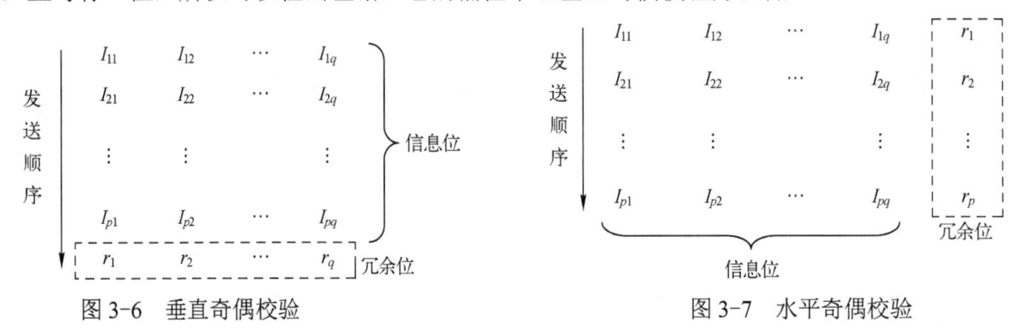

图 3-6　垂直奇偶校验　　　　图 3-7　水平奇偶校验

3）水平垂直奇偶校验。同时进行水平奇偶校验和垂直奇偶校验就构成了水平垂直奇偶校验，又称为纵横奇偶校验，如图 3-8 所示。

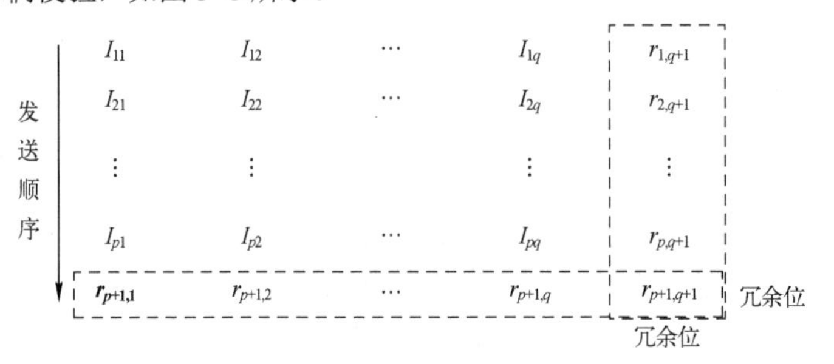

图 3-8　水平垂直奇偶校验

水平垂直奇偶校验能检测出所有 3 位或 3 位以下的错误（因为此时至少在某一行或某一列上有一位错）、奇数位错、突发长度$\leqslant p+1$ 的突发错误，以及很大一部分偶数位错。

（2）循环冗余校验码

循环冗余校验方法是数据通信中差错检测的重要方法，它对随机错码和突发错码均能以较低的冗余度进行严格检查。

1）循环冗余校验码的计算方法。

循环冗余校验（CRC）码也称为多项式码。发送方产生一个循环冗余校验码，并将其附加在信息位后面一起发送给接收方，接收方将收到的信息按发送方形成循环冗余校验码相同的算法进行校验以检测是否出错。

具体计算过程如下。

① 确定信息多项式 $M(x)$。将待发送的二进制位串看成是一个多项式的系数，该多项式称为信息多项式 $M(x)$。任何一个由二进制数位串组成的代码都可以和一个只含有 0 和 1 两个系数的多项式建立一一对应关系，一个 k 位数据帧可以看成是从 x^{k-1} 到 x^0 的 $k-1$ 次多项式的系数序列，这个多项式的阶数为 $k-1$，最高位（最左边）是 x^{k-1} 项的系数，下一位是 x^{k-2} 的系数，依次类推。

例如：若信息位为 1011011（7 位），则 $M(x)=1\times x^6+0\times x^5+1\times x^4+1\times x^3+0\times x^2+1\times x^1+1\times x^0= x^6+x^4+x^3+x+1$；同样，若 $M(x)=x^5+x^4+x^2+1$，则对应的二进制位串为 110101。

② 确定一个素多项式 $G(x)$。$G(x)$称为生成多项式，生成多项式的作用是和信息多项式进行计算产生余数多项式。生成多项式的最高位和最低位必须是 1。目前，国际标准中常用的生成多项式有以下几类。

CRC-12（如电话）：$x^{12}+x^{11}+x^3+x^2+x+1$。

CRC-16（如 ModBus、GIF、磁盘读写）：$x^{16}+x^{15}+x^2+1$。

CRC-CCITT-1（如 HDLC、X.25）：$x^{16}+x^{12}+x^5+1$。

CRC-32（如 ZIP、RAR、IEEE 802）：$x^{32}+x^{26}+x^{23}+x^{22}+x^{16}+x^{12}+x^{11}+x^{10}+x^8+x^7+x^5+x^4+x^2+x+1$。

③ 计算余数多项式 $R(x)$。设 $G(x)$为 r 阶，发送方计算 $x^rM(x)/G(x)$（模 2 除法），得到余数多项式 $R(x)$，商舍掉。依据群论的相关理论，可以证明 $R(x)$具有发现错误的能力。

④ 形成码元多项式 $C(x)$。发送方将 $R(x)$附在 $M(x)$之后，组成码元多项式 $C(x)$，然后将其发送出去。

⑤ 接收方检验。当接收方收到码元多项式 $C'(x)$后，计算 $C'(x)/G(x)$（模 2 除法），得到新的余数多项式 $R'(x)$。如果 $R'(x)=0$，则认为传输没有错误；否则，可以确定传输中产生了差错。

目前，CRC 校验已由成熟的硬件完成，因此校验速度很快，冗余度也不大，是应用最广泛的一种校验码。

设信息位为 m 位，生成多项式 $G(x)$为 r 阶，则计算 CRC 码的步骤简化如下。

① 在信息位尾部附加 r 个 0，成为 $m+r$ 位二进制位串，相应的多项式为 $x^r \cdot M(x)$。

② 按模 2 除法用 $G(x)$对应的位串去除 $x^r \cdot M(x)$对应的位串，得到余数 $R(x)$所对应的位串即为冗余码（共 r 位，前面的 0 不可省略）。

③ 按模 2 加法从 $x^r \cdot M(x)$对应的位串中加上得到的余数 $R(x)$所对应的位串，其结果就是要传送的带 CRC 码的数据。

【例 3-1】 设信息位 M=101001101，生成多项式 $G(x)=x^4+x^3+x+1$，试计算信息 M 的 CRC 校验码。

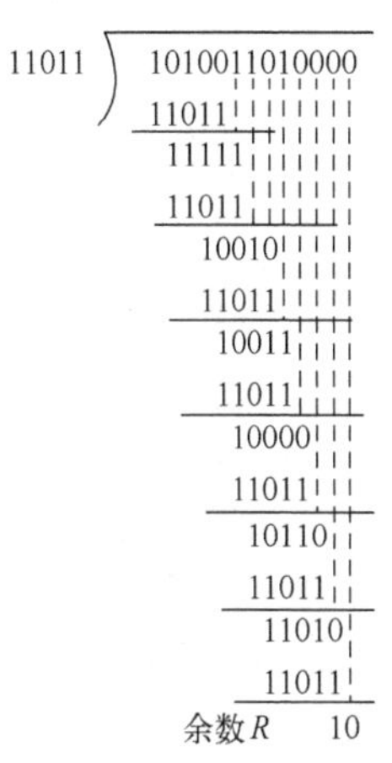

【解】 由题可知，r=4，生成多项式 $G(x)$对应的位串为 11011。$x^r \cdot M(x)$对应的位串为 1010011010000。利用短除法计算如右所示。

余数 R 为 0010（补足 r=4 位），因此，信息位 M=101001101 的 CRC 码为 1010011010000+0010=1010011010010。

【例 3-2】 在数据传输过程中，若接收方收到发送方发送的信息为 10110011010，其生成多项式 $G(x)=x^4+x^3+1$，问接收方收到的数据是否正确？（写出判断依据和推演过程。）

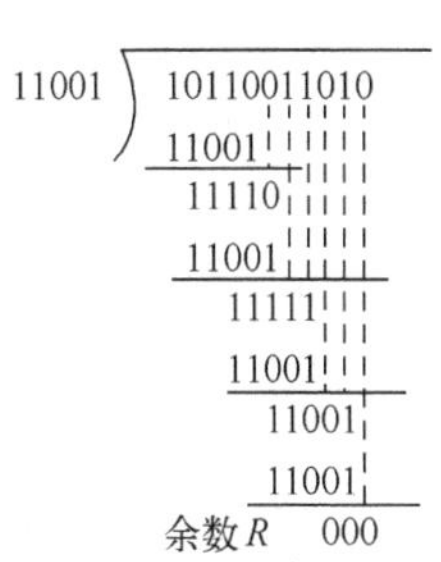

【解】 由题意可知，数据通信过程中采用的是循环冗余校验码（CRC 码）进行数据检错。发送方在发送的数据块中加入足够的冗余位以满足检错需要。用数据多项式与生成多项式 $G(x)$进行运算得到校验和（余数），将校验和附加在数据帧尾部，并使带有校验和的帧所对应的多项式能被 $G(x)$除尽，然后将带有校验和的数据帧发送出去，当接收方接收时，用 $G(x)$去除它，若余数为 0，则表示传输正确，否则表示传输出错。

本题中，如果接收信息除以 $G(x)$，余数为 0，则收到的数据正确，否则出错。

因为 $G(x)=x^4+x^3+1$，其对应的位串为 11001，所以 10110011010 / 11001

的模2除的推演过程如右所示。

10110011010/11001的模2除的余数 R=0，因此，接收数据正确。

2）循环冗余码的检错能力。

CRC码的检错能力随着生成多项式 $G(x)$ 的不同而不同。在CRC码中如果使用 r 位校验码，生成多项式 $G(x)$ 的次数应为 r，且生成多项式 $G(x)$ 必须包含常数项"1"，否则校验码的最低有效位LSB（Least Significant Bit）将始终为0。

例如，采用CRC-16的CRC码可以检出全部1位错、2位错、奇数个错，全部16位或16位以下突发错，99.997%的17位突发错，以及99.998%的18位或更长的突发错。

📖 CRC码除了能检查出离散错外，还能检查出位数相当长的突发错。

4．纠错编码

在数据通信过程中，解决差错问题的另一种方法就是在每个待发送的数据块上附加足够的冗余信息，如果出错，接收方能够据此推导出发送方实际送出的应该是什么。

海明码是一种可以纠正一位差错的编码。对于 m 位数据位（信息位），若增加 r 位冗余位（校验位），则组成总长度为 n 位（$n=m+r$）的编码，称为 n 位码字。为了能纠正单比特错，m 和 r 之间应该满足一定的关系。对于 m 位数据位，其有效码字有 2^m 个，对于每一个有效码字，均附加一个固定的 r 位的冗余位，形成一个特定的 n（$n=m+r$）位码字。当且仅当其中一位改变时，都可以形成 n 个无效但可以纠错的码字（知道出错的位置），即有 $n+1$ 个可识别的码字（1个有效码字，n 个无效但可识别的码字）。

对于 m 位数据位产生的 2^m 个有效码字，共有 $2^m(n+1)$ 个可识别的码字，2^n 个可识别及不可识别（出错的）的码字，因此有 $2^m(n+1)\leqslant 2^n$，将 $n=m+r$ 代入，得

$$m+r+1\leqslant 2^r$$

为了纠正单比特错，m 和 r 应该满足上述关系式。

海明码的编码方法是将码字内的各位从最右边开始按顺序依次编号，第1位为1，第2位为2，…，第 n 位为 n，其中编号为 2^i 的位（1,2,4,8,…）为海明码的校验位，即海明码校验位不是附加在数据位的头或尾，而是分散在数据位中，分别占用 2^i 位。其余位顺序填入 m 位数据。每个校验位的取值应使得包括自身在内的一些位的集合服从规定的奇偶性，因此，海明码利用的原理仍是奇偶检验原理。下面举例说明海明码检验码的具体形成方法。

例如，设信息位 m=7，则由 $m+r+1\leqslant 2^r$，得 r=4，所以海明码长 n=11位，设海明码字为 $x_{11}x_{10}x_9x_8x_7x_6x_5x_4x_3x_2x_1$，其中 x_1、x_2、x_4 和 x_8 为海明校验码，计算海明码的校验位方法可以采用图3-9所示的形式。海明码校验位编码（校验表达式）计算表达式如下。

$x_1=x_3+x_5+x_7+x_9+x_{11}$

$x_2=x_3+x_6+x_7+x_{10}+x_{11}$

$x_4=x_5+x_6+x_7$

$x_8=x_9+x_{10}+x_{11}$

接收方验证收到的信息是否正确，采用的方法是重新计算海明码校验位 x_i'，但采用海明码监督表达式进行计算。海明码监督表达式如下。

$x_1'=x_1+x_3+x_5+x_7+x_9+x_{11}$

$x_2'=x_2+x_3+x_6+x_7+x_{10}+x_{11}$

$x_4'=x_4+x_5+x_6+x_7$

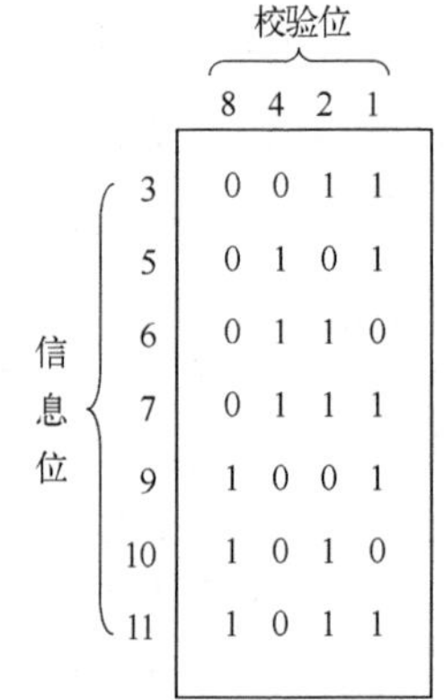

图3-9　海明码校验位编码的计算方法

$x_8' = x_8+x_9+x_{10}+x_{11}$

若 $x_i'=0$（i=1,2,4,8,⋯），则表示该信息传输正确，x_i'中任何一位不为 0，则表示该信息传输出错，出错位为 x_i'的值，如 x_i'=110，则表示出错位是 x_6。如果信息位出错则需纠正，校验位出错则不需要纠正。

📖 海明码编码方法不唯一，编号 1 既可从左开始也可从右开始，但解码与编码须一一对应。

【例 3-3】 假定传送信息位 *M*=1010110，求它的海明码。

【解】 已知信息位 *M* 的位数 m=7，设冗余位为 r 位，根据公式 $m+r+1 \leqslant 2^r$，计算得 r=4。

海明码：

x_{11}	x_{10}	x_9	$\mathbf{x_8}$	x_7	x_6	x_5	$\mathbf{x_4}$	x_3	$\mathbf{x_2}$	$\mathbf{x_1}$
1	0	1	$\mathbf{x_8}$	0	1	1	$\underline{\mathbf{x_4}}$	0	$\underline{\mathbf{x_2}}$	$\underline{\mathbf{x_1}}$

计算海明码校验位：

$x_1=x_3+x_5+x_7+x_9+x_{11}=0+1+0+1+1=1$

$x_2=x_3+x_6+x_7+x_{10}+x_{11}=0+1+0+0+1=0$

$x_4=x_5+x_6+x_7=1+1+0=0$

$x_8=x_9+x_{10}+x_{11}=1+0+1=0$

所以，计算得到海明码为 10100110001。

【例 3-4】 假定传送信息位 *M* 为 8 位，接收方收到的信息为 101110101110，试判断该传输是否出错？如果出错是否需要纠正？并求出发送方发送的原始信息。

【解】 已知信息位 *M* 的位数 m=8，设冗余位为 r 位，根据公式 $m+r+1 \leqslant 2^r$，计算得 r=4。

接收方收到的信息为

1	0	1	1	1	0	1	0	1	1	1	0
x_{12}	x_{11}	x_{10}	x_9	x_8	x_7	x_6	x_5	x_4	x_3	x_2	x_1

判断接收方收到的信息是否正确，需要根据海明码监督表达式计算 x_i'，若 $x_i'=0$（i=1,2,4,8,⋯），则表示该信息传输正确，否则出错。

海明码监督表达式计算如下：

$x_1' = x_1+x_3+x_5+x_7+x_9+x_{11}=0+1+0+0+1+0=0$

$x_2' = x_2+x_3+x_6+x_7+x_{10}+x_{11}=1+1+1+0+1+0=0$

$x_4' = x_4+x_5+x_6+x_7+x_{12}=1+0+1+0+1=1$

$x_8' = x_8+x_9+x_{10}+x_{11}+x_{12}=1+1+1+0+1=0$

因为得到的计算结果 x_8' x_4' x_2' x_1'为 0100，不为 0，因此，该传输存在错误。监督码值为 0100，即为 4，则出错位为 x_4，而 x_4是校验位，因此，不需要纠正。

所以，发送方发送的原始信息 10110101。

海明码属于分组码，分组码是一组固定长度的码组，一般用符号（n,k）表示，其中 n 是码组的总位数，又称为码组的长度（码长），k 是码组中信息码元的数目，$r=n-k$ 为码组中的监督码元数目。海明码通常用于前向纠错。

在采用纠错码或检错码的编码方案中，基本的数据处理单元通常称为码字，由数据比特和冗余比特构成。两个码字之间对应比特取值不同的比特个数称为这两个码字的海明距离。如 10101 和 00110 从左开始依次有第 1 位、第 4 位、第 5 位不同，则海明距离为 3。假设两个码字的海明距离为 d，则需要 d 个比特差错才能将其中一个码字转换成另一个码字。

在一个有效编码集中，任意两个码字的海明距离的最小值（d_{min}）称为该编码集的海明距离。一种编码的检错能力和纠错能力取决于它的海明距离。为了检测 d 个比特错，需要使用海明距离为 $d+1$ 的编码方案，因为在这种编码方案中，d 个单比特错不可能将一个有效码字改变成另一个有效码字。当接收方接收到一个无效码字时，就知道已经发生了传输错误。同样，为了纠正 d 个比特错，需要使用海明距离为 $2d+1$ 的编码方案，因为在这种编码方案中，合法码字之间的距离足够远，即使发生了 d 个比特错，仍然更接近于原始码字而不是其他码字，从而可以唯一确定原来的码字以达到纠错的目的。

扫码看视频

d_{min} 与分组码的纠错、检错能力存在以下关系。

- 当 $d_{min} \geqslant e+1$ 时，可检出 e 个错误。
- 当 $d_{min} \geqslant 2t+1$ 时，具有纠正 t 个错误的能力。
- 当 $d_{min} \geqslant t+e+1$（$e>t$）时，具有同时检出 e 个错误、纠正 t 个错误的能力。

3.4　流量控制与可靠传输机制

3.4.1　流量控制与可靠传输机制概述

流量控制涉及的是对链路上帧的发送速率的控制，以使接收方能够有足够的缓冲空间来接收每个帧。例如在面向帧的自动重传请求系统中，当等待确认帧的数量增加时，有可能超出缓冲区的容量而导致过载。流量控制的基本方法是由接收方控制发送方发送数据的速率，常见的方式有停止-等待协议和滑动窗口协议。

1．停止-等待流量控制基本原理

发送方每发送一个帧，都要等待接收方的应答信号，之后才能发送下一个帧，如果接收方不反馈应答信号，那么发送方必须一直等待；接收方每接收一帧，都要反馈一个应答信号，表示可以接收下一帧。由于每次只允许发送一帧，然后就陷入等待接收方确认信息的过程中，因而传输效率很低。

2．滑动窗口流量控制基本原理

在任意时刻，发送方都维持一组连续的允许发送帧的序号称为发送窗口；同时，接收方也维持一组连续的允许接收帧的序号称为接收窗口。发送窗口用来对发送方进行流量控制，发送窗口的大小 W_T 代表在还未收到对方确认信息的情况下发送方最多还可以发送多少个数据帧。同理，在接收方设置接收窗口是为了控制可以接收哪些帧和不可以接收哪些帧。在接收方，只有收到的数据帧序号落入接收窗口内时，才允许收下该数据帧；若接收到的数据帧落在接收窗口之外则一律丢弃。

发送窗口工作原理如图 3-10 所示，接收窗口工作原理如图 3-11 所示。

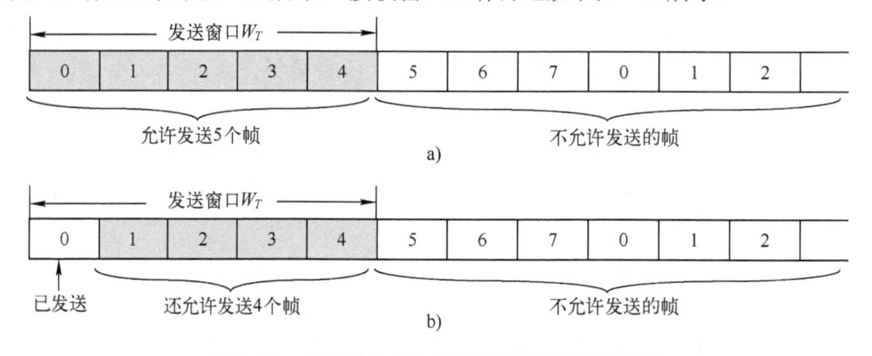

图 3-10　发送窗口 W_T 控制发送端的发送速率

a) 允许发送 0～4 号共 5 个帧　b) 还允许发送 1～4 号共 4 个帧

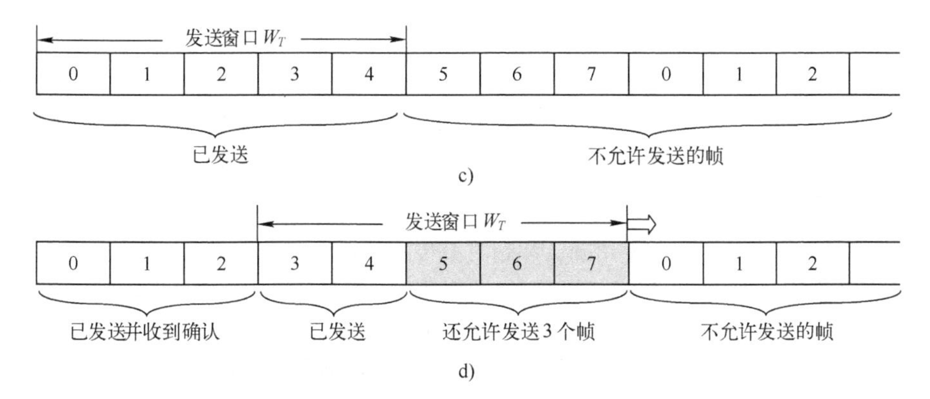

图 3-10　发送窗口 W_T 控制发送端的发送速率（续）

c) 不允许发送任何帧　d) 还允许发送 5～7 号共 3 个帧

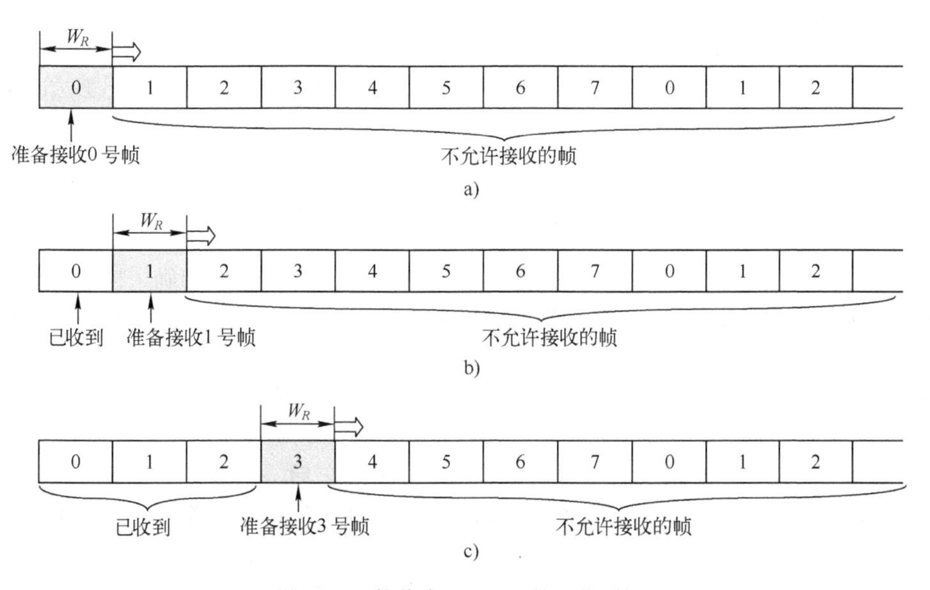

图 3-11　接收窗口 W_R=1 的工作原理

a) 准备接收 0 号帧　b) 准备接收 1 号帧　c) 准备接收 3 号帧

发送方每收到一个确认帧则发送窗口就向前滑动一个帧的位置。当发送窗口内没有可以发送的帧（即窗口内的帧全部是已发送但未收到确认的帧）时，发送方就会停止发送，直到收到接收方发送的确认帧窗口才向前移动，窗口内有可以发送的帧后，才开始继续发送。

接收方收到数据帧后，将窗口向前移动一个位置，并发回确认帧。若收到的数据帧序号落在接收窗口之外则一律丢弃。

滑动窗口具有以下重要特性。

- 只有接收窗口向前滑动（同时接收方发送了确认帧）时，发送窗口才有可能（只有发送方收到确认帧后才一定）向前滑动。
- 从滑动窗口的概念来讲，停止-等待协议、后退 N 帧协议和选择重传协议只在发送窗口大小与接收窗口大小上有所区别。
- 停止-等待协议：发送窗口大小=1，接收窗口大小=1。
- 后退 N 帧协议：发送窗口大小>1，接收窗口大小=1。

扫码看视频

- 选择重传协议：发送窗口大小>1，接收窗口大小>1。
- 接收窗口的大小为 1 时，可保证帧的有序接收。
- 在数据链路层的滑动窗口协议中，窗口的大小在传输过程中是固定的（与传输层的滑动窗口协议是不同的）。

3. 可靠传输机制

数据链路层的可靠传输通常使用确认和超时重传两种机制来实现。确认帧是一种无数据的控制帧，这种控制帧使得接收方可以让发送方知道哪些内容被正确接收。有些情况下为了提高传输效率，将确认信息捎带在一个回复帧中，称为捎带确认。超时重传是指发送方在发送某个数据帧后就开启一个计时器，在一定时间内如果没有得到发送数据帧的确认帧，则重新发送该数据帧，直到发送成功为止。

自动重传请求（Automatic Repeat reQuest，ARQ）是指通过接收方请求发送方重传出错的数据帧来恢复出错的帧，它是通信中用于处理信道带来差错的主要方法。传统的自动重传请求可分为停止-等待（Stop-and-Wait）、后退 *N* 帧（Go-Back-*N*）和选择重传（Selective Repeat）三种协议。其中，后两种协议是滑动窗口与请求重传技术的结合，由于窗口尺寸开到足够大时，帧在线路上可以连续地流动，因此又称其为连续 ARQ 协议。需要说明的是，在数据链路层中流量控制机制和可靠传输机制是交织在一起的。

3.4.2　单帧滑动窗口与停止-等待协议

在停止-等待协议中，源站发送单个帧后必须等待确认，在目的站的确认帧到达源站之前，源站不能发送其他数据帧。从滑动窗口机制的角度看，停止-等待协议相当于发送窗口和接收窗口大小均为 1 的滑动窗口协议。

在停止-等待协议中，除数据帧丢失外，还可能出现以下两种差错。

1）到达目的站的帧可能已遭到破坏，接收站利用差错控制技术检出后将该帧丢弃。为了应对这种可能发生的情况，源站设置计数器，在一帧发送之后，源站等待确认，如果在计数器计满时仍未收到确认帧，则再次发送相同的帧。重复上述过程直到该数据帧无错误地到达目的站为止。

2）数据帧正确而确认帧被破坏。此时目的站已收到正确的数据帧，但源站未收到确认帧，因此源站会重传已被接收的数据帧，目的站收到相同的数据帧时会丢弃该帧，并重传一个该帧的对应确认帧。发送的帧交替地用 0 和 1 来标识，确认帧分别用 ACK_0 和 ACK_1 来表示，收到确认有误时，重传已发送的帧。

实用的数据链路层协议大都不使用否认帧，而且确认帧带有序号 *n*。按照习惯的表示法，ACK_n 表示“第 1-*n* 号帧已经收到，现在期望接收第 *n* 号帧”。

停止-等待协议的实现步骤如下。

发送方：

① 取一个待发送的数据帧。

② $V(S)$=0。/*发送状态变量（帧序号）初始化*/

③ $N(S) \leftarrow V(S)$；/*将发送状态变量的值写入数据帧的发送序号*/

将数据帧送至发送缓冲区。

④ 将发送缓冲区中的数据帧发送出去。/*该数据帧的副本仍保留在发送缓冲区中*/

⑤ 设置超时计时器。/*选择适当的超时重传时间 t_{out} */

⑥ 等待。/*等待以下⑦和⑧两个事件中最先出现的一个*/

⑦ 若收到确认帧（ACK_n），则

若 $n=1-V(S)$，则/*已发送的数据帧被接收方确认*/

取一个新的待发送数据帧；

$V(S)\leftarrow 1-V(S)$；/*更新发送状态变量，序号交替为 0 和 1*/

转到③。/*准备发送下一数据帧*/

否则，丢弃这个确认帧，转到⑥。/*已发送的数据帧未被接收方确认*/

⑧ 若超时计数器时间到，则转到④。/*重传数据帧*/

接收方：

① $V(R)=0$。/*接收状态变量初始化，其值等于欲接收数据帧的发送序号*/

② 等待。

③ 收到一个数据帧，检查有无产生传输差错（如用 CRC）。

若检查结果正确无误，则继续执行④；否则直接丢弃，转到②。

④ 若 $N(S)=V(R)$，则继续执行⑤；/*接收发送序号正确的数据帧*/

否则丢弃此数据帧，然后转到⑦。/*丢弃的帧是重复帧*/

⑤ 将收到的数据帧中的数据部分送交高层。

⑥ $V(R)\leftarrow 1-V(R)$。/*更新接收状态变量，准备接收下一数据帧*/

⑦ 发送确认帧 ACK_n，转到②。/*$n=V(R)$*/

由上述步骤可知，对于停止-等待协议，由于每发送一个数据帧就停止并等待，因此用 1bit 来编号即可满足要求。在停止-等待协议中，若连续出现相同发送序号的数据帧，则表明发送端进行了超时重传；若连续出现相同序号的确认帧，则表明接收方收到了重复帧。

此外，为了满足超时重传和判定重复帧的需要，发送方和接收方都要设置一个帧缓冲区。发送方发送完数据帧时，必须在其发送缓冲区中保留此数据帧的副本，这样才能在出错时进行重传。只有在收到对方发来的确认帧（ACK）时，方可清除此副本。

由于停止-等待协议的通信信道利用率很低，因此产生了后退 N 帧（GBN）协议和选择重传（SR）协议。

3.4.3　多帧滑动窗口与后退 N 帧协议

在后退 N 帧协议中，发送方无须在收到上一帧的 ACK 后才能开始发送下一帧，而是可以连续发送帧。当接收方检测出失序的信息帧后，要求发送方重发最后一个正确接收的信息帧之后的所有未被确认的帧；或者当发送方发送了 N 个帧后，若发现该 N 个帧的前一个帧在计时器超时后仍未返回其确认信息，则该帧被判为出错或丢失，此时发送方就不得不重传该出错帧及随后的 N 个帧。也就是说，接收方只允许顺序接收帧。

后退 N 帧协议的工作原理如图 3-12 所示，源站向目的站发送数据帧。当源站发送完 0 号帧后，可连续发送后续的 1、2 号帧等。源站每发送完一帧就要为该帧设置超时计时器。由于连续发送了多个帧，所以确认帧必须要指明对哪一个帧进行确认。为了减少开销，后退 N 帧协议还规定接收方不一定每收到一个正确的数据帧就必须立即回复一个确认帧，而是可以在连续收到多个正确的数据帧后，才对最后一个数据帧回复确认信息，或者在本站需要发送数据时将已正确收到的帧加以捎带确认。也就是说，对某一个数据帧的确认就意味着该数据帧和它之前的所有数据帧均已正确收到。在图 3-12 中，ACK_n 表示的是对第 n 号帧的确认，说明接收方已正确接收到第 n 号帧及之前的所有帧，下一次期望收到第 $n+1$ 号帧（也有可能是第 0 号帧）。接收方只按序接收数据帧。虽然在有差错的 2 号帧之后连续又收到了 6 个正确的数据帧，但接收方都必须将 3～8

号不按序的无差错帧重弃，并重复发送已发送的最后一个确认帧 ACK_1（防止其丢失）。

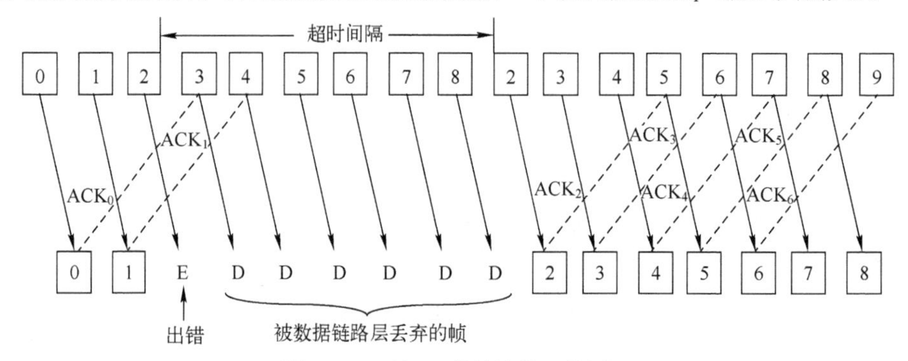

图 3-12　后退 N 帧协议的工作原理

后退 N 帧协议的接收窗口为 1，可以保证按序接收数据帧。若采用 n 比特对帧编号，则其发送窗口的尺寸 W_T 应满足 $1 \leqslant W_T \leqslant 2^n-1$。如果 $W_T > 2^n-1$ 则会导致接收方无法分辨新帧和旧帧。

由图 3-12 可知，后退 N 帧协议一方面因连续发送数据帧而提高了信道的利用率，另一方面在重传时又必须把原来已传送正确的数据帧进行重传（仅因这些数据帧的前面有一个数据帧出错），这又导致传送效率降低。因此，若信道的传输质量很差导致误码率较高时，后退 N 帧协议不一定优于停止-等待协议。

3.4.4　多帧滑动窗口与选择重传协议

为进一步提高信道的利用率，可设法只重传出现差错的数据帧或计时器超时的数据帧，但此时必须加大接收窗口，以便先收下发送序号不连续但仍处在接收窗口中的那些数据帧，待所缺失序号的数据帧收到后再一并送交高层，这就是选择重传（SR）协议。

在选择重传协议中，每个发送缓冲区对应一个计时器，一旦计时器超时，则重传缓冲区中的帧。另外，该协议使用比上述其他协议更有效的差错处理策略，即当接收方怀疑帧出错，就会发一个否定帧（NAK）给发送方，要求发送方对 NAK 中指定的帧进行重传。选择重传协议的工作原理如图 3-13 所示。

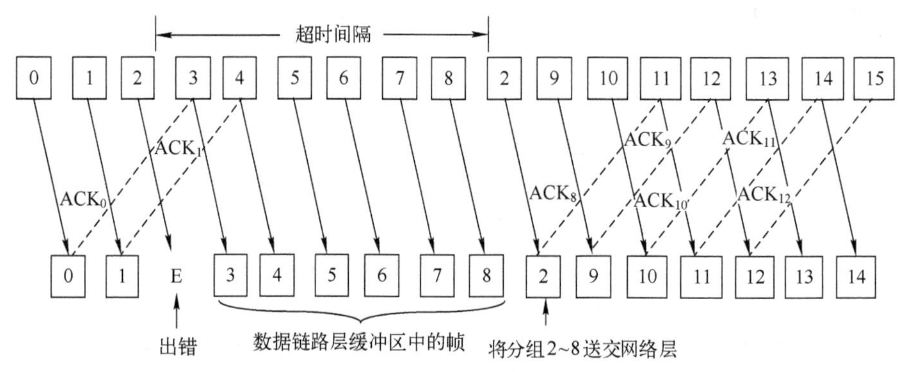

图 3-13　SR 协议的工作原理

选择重传协议的接收窗口尺寸 W_R 和发送窗口尺寸 W_T 都大于 1，一次可以发送或接收多个帧。若采用 n 比特对帧编号，为了保证接收方向前移动窗口后，新窗口序号与旧窗口序号都无重叠部分，则需要满足 $W_R+W_T \leqslant 2^n$。设采用累计确认的方法，且 W_R 显然不应超过 W_T（否则无意义），那么 W_R 不应超过序号范围的一半，即 $W_R \leqslant 2^{n-1}$。一般情况下，在选择重传协议中，

$W_R=W_T$，其最大值为 $W_{R\_max}=W_{T\_max}=2^{n-1}$。

扫码看视频

选择重传协议可以避免重复传送那些已正确到达接收方的数据帧，但在接收方要设置具有相当容量的缓冲区用来暂存那些未按序正确收到的帧。接收方不能接收窗口下界以下或上界以上序号的帧，因此所需缓冲区数量应等于窗口大小，而不是序号数目。

3.5　介质访问控制方式

介质访问控制方式是指在广播信道中信道的分配方式，即网络中各节点采用何种方式访问共享信道，它是对信道访问的一种规定，属于数据链路层的一个子层，即 MAC（Medium Access Control）层。介质又称媒体，是在数据链路传输数据时借助的通道，该通道不必是可以触摸到的物理东西，可以抽象到光、电，甚至仅仅是数据编码。介质访问主要有信道划分、随机访问和轮询访问 3 种控制方式。其中，第一种是静态划分信道的方法，后两种是动态分配信道的方法。

3.5.1　地址的基本概念

地址用于标识计算机网络中的设备，每个设备均具有一个物理地址和逻辑地址。信道分配主要是指网络中多个节点如何使用共享信道。

1. 物理地址

物理地址是数据链路层和物理层使用的地址，称为 MAC 地址，又称硬件地址，它用于识别网络（主要是局域网）中各节点设备。大多数局域网通过为网卡分配一个硬件地址来标识一个联网的计算机或其他设备。网卡的物理地址通常是由网卡生产厂家烧入网卡的闪存芯片，是传输数据时真正赖以标识发出数据的主机和接收数据的主机的地址。

在网络底层的物理传输过程中是通过物理地址来识别主机的，它一般也是全球唯一的。例如以太网卡的物理地址是 48bit（6 个字节），如 00-26-C7-69-92-F8，以机器可读的方式存入主机接口中。

以太网地址管理机构（IEEE）将以太网地址（物理地址）按前三字节的不同划分为若干独立的连续地址组，各生产以太网网卡的厂家可购买其中一组，作为公司标识。后面三字节由厂商自行分配，将每个地址唯一地赋予生产的每一块以太网卡，即一块网卡对应一个物理地址。一个厂商获得一个前三字节的地址可以生产的网卡数量是 2^{24}=16777216 块。从物理地址的前三字节可以知道网卡的生产厂商。

如果固化在网卡中的物理地址为 00-26-C7-69-92-F8，若该网卡插到主机 A 中，主机 A 无论连接在哪个局域网或移动到其他位置，主机 A 的物理地址就是网卡地址始终不变，而且也不会和全球网络中任何一台计算机相同。当主机 A 发送一个数据帧，网卡执行发送程序时，直接将该物理地址作为源地址写入该帧。当主机 A 接收一个数据帧时，直接将该物理地址与接收帧的目的地址进行比较，以决定是否接收该数据帧。

2. 逻辑地址

逻辑地址是网络层使用的地址，用于标识网络中每个设备相互连接时所处的逻辑位置，又称为网络地址。因为一个网络地址可以根据需要逻辑分配给任意一个网络设备，因此称为逻辑地址，在 Internet 中又称为 IP 地址。

目前，IP 地址分为 IPv4 和 IPv6 两类。IPv4 由 32 位二进制数组成，目前全球 IPv4 地址根据需要划分为 A 类、B 类、C 类、D 类和 E 类五大类地址。其中 A、B、C 类地址用于标识网络中的主机和网络设备；D 类地址用于组播；E 类地址保留，用于实验等。由于全球计算机网络的快速发展，网络中的节点数量急剧增加，IPv4 地址出现枯竭现象，因此定义了新的 IPv6 地址，IPv6 地址由 128 位二进数组成。

📖 物理地址用于网络底层通信，逻辑地址用于确定网络设备的位置。

3.5.2 信道划分介质访问控制

当多个节点在共享信道上进行通信时，需要一定的策略解决多个节点如何使用信道，这就是信道使用分配策略，简称信道划分。信道划分介质访问控制将使用介质的每个设备与来自同一通信信道上的其他设备的通信隔离开来，把时域和频域资源合理地分配给网络上的设备。

在传统的通信网络中，信道的静态分配又称为信道复用技术，如在第 2 章中阐述的时分多路复用、频分多路复用、波分多路复用和码分多路复用等技术，这些在时域、频域或编码空间固定划分信道的方法称为信道的静态分配方式。

静态分配信道的方式是将频带或时间片等固定分配给各节点，适用于网络节点少且固定，同时业务量饱满和通信流量稳定的网络，如传统的电话、电视、广播业务，或者大容量的通信干线的传输。而计算机网络中的数据流量则呈现突发性，有统计表明计算机网络的峰值流量与平均流量之比能达到 1000∶1，这意味着，若采用静态的信道分配方式，信道带宽利用效率不高。例如，在 FDM（频分多路）的情况下，当把信道频带划分为 N 个子信道时，对于符合某种规律的随机到达的分组，经证明划分信道后的平均延时要延长 N 倍。

在局域网中，由于流量大多直接来自用户计算机，这些流量的突发特点更为显著，所以，在共享下层传输媒体的局域网通常不采用静态的信道划分方式，而是采用动态的分配方式。

3.5.3 随机访问介质访问控制

在动态分配方式中，获得使用权的节点能够以信道提供的全部带宽发送帧数据，但需要通过某种方法来协调多个节点对通信媒体的使用。所有的节点可以根据需要随机地发送数据帧，但要采用有效的机制避免冲突，这就是随机访问介质访问控制协议，常用的协议有 ALOHA、CSMA、CSMA/CD、CSMA/CA 等，其核心思想都是胜利者通过争用获得信道，从而获得信息的发送权，因此也称为争用型协议。

如果采用信道划分介质访问控制，那么节点之间的通信要么共享空间，要么共享时间，要么两者都共享；而如果采用随机访问介质访问控制，那么各节点之间的通信就既不共享时间，也不共享空间。因此，随机访问介质访问控制实质上是一种将广播信道转化为点到点信道的方式。

在局域网的协议体系中，常把媒体访问控制作为数据链路层的一个靠近物理层的子层独立定义，即 MAC 子层。传统的局域网多采用总线型拓扑结构，构成共享式的媒体，连接在总线上的各节点采用随机接入方式使用传输媒体，多个有发送需求的节点自由竞争信道的使用权，因此，采用这种接入方式的信道称为有争用的信道。显然，若两个或多个节点同时发送数据就会产生冲突，导致所传输的帧出错。因此，随机接入媒体访问控制的核心是监测总线是否空闲、尽量避免冲突，以及发生冲突后的退避算法。

1. ALOHA 技术

ALOHA 技术起源于 20 世纪 70 年代，用于当时美国夏威夷大学计算中心的无线网络 ALOHA

系统，目的是通过无线广播信道连接跨夏威夷群岛之间的通信，解决分散在各岛的多个用户使用中心计算机的问题，是一个基于广播信道的一点到多点的数据通信问题。它是一种随机式分布控制的介质访问技术，即网络中任一想发送帧的节点不必考虑其他节点和信道状况直接发送。由于各节点完全独立，而随机地使用信道可能会出现使用冲突，造成帧的破坏。因此，ALOHA 协议的基本思想是载波监听和冲突检测。发送方在数据发送过程中通过载波监听进行冲突检测，若检测到冲突，发送节点将等待一段随机的时间后再重传该帧。这种由冲突而产生的错误，不但接收节点能够发现（通过帧校验），发送节点本身也能发现（通过自发自收校验）。

ALOHA 协议又分为纯 ALOHA（Pure ALOHA，P-ALOHA）和时隙 ALOHA（Slotted ALOHA，S-ALOHA）两种。

（1）纯 ALOHA

纯 ALOHA 采用完全随机接入方式，又称为非时隙 ALOHA。其工作原理如图 3-14 所示。设 m 个网络节点各自独立地以平均 λ 个帧/s 的泊松过程产生并发送帧，数据帧的长度固定，且发送一帧的时间为 τ 秒。

1）当节点 N_1 发送帧 M_{11} 后，节点 N_m 发送帧 M_{m1}，由于信道中没有其他任何节点发送数据，则这两帧送入信道后独立完好无损地传输，不被其他帧重叠。若不考虑信道质量引起的差错，这两帧将被接收节点成功接收，不需要重传。

2）当节点 N_1 发送帧 M_{12} 期间，节点 N_3 发送帧 M_{31}，由于 N_1 和 N_3 两个节点在使用信道上出现冲突而产生帧 M_{12} 与帧 M_{31} 部分重叠，发生“碰撞”现象。这时，节点 N_1 将从信道上收回自己发出的帧 M_{12} 并确认有错后，延迟一个随机时间间隔 t_1 后再发出帧 M_{12}；而节点 N_3 从信道上收回自己发出的帧 M_{31} 也确认有错后，独立地延迟一个随机时间间隔 t_3 再发出 M_{31}。由于 t_1 和 t_3 是两个节点分别产生的独立随机数，因此帧 M_{12} 与帧 M_{31} 再次发生碰撞的概率极小，但仍然存在二次碰撞的可能性，并且重传帧还可能与其他节点发送的新帧相碰撞。凡是遇到上述碰撞情况，则重复以上重传过程，直到成功传输为止。

经统计分析，采用纯 ALOHA 协议的系统最大吞吐量只有 0.184，即信道利用率只有 18.4%。

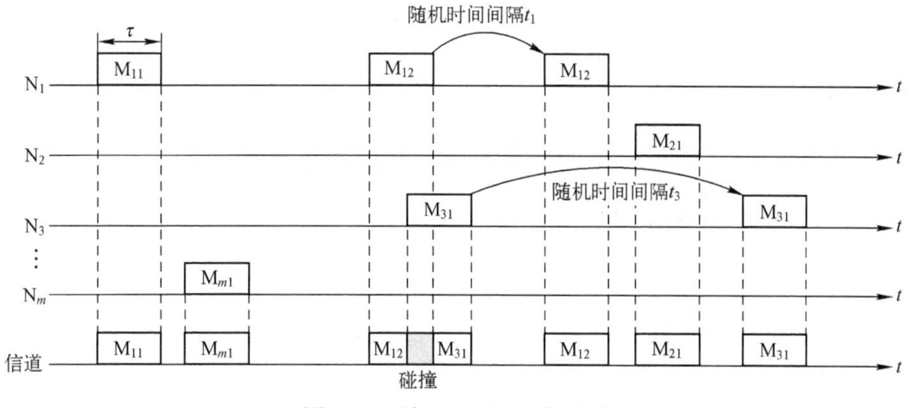

图 3-14　纯 ALOHA 工作原理

（2）时隙 ALOHA

为了提高信道利用率，设法减少各节点发送帧时出现冲突的机会，减少信道碰撞，因此提出了时隙 ALOHA 方式，它是对纯 ALOHA 的一个改进。

时隙 ALOHA 的基本思想是用时间片来同步用户的数据发送。其方法是将信道在时间上分段，每段时间称为时间片（也可称为时槽），每个节点只能在一个时间片的起始时刻开始发送数据，即用户每次发送数据时必须等到下一个时间片的开始，而且每次发送的数据必须小于或等于一个时间片。由于它限制了用户在任一时刻发送数据的随意性，避免了两个帧部分重叠的情况，如果发生冲突则是两个帧完整重叠，从而减少了产生冲突的概率，提高了信道的利用率。时隙 ALOHA 的重传策略与纯 ALOHA 相同：冲突节点等待一段随机时间，然后重传；如再次冲突，则再等待一段随机时间，直到重传成功为止。

经统计分析，采用时隙 ALOHA 的系统最大吞吐量可达到 0.368，即信道利用率可达到 36.8%。

📖 ALOHA 控制策略具有盲目性，节点独立发送帧，不考虑其他节点和信道的状态。

2. CSMA 技术

载波监听多路访问（Carrier Sense Multiple Access，CSMA）技术是指对于无线信道和射频信道，通过监听信道上有无调制信号的载波，便可以确定有无数据在发送技术。对于基带传输而言，虽然没有载波的成分，而需要通过检测基带信号的其他参数（如信号电平等）来检测信道有无信号发送，但人们仍然沿袭了载波监听的说法。

CSMA 的基本原理为任意一个网络节点在发送数据帧前，首先监测一下共享信道中是否有其他节点正在发送数据的信号。如果监测到这种信号，说明信道正忙，否则信道是空闲的。然后，根据预定的控制策略来决定：若信道空闲，立即将自己的帧发送出去，或者为慎重起见暂时不发送出去；信道忙碌，则继续监听信道，或者暂时退避一段时间（根据一定的退避算法随机决定退避时间，以避免多个节点同时退避同样长度的时间而引起下一次冲突）再监听。针对不同的处理策略，CSMA 可以分为非持续 CSMA（Non-persistent CSMA）、1-持续 CSMA 和 p-持续 CSMA 三种方式。所谓“持续”是指发现信道被占用时是否持续进行监听。1 和 p 是指发现信道空闲时，发送的概率分别为 1 和 p。

（1）非持续 CSMA

当一个网络节点有一个待发送帧到达时，先将其排队缓冲，然后立即开始监听信道状态。若监听信道空闲，则立刻启动发送帧；若信道忙，则暂时不再持续监听信道，延迟一段时间后再次监听信道状态。如此循环，直到将帧发送完毕。

非持续 CSMA 的控制算法如下。

1）等待新帧到来，送入缓冲区，等待发送。

2）监听信道。若信道空闲，立刻发送帧，发送完毕返回 1）；若信道正忙，则放弃监听信道，延迟一个随机时间 t（采用随机的延迟时间是为了减少下次发生冲突的可能性，延迟时间由概率分布决定）。

3）延时结束，转入 2）。

非持续 CSMA 控制算法的优点主要是当监听到信道忙时，能主动退避一段随机时间暂时放弃坚持监听信道，有利于减少发生冲突的机会，可提高吞吐量和信道利用率。其缺点主要是当多个节点同时处于延迟等待时，信道处于空闲状态，使用率降低。

（2）1-持续 CSMA

当一个网络节点有一个待发送帧到达时，先将其排队缓冲，然后立即开始监听信道状态。若监听信道空闲，则立刻启动发送帧；若信道忙，则继续监听信道，直到监听到信道空闲时，立即启动发送帧。

1-持续 CSMA 的控制算法如下。

1）等待新帧到来，送入缓冲区，等待发送。

2）监听信道。若信道空闲，立刻发送帧，发送完毕返回 1）；若信道正忙，则继续监听信道，直至监听到信道空闲，立即发送帧。

3）如果有冲突（在一段时间内未收到肯定的回复），则等待一个随机时间后返回 1）。

1-持续 CSMA 控制算法的优点主要是只要信道空闲，节点就可立即发送帧，避免了信道利用率的损失。其缺点主要是由于在信道忙碌时坚持继续监听信道，可能会造成多于一个节点同时监听到信道空闲而同时发送数据的可能性增大，冲突就不可避免。这种系统发生冲突的机会比非持续 CSMA 的明显增多，从而导致其吞吐性能比非持续 CSMA 差。

（3）*p*-持续 CSMA

为了进一步提高系统的吞吐性能，一方面可以坚持对信道状态的持续监听，有利于及时知道信道忙闲状态，避免信道浪费；另一方面，即使已监听到信道空闲，也不一定非要立即发送，若某个节点能主动退避一下，则可以减少发生冲突的可能性。这就是 *p*-持续 CSMA。

p-持续 CSMA 的控制算法如下。

1）等待新帧到来，送入缓冲区，等待发送。

2）监听信道。若信道忙，则继续监听。若信道空闲，则在[0,1]区间选择一个随机数 r，若 $r<p$，则启动发送帧，发送完毕返回 1）；否则，延时一个时间单位，一个时间单位通常等于 2τ，τ 为信道的最大传播时延（最远节点之间的单程传播时延），并暂停监听信道。

3）延时结束，转入 2）。

p-持续 CSMA 控制算法的优点主要是考虑到了存在一个以上节点同时监听到信道空闲的可能性，要求任意一个节点以 $(1-p)$ 的概率主动退避，放弃发送机会，因而能更进一步地减少发生冲突的概率。其缺点主要是如何选择概率 p 的值，要避免 p 值过大，因为当有多个节点等待发送数据时，如果选择的 p 值过大，冲突的概率就会增大，在重负载情况下网络处于不稳定状态；又要避免 p 值过小，因为若 p 值过小，可能导致信道空闲，使信道的利用率大大降低。选择适当的 p 值是 *p*-持续 CSMA 的核心和难点。

三种 CSMA 算法的比较见表 3-1。

表 3-1　三种 CSMA 算法的比较

状态	非持续 CSMA	1-持续 CSMA	*p*-持续 CSMA
信道空闲	立即发送帧	立即发送帧	以概率 p 发送帧 以概率 $1-p$ 推迟发送帧
信道忙	等待一个随机时间后再监听	持续监听，直到信道空闲	持续监听，直到信道空闲
发生冲突	等待一个随机时间再监听信道	等待一个随机时间再监听信道	等待一个随机时间再监听信道

网络中可能存在这样一种情况：假设某节点 A 发送数据时，由于存在传播时延，另一节点 B 有可能在监听信道时节点 A 的信号未传递到节点 B，因此，节点 B 监听信道状态为空闲，开始发送帧，这样就会发生冲突。由于没有冲突检测功能，遭到破坏的帧会一直发送完才结束，而持续地传输无效帧降低了信道的利用率。因此，CSMA 算法的局限在于没有冲突检测功能。

3. CSMA/CD 技术

CSMA 的信道监听只在帧发送之前，一旦帧开始发送就不再监听，无论信道中是否发生冲突，有关节点也必须让该帧全部发送完毕，这样就白白浪费了一个 τ 的信道工作时间。如果在发送过程中能够及时发现信道冲突而中止帧的继续发送，则可能减少信道工作时间的浪费，从而更进一步提高系统吞吐能力和减小帧的传输时延。这就是目前广泛采用的带冲突检测的载波监听多路访问（Carrier Sense Multiple Access with Collision Detection，CSMA/CD）技术。它是对 1-持续 CSMA 方法的改进，增加了冲突检测功能。

（1）CSMA/CD 工作过程

CSMA/CD 的工作过程如图 3-15 所示。CSMA/CD 的控制规则比 CSMA 增加了以下 3 点。

1）“边发边听”。任一发送节点在发送数据帧期间要保持监听信道的冲突情况，一旦检测到有冲突发生，则应立即中止发送，不管正在发送的这一帧是否发送完。保证尽快知道冲突发生和尽早关闭冲突发生后的无用发送，有利于提高信道的利用率。

2）“加强冲突”。发送节点在检测到冲突并停止发送后，立即改为发送一串阻塞信号（Jam 信号），以加强冲突检测效果，告知其他节点信道已发生冲突。这样可以提高网络上所有节点对于冲突检测的可信度。

3）“基本等待时间”。任一发送节点能完整地发送完一个帧，则停顿一个时间区间（BWT=2τ）并监听信道状态。若在此期间未发生冲突，则可确认该帧已发送成功。τ 为信道的最大传播时延，BWT 为冲突检测窗口。

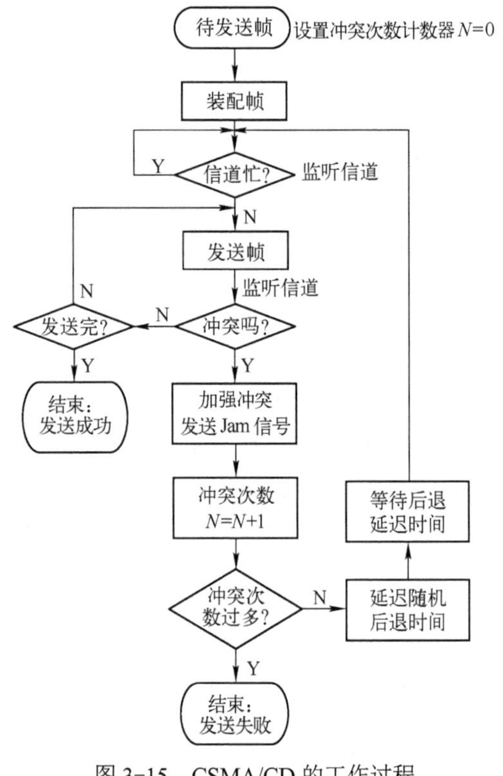

图 3-15　CSMA/CD 的工作过程

📖 CSMA/CD 是先听后发、边听边发、冲突退避，随机重发。

（2）传播时延对 CSMA/CD 协议的影响

CSMA/CD 技术中，每个节点在发送数据之前已经监听到信道为空闲才会向信道发送数据，但由于信号（电磁波）在总线上传输是以有限的速率传播的，因此存在一定的传播时延，在某一节点检测到信道空闲时，也许信道并非真正空闲，只是由于传播时延的存在未能真正检测出信道中有数据在传输。图 3-16 显示了传播时延对 CSMA/CD 协议的影响。图中 t 为时间，τ 为节点 A 到节点 F 的单程传播时延（又称为端到端时延），δ 为节点 A 发送数据到节点 F 剩余的传播时间。

发送数据的节点总是希望尽早知道信道中是否发生了碰撞，节点发送数据后会一直监听信道，最迟要经过多长时间才能知道自己发送的数据是否和其他节点发送的数据发生碰撞？局域网中任意两个节点之间的传播时延由于距离不同有长有短，因此，通常局域网会按照最坏情况设计最大传播时延，将局域网距离最远的两个节点的传播时延设计为端到端时延 τ。

（3）冲突退避算法

CSMA/CD 算法中，当检测到冲突，并发送完阻塞信号后，为了降低再次发生冲突的概率，需要等待一个随机时间，再重新监听信道。CSMA/CD 采用二进制指数退避算法确定这个随机时间，算法过程如下。

1）设信道两端的单程传播时延为 τ，往返时延为 2τ，则基本退避时间设为 2τ。

2）若某帧发送不成功，遭遇了 n 次冲突，则发送该帧的退让时间为 r 倍的基本退避时间 $r\times2\tau$，其中 r 是离散整数集合$\{0,1,2,3,\cdots,(2^k-1)\}$中随机的一个数，而 k 和 n 满足关系 $k=\min[n,10]$。当

重复发送次数 n 大于 10 后，取 k=10。

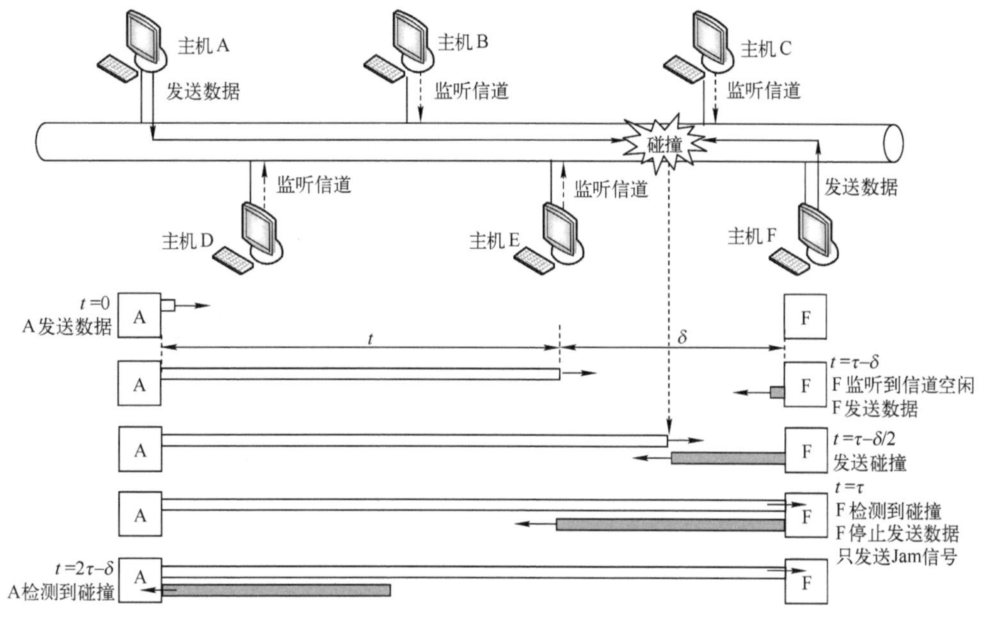

图 3-16　传播时延对 CSMA/CD 协议的影响

3）设置一个最大重传次数（如 16），当重复发送次数大于该数，则不再重传，并报告出错。

二进制指数退避算法是按后进先出的次序控制的，即对未发生冲突或很少发生冲突的帧具有优先发送权，而对发生过多次冲突的帧，发送的机会逐次减少。

扫码看视频

IEEE 802.3 采用的媒体访问控制方法是 1-持续 CSMA/CD 和二进制指数退避算法。这种控制方法在低负载时，若信道空闲则要发送帧的节点可以立即发送；在重负载时，仍能保证系统稳定。

4．CSMA/CA 技术

带冲突避免的载波监听多路访问（Carrier Sense Multiple Access with Collision Avoidance，CSMA/CA）技术是为无线局域网设计的一个协议。其基本思想：发送方在发送数据前，先发送一个短帧刺激一下接收方，让它也输出一个短帧，回应发送方的同时也可以使接收方附近的其他节点检测到该帧，表示有数据帧要发送，从而在接下去的数据帧传输过程中它们不再发送数据，避免了冲突的发生。

CSMA/CA 工作过程如图 3-17 所示，节点 A 发送数据给节点 B。具体工作过程如下。

1）节点 A 向节点 B 发送了一个 RTS（Request To Send）帧，如图 3-17a 所示。请求节点 B 准备接收数据，该短帧（30 字节）包含了随后将要发送的数据帧的长度。

2）节点 B 用一个 CTS（Clear To Send）帧作为应答，如图 3-17b 所示。CTS 帧中包含了从接收到的 RTS 帧中复制过来数据帧的长度。节点 A 在收到 CTS 帧后则开始数据帧的传输。

在 A、B 节点发射范围内的其他节点如果监听到了 RTS 帧，则它一定离节点 A 很近，它必须继续保持沉默，至少等待足够长的时间，以便在无冲突的情况下 CTS 帧被送回给节点 A。如果监听到了 CTS 帧，则它一定离节点 B 很近，在接下来的数据传输过程中，它必须一直保持沉默。只要检查一下 CTS 帧，它就可以知道数据帧的长度，即数据传输需要持续多久。

在图 3-17 中，节点 C 和 G 处在节点 A 的发射范围内，但不在节点 B 的发射范围内，因此，它们能监听到节点 A 发送的 RTS 帧，但是无法监听到节点 B 发送的 CTS 帧。只要它没有干扰 CTS 帧，那么，在数据帧传输的过程中，它可以自由地发送任何信息。相反，节点 E、F 处在节点 B 的发射范围内，但不在节点 A 的发射范围内，因此，它监听不到 RTS 帧，但是可以监听到 CTS 帧，这意味着它与一个将要接收数据帧的节点离得很近，因此，它会等到那一帧传输完成以后再发送任何信息。节点 D 处于节点 A 和 B 的发射范围内，它能同时监听到 RTS 帧和 CTS 帧，因此，它与节点 E、F 一样，在数据帧传输完成之前必须保持安静。

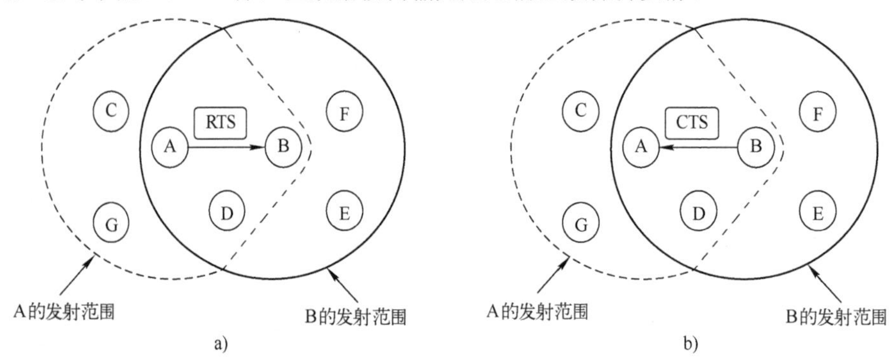

图 3-17　CSMA/CA 工作过程

a) A 给 B 发送一个 RTS 帧　b) B 给 A 发送一个 CTS 帧

尽管有了这些防范措施，冲突仍有可能发生。例如，若节点 B 和 C 可能同时向节点 A 发送 RTS 帧，它们将发生冲突，因而会丢失。在发生冲突的情况下，一个失败的发送方（即在期望的时间间隔内没有收到 CTS 帧）将等待一段随机时间后再重试。

📖　传输介质的最大利用率取决于帧的长度和传播时间。

【例 3-5】　设某总线长度为 400m，信号传播速度为 200m/μs，若位于总线两端的节点 A 和 B 在发送数据帧时发生了冲突，问：

（1）A、B 两节点之间信号的传播延迟时间为多少？

（2）最多经过多长时间才能检测到冲突？

【解】

（1）该两节点之间信号的传播延迟时间 $\tau = t_{传播时间} = 400/200 = 2\mu s$。

（2）最多经过 2τ 时间，即 4μs 才能检测到冲突。

【例 3-6】　总线长度为 1km，传输速率为 10Mbit/s 的以太网，信号传播速度为 200m/μs，数据帧长为 256 位，其中含有 32 位帧首部、校验和及其他开销。一个数据帧成功发送以后的第一个时间片保留给接收方捕获信道发送一个 32 位的确认帧。假设没有冲突，那么不包括开销的有效数据传输速率是多少？

【解】　因为总线长度为 1000m，信号传播速度为 200 m/μs，因此

传播时间 $\tau = 1000/200 = 5\mu s$

往返时间 $2\tau = 2\times 5 = 10\mu s$

又因为数据帧长为 256 位，其中含有 32 位帧首部、校验和及其他开销，传输速率为 10Mbit/s，所以

数据帧的传输时间 $t = 256 \div 10 = 25.6\mu s$

32 位确认帧的传输时间 $t_A = 32 \div 10 = 3.2\mu s$

因此

理想效率 $U = (25.6 - 3.2) \div (25.6 + 3.2 + 2\times5) = 22.4 \div 38.8 = 0.577$

有效数据传输速率 $C = 10 \times 0.577 = 5.77\text{Mbit/s}$

3.5.4　轮询访问介质访问控制

轮询式介质访问控制是一种利用令牌传递协议完成数据传输的机制。在令牌传递网络中，各节点访问共享介质不再是竞争访问，而是事先约定好一个顺序，按顺序依次访问信道。这个顺序可以是物理连接环，也可以是逻辑连接环。环中设置一个令牌，让其在环中依次移动，当一个设备要发送数据帧时，必须等到令牌到达时才可以发送，即持有令牌的设备允许发送数据，当该设备发送结束时，令牌被传递给环中的下一个设备。这种方法使所有设备对介质访问的机会均等，消除了介质访问冲突。

轮询式介质访问控制方式主要有令牌环（IEEE 802.5）和令牌总线（IEEE 802.4）两种，前者是物理环，后者是逻辑环。

1．令牌环

令牌环技术最早开始于 1969 年贝尔研究室的 Newhall 环路，1972 年被 IBM 公司采用作为 IBM 的 Token Ring LAN 的工作方式，后来成为 IEEE 802.5 令牌环网标准。

（1）IEEE 802.5 令牌环的工作原理

令牌传递访问技术是基于各个节点通过链路依次串接成一个闭合的环路，实现数据的高速、无冲突的单向传输。它是一种分散控制方式。IEEE 802.5 令牌环的传输介质为屏蔽双绞线，数据传输速率为 4Mbit/s 或 16Mbit/s，采用基带传输，使用差分曼彻斯特编码。介质访问控制是使用一个令牌沿着环循环，且确保令牌在环中唯一。令牌是令牌环上传输的一种特殊帧（只有 3 字节的小数据帧），拥有令牌的节点就拥有了传输权限。如果环上的某个工作节点收到令牌并且有信息发送，它就改变令牌中的一位（该操作将令牌变成一个帧开始序列），将待传输的数据附加在令牌之后，然后将整个信息发往环中的下一工作节点。当这个信息帧在环上传输时，网络中就没有令牌了，这意味着其他工作节点想传输数据就必须等待。因此，令牌环网络中不会发生传输冲突。信息帧沿着环传输直到到达目的节点，目的节点创建一个副本以便进一步处理。信息帧继续沿着环传输直至到达发送节点时便可以被删除。发送节点可以通过检验返回帧确定信息是否已被目的节点接收。

IEEE 802.5 令牌环的网络拓扑及每个节点的结构如图 3-18 所示。

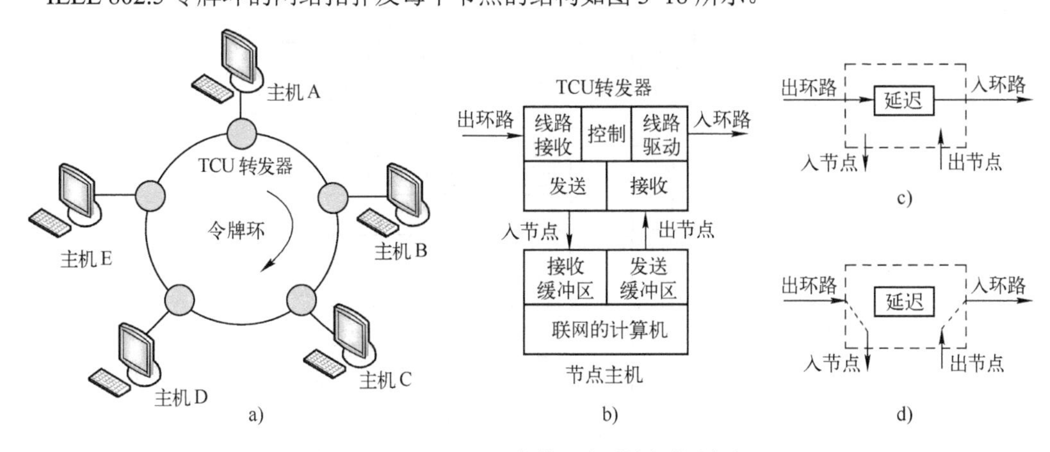

图 3-18　IEEE 802.5 令牌环介质访问控制原理

a) 令牌环网络拓扑　b) TCU 转发器　c) 转发器的转发状态　d) 转发器的发送状态

IEEE 802.5 令牌环介质访问控制的关键部件是 TCU 转发器，如图 3-18b 所示。转发器有两种工作状态：一种是转发（又称监听）状态，如图 3-18c 所示；另一种是发送状态，如图 3-18d 所示。只要节点不处于发送数据状态，转发器就工作在监听状态。

1）当转发器工作在转发状态时，转发器从环路输入比特流（其最小延迟为 1 比特）的同时，监视两种特殊的比特组合。

- 第一种特殊的比特组合是本节点的地址。转发器一旦发现有本节点的地址，则立即将环路输入的比特流从转发器输出到本节点。同时，转发器仍然转发环路输入的比特流，经环路输出端发送到环路下一个转发器去。
- 第二种特殊的比特组合是空令牌。空令牌平时一直在环路上流动，当节点有数据要发送时，必须等待空令牌的到来。转发器一旦发现环路输入的比特流中出现空令牌，首先将令牌的代码转成信息帧的标志代号（变成忙令牌），接着可将发送缓冲区的数据从转发器的环路输出端发送出去。

2）当节点处于发送状态时，数据以帧为单位。由于环路中此时没有令牌，所以其他各节点都无权发送数据，只能处于监听/转发状态。当所发的信息帧在环路上转了一圈，最后又从环路输入端回到发送节点，该节点对返回的信息帧进行检查，判断传送是否正确。当所发送的信息帧的最后一比特绕环路一周后返回到发送节点时，发送节点必须生成一个空令牌，并将它从环路输出端送出，同时将转发器置于转发状态。这样，环路又有了令牌，它依次经过每个转发器，等待某个节点去截获。

总之，截获令牌的节点要负责发送数据后再生成一个令牌，发送信息帧的节点要负责从环路上收回该信息帧。

IEEE 802.5 令牌环工作原理可归纳如下。

1）网上节点要发送帧，必须等待空令牌。

2）当获取空令牌后，将它改为忙标记，其后附加数据帧。

3）在一个循环内其他节点不能发送数据。

4）直至所发的帧在环中循环一周后，回到发送节点，将该帧移去。

5）将令牌忙标记改成空标记，形成空令牌继续传送，供后续节点发送数据帧。

（2）令牌环 MAC 帧结构

IEEE 802.5 令牌环的 MAC 帧共有两种类型：一种是数据帧，一种是令牌帧。其格式如图 3-19 所示。

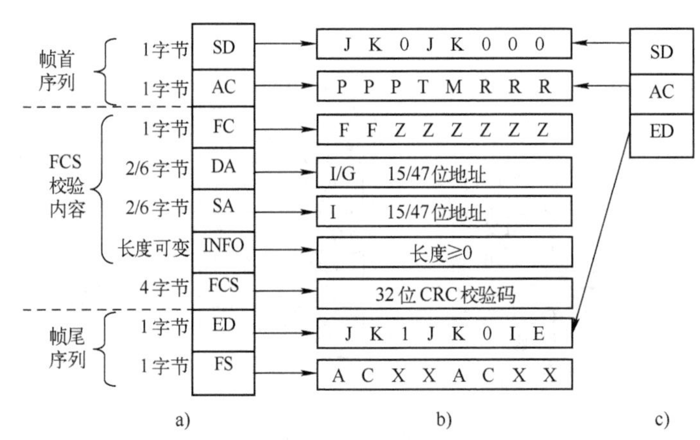

图 3-19　令牌环的 MAC 帧格式

a) 数据帧格式　b) 各字段格式　c) 令牌帧格式

1）数据帧格式。

数据帧格式如图 3-19a 所示，其中 SD、AC、ED 字段的含义与令牌帧的含义相同。

- FC：帧控制字段，占 1 字节。其中，FF 表示帧类型（2 位），说明该帧是 MAC PDU 或 LLC PDU；Z 是控制位，用于处理环维护。
- DA、SA：目的节点地址和源节点地址，占 2 字节或 6 字节（可选 16 位或 48 位）。使用时 DA、SA 的地址长度应保持一致，第 1 位 I/G=0/1（单播地址/多播地址）。SA 只能为单播地址，DA 可选单播地址或多播地址。
- INFO：信息字段，长度可选。
- FCS：帧检验序列，占 4 字节。
- FS：帧状态字段，占 1 字节，由地址识别位（A）、帧复制位（C）和 X 位（功能未定义）组成。正常情况下 A、C 置为 0，当一个站识别了帧的 DA 为本节点地址时，则置该帧的 A=1。当一个节点复制了该帧时，则置 C=1。

2）令牌帧格式。

令牌帧格式如图 3-19c 所示，由 3 字节组成。

① SD、ED 分别为起始、结束定界符，各占 1 字节。这两个字节中各有 4 比特（J、K）是特殊的。IEEE 802.5 标准规定采用差分曼彻斯特编码。SD、ED 字段中“0”是按差分曼彻斯特编码定义的二进制 0，“J”信号开始像 0，“K”信号开始像 1，但中间没有跳变，因此这些信号不会出现在数据中，用于表示帧的开始和结束。I 是中间帧位，表示该帧是中间帧（1）或最后一帧（0）。E 是错误位，当检测到一个错误时，该位置 1。

② AC（访问控制）字段是帧中最重要的字段，占 1 字节，设有 PPP 位（优先级，3 位）、T 位（令牌位，1 位）、M 位（监控位，1 位）和 RRR（预约优先级位，3 位）。

- PPP 表示优先级，要发送的数据帧的优先级 P_m 大于或等于令牌帧 AC 字段中的 PPP 值是能够发送数据帧的条件之一。
- T 是令牌位，表示所接收的是令牌帧（空令牌，T = 0）或数据帧（忙令牌，T= 1）。截获令牌发送数据就是将 T 位由 0 变为 1，然后丢掉结束字节 ED，并将图 3-19b 中数据帧格式的第 3 字节起的各字段附加上，构成一个数据帧。
- M 是监控位，值通常为 0，其作用是防止一些帧无休止地在环中循环。通常可在环路中设一个监控节点，当一个帧经过监控节点时，M 位被置为 1。M = 1 的帧分为两类：一类为控制帧，所有节点必须接收，并按控制比特的指示去动作；另一类为数据帧，只有指定目的地址的节点才能接收。
- RRR 为预约优先级位。预约优先级共分为 8 级。预约的方法是判断帧中 AC 字段的 RRR 值（R_r）。若要发送的数据帧的优先级 $P_m>R_r$，则将 RRR 设置成 P_m，此时，其他节点要发送的数据帧的优先级都小于 P_m，下次令牌再循环回来时本节点就可以持有令牌；若 $P_m \leqslant R_r$，则本节点无权预约，只能继续转发操作。数据帧被发送节点回收后，应立即向环路再放出一个新令牌帧，以便让其他节点获得发送的机会。

（3）帧的发送与接收

1）帧的发送。

任一节点要发送数据帧时，首先将数据帧存放在发送缓冲区中，然后等待空令牌到达本节点环接口（转发器）。若接收到一个标记位为“0”（T=0）的令牌，且优先级允许本节点持有它，则立即将令牌的 T 置为“1”，并把发送缓冲区中的帧挂接在其后进行发送。若接收到的是一个数据帧（T=1）或一个不允许本节点持有的令牌，本节点转发器则执行转发操作，但可利用 AC

字段中的 RRR 进行优先权预约，即将 RRR 这 3 位置成适当的值，然后等待下一次令牌的到达。

2）回收和令牌恢复。

谁发的帧谁负责回收，回收后还要负责向环路放出一个空令牌帧。

3）帧的接收。

环上每个节点的转发器平时都处于转发状态。转发时要对每一个被转发的帧首进行检测。一旦发现有 DA=本节点 MAC 地址的帧首，说明本节点是该帧的目的节点，此时，除了继续保持转发操作外，同时还需将该帧的内存复制到接收缓冲区中，进行进一步处理，最后设置 FS 字段中的 A 和 C 两位（AC=11），表示该帧已被目的节点成功接收。

（4）令牌环的维护

每个令牌环要求有一个监控节点来管理环路状态，监控节点由竞争的办法产生（每一个节点都有成为监控节点的权力）。监控节点利用 MAC 控制帧（共有 6 种）来执行令牌环的维护。监控节点的责任如下。

- 保证环内令牌不丢失。采用计时器的方法来检测令牌丢失否。
- 消除环上的无效帧和无限循环帧。
- 保障环路的最小长度。因为令牌长度为 24 位，所以环最小要容纳 24 位，否则要插入额外的延时比特。

【例 3-7】 设环上有 20 个节点，数据传输速率为 1Mbit/s，介质长度为 1km，信号传播速度为 200m/μs，每个中继器延迟 1bit。问环上的位数等于多少？

【解】 环上的位数=传播延迟×数据传输速率+中继器延迟

因为环的介质长度为 1km，环上有 20 个节点，因此

$$传播延迟\ \tau = 1000 \div 200 = 5\mu s$$

每个中继器延迟 1bit，因此，20 个节点有 20 个中继器共延迟 20bit。

所以，环上的位数=5×1+20 = 25bit。

【例 3-8】 100 站点成环，站间平均距离为 10m，数据传输速率为 10Mbit/s，信号传播速度为 200m/μs，每个中继器延迟 1bit。问环上可容纳多少比特？

【解】 两节点间链路长度的位数=10×10 ÷ 200 = 0.5bit。

每个中继器延迟 1bit。因此，环上可容纳比特数=(1+0.5)×100 = 150bit。

令牌环的优点是在重负载条件下能高效率地运行，当每个节点依次截获令牌然后发送数据时，整个环路工作与时分复用相似；由于环中节点的每个转发器都起比特流整形再生的作用，因此令牌环跨越的距离可以延长。环形结构没有路由选择，不会出现拥塞和死锁，易于实现分布控制和高速通信。但令牌环上某个站点一旦出现故障，将导致整个环路不通，这是令牌环最致命的弱点。为此，提出了多种改进的令牌环结构，如星形环路、双环等。

2．令牌总线

在一个令牌传递网络中，传输介质的物理拓扑不必是一个环，但是为了把对介质访问的许可从一个设备传递到另一个设备，令牌在设备之间的传递通路在逻辑上必须是一个环。所以，逻辑连接环指的是在不同设备之间令牌循环传递的过程。

令牌总线的物理结构（拓扑结构）与逻辑结构如图 3-20 所示。

（1）令牌总线工作原理

令牌总线（Token Bus）介质访问控制方法是在物理总线上建立逻辑环。每一台联网的节点

都有一序号，各节点根据序号（地址）连成一个逻辑环，如图 3-20 中的 A→B→E→C→D→A。

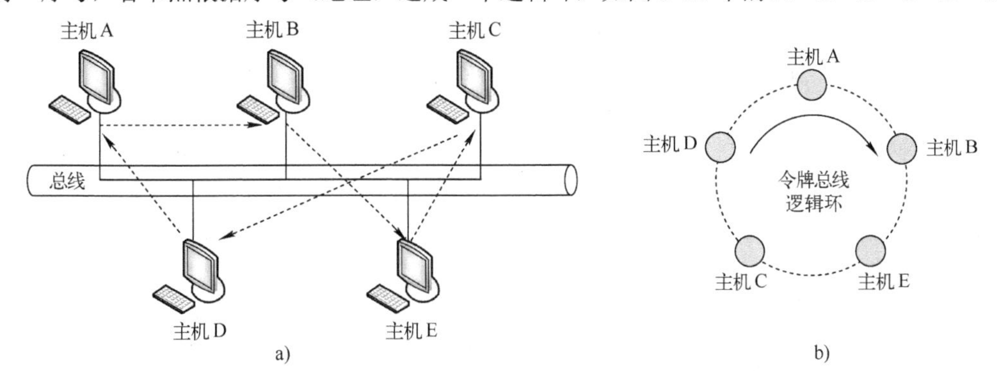

图 3-20　IEEE 802.4 令牌总线工作原理

a) 令牌总线物理结构　b) 令牌总线逻辑结构

每个节点都应保留前趋节点、本节点和后继节点的序号。与令牌环一样，拥有令牌是节点可以发送数据的必要条件，令牌在逻辑环中按地址的递减顺序传送到下一节点。从物理上看，在总线上有含 DA 的帧广播，所有节点按 DA 是否为本节点地址判断接收与否。

（2）令牌总线介质访问控制特点

令牌总线介质访问控制的特点如下。

- 控制方式能确保在总线上不会产生冲突。
- 节点具有公平的访问权。
- 若使节点等待令牌的时间为确知的，需限定每个节点发送帧的最大长度。
- 如果只有一个节点有报文发送，其等待令牌的最长时间等于令牌传递时间的总和，而平均等待时间是令牌传递时间总和的一半。
- 允许设置优先级。

对于令牌总线介质访问控制方式的初始化，以及网络中节点的增、删，或出现故障，其处理过程复杂，必须配置相应的算法。

1）逻辑环初始化算法。

逻辑环的初始化发生在一个或多个节点检测到总线没有活动的持续时间大于某个超时值的时候，也就是令牌已丢失的时候，或者在网络上第一站刚上电的时候。发布节点发出一个地址头两位是 00、01、10、11，且分别以 0、2、4、6 个间隙时间来充填其数据单元段的发布令牌帧，发出之后，发布节点开始监听介质。

- 若发现有别的节点在发送，则停止它的发布。
- 若未发现，则利用第 2 对地址位再次进行尝试。

这个过程重复进行，当所有地址位都已用完时，最后一次重复中获得成功的节点就认为自己是令牌持有节点。

2）令牌环征求后继节点算法。

令牌持有节点向其后继节点发出一个令牌帧，该后继节点应该立即发出一个数据帧或令牌帧；在送出令牌后，令牌发出者将监听一个间隙时间，以确定其后继是否正常工作。

- 如果后继节点正常工作，令牌发出者将收到一个有效的帧，并回到监听模式。
- 如果令牌发出者没有收到有效的帧，它将再次对同一后继节点重新发出令牌帧。

如果失败两次后，认为其失效，发出一个谁接替帧，询问跟在失效节点之后的节点的标志帧响应，只重试一次，如果谁接替的策略失败，令牌发出节点将发出一个在全地址范围内的征求后继节点，邀请每一节点响应，如果这一过程起作用，一个有两个节点的环将建立起来，并延续下去。

通过上一步骤，如果尝试两次都失败，则令牌发出节点认为已经发生了灾难，将停止行动，并监听总线。

3）令牌传递算法。

令牌持有节点发送完数据帧后，会将令牌传递给其后继节点，然后该节点将监听总线上的信号。后继节点应立即发送数据帧或令牌帧，以使该节点可以确认令牌是否传递成功。

4）节点插入算法。

逻辑环中的每个节点都能周期性地提供机会让新的节点进入环中。每当节点捕获令牌时，节点都会发出一个征求后继节点的帧，邀请相应的节点（其地址在它自己和逻辑序列中的下一节点之间的节点）提出加入环的请求。令牌持有节点等待 1 个间隙时间的响应窗口，接着可能发生下列情况之一。

- 无响应，说明无节点加入。
- 收到了一个正确的响应，进行相应的设置。
- 收到碰撞响应，即请求加入环的节点多于一个，则令牌持有节点检测到一个混乱的响应，这种冲突通过地址竞争办法来解决。
- 无效响应，令牌持有节点认为协议产生了问题，为避免冲突，令牌持有节点转到监听状态。

5）节点删除算法。

如果一个节点 TS 希望从逻辑环中退出，则它在接收到令牌后，给它的前趋节点 PS 发出一个置后继节点的帧，该帧含有发送节点 TS 的后继节点的地址 NS，将令牌传递给它的后继节点。当它的前趋节点收到一个置后继节点的帧时，就相应地修改它的 NS 变量，下一次令牌到达该节点时，它把令牌传递给引退节点的后继节点，这样引退节点就从逻辑环中删除了。

6）故障控制。

逻辑环故障可能是下游节点失败或多个令牌故障。下游节点失败可以采用令牌环征求后继节点算法处理。多个令牌故障是指当一个节点持有令牌时，可能收到一个帧表示另一个节点也持有令牌，这时，它就应立即放弃令牌，并回到监听模式。如果持有令牌的节点都放弃令牌，则出现无令牌状态，则当一个节点在大于规定的时间内监听到总线无活动，将再使用宣称自己拥有令牌帧的方式重新进行逻辑环的初始化。

扫码看视频

📖 逻辑环（令牌总线）比物理环（令牌环）在工作和维护方面都复杂，节点加入和删除需较复杂的算法完成。

3.6　局域网

3.6.1　局域网的基本概念和体系结构

局域网是指在一个较小的地理范围内（如某个学校的校园内），将各种计算机、外部设备和数据库等应用系统通过双绞线、同轴电缆、光纤等连接介质互相连接起来，组成资源和信息共享的计算机互连网络。其主要特点如下。

1）为一个单位所拥有，且地理范围和站点数目均有限。

2）所有站点共享较高的总带宽（即较高的数据传输速率）。

3）有较低的时延和较低的误码率。

4）各节点为平等关系而非主从关系。

5）能够进行广播和组播。

局域网的特性主要是由拓扑结构、传输介质和介质访问控制方式 3 个要素所决定的，其中最重要的是介质访问控制方式，它决定着局域网的技术特性。

常见的局域网拓扑结构主要有星形、环形、总线型，以及星形和总线型结合的复合型结构。3 种特殊的局域网拓扑结构实现如下。

1）以太网（目前使用范围最广的局域网）的逻辑拓扑是总线型结构，物理拓扑是星形或拓展星形结构。

2）令牌环（Token Ring，IEEE 802.5）的逻辑拓扑是环形结构，物理拓扑是星形结构。

3）FDDI（光纤分布式数据接口，IEEE 802.8）的逻辑拓扑是环形结构，物理拓扑是双环结构。

局域网可以使用双绞线、铜缆和光纤等多种传输介质，其中双绞线为主流传输介质。

局域网的介质访问控制方法主要有 CSMA/CD、令牌总线和令牌环。其中，前两者主要用于总线型局域网，后者主要用于环形局域网。

IEEE 802 标准定义的局域网参考模型只对应于 OSI 参考模型的数据链路层和物理层，并将数据链路层拆分为两个子层：逻辑链路控制（LLC）子层和介质访问控制（MAC）子层。与接入传输介质有关的内容都放在 MAC 子层，它向上层屏蔽对物理层访问的各种差异，提供对物理层的统一接口，主要功能包括：组帧和拆卸帧、比特流传输差错检测、透明传输。LLC 子层与传输介质无关，它向网络层提供无确认无连接、带确认无连接、面向连接、高速传送 4 种不同的连接服务类型。由于以太网在局域网中占据垄断地位，几乎成为局域网的代名词，而 IEEE 802 指定的 LLC 子层作用已经不大，故现在很多网卡仅封装 MAC 协议而没有 LLC 协议。

3.6.2　以太网与 IEEE 802.3

IEEE 802.3 标准是一种基带总线型的局域网标准，描述了物理层和数据链路层的 MAC 子层的实现方法。随着技术的发展，该标准又进行了大量的补充与更新，以支持更多的传输介质和更高的传输速率。

以太网逻辑上采用总线型拓扑结构，以太网中的所有计算机共享同一总线，信息以广播方式发送。为了保证数据通信的方便性和可靠性，以太网简化了通信流程并使用了 CSMA/CD 方式对总线进行访问控制。

严格来讲，以太网应该是指符合 DIX Ethernet V2 标准的局域网，但因其与 IEEE 802.3 标准只有很小的差别，故通常将 802.3 局域网简称为以太网。

1．以太网的传输介质与网卡

以太网常用的传输介质有粗缆、细缆、非屏蔽双绞线和光纤对 4 种，具体适用情况见表 3-2。

表 3-2　以太网常用传输介质的适用情况

参数	10Base-5	10Base-2	10Base-T	10Base-FL
传输介质	基带同轴电缆（粗缆）	基带同轴电缆（细缆）	非屏蔽双绞线 非屏蔽	光纤对（850nm）
编码	曼彻斯特编码	曼彻斯特编码	曼彻斯特编码	曼彻斯特编码
拓扑结构	总线型	总线型	星形	点对点
最大段长	500m	185m	100m	2000m
最多节点数目	100	30	2	2

其中，10Base-T 非屏蔽双绞线以太网的拓扑结构为星形，其中心为集线器，但使用集线器的以太网在逻辑上仍然是一个总线网，属于一个冲突域。

网卡也称网络适配器（Network Adapter）或网络接口卡（Network Interface Card，NIC），是局域网中连接计算机和传输介质的接口，不仅能够实现与局域网传输介质之间的物理连接和电信号匹配，还涉及帧的发送与接收、帧的封装与拆封、介质访问控制、数据的编码与解码，以及数据缓存功能等。数据链路层设备（网桥、局域网交换机等）都使用网卡的 MAC 地址控制主机在网络上的数据通信，因此网卡是数据链路层的网络组件；另外，网卡还控制着计算机对介质的访问，因此网卡也工作在物理层，只关注比特流，而不关注任何地址信息和高层协议信息。

2．以太网的 MAC 帧

由于总线上使用的是广播通信，因此网卡从网络上每收到一个 MAC 帧首先要用硬件检查 MAC 帧中的 MAC 地址。如果是发往本站的帧，那么就收下，否则就丢弃。

以太网 MAC 帧格式有 DIX Ethernet V2 和 IEEE 802.3 两种标准。DIX Ethernet V2 标准的 MAC 帧格式如图 3-21 所示。

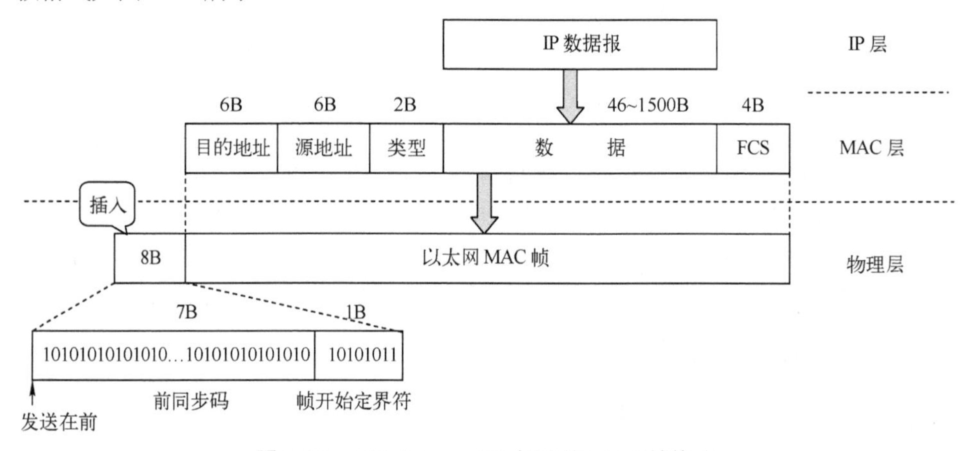

图 3-21　DIX Ethernet V2 标准的 MAC 帧格式

- 前导码：使接收端与发送端时钟同步。在帧前面插入的 8B（Byte，字节）分为两个字段：第一个字段 7B，是前同步码，用来快速实现 MAC 帧的比特同步；第二个字段是帧开始定界符，表示后面的信息就是 MAC 帧。
- 地址：分别为目的地址和源地址，通常各占 6B（48bit）（MAC 地址）。
- 类型：占 2B，指出数据域中携带的数据应交给哪个协议实体处理。
- 数据：占 46～1500B，包含高层的协议信息。由于 CSMA/CD 算法的限制，以太网帧必须满足最小长度要求 64B，数据较少时必须加以填充（0～46B）。
- 校验码（FCS）：占 4B，校验范围包括目的地址、源地址、类型和数据字段，但不包括前导码，算法采用 32 位 CRC。

IEEE 802.3 标准的 MAC 帧格式与 DIX Ethernet V2 帧格式的不同之处如下。

1）帧起始标志：与 802.4 和 802.5 兼容。

2）长度域：替代了 DIX 帧中的类型域，指出数据域的长度。在实践中，长度/类型域是并存的，由于数据段最大值是 1500B，因此长度段最大值是 1500B，则从 1501～65535 的值可用于类型段标识符。

3. 高速以太网

数据传输速率达到或超过 100Mbit/s 的以太网称为高速以太网。以太网从 10Mbit/s 到 10Gbit/s 的演进证明了以太网是可扩展的、灵活的（多种传输介质、全/半双工、共享/交换），且易于安装，稳健性好。

（1）100Base-T 以太网

100Base-T 以太网是在双绞线上传送 100Mbit/s 基带信号的星形拓扑结构以太网，使用 CSMA/CD 协议。这种以太网既支持全双工方式，又支持半双工方式，可在全双工方式下工作而无冲突发生。

MAC 帧格式仍然是 IEEE 802.3 标准规定的。保持最短帧长不变，但将一个网段的最大电缆长度减小到 100m。帧间时间间隔从原来的 9.6μs 改为 0.96μs。

（2）吉比特以太网

吉比特以太网又称为千兆以太网，允许在 1Gbit/s 下用全双工和半双工两种方式工作。使用 IEEE 802.3 标准规定的帧格式。在半双工方式下使用 CSMA/CD 协议（全双工方式下不使用 CSMA/CD 协议）。与 10Base-T 和 100Base-T 技术向后兼容。

（3）10 吉比特以太网

10 吉比特以太网与 10Mbit/s、100Mbit/s 和 1Gbit/s 以太网的帧格式完全相同。10 吉比特以太网保留了 IEEE 802.3 标准规定的以太网最小和最大帧长，便于升级。10 吉比特以太网不再使用铜线而只使用光纤作为传输介质。10 吉比特以太网只工作在全双工方式，因此没有争用问题，也不使用 CSMA/CD 协议。

3.6.3 IEEE 802.11

IEEE 802.11 是无线局域网的一系列协议标准，包括当前 WiFi 常用的 IEEE 802.11a/b/g/n 等标准。它们制定了 MAC 层协议，运行在多个物理层标准上。除基本的协调访问问题外，标准还进行错误控制（以克服通道固有的不可靠性）、适宜的寻址和关联规程（以处理节点的可携带性和移动性）、互连过程（以扩展无线节点的通信范围），并且允许用户在移动的同时进行通信。

IEEE 802.11 的 MAC 层采用 CSMA/CA 协议进行介质访问控制。冲突避免要求每个发送节点在发送帧之前先监听信道。如果信道空闲，那么节点可以发送帧；发送节点在发送完一个帧之后，必须再等待一个短的时间间隔，检查接收节点是否发回确认帧（ACK）。如果接收到确认帧，那么说明此次发送未出现冲突，发送成功；如果在规定的时间内没有接收到确认帧，那么表明出现冲突，发送失败，重发该帧，直到在规定的最大重发次数之内成功发送。在无线局域网中，即使在发送过程中发生了碰撞，也要把整个帧发送完毕。而在有线局域网中，若发生冲突则节点立即停止发送数据。

无线局域网可分为固定基础设施无线局域网和无固定基础设施无线自组织网络（Wireless Ad Hoc Network）两大类。

1. 固定基础设施无线局域网

IEEE 802.11 标准规定无线局域网的最小构件是基本服务集（Basic Service Set，BSS）。一个基本服务集包括一个基站和若干移动站。所有的站在本 BSS 内都可以直接通信，但在与本 BSS 外的站通信时都通过本 BSS 基站。基本服务集中的基站也称为接入点（Access Point，AP），其作用和网桥相似。

一个基本服务集可以是孤立的，也可通过接入点（AP）连接到一个主干分配系统（Distribution

System，DS），然后再接入另一个基本服务集，构成扩展的服务集。扩展服务集（Extended Service Set，ESS）还可通过称为门户网关（Protal）的设备为无线用户提供非 802.11 无线局域网（如有线连接的因特网）接入。门户网关的作用相当于一个网桥。基本服务集和扩展服务集如图 3-22 所示。其中，移动站 A 从某个基本服务集漫游到另一个基本服务集时，仍然能保持与另一个移动站 B 进行通信。

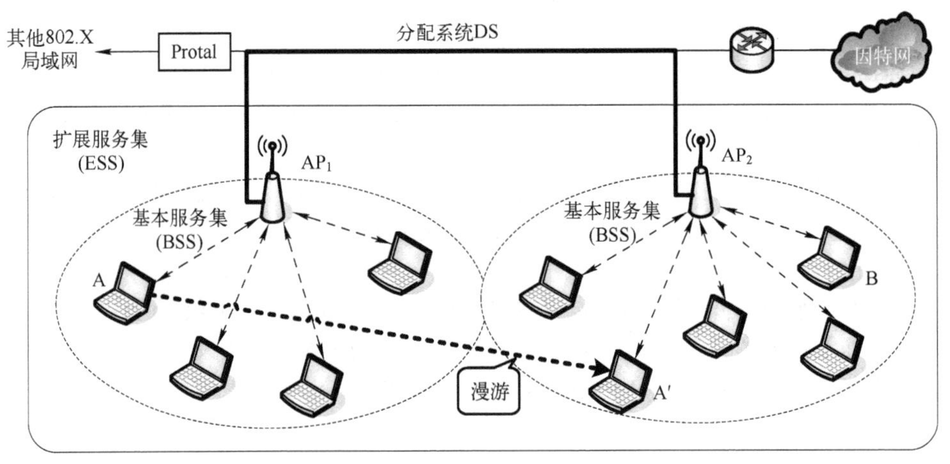

图 3-22　基本服务集和扩展服务集

2. 无固定基础设施无线自组织网络

无线自组织网络无固定基础设施，即没有上述基本服务集中的接入点（AP），而是由一些平等状态移动站相互通信组成的临时网络，各节点之间地位平等，中间节点都为转发节点，这些节点都具有路由功能。如无线传感器网络（Wireless Sensor Network，WSN）是由部署在监测区域内的大量廉价微型传感器组成，通过无线通信方式形成的一个多跳的自组织的 Ad Hoc 网络系统。

无线自组织网络通常的构成是：一些可移动设备发现在其附近还有其他可移动设备，并且要求和其他移动设备通信。它与移动 IP 并不相同，移动 IP 技术使漫游的主机可用多种方法连接到因特网，其核心网络功能仍然是基于固定互联网中一直在使用的各种路由选择协议。而无线自组织网络是把移动性扩展到无线领域中的自治系统，具有自己特定的路由选择协议，并且可以不连接因特网，如图 3-23 所示。

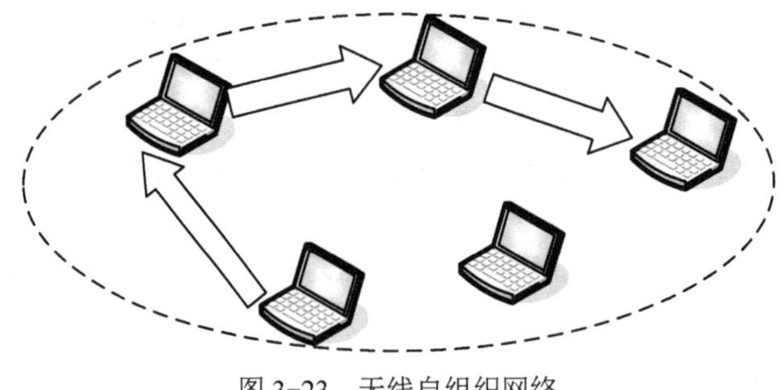

图 3-23　无线自组织网络

3.7　广域网

3.7.1　广域网的基本概念

广域网通常是指覆盖范围很广（远超过一个城市的范围）的长距离网络。广域网是因特网的核心部分，其任务是长距离传输主机所发送的数据。连接广域网各节点的交换机的链路都是高速链路，可能是几千千米的光纤线路，也可能是几万千米的点对点卫星链路。因此，广域网首先要考虑的问题是通信容量必须足够大，以便支持日益增长的通信量。

广域网不等于互联网，互联网可以连接不同类型的网络（可以连接局域网，也可以连接广域网），通常使用路由器来实现互连。图 3-24 所示为由相距较远的局域网通过路由器与广域网相连而成的一个覆盖范围很广的互联网。因此，局域网可以通过广域网与其他相隔很远的局域网进行通信。

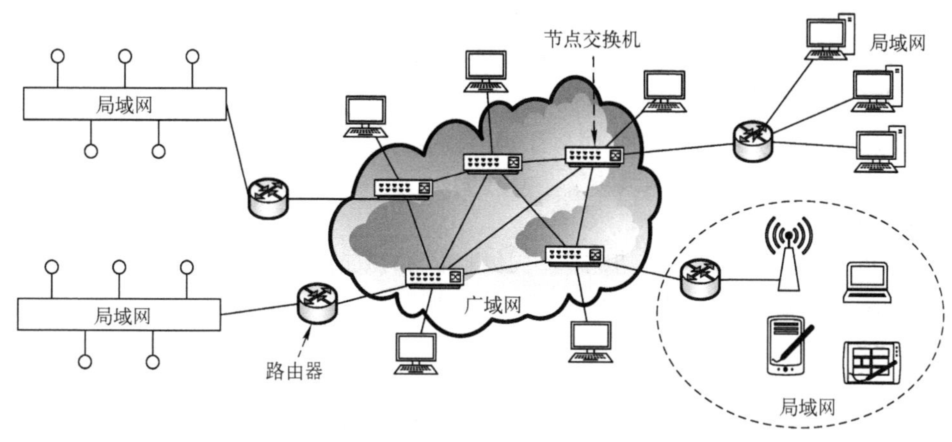

图 3-24　由局域网和广域网组成的互联网

广域网由一些节点交换机（注意不是路由器，二者都是用来转发分组，但节点交换机在单个网络中转发分组，而路由器在多个网络构成的互联网中转发分组）及连接这些交换机的链路组成。节点交换机的功能是存储并转发分组，节点交换机之间是点到点连接，但为了提高网络的可靠性，通常节点交换机也采用多路冗余连接。路由器用来连接不同的网络，节点交换机只是在一个特定的网络中工作。路由器专门用来转发分组，节点交换机还可以连接许多主机。路由器根据目的网络地址找出下一跳（即下一个路由器），而节点交换机则根据目的节点所接入的交换机号找出下一跳（即下一个节点交换机）。路由器和节点交换机都使用统一的 IP（网际互连协议）。

从层次上看，广域网和局域网的区别很大，详见表 3-3。局域网使用的协议主要在数据链路层（还有少量物理层），而广域网使用的协议主要在网络层。也就是说，如果网络中两个节点要进行数据交换，那么节点除了给出数据部分外，还要添加上一层控制信息，若这层信息是数据链路层的控制信息，则使用的是数据链路层协议，若这层信息是网络层的控制信息，则使用的是网络层协议。

表 3-3　广域网和局域网的区别与联系

比较项	广域网	局域网
覆盖范围	很广，通常跨区域	较小，通常在一个区域内
连接方式	节点间都是点对点连接，但可一个节点与多个节点交换机冗余连接	普遍采用多点接入技术
OSI 层次	三层：物理层、数据链路层、网络层	两层：物理层、数据链路层
着重点	强调资源共享	强调数据传输
联系与相似点	1. 广域网和局域网都是互联网的重要组成构件，从互联网的角度来看，二者是平等的（不是包含关系） 2. 连接到一个广域网或一个局域网上的主机在该网内进行通信时，只需要使用其网络的物理地址	

广域网中比较重要的问题是路由选择和分组转发。路由选择协议负责搜索分组从某个节点到

目的节点的最佳传输路径，以便构造路由表，然后从路由表再构造转发分组的转发表，由转发表实现分组的转发。

目前，常用的两种广域网数据链路层控制协议是HDLC和PPP。

3.7.2 高级数据链路控制规程

高级数据链路控制（High level Data Link Control，HDLC）规程是由国际标准化组织（ISO）根据IBM公司的同步数据链路控制（Synchronous Data Link Control，SDLC）协议扩展开发而成的。HDLC不仅使用广泛，而且还是其他许多重要数据链路控制协议的基础，它们的格式与HDLC中使用的格式相同或相似，使用的机制也相似。

1．HDLC的基本概念

HDLC是一个在同步网上传输数据、面向比特的数据链路控制协议，它是思科私有协议，是思科路由器上的默认WAN接口封装协议。

（1）HDLC的工作原理

为了适应不同配置、不同操作方式和不同传输距离的数据通信链路，HDLC定义了3种站类型、2种链路配置和3种数据传输方式。

1）3种站类型。

HDLC定义的3种站类型是主站、从站和复合站。这3种站具有不同的功能。

- 主站：主站控制数据链路（通道），负责控制链路上的操作。它向信道上的从站发送命令帧，并依次接收来自从站的响应帧。如果这条链路是多点共享的，则主站负责跟连接在该链路上的每一个从站维持一个单独的会话，即主站为链路上的每个从站维护一条独立的逻辑链路。
- 从站：又称为次站，在主站的控制下操作。从站不发送命令帧，只能响应主站的命令帧，以响应帧配合主站的工作。从站只维持一个与主站的会话。
- 复合站：复合站复合了主站和从站双重功能，复合站既可以发送命令帧和响应帧，也接收来自另一个复合站的命令帧和响应帧。它维持着一条与另一个复合站之间的会话。

2）2种链路配置。

HDLC定义的两种链路配置是非平衡配置和平衡配置。

- 非平衡配置：由一个主站及一个或多个从站组成，以点对点或多点共享、半双工或全双工、交换型或非交换型等方式工作。主站负责控制每个从站，并负责建立设置方式。这种结构之所以称为非平衡的，是因为一个主站可以与多个从站互连，而一个从站只能与一个主站相连。
- 平衡配置：由两个复合站组成，两个复合站点对点互连，信道可以是半双工或全双工、可以是交换型或非交换型的。两个复合站在信道上处于同等的地位，可以互相发送未经邀请的数据帧。每个站都有同等的链路控制责任。

3）3种数据传输方式。

HDLC定义的3种数据传输方式是正常响应方式（Normal Response Mode，NRM）、异步平衡方式（Asynchronous Balance Mode，ABM）和异步响应方式（Asynchronous Response Mode，ARM）。

- NRM：用于非平衡配置，又称为非平衡正常响应方式。主站可以初始化到从站的数据传输，而从站只能通过传输数据来响应主站的命令。从站在得到主站明确的许可后启动一次可以包含数据的响应传输。发送完最后一帧之后，从站需等待，直到得到主站明确的许可后才可以再次发送。

- ABM：用于平衡配置。提供了在两个复合站之间的平衡型数据传输方式。
- ARM：用于非平衡配置。每当发现链路空闲时，不论是主站还是从站，都可以启动发送。主站对线路全权负责，包括初始化、差错恢复以及链路的逻辑断开等。对于点对点结构，异步方式比正常响应方式效率更高，因为异步方式不需要轮询。

HDLC 的站类型、链路配置及数据传输方式的关系如图 3-25 所示。

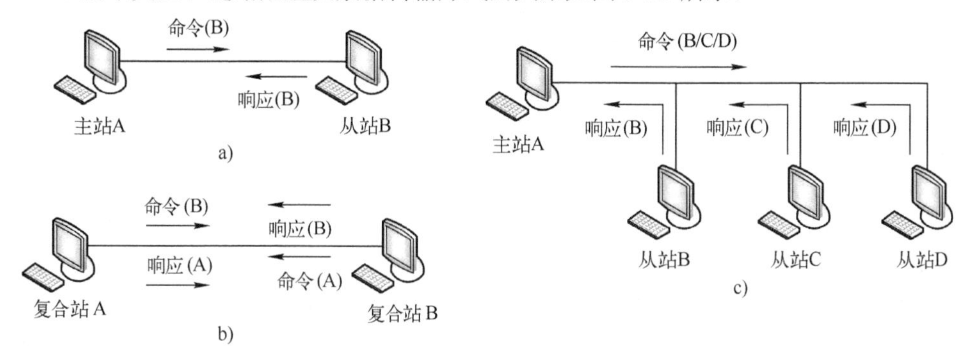

图 3-25　HDLC 的站类型、链路配置及数据传输方式的关系

a) 点对点（非平衡配置）　b) 点对点（平衡配置）　c) 点对多点（非平衡配置）

（2）HDLC 的特点

作为典型的面向比特的数据链路控制协议，HDLC 具有如下特点。

- 协议不依赖于任何一种字符编码集。
- 数据报文可透明传输，用于实现透明传输的“0 比特插入法”易于硬件实现。
- 全双工通信，不必等待确认便可连续发送数据，有较高的数据链路传输效率。
- 采用窗口机制和捎带应答机制。
- 采用帧校验序列（CRC 校验），并对信息帧进行顺序编号，可防止漏收或重收，传输可靠性高。
- 传输控制功能与处理功能分离，具有较大的灵活性和较完善的控制功能。
- HDLC 执行数据传输控制功能，一般分为 3 个阶段：数据链路建立阶段、信息帧传送阶段，以及数据链路释放阶段。

2．HDLC 帧格式

HDLC 帧格式包括标志域（F）、地址域（A）、控制域（C）、信息域（INFO）和帧校验序列（FCS）等字段，其格式如图 3-26 所示。

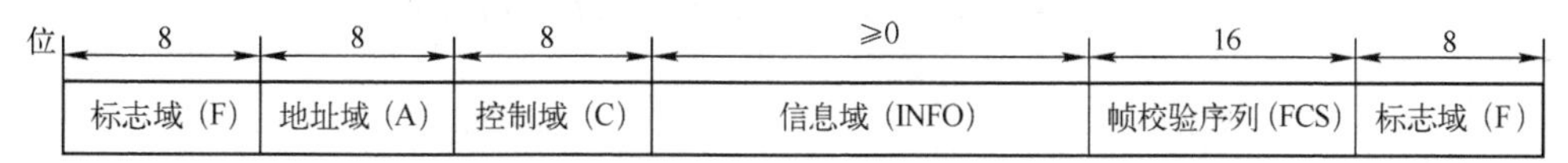

图 3-26　HDLC 帧格式

各字段具体含义如下。

1）标志域（Flag，F）。标志域值为 01111110，标志着帧的开始和结束。标志位串在缓冲区中并不存在，是发送方硬件设备在发送 HDLC 帧之前自动产生并发送的，只在传输过程中存在。位串 01111110 有可能在帧中间出现，导致接收方错误地判断帧的结束。为了避免出现这种情况，需要使用位填充法（0 比特插入法）对帧进行透明化处理。

2）地址域（Address，A）。地址字段值为从站的地址。点对点的链路中不需要这个地址域，但是为了统一，所有帧都含有地址域。该值在命令帧中为接收方（从站）的地址，在响应帧中为发送方（从站）的地址。

地址域通常为 8 位，若地址位数不够，可以扩展。扩展方式是：利用每个 8 位组中的第 1 位作为扩展标志，若为 0，则表示后续的 8 位也是地址；若为 1，表示这是地址中最后一个 8 位组。8 位组中的其他 7 位共同组成地址部分，如图 3-27 所示。

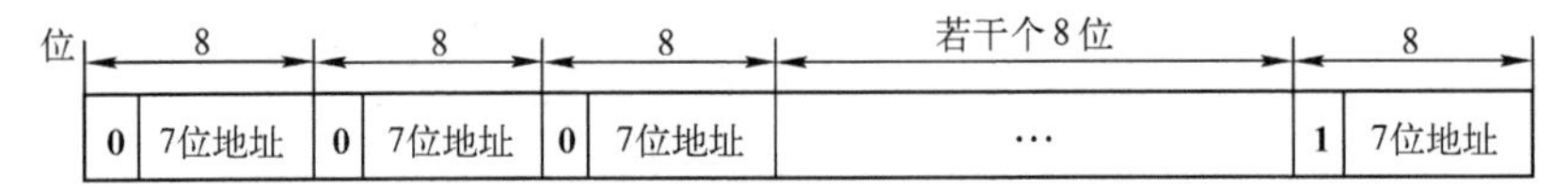

图 3-27　地址域扩展地址示例

全 1 的 8 位地址称为广播地址，表示该帧要发送到所有从站，所有从站都应接收这个帧。

3）控制域（Control，C）。HDLC 定义了 3 种类型的帧，每种类型都具有不同的控制域格式。3 种类型的帧分别是信息帧（I 帧）、监控帧（S 帧）和无编号帧（U 帧）。3 种帧在 HDLC 中起着不同的作用。控制域格式如图 3-28 所示。

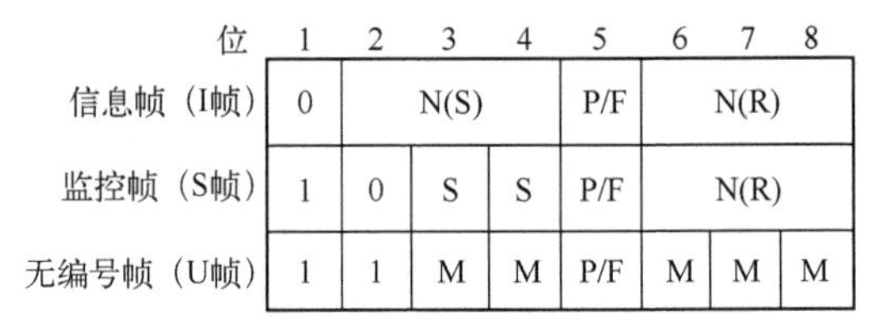

图 3-28　控制域格式

① 信息帧（第 1 位为 0），用于传输数据。信息帧的控制域由 N(S)、N(R)和 P/F 组成。N(S)占 3 位，称为发送序号，用于标识发送的帧，编号范围为 0～7。N(R)占 3 位，称为接收序号，用于对接收帧的确认，确认编号小于 N(R)的表示帧已正确收到，下一次期望接收帧的编号为 N(R)，编号范围为 0～7。P/F 占 1 位，称为轮询/最后标志位，在主站发出的询问从站是否有信息发送的帧中，该位表示询问（Poll）；在从站发出的响应帧中，该位表示最后（Final）。在正常响应方式（NRM）下，主站发出的信息帧中 P/F 位置 1，询问从站有无数据发送。从站如果有数据发送，则开始发送，其中最后一个帧的 P/F 位置 1，表示一批数据发送完毕，其他帧的 P/F 为 0。在异步响应方式（ARM）和异步平衡方式（ABM）下，P/F 位用于控制监控帧和无编号帧的交换过程，不表示询问和结束。

② 监控帧（前两位为 10），用于执行链路监控功能。主要用于应答、流量控制和差错控制，如对帧的确认、要求重传或请求帧传送暂停等。监控帧不包含要发送的数据信息，因此不需要发送序号 N(S)，但需要接收序号 N(R)，以对接收的数据进行确认。监控帧的控制域由 S、P/F、N(R)组成。P/F 和 N(R)的含义与信息帧相同。S 占两位，称为监控位，可表示 4 种监控方式，表 3-4 列出了 4 种监控帧的名称和功能说明。

表 3-4　HDLC 的 4 种监控帧的名称和功能

监控帧中的 S 位		帧名	功能描述
第 3 位	第 4 位		
0	0	RR（接收准备就绪）	准备接收下一帧，确认已正确接收了序号为 N(R)-1 及以前各帧
1	0	RNR（接收未就绪）	暂停接收下一帧，确认已正确接收了序号为 N(R)-1 及以前各帧
0	1	REJ（拒绝）	从 N(R)开始的所有帧都被否认，确认已正确接收了序号为 N(R)-1 及以前各帧
1	1	SREJ（选择拒绝）	只否认序号为 N(R)的帧，确认已正确接收了序号为 N(R)-1 及以前各帧

③ 无编号帧（前两位为 11），用于提供附加的链路控制功能，如确定工作模式和链路控制等。U 帧不含编号字段，也不改变信息帧流动的顺序，只利用修正功能位 M 来规定各种附加的

命令和响应功能。无编号帧的控制域由 M、P/F 组成。其中，P/F 的含义与信息帧相同；M 占 5 位，称为工作模式位。

4）信息域（Information，INFO）。信息域为数据，长度可变，但其位数必须是 8 的整数倍。

5）帧校验序列（Frame Check Sequence，FCS）。帧校验序列又称为帧校验和，它是按 CCITT-CRC-16（生成多项式为 $x^{16}+x^{15}+x^{2}+1$）生成的 CRC 校验和，FCS 只对地址、控制和信息这 3 部分计算校验和。

3.7.3 点对点协议

点对点协议（Point-to-Point Protocol，PPP）是一种在点到点链路上传输、封装网络层数据包的数据链路层协议，是使用串行线路通信的面向字节的协议。PPP 主要用于支持全双工的同步/异步链路。它不仅用于拨号 Modem 链路，还用于租用的路由器到路由器的线路。

1．PPP 概述

（1）PPP 的特点

PPP 是目前使用最广泛的广域网协议，只支持点到点链路，不支持多点链路，使用全双工方式传输数据。它具有以下主要特点。

- PPP 简单。由于流量控制、差错控制已在 TCP 中实现，为使 PPP 简单化，PPP 没有复杂的差错控制功能，只进行简单的差错检测（错帧丢弃），不进行流量控制，不需要帧序号，无重传机制，只需要实现最基本的功能，网络开销小。
- 数据透明传输。规定特殊的字符作为帧的开始和结束标志，同时保证能正确地区分数据与帧的定界标志，保证数据的透明传输。
- 支持多种类型链路。PPP 是面向字节的，在点到点串行链路上使用字符填充技术，能在多种链路上运行，如同步/异步、高速/低速、电/光等链路。
- 支持 LCP（Link Control Protocol，链路控制协议）。PPP 通过 LCP 部件能够有效控制数据链路的建立、拆除，并能监控数据链路的工作状态，还可用于链路层参数的协商。
- 支持各种 NCP（Network Control Protocol，网络控制协议）。PPP 可同时支持多种网络层协议。典型的 NCP 包括支持 IP 的 IPCP（网际协议控制协议）和支持 IPX 的 IPXCP（网际信息包交换控制协议）等。用于协商所承载的网络层协议的类型及其属性，协商在该数据链路上所传输的数据包的格式与类型，配置网络层协议等。
- 支持明文和密文验证。PPP 支持 PAP（Password Authentication Protocol，密码身份认证协议）和 CHAP（Challenge Handshake Authentication Protocol，挑战握手身份认证协议），验证 PPP 对端设备的身份合法性，更好地保证了网络的安全性。
- 可设置最大传送单元。针对不同的链路设置最大传送单元（MTU）的值（帧中数据部分的长度）。
- 支持网络层地址协商。PPP 支持 IP 地址远程分配，能满足拨号线路的需求。
- 支持数据压缩协商。提供协商使用数据压缩算法的方法。

（2）PPP 的组成

PPP 并非单一的协议，而是由一系列协议构成的协议族。PPP 主要由 3 部分组成，即 HDLC 数据封装协议、链路控制协议和网络控制协议。其主要功能如下。

- 一种数据封装协议。PPP 提供的成帧方法与 HDLC 相似，定义了将 IP 数据报封装到串行链路的方法，明确地定界一个帧的结束和下一帧的开始，其帧格式允许进行差错检测。PPP

既支持异步链路（无奇偶检验的 8 位数据），也支持面向位串的同步链路。IP 数据报是 PPP 中的信息部分，其长度受最大传送单元（MTU）的限制，MTU 的默认值是 1500B。

- 一个链路控制协议（LCP）。LCP 负责线路的建立、配置、测试和协商选项，并在链路不再需要时，稳妥地释放链路。
- 一套网络控制协议（NCP）。NCP 是一组协议，其中每一个协议支持不同的网络层协议，如 IP、IPX、Appletalk 等，它提供了协商网络层选项的方式。PPP 被设计成允许同时使用多个网络层协议，对于所支持的每一个网络层协议都有一个不同的网络控制协议用来建立和配置不同的网络层协议。

（3）PPP 帧格式

PPP 的第一个功能是将数据封装成帧，PPP 可以封装多种上层协议分组。PPP 帧格式与 HDLC 帧格式相似，结构相似，但更为简单。PPP 帧格式如图 3-29 所示。首部为 4 个字段共 5 个字节，尾部为两个字段共 3 个字节，中间为信息域。

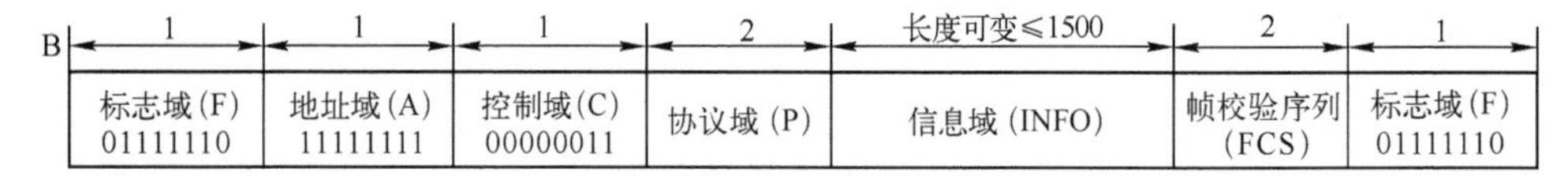

图 3-29　PPP 帧格式

图 3-29 中所示各字段含义如下。

1）标志域（F）：固定为 0x7E，即“01111110”，与 HDLC 相同，用于帧定界，标志着帧的开始和结束，又称为帧同步。

2）地址域（A）：固定为 0xFF，即“11111111”，表示所有站都可以接收这个帧。因为 PPP 只用于点对点链路，地址域实际上不起作用。

3）控制域（C）：设置为 0x03，即“00000011”，表示 PPP 帧不使用编号。作为默认条件，PPP 不提供使用序列号和确认应答的可靠传输。在有噪声的环境中，如无线网络中，可以使用带编号方式的可靠传输（通过 LCP 协商确定）。

4）协议域（P）：协议域的作用是说明在信息域中承载的是什么种类的分组。协议字段的默认长度是 2B，但可以通过 LCP 协商变成 1B。这是 PPP 与 HDLC 的不同之处。PPP 已经为 LCP、NCP、AppleTalk 和其他协议定义了相应的代码。常用代码如下所示。

- 0x0021：表示 PPP 帧的信息域是 IP 数据报。
- 0x002b：表示 PPP 帧的信息域是 IPX 数据。
- 0x0029：表示 PPP 帧的信息域是 AppleTalk 数据。
- 0xc021：表示 PPP 帧的信息域是 PPP 链路控制数据（LCP）。
- 0x8021：表示 PPP 帧的信息域是 IP 控制协议。
- 0x802b：表示 PPP 帧的信息域是 IPX 控制协议。
- 0x8029：表示 PPP 帧的信息域是 AppleTalk 控制协议。

5）信息域（INFO）：信息域是网络层传送过来的分组（如 IP 数据报等），长度是可变的，可以协商一个最大值。PPP 是面向字节的协议。因此，所有 PPP 帧的长度都是整数个字节。如果在线路建立期间没有协商长度，就采用默认长度 1500B。如果需要，在载荷的后面可以有填充。

6）帧校验序列（FCS）：帧校验序列字段通常是 2B，但也可以通过协商使用 4B 的帧校验序列。PPP 对收到的每一个帧使用硬件进行 CRC 检验，若发现有差错，则丢弃该帧。因此，PPP 可保证链路级无差错接收。

在 PPP 中不提供使用序号和确认的可靠传输，主要原因是若使用能够实现可靠传输的数据链路层协议，开销要增大。而在数据链路层出现差错的概率不大时，使用比较简单的 PPP 较为合理。

在互联网环境下，PPP 的信息域中放入的数据是 IP 数据报。假设网络采用能实现可靠传输且十分复杂的数据链路协议，然而，当数据帧在路由器中从数据链路层递交到网络层后，还是有可能因网络拥塞而丢弃。因此，数据链路层的可靠传输并不能保证网络层的传输可靠。

2. PPP 工作原理

PPP 工作过程可用图 3-30 来描述。当用户拨号接入 ISP 时，路由器对拨号做出确认，并建立一条物理连接，这时，主机向路由器发送一系列的 LCP 帧（封装成多个 PPP 帧）。这些帧及其响应帧选择了将要使用的 PPP 参数。然后进行网络层配置，NCP 给新接入的主机分配一个临时的 IP 地址。此时，主机进入已连入的互联网中。当用户通信完毕时，首先，NCP 释放网络层的连接，并收回原来分配出去的 IP 地址；其次，LCP 释放数据链路层的连接；最后，释放物理层的连接。

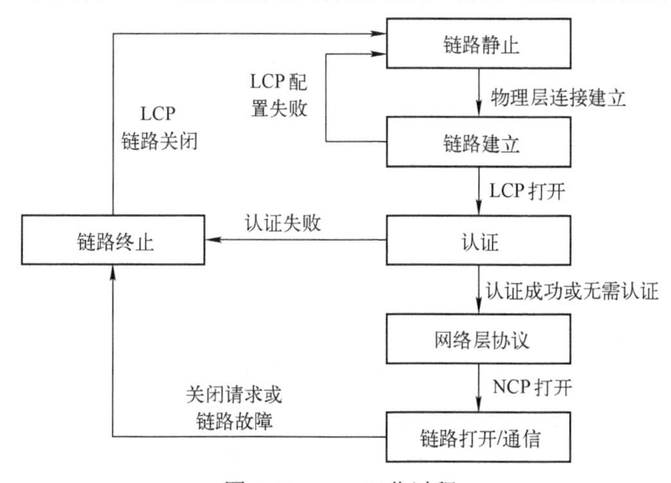

图 3-30　PPP 工作过程

图 3-30 中 PPP 的各种状态说明如下。

1）“链路静止”是 PPP 链路的起始和终止状态，此时，物理层连接尚未建立。

2）当 PPP 检测到调制解调器的载波信号，并建立物理连接后，PPP 就进入“链路建立”状态。

3）LCP 开始协商一些配置选项，即发送 LCP 的配置请求帧，这是一个 PPP 帧，其协议字段设置为 0xc021（表示数据部分是 LCP），信息域包含特定的配置请求。

链路的另一端可以发送以下 3 种响应。

- 配置确认帧：所有选项都接受。
- 配置否认帧：所有选项都理解，但不能接受。
- 配置拒绝帧：选项有的无法识别或不能接受，需要协商。

LCP 配置选项包括链路上的最大帧长度、所使用的认证协议，以及不使用 PPP 帧中的地址和控制字段等。

双方协商结束后就进入“认证”状态。

4）若通信的双方鉴别身份成功，则进入“网络层协议”状态。PPP 链路的两端相互交换网络层特定的网络控制分组。如果在 PPP 链路上运行的是 IP，则使用 IP 控制协议（IPCP）对 PPP 链路的每一端配置 IP 模块（如分配 IP 地址）。与 LCP 帧封装成 PPP 帧一样，IPCP 分组也封装成

PPP 帧（协议字段为 0x8021）在 PPP 链路上传送。

5）当网络层配置完毕后，链路就进入数据通信的“链路打开”状态。此时，两个 PPP 端点还可以发送回送请求 LCP 帧和回送应答 LCP 帧，以检查链路的状态。

6）数据传输结束后，链路的一端发出终止请求 LCP 帧，请求终止链路连接。当收到对方发来的终止确认 LCP 帧后，就转入“链路终止”状态。

7）当载波停止后，链路则回到“链路静止”状态。

PPP 是一个适用于 Modem、HDLC 位串行线路、SONET 和其他物理层的多协议成帧机制。

📖 PPP 是支持错误检测、选项协商、头部压缩（可选）和使用 HDLC 成帧的可靠传输。

3. PPP 认证

目前在 PPP 中普遍使用的认证协议有 PAP 认证和 CHAP 认证两种。下面简要介绍 PAP 认证和 CHAP 认证。

（1）PAP 认证

PAP（Password Authentication Protocol）是简单的两次握手身份认证协议。PAP 的用户名和密码（口令）采用明文传送。被认证方（客户端）首先发起认证请求，即客户端直接发送包含用户名和密码的认证请求给主认证方（服务器端），主认证方通过查验比对数据库处理认证请求，并向被认证方发回“通过/拒绝”的回应信息。

PAP 认证过程如图 3-31 所示。

（2）CHAP 认证

CHAP（Challenge Handshake Authentication Protocol）是三次握手身份认证协议，是一种挑战响应式协议，口令信息采用加密传送，安全性比 PAP 高。

由主认证方（服务器端）首先发起认证请求，服务器端产生一个随机报文 challenge 发送给客户端；客户端根据收到的 challenge 对密码（口令）采用 MD5（password，challenge，ppp_id）算法进行加密，然后将该加密结果发送给服务器端；服务器端从数据库中取出口令 password2，同样采用 MD5（password2，challenge，ppp_id）进行加密处理，然后比较加密的结果是否相同，如相同，则认证通过，向客户端发送认可通过信息，否则发送拒绝信息。

扫码看视频

CHAP 认证过程如图 3-32 所示。

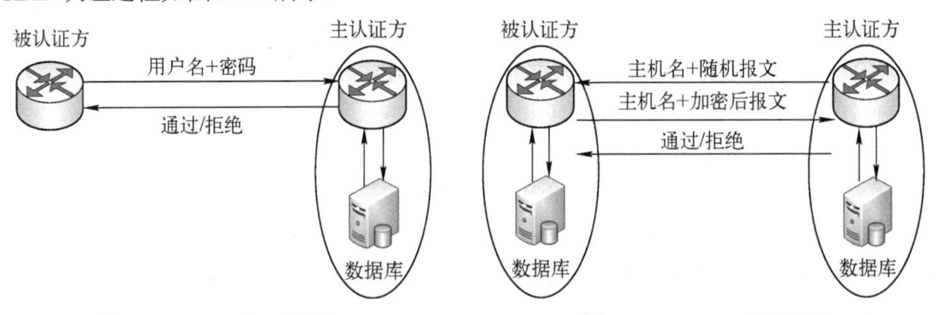

图 3-31　PAP 认证过程　　图 3-32　CHAP 认证过程

3.8　延伸阅读——信息革命、工业革命的变迁

数据链路是一种介质资源，是信息交互的通路。历史车轮滚滚向前，时代潮流浩浩荡荡，人

类到目前为止，已经历了 7 次信息革命、4 次工业革命，新技术的应用给人们的生产、生活带来了便利，逐步形成了人类生活在同一个“地球村”的新世界。

（1）信息革命的标志性发明

1）语言：使得人类可以分享信息、交流思想。

2）文字：使得信息可以记录，经验可以传承。

3）印刷术：使得信息可以传得更远，传播范围更广。

4）无线电：解决信息的实时传输问题。

5）电视机：解决远距离、大范围多媒体的传输问题。

6）互联网：实现全球信息双向交互的传输。

7）移动互联网：移动互联+智能感知+大数据+智能学习+……

数据链路层的实质就是按照规则共享信道。中华文明的语言、文字、印刷术都是引领时代的，之后四次也及时赶上并积极超越。马克思指出，“人的本质是人的真正的共同体”。党的二十大报告明确指出，“构建人类命运共同体是世界各国人民前途所在。万物并育而不相害，道并行而不相悖。只有各国行天下之大道，和睦相处、合作共赢，繁荣才能持久，安全才有保障。”构建人类命运共同体思想揭示了一种共建共享准则，是当前经济全球化、信息化时代世界各国必须遵循的准则。

（2）工业革命的标志性技术

1）机械自动化：工业 1.0，以机器代替手工劳动的时代变革。

2）电气化：工业 2.0，以电器代替机器的时代变革。

3）数字化：工业 3.0，以原子能、电子计算机等为代表的信息控制技术革命。

4）智能化：工业 4.0，以人工智能、虚拟现实、量子信息等为代表的绿色工业革命。

前三次工业革命，分别是蒸汽技术革命、电力技术革命、计算机及信息技术革命，使人类发展进入了空前繁荣的时代。而与此同时，也造成了巨大的能源、资源消耗，付出了巨大的环境代价、生态成本，并且急剧地扩大了人与自然之间的矛盾。尤其是进入 21 世纪，人类面临空前的全球能源与资源危机、生态与环境危机、气候变化危机的多重挑战，由此引发了以人工智能、新材料、分子工程、石墨烯、虚拟现实、量子信息技术、可控核聚变、清洁能源及生物技术等为技术突破口的第四次工业革命——绿色工业革命。人类社会从原始社会到农业社会再向工业社会大转变的过程，即现代化的过程，是世界文明史上最复杂的过程。中华民族伟大复兴的中国梦就是从古老的农业国工业化到工业强国、信息强国的实干兴邦之路，我们要深刻理解人类命运共同体思想的重要内涵，并以共商共建共享原则指导合作行动，逐步深化世界各国的共识，并进一步促进共商、共建、共享、合作、共赢的新治理机制发挥作用；同时，也将进一步保障世界各国共享合作治理利益，有效推动我国同世界各国共同建设一个“持久和平、普遍安全、共同繁荣、开放包容、清洁美丽的世界”，最终促进全球合作治理模式和全球合作治理文明的形成。

3.9 思考与练习

1. 选择题

1）下列（　　）不是数据链路层的作用。

A．数据链路建立　B．数据链路维护　C．数据链路校验　D．数据链路拆除

2）当所传送的数据帧中出现控制字符时，必须采取适当的措施，使接收方不至于将数据误认为是控制信息，这样才能保证数据链路层的传输是（　　）的。

A．透明　B．面向连接　C．冗余　D．无连接

3）数据链路层服务功能可分为有连接有确认服务、无连接有确认服务和（　　）。

A．差错控制服务　B．面向连接不确认服务

C．认证服务　D．无连接无确认服务

4）设立数据链路层的主要目的是将一条原始的、有差错的物理线路变为对网络层无差错的（　　）。

A．物理链路　B．数据链路

C．传输介质　D．端到端连接

5）接收端发现有差错时，设法通知发送端重发，直到收到正确的码字为止，这种差错控制方法为（　　）。

A．前向纠错　B．冗余校验　C．混合差错控制　D．自动重发请求

6）在 CSMA 中，如果一方面要减少介质利用率的损失，另一方面又要降低冲突概率，那么最好选择（　　）。

A．非坚持 CSMA　B．1-坚持 CSMA　C．P-坚持 CSMA　D．0-坚持 CSMA

7）“一旦通道空闲就发送，如果冲突，则退避，然后再尝试发送”，符合描述思想的是（　　）。

A．非坚持 CSMA　B．1-坚持 CSMA　C．P-坚持 CSMA　D．0-坚持 CSMA

8）CSMA/CD 介质访问控制协议由 IEEE 802.3 定义，按照体系结构它可分为（　　）。

A．介质访问控制子层和物理层　B．介质访问控制子层和逻辑链路控制子层

C．物理层和数据链路层　D．网络层和数据链路层

9）CSMA/CD 中一旦某个站点检测到冲突，它就立即停止发送，其他站点（　　）。

A．都处于待发送状态　B．都会相继竞争发送权

C．都会接收到阻塞信号　D．仍有可能继续发送帧

10）对于基带 CSMA/CD，要求数据帧的传输时延至少是传播时延的（　　）倍。

A．1　B．2　C．3　D．4

11）令牌环网中某个站点能发送帧是因为（　　）。

A．最先提出申请　B．优先级最高　C．令牌到达　D．可随机发送

12）网卡是完成（　　）功能的。

A．物理层　B．数据链路层

C．物理层和数据链路层　D．数据链路层和网络层

13）在以太网中，在 MAC 帧中的源地址域是（　　）地址。

A．原始发送者的物理　B．上一站的物理

C．下一站的物理　D．原始发送者的服务端口

14）在 HDLC 协议中，（　　）帧的功能是轮询和选择。

A．I 帧　B．S 帧　C．U 帧　D．A 和 B

15）在 PPP 帧里，（　　）标识封装的是 IPX 还是 IP 数据报。

A．标识字段　B．控制字段

C．协议字段　D．帧校验序列字段

16）根据 PPP 转换状态图，链路在（　　）情况下选项是可协商的。

A．创建　B．认证　C．网络　D．终端

17）数据链路层采用后退 N 帧（GBN）协议，发送方已经发送了编号为 0～7 的帧。计时器

超时时，若发送方只收到了 0、2、3 号帧的确认，则发送方需要重发的帧数是（　　）。

A．2　　B．3　　C．4　　D．5

18）数据链路层采用选择重传（SR）协议传输数据，发送方已发送 0～3 号数据帧。现已收到 1 号帧的确认，而 0、2 号帧依次超时，则此时需要重传的帧数是（　　）。

A．1　　B．2　　C．3　　D．4

19）下列关于 CSMA/CD 协议叙述中，错误的是（　　）。

A．边发送数据帧，边检测是否发送冲突

B．适用于无线网络，以实现无线链路共享

C．需要根据网络跨距和数据传输速率限定最小帧长

D．当信号传播延迟趋近 0 时，信道利用率趋近 100%

20）下列选项中，对正确接收的数据帧进行确认的 MAC 协议是（　　）。

A．CSMA　　B．CDMA　　C．CSMA/CD　　D．CSMA/CA

2．计算题与问答题

1）简述数据链路层的主要功能有哪些。

2）假设数据位为 11011，生成多项式为 $G(x)=x^3+x+1$，试计算 CRC 校验码。

3）采用生成多项式 $G(x)=x^4+x^2+x+1$ 为信息位 1111101 产生循环冗余位，附加在信息位后形成码字，若在每站引入比特填充后从左向右发送，求发送时的比特序列。

4）节点 A 与 B 通信，双方协商采用 CRC 校验，生成多项式为 $G(x)=x^6+x^5+x^3+x^2+1$，若 B 收到的信息为“1001100100110011”，试问节点 B 收到的信息有无差错？为什么？

5）一个 12 位的海明码到达接收方时的十六进制值是 0xE4F，试回答原始发送方发送的信息的十六进制是什么？假定有传输差错，且差错位数不超过 1 位。

6）简述 HDLC 帧各字段的含义。HDLC 采用什么方法保证数据的透明传输？

7）试述 HDLC 帧可分为几大类。简述各类帧的作用。

8）若 HDLC 帧数据段中出现比特串“01011111111111010111110”，为解决透明传输，试写出比特填充后的输出数据。

9）简述 CSMA/CD 介质访问控制技术的工作原理。

10）试分析 CSMA/CA 协议是否能完全避免碰撞。为什么？

11）简述令牌环网和令牌总线网的工作原理。

12）简述 PPP 的工作过程。

第4章 网络层

本章导读（思维导图）

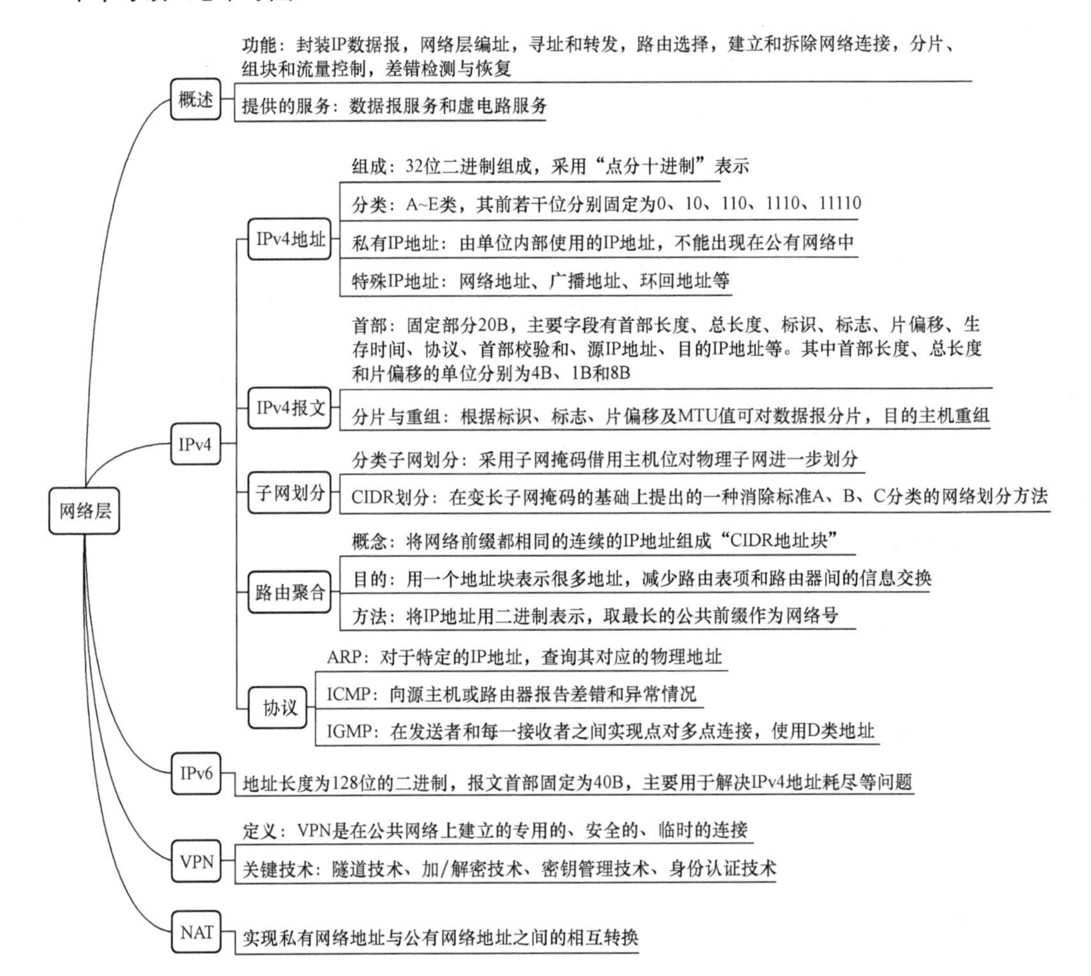

网络层在数据链路层提供点对点无差错链路的基础上，寻找最佳路由将来自其他网络的数据传输到下一个途经网络或者本网络中的目的节点。网络层在网络通信中至关重要。本章主要介绍网络层的一些相关概念、协议和多种技术的原理及应用。

4.1 网络层概述

网络层是网络体系中最复杂、关键的一层，它在数据链路层提供的两个相邻节点间传输数据帧功能的基础上，进一步管理网络中的数据通信，将数据报设法从源节点经过若干中间节点传输到目的节点，从而向传输层提供数据传输路径。

4.1.1 网络层的基本概念

1. 网络层的功能

网络层控制分组的传输操作，以数据分组为传输单位，将来自传输层的报文转换成分组，并经路由选择算法确定的路由送往目的地。网络层涉及的主要功能包括封装 IP 数据报，网络层编址，寻址和转发，路由选择，建立和拆除网络连接，分片、组块和流量控制，差错检测与恢复等。

1）封装 IP 数据报。网络层向上层（主要是传输层）提供统一格式的 IP 分组，即 IP 数据报，对高层协议屏蔽异构网络的数据帧或报文格式的差异性。

2）网络层编址。为网络互连提供一种统一的编址方案（即统一的 IP 地址），能够在整个互连网络中唯一地标识主机，从而可以寻址到跨越网络的主机。

3）寻址和转发。网络层设备路由器承担分组的寻址和转发任务。路由器根据收到的分组中的目的地址，查找本路由器的路由表，找到正确路由，然后将该分组转发出去。分组通过各中间节点的存储与转发最终到达目的网络。

4）路由选择。路由器通过路由协议建立路由表，当分组从发送端流向接收端时，网络层能够依据路由表为分组选择最佳路由。

5）建立和拆除网络连接。网络层在数据链路层提供的数据链路连接的基础上，建立传输实体间或者若干个通信子网的网络连接。

6）分片、组块和流量控制。分片是指将较长的 IP 数据报分割为一些相对较小的 IP 数据报；组块是指将多个相对较小的 IP 数据报组成一个块后一起传输；流量控制是指有序传输数据单元，以及控制网络中数据传输的转发速率，避免发生“堵塞”现象。

7）差错检测与恢复。利用差错检测方式检测网络中传输的数据单元是否出现差错，并能够从出错状态中解脱出来。

2. 网络层提供的两种服务

网络层根据传输层要求的服务质量提供无连接服务和面向连接服务。它们又被称为数据报（Datagram）服务和虚电路（Virtual Circuit）服务。

（1）数据报服务

数据报服务采用分组交换技术，它是无连接服务，无法确保服务质量，因此相对简单、灵活。数据报服务过程如图 4-1 所示。

在数据报方式中，发送节点的网络层从传输层接收报文，并拆分为若干个分组（数据报），分别独立传送。因此，每个分组中均包含源节点和目的节点的完整网络地址、服务要求及标识符。发送时分组每经过一个中间节点，都需根据当时的网络状况为其选择一条最佳传输路径。因此，数据报服务不能保证这些分组按序到达目的节点，需要在接收时根据标识符重新排序。

1）数据报服务的优点。

- 对故障有较强的适应性。可以绕过故障路径选择其他路径。
- 易于平衡网络流量。根据网络状况选择流量较少的路径传输。

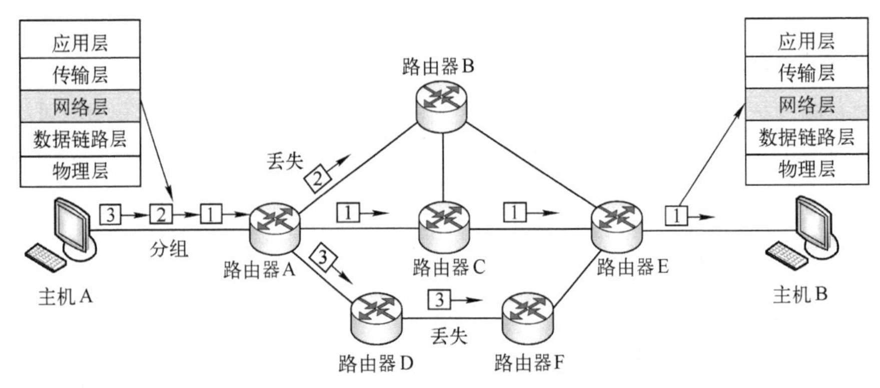

图 4-1　数据报服务过程

● 传输开销较小。分组传输不需要建立连接。

2）数据报服务的缺点。

● 可靠性不高。发送方不知道接收方是否准备就绪，数据传输可能会丢失。

● 信道利用率不高。每个分组都需带有源节点和目的节点的地址等信息，数据冗余度增加，降低了信道的利用率。

（2）虚电路服务

虚电路服务是面向连接的可靠数据传输服务，一个报文的所有分组沿着同一路径顺序到达目的节点。虚电路服务过程如图 4-2 所示。

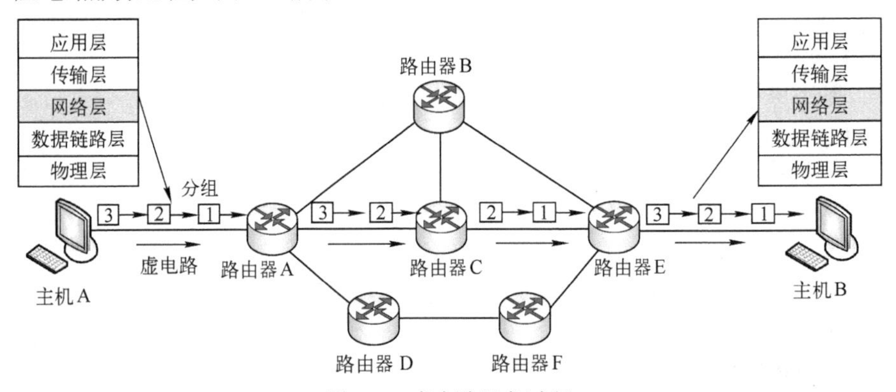

图 4-2　虚电路服务过程

虚电路传输在源节点和目的节点通信前，首先为分组传输建立一条逻辑通道（称为虚电路），并分配一个虚电路号；然后，所有数据报均携带该虚电路号沿着该虚电路按序传输；通信结束时，拆除该虚电路。

扫码看视频

由于在通信前双方已进行过联系，因此虚电路服务能保证主机所发出的分组按序到达。每发送完一定数量的分组后，对方也都给予确认，故可靠性较高。

（3）数据报服务与虚电路服务的比较

数据报服务和虚电路服务的区别见表 4-1。

表 4-1　数据报服务和虚电路服务的区别

比较的项目	数据报服务	虚电路服务
连接建立	不需要	需要
目的地址	每个分组都有完整的目的地址	仅在连接建立阶段使用

（续）

比较的项目	数据报服务	虚电路服务
路由选择时机	需要为每个分组独立选路由	在建立连接时确定路由
转发方式	根据目的地址和路由表转发	根据虚电路号转发
节点故障的影响	小，可方便地改变路由	大，需重新建立连接
分组到达顺序	无顺序到达	按顺序到达
服务质量	尽力投递	质量有保证
差错处理和流量控制	由用户主机负责	可以由网络负责，也可由用户主机负责

4.1.2 IP 地址

研究网络互连，首先需要建立全局的地址系统，以解决互连网络中主机、路由器及其他相关设备的全局唯一的地址标识问题。在计算机网络中，通常采用物理地址和逻辑地址来标识网络中的每个设备。最大的互联网——Internet 可认为是一个单一的、抽象的网络。IP 地址（Internet Protocol Address）就是给 Internet 中每一台主机（或路由器）的每一个接口分配一个在全世界范围内唯一的地址标识符。

📖 通常一个 IP 地址并不真正指向一台主机（或路由器），而是指向一个网络接口。

IP 地址分为 IPv4 地址（本节讨论）和 IPv6 地址（在第 4.3.4 节介绍）两类。

1. IPv4 地址的发展

IPv4 地址（以下简称 IP 地址）编址方法的发展大致可以分为以下 3 个阶段。

（1）标准分类的 IP 地址

IP 地址设计的最初目的是希望每个 IP 地址都能唯一确定一个网络与一台主机。标准分类的 IP 地址采用“网络号-主机号”的两级地址结构。

（2）划分子网的三级地址结构

标准分类的 IP 地址在使用过程中显现出地址有效利用率过低与路由器负荷太重的问题。1985 年，研究人员提出了子网（Subnet）和掩码（Mask）的概念（RFC950）。划分子网就是将一个大网络划分成若干个较小的子网络，将传统“网络号-主机号”的两级 IP 地址结构变为“网络号-子网号-主机号”的三级地址结构。

（3）构成超网的无类别域间路由 CIDR 技术

随着 Internet 规模越来越大，32 位的 IP 地址空间已经不够用，而且，随着网络地址的增加，主干网的路由表增大，路由器负荷加重，服务质量下降。因此，1993 年提出了无类别域间路由选择（Classless Inter-Domain Routing，CIDR）技术（RFC1519）。CIDR 技术也被称为超网（Supernet）技术。构成超网的目的是将现有的相邻 IP 地址合并成较大的、具有更多主机地址的路由域，可以有效缓解 IP 地址不足的问题，并简化路由表。

2. IP 地址的表示

IP 地址长度为 32 位二进制数，为了提高可读性，IP 地址采用“点分十进制”（Dotted Decimal Notation）表示法，将整个 IP 地址划分为 4 个部分，每个部分为 8 位，转换为一个十进制数，4 个部分用小圆点分隔。如 IP 地址 10000000 00010001 00010101 00000010 采用“点分十进制”记法表示为 128.17.21.2，如图 4-3 所示。

IP 地址通常采用分级结构，由网络号（Net-ID）和主机号（Host-ID）两部分组成，其结构如图 4-4 所示。网络号通常标识一台主机（或路由器）所连接的网络（归属网络），每个网络号在全网范围内是唯一的；主机号标识一台主机（或路由器），每个主机号在其所在网络内也是唯一的。

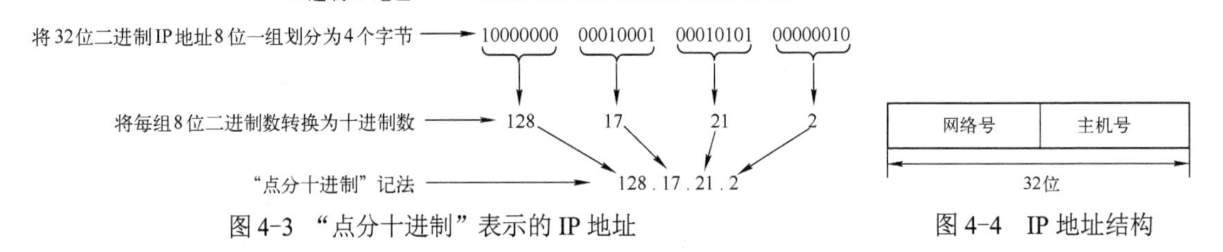

图 4-3 "点分十进制"表示的 IP 地址　　图 4-4 IP 地址结构

二级 IP 地址可以记为

```
IP 地址：：={<网络号>，<主机号>}
```

其中，符号"：：="表示"定义为"。

3. 标准分类的 IP 地址

由于网络应用不同，其所需的网络规模不同，网络所需主机数量差异较大，因此，为满足不同规模用户需求，最初 IP 地址被设计为分类 IP 地址，即 IP 地址按通信方式不同、网络号/主机号长度不同划分为不同类别。标准分类 IP 地址共分为 5 类，分别为 A 类～E 类地址（见图 4-5）。其中，A 类、B 类、C 类为单播地址（一对一通信），也是常用网络通信地址；D 类用于多播（一对多通信）；E 类保留到以后使用。使用 A、B、C 类 IP 地址的网络分别称为 A 类网络、B 类网络、C 类网络。

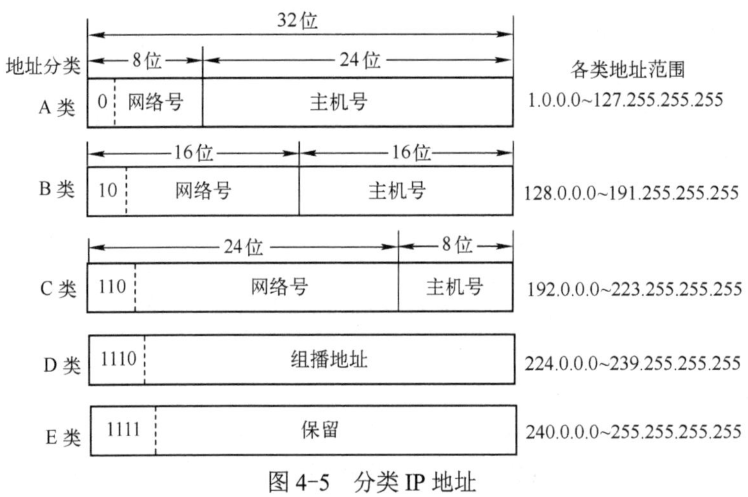

图 4-5 分类 IP 地址

（1）A 类 IP 地址

A 类地址网络号长度为 8 位，主机号长度为 24 位。其网络号第一位固定为 0，其余 7 位分配给网络使用。A 类网络数量为 2^7=128 个。其中包含两个特殊用途的 IP 地址（保留，不分配），即网络号为全 0 和 127（第 1 位为 0，其余 7 位全为 1）的 IP 地址。因此，能够分配使用的 A 类 IP 地址的网络号只有 126 个。每个 A 类网络可分配的主机号数量为 2^{24}−2=16777214 个（主机号为全 0 和全 1 的两个 IP 地址保留用于特殊目的，下同）。A 类地址的覆盖范围为 1.0.0.0～127.255.255.255。

（2）B 类 IP 地址

B 类地址网络号长度为 16 位，主机号长度为 16 位。其网络号前两位固定为 10，其余 14 位分配给网络使用。B 类网络数量为 2^{14}=16384 个。由于 B 类地址网络号前两位是 10，不存在形成网络号全 0 和全 1 的情况，因此 B 类网络数量不存在减 2 的问题（下同）。但在实际应用中，B 类地址 128.0.0.0 是不分配的，可分配的最小 B 类地址为 128.1.0.0，因此可分配的 B 类地址网络数为 $2^{14}-1=16383$ 个。每个 B 类网络可分配的主机号数量为 $2^{16}-2=65534$。B 类地址的覆盖范围为 128.0.0.0～191.255.255.255。

（3）C 类 IP 地址

C 类地址网络号长度为 24 位，主机号长度为 8 位。其网络号前三位固定为 110，其余 21 位分配给网络使用。C 类网络数量为 $2^{21}=2097152$ 个。C 类地址网络号前三位是 110，也不存在网络数量减 2 的问题。C 类网络地址 192.0.0.0 也是不指派的，可指派的 C 类最小网络地址是 192.0.1.0，因此可分配的 C 类地址网络数为 $2^{21}-1=2097151$ 个。每个 C 类网络可分配的主机号数量为 $2^{8}-2=254$ 个。C 类地址的覆盖范围为 192.0.0.0～223.255.255.255。

（4）D 类 IP 地址

D 类地址用于 IP 多播（又称为组播），不标识具体网络，无网络号和主机号的划分。D 类地址的前四位固定为 1110，其余 28 位可自行分配使用。D 类地址分配给指定的通信组，当一个通信组被分配一个 D 类地址后，该组中的每一个主机都会在正常的单播地址的基础上增加一个组播地址。D 类地址的覆盖范围为 224.0.0.0～239.255.255.255。

（5）E 类 IP 地址

E 类地址暂时保留，用于某些实验或未来使用。E 类地址的前四位固定为 1111。E 类地址的覆盖范围为 240.0.0.0～255.255.255.255。

表 4-2 列出了各类 IP 地址的指派范围。

表 4-2　各类 IP 地址的指派范围

网络类别	地址覆盖范围	网络号（位）	主机号（位）	起始固定值	最大可分配网络数	分配网络号范围	每个网络最大可分配主机数
A 类	1.0.0.0～127.255.255.255	8	24	0	126（2^7-2）	1～126	16777214（$2^{24}-2$）
B 类	128.0.0.0～191.255.255.255	16	16	10	16383（$2^{14}-1$）	128.0～191.255	65534（$2^{16}-2$）
C 类	192.0.0.0～223.255.255.255	24	8	110	2097151（$2^{21}-1$）	192.0.0～223.255.255	254（2^8-2）
D 类	224.0.0.0～239.255.255.255	—	—	1110	—	—	—
E 类	240.0.0.0～255.255.255.255	—	—	1111	—	—	—

4. 特殊 IP 地址

从 A、B、C 三类 IP 地址中分别划出一部分地址作为特殊 IP 地址，用于不同的特殊用途。特殊的 IP 地址主要如下。

1）网络地址，指主机号全为 0 的 IP 地址，用于标识一个网络。网络地址不能用于主机地址，仅用于路由表中标识目的网络。

2）特定主机地址，指网络号全为 0 的 IP 地址，用于本地网络内给特定主机传输报文。例如，当一个主机向同一个网络另一台主机发送 IP 报文时可以使用这种 IP 地址作为目的地址，本地路由器会过滤掉该报文，该 IP 报文被限制在本地网络内。

3）直接广播地址（Direct Broadcast Address），指主机号全为 1 的 IP 地址，只能作为目的地址使用，对指定网络广播。路由器将 IP 报文发送给网络号指定网络的所有主机。例如，112.98.255.255 是一个 B 类网络 112.98.0.0 的直接广播地址，若该地址为报文目的地址，则该报文将被转发给 112.98.0.0 网络中的所有主机。

4）受限广播地址（Limited Broadcast Address），又称本地广播地址，指 32 位全为 1 的 IP 地

址，属于E类地址。若某台主机想给本网络上所有主机发送报文，可以使用受限广播地址作为目的地址，路由器会过滤掉该报文，使这种广播只局限在本地网络中。

5）未知主机地址，指32位全为0的IP地址，通常被尚未分配到IP地址的主机在申请IP地址时使用（作为源地址使用）。例如，采用DHCP（动态主机配置协议）配置IP地址的主机，向DHCP服务器发送的申请IP地址报文中源IP地址设置为全0，目的IP地址设置为全1（受限广播地址）。

6）环回地址（Loopback Address），指第1个字节为127的IP地址，它用于主机或路由器的环回接口，只能作为目的地址使用。大多数主机系统将IP地址127.0.0.1分配给环回接口，并命名为localhost。当使用环回地址作为IP报文的目的地址时，该报文不会离开主机。环回地址主要用于测试IP类软件程序。

7）私有地址（Private Address），是为了解决IPv4地址资源不足而特意保留的一部分IP地址。IETF从A、B、C三类地址中各指派一部分作为私有地址使用。私有地址的3个地址范围如下。

- A类地址范围：**10**.0.0.0～**10**.255.255.255，1个A类地址。
- B类地址范围：**172.16**.0.0～**172.31**.255.255，16个B类地址。
- C类地址范围：**192.168.0**.0～**192.168.255**.255，256个C类地址。

扫码看视频

每个单位或组织不需申请可直接使用上述私有地址，但使用私有地址的节点要访问Internet，则必须通过网络地址转换将其转换成全球唯一地址（称公网地址）。

表4-3列出了几种特殊IP地址的格式及含义。

表4-3 特殊IP地址的格式及含义

特殊IP地址	网络号	主机号	源地址使用	目的地址使用	含义
网络地址	Net-ID	全0	不可	不可	标识一个网络
特定主机地址	全0	Host-ID	可以	可以	本网络中主机号为Host-ID的主机
直接广播地址	Net-ID	全1	不可	可以	Net-ID上所有主机
受限广播地址	全1	全1	不可	可以	本网络上的主机
未知主机地址	全0	全0	可以	不可	本网络上的本主机
环回地址	127	非全0或非全1	不可	可以	用于环回接口

4.2 地址解析协议

数据链路层不能识别IP地址，只能识别网络设备的MAC地址，但网络层依靠IP地址完成数据传输，网络层利用数据链路层提供链路传输服务时，需要将IP地址与MAC地址相互匹配，实现一对一映射。TCP/IP提供地址解析协议（Address Resolution Protocol，ARP）实现将IP地址映射为MAC地址（RFC826），提供逆向地址解析协议（Reverse Address Resolution Protocol，RARP）实现将MAC地址映射为IP地址（RFC903）。

4.2.1 IP地址与物理地址的映射

网络层及以上高层均采用IP地址标识主机或路由器，而数据链路层采用物理地址（MAC地址）标识设备。

发送数据时，数据从高层逐层传递封装到低层，当发送的数据传递到网络层时，网络层协议为其添加IP首部形成IP数据报，IP首部中包含源IP地址和目的IP地址；再将IP数据报传递到数据链路层，数据链路层协议将IP数据报完整封装到数据帧的数据部分中，并添加帧首和帧尾形成数据帧，其中帧首包含源物理地址和目的物理地址；然后，将完整的数据帧传递给物理层，由物理层以比特流的形式将数据发送出去。数据封装过程如图 4-6 所示。

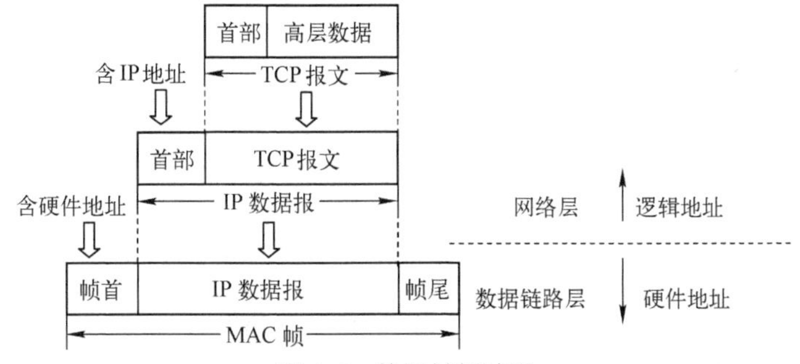

图 4-6　数据封装过程

下面通过互联网中 IP 数据报传递过程实例分析 IP 地址与硬件地址的关系。

网络配置如图 4-7 所示，3 个局域网 LAN1～LAN3 由路由器 R1、R2 相连，连接的各接口 IP 地址和 MAC 地址如图中所示，例如主机 H1 的 IP 地址和 MAC 地址分别为 IP_1 和 HA_1，其他类同。问题：描述 LAN1 中主机 H1 向 LAN3 中主机 H2 发送数据过程中 IP 地址与 MAC 地址的变化。

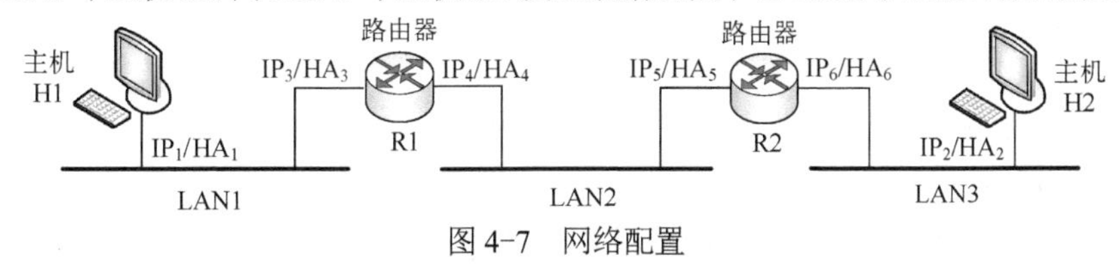

图 4-7　网络配置

分析：主机 H1 到 H2 的通信路径是 H1→R1 转发→R2 转发→H2。

LAN1 中主机 H1 向 LAN3 中主机 H2 发送数据过程中 IP 地址与 MAC 地址的变化过程如图 4-8 和表 4-4 所示。

从网络的不同层次看，数据在传递过程中 IP 地址不变，MAC 地址随着节点转发而发生变化，但 MAC 帧的首部硬件地址的变化对网络层是屏蔽的。由此可见，尽管互连在一起的网络硬件地址体系各不相同，但 IP 层抽象的互联网却屏蔽了下层这些复杂细节。只要在网络层上讨论问题，就能够使用统一的、抽象的 IP 地址研究主机和主机或路由器之间的通信。

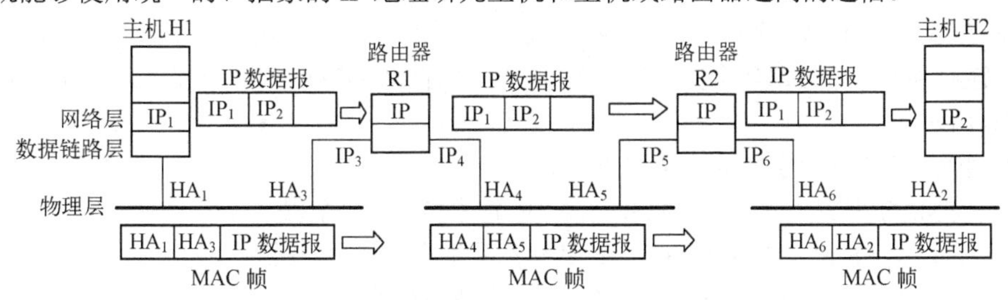

图 4-8　网络层与数据链路层的 IP 地址和 MAC 地址变化过程

表 4-4　不同层次区域的 IP 地址和 MAC 地址

路径	网络层		数据链路层	
	源 IP 地址	目的 IP 地址	源 MAC 地址	目的 MAC 地址
H1 到 R1	IP_1	IP_2	HA_1	HA_3
R1 到 R2	IP_1	IP_2	HA_4	HA_5
R2 到 H2	IP_1	IP_2	HA_6	HA_2

📖 物理地址是硬件地址，它不会因节点在网络中物理位置的改变而修改；逻辑地址是软件地址，当节点的物理位置从一个网络移动到另一个网络时，逻辑地址也要随之改变。

4.2.2　ARP报文格式

ARP是一个独立的三层协议，ARP报文不需经过IP封装直接传输，包括ARP首部和数据部分。ARP报文分为ARP请求和ARP应答两种，它们的报文格式可以统一表示为图4-9所示的格式。

图4-9　ARP报文格式

ARP报文各字段含义说明如下。

- 硬件类型：占2B，说明ARP报文可传输的网络类型。例如，1表示以太网。
- 上层协议类型：占2B，说明硬件地址映射的逻辑地址类型。例如，映射为IP地址时的值为0x0800。
- MAC地址长度：占1B，标识MAC地址的长度，以字节（B）为单位。以太网MAC地址长度为6B。
- IP地址长度：占1B，标识IP地址的长度，以字节（B）为单位，通常值为4。
- 操作类型：占2B，指出该ARP报文的类型，1表示是ARP请求报文，2表示是ARP应答报文。
- 源MAC地址：占6B，表示发送方设备的硬件地址。
- 源IP地址：占4B，表示发送方设备的IP地址。
- 目的MAC地址：占6B，表示接收方设备的硬件地址。请求报文中该字段全为0，即00-00-00-00-00-00，表示任意地址，因为此时该MAC地址未知。
- 目的IP地址：占4B，表示接收方设备的IP地址。

ARP报文传递到数据链路层时，需封装为数据帧。以以太网为例，ARP报文传递到以太网数据链路层后，在ARP报文前面添加以太网帧首部形成以太网ARP帧，ARP帧的格式如图4-10所示。

以太网帧首部中3个字段的含义说明如下。

- 目的MAC地址：占6B，如果是ARP请求帧，因为它是一个广播帧，所以要填上广播MAC地址FF-FF-FF-FF-FF-FF，其目标是网络上所有的主机。
- 源MAC地址：占6B，发送MAC帧节点的MAC地址。
- 帧类型：占2B，标识帧中封装的上层协议类型，因为该帧数据部分是ARP报文，所以直接填入ARP的协议号0x0806即可。

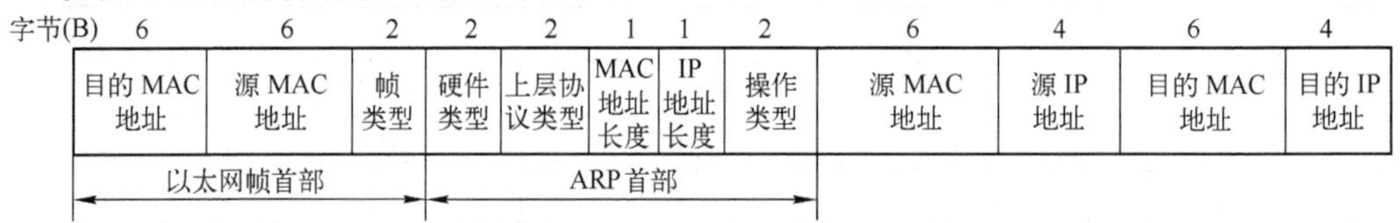

图4-10　以太网ARP帧格式

📖 ARP 请求报文是采用以太网广播帧发送的。

4.2.3 ARP 工作原理

ARP 解决了获取目的节点 MAC 地址的问题，但是如果各节点在发送任何一个分组，或者是连续向同一个目的主机发送分组时，每次都要通过 ARP 服务去获取目的节点的 MAC 地址，其工作效率将会很低。为了克服这个缺点，可以建立 ARP 高速缓存表，存储已解析的 IP 地址与 MAC 地址映射关系，该表随时动态更新。

ARP 的基本工作过程如图 4-11 所示。

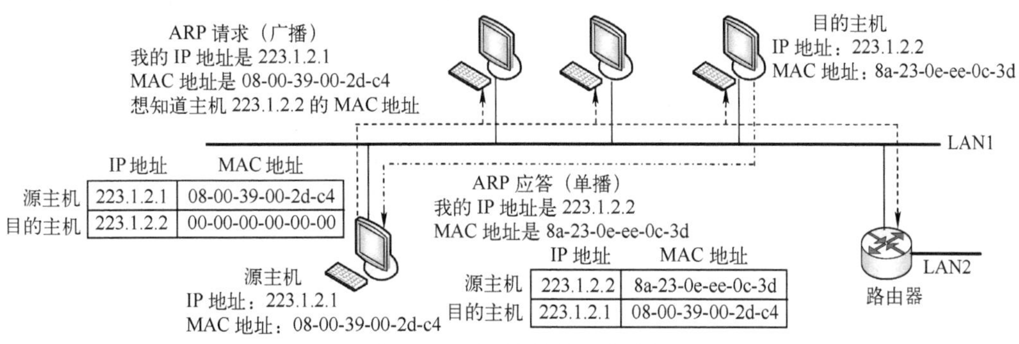

图 4-11　ARP 的基本工作过程

（1）同网段地址解析

同一网段中的两个主机通信前的地址解析过程如下。

1）查找本地 ARP 高速缓存表。源主机发送一个分组前，首先根据目的 IP 地址，在本地 ARP 高速缓存表中查找与之对应的目的节点 MAC 地址。若找到，直接从高速缓存表中读取相应的 MAC 地址，结束解析。若找不到，转入 2）。

2）产生 ARP 请求报文。在 ARP 请求报文的相关字段中添入正确的源 IP 地址、源 MAC 地址和目的 IP 地址，目的 MAC 地址字段添入 0。

3）产生 ARP 请求帧。将 ARP 请求报文传递到本机数据链路层，添加帧首（源 MAC 地址为本机 MAC 地址，目的 MAC 地址为全 1 的广播地址）和帧尾（校验和）封装成帧。

4）广播 ARP 帧。数据链路层将该 ARP 请求帧传递到物理层广播出去，直接相连的所有节点均接收到该帧，即 ARP 请求报文。除目的主机外，所有接收到该报文的主机和路由器都丢弃该报文，目的主机识别出该 IP 地址是自己的，进行地址解析，产生 ARP 应答报文，该报文的目的 MAC 地址为自己的 MAC 地址。

5）目的主机向源主机单播 ARP 应答报文。完成地址解析的目的主机以单播方式发送 ARP 应答报文。

6）更新 ARP 高速缓存表。源主机接收到 ARP 应答报文，获取了目的 IP 地址与目的 MAC 地址的映射，开始数据通信，同时将该映射添加到本地 ARP 高速缓存表中。

（2）不同网段地址解析

如果通信的两个主机不在同一网段，通过网关（通常是路由器）转发数据报，则它们之间的通信过程如下。

1）解析网关的 MAC 地址。如果源主机不知道网关的 MAC 地址，则源主机首先在本网段内发出 ARP 请求广播，ARP 请求报文中的目的 IP 地址为网关的 IP 地址。如果源主机已知网关的 MAC 地址，则略过此步。网关收到 ARP 请求报文后向源主机发回一个 ARP 应答报文。

2）网关解析目的主机的MAC地址。网关以源主机身份，解析目的主机的MAC地址，与同一网段主机解析MAC地址过程基本相同。

需要注意的是，Internet中的主机使用统一的IP地址，但其互连的底层网络类型可能各不相同，使用的硬件地址也可能不同，由用户进行非常复杂的硬件地址转换工作几乎不可能，因此需要ARP提供的自动地址解析功能，解析过程对用户是透明的，这样可以更好地使异构网络互连、互通、互操作。

扫码看视频

4.2.4 反向地址解析协议

RARP可以使主机能够临时获取IP地址供自己使用。例如，无盘工作站或采用DHCP进行配置的主机，在启动时不具有IP地址，需通过RARP获取。

反向地址解析协议过程如下。

1）主机发送一个本地的RARP广播报文。在该广播中，声明自己的MAC地址并请求任何收到此请求的RARP服务器为自己分配一个IP地址。

2）本地网段上的RARP服务器收到请求后，检查RARP列表，查找该MAC地址对应的IP地址。

3）如果对应的IP地址存在，RARP服务器则给源主机发送一个响应报文，并将此IP地址提供给源主机使用。

4）如果对应的IP地址不存在，RARP服务器则不做任何响应。

5）如果源主机收到从RARP服务器发来的响应信息，则利用得到的IP地址进行通信。如果一直没收到RARP服务器的响应信息，表示广播失败（无效初始化）。

无盘工作站获得其IP地址的RARP工作过程：无盘工作站只要运行其ROM中的文件传送代码，就可以用自行装载的方法从其他主机得到所需要的操作系统和TCP/IP通信软件，但这些软件并没有IP地址，无盘工作站需要运行ROM中的RARP来得到它的IP地址。无盘工作站向网络发送RARP请求分组，RARP服务器有一个从无盘工作站的硬件地址映射到IP地址的映射表（静态映射表），从中查找出无盘工作站的IP地址，写入RARP响应分组返回给无盘工作站。

RARP的缺点是要使用一个全1地址的广播消息，而这类消息不会被路由器转发，因此，RARP服务器必须位于本网络内。为克服这一局限性，出现了一种改进的协议，即BOOTP，这种协议采用UDP数据报发送消息，可以被路由器转发。

4.3 因特网协议

目前的计算机网络，特别是TCP/IP网络，使用最多的就是数据报分组交换方式，而IP是用于将多个分组交换网络连接起来的最典型的通信协议。IP是一个无连接的数据报投递服务，负责在源IP地址和目的IP地址之间传送数据报，为了适应不同网络对分组大小的要求，可以对上层传来的报文进行分割以适应网络对分组大小的要求，调用本地网络协议将数据报传送给下一个网关或目的主机。

4.3.1 IP概述

1. IP的基本功能

网络上的每个主机和网关都有IP模块，IP的主要功能就是将数据报经由各个IP模块选择合适的路径（称为路由选择）接力传送直到目的模块。IP 主要有以下几个方面功能。

（1）寻址

在局域网内部，节点间的寻址可以通过数据链路层的 MAC 地址进行，但在不同的网络之间则不能通过 MAC 地址寻址，因为用 MAC 地址寻址的广播帧只能在同一个网段内进行，不能在不同网段间传播。而在不同的网络中只能采用三层地址（一般指 IP 地址）寻址，但对于异构网络，三层协议也可能不一样。

（2）数据报的封装

在 IP 网络中，从传输层到达的数据段都要进行重新封装。因为 IP 是无连接的服务，并且采用数据报交换的方式，所以封装后形成的是 IP 数据报。IP 封装的目的就是标识此 IP 数据报发送节点和接收节点的 IP 地址和控制信息。

（3）分片与重组

不同网络链路上可以传输的最大报文尺寸（通常称为最大传输单元（MTU））并不相同，为了使传输数据能在不同的网络中传输，当某个尺寸较大的数据报要在某个 MTU 值比较小的链路上传输时就需要对原来的数据报进行拆分，形成若干个大小合适的数据报分片，然后再将这些分片依次传送出去，这就是 IP 的分片功能。发送节点可以对较大数据报进行拆分，接收节点可以将被拆分的分片按序重新组合，还原成原始的数据报文，这就是 IP 的分片与重组功能。

2．IP 的特点

IP 的特点主要表现为以下几点。

（1）IP 是一种不可靠、无连接的数据报传送服务协议

IP 提供的是无连接的数据报传送服务，是一种“尽力而为”（BestEffort）的数据报传送服务，不提供差错校验和跟踪。

- 无连接（Connectionless）是指 IP 并不维护 IP 数据报发送后的任何状态信息，每个数据报的处理是相互独立的。
- 不可靠（Unreliable）是指不能保证 IP 数据报一定能成功地到达目的节点。

IP 独立地处理每一个数据报，而每一个数据报与任何其他分组的传送可以没有关系。如果发生某种错误时，IP 有一个简单的错误处理方法：丢弃该数据报，然后根据 Internet 控制报文协议（ICMP）发送差错报文给源主机。IP 对数据报传输的正确性不做验证，不发送确认消息。在无连接服务中，一个报文中的不同数据报分片到达目的节点时可以经过不同的路径。IP 也不保证数据报传输顺序的正确性。

（2）IP 是点对点的网络层通信协议

IP 是针对两个点对点的通信实体对应的网络层之间的通信协议。在 Internet 中，根据数据报的目的 IP 地址与源 IP 地址是否属于同一个网络，IP 数据报的交付有直接交付和间接交付之分。IP 直接交付是在最后一个路由器与目的主机的网络层之间进行，而 IP 间接交付是两个对等通信实体在同一个网络的路由器-路由器的网络层之间进行。

（3）IP 向传输层屏蔽了网络低层的差异

Internet 是目前最大的互联网，互连的网络可能是同构网、异构网，即互连网络的物理层、数据链路层等可能相同，也可能不同。即使是同构网，网络协议在帧格式、地址格式等细节上也可能存在着差异。因此，TCP/IP 的设计者希望在网络层向传输层屏蔽下层的差异，对高层显现统一的格式。设计统一的 IP 数据报来统一不同的低层数据帧格式。也就是说，通过 IP，网络层向传输层提供的是统一的 IP 数据报，这样可以使各种网络在帧结构与地址上的差异不复存在。因

此，IP使得各种异构网络的互连变得容易了。

3．IP分组交付

分组交付（Packet Forwarding）是指网络中路由器转发IP分组的物理传输过程与数据报转发交付机制。分组交付分为直接交付和间接交付两类，如图4-12所示。

- 直接交付。IP分组在同一个子网的主机之间传输，不需要经过路由器转发。
- 间接交付。IP分组在不同子网的主机中传输，需要通过一个或多个路由器转发。但间接交付中最后一个路由器与目的主机之间的传输属于直接交付。

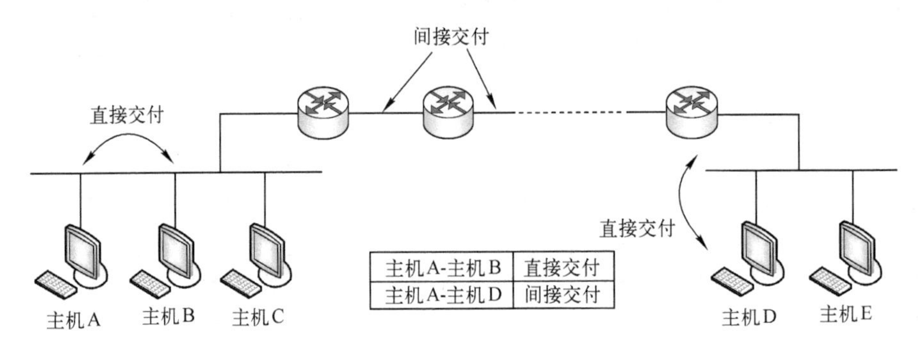

图4-12 IP分组交付

4．IP路由表的组成及作用

IP路由表是一个存储在路由器或互联网计算机中的电子表格（文件），类似数据库，它存储着指向特定网络的路径（在有些情况下，还记录路径的路由度量值），含有网络周边的拓扑信息等。

（1）IP路由表的作用

IP路由表的作用是进行路由选择，为IP选择最佳传输路径提供依据。路由器依靠所建立和维护的路由表决定如何转发IP数据报。

所谓的路由选择是指如何为传输的IP分组选择一条最佳的传输路径。当网络层从上层接收数据后将其组装成IP分组，如果发送节点与目的节点在同一个网段内，则IP分组一般直接由发送主机发送到目的主机（直接交付）；如果发送节点与目的节点不在同一网段内，需要利用中间路由器转发（间接交付），在由多个路由器连接起来的互连网络中，可能存在多条不同路径供路由器选择，IP将依据某些标准（称为权值或量度），比如距离、跳数和带宽等，选择最佳路由，将IP分组经该路由送到目的节点。

（2）路由表的组成

路由表是保存子网标志信息、网上路由器的个数和下一个路由器的名字等内容的表。路由表的格式大体相同。在每个路由表中，一般有目的IP地址、子网掩码、网关、标志、度量及接口等表项。路由表的能力是指路由表内所容纳路由表项数量的极限。

1）目的IP地址和子网掩码。目的IP地址既可以是一个完整的主机地址，也可以是一个网络地址，由该表项中的标志字段来指定。主机地址是一个非0的主机号，指定某一特定主机；网络地址中主机号为0，指定某一网络中的所有主机，子网掩码用于标识网络号位数。

2）网关。网关表示下一跳路由器的IP地址，或者直接连接的网络IP地址。下一跳路由器是指一个在直接相连网络上的路由器（网关），通过它可以转发数据报。下一跳路由器不是最终目的地，但通过它可以把传送给它的数据报经过多次转发，到达最终目的地。

3）标志。在标志（Flags）栏中可以设置多个不同含义的字符。例如，U 表示路由器工作正常；G 表示分组必须通过至少一个路由器，若不设置 G 表示直接交付；H 表示该路由是到某个特定主机，若不设置 H 则表示该路由是到一个网络；D 表示路由是动态创建的。

4）接口。接口是本地接口的名字，指出 IP 数据报应当从路由器哪一个网络接口转发出去。

除了上述内容外，一个实际的路由表还会包括其他一些内容。

（3）路由表的类型

IP 路由技术分为静态路由和动态路由两类。静态路由通常指人工设置的路由信息，路径不随时间变化而动态变化；动态路由通常指系统的路由信息随时动态自动调整变化。路由表可以是由系统管理员固定设置，也可以由系统动态修改、自动调整，因此也有静态路由表和动态路由表之分。

1）静态路由表。由网络系统管理员事先设置好的固定路径表称为静态路由表，一般在系统安装时根据网络配置情况预先设定，当网络结构改变时需要管理员手动修改相应表项。尽管静态路由表在某些场合有利，但它不能随网络拓扑的变化而动态改变。大多数主机的路由表都是静态路由表，主机的静态路由表一般包含两项：一项指定该主机所连接的网络；另一项是默认项，指向某个特定路由器的所有其他传输。

2）动态路由表。动态路由表是路由器根据网络系统的运行情况而自动调整的路由表。路由器根据路由选择协议（第 5 章介绍）提供的功能，自动学习和记忆网络运行情况，在需要时自动计算数据传输的最佳路径。

扫码看视频

4.3.2　IP 数据报

1. IP 数据报格式

网络层的数据分组也被称为 IP 数据报。为了理解 IP 提供的服务，掌握 IP 数据报的格式非常重要。IP 数据报的格式如图 4-13 所示。

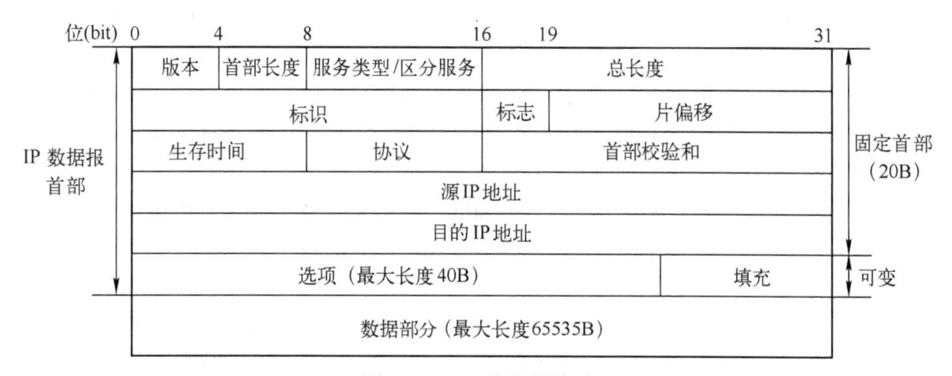

图 4-13　IP 数据报格式

IP 数据报各字段的含义如下。

1）版本：占 4bit。规定 IP 数据报的 IP 版本号，版本号决定了协议栈按什么标准解释和处理数据报。目前使用的版本号为 4（IPv4）或 6（IPv6），中间的 IPv5 是一个试验性的实时协议，没有在 Internet 中正式使用。

2）首部长度：占 4bit。由于选项字段的存在，IP 首部有可能扩展，使首部长度不确定，因此需要明确指出首部长度。首部固定部分长度为 20B，首部长度以 4B 为单位，常见值为 5。

3）服务类型/区分服务：占 8bit。用于对 IP 数据报进行分类和有区别的转发。在旧标准中该字段中的 7bit 定义为服务类型（Type of Service，ToS），目前的标准中将其定义为区分服务（Differentiated Service，DiffServ），一些路由器支持区分服务功能，但迄今为止两者都没有在 Internet 中得到广泛部署。

4）总长度：占 16bit。指 IP 报文的总字节数，包含 IP 数据首部和数据部分，IP 数据报的最大长度为 $2^{16}-1=65535$B。由于 IP 数据报的数据部分长度是可变的，所以需要对报文的总长度进行标识。

数据链路层在进行数据帧封装时，存在最大传输单元 MTU 的限制，例如以太网帧的数据字段的 MTU 为 1500B，IP 数据报作为帧的数据部分被封装时，总长度不能超数据链路层的 MTU 值，因此对超出这个长度的 IP 数据报需进行分片。总长度字段标出的是分片后的 IP 报文的总长度。

虽然使用尽可能长的 IP 数据报会使传输效率提高（每个 IP 数据报中首部长度占数据报总长度的比例会小些），但数据报短也有优势：IP 数据报越短，路由器转发的速度就越快。因此，IP 规定了 Internet 中所有主机和路由器必须接受的 IP 数据报的最小报文长度（576B）。这是假定上层交下来的数据长度有 512B（合理的长度），加上最长的 IP 首部 60B，再加上 4B 的富余量，就得到了 576B。当主机需要发送长度超过 576B 的数据报时，应当先了解一下，目的主机能否接受所要发送的数据报长度。否则，就要进行分片。在进行分片时，数据报首部中的“总长度”字段是指分片后的各分片首部长度与该分片数据部分长度的总和。

5）标识（Identification）：占 16bit。标识字段与 IP 数据报分片功能相关，它用于标识分片的分组属于哪个 IP 数据报，接收节点据此将分片的 IP 分组正确地组装为原来的数据报。

6）标志（Flag）：占 3bit。目前仅使用前两位 MF 和 DF。标志位也与 IP 数据报分片功能有关。

- MF（More Fragment）：标志位的最低位，说明该分片是否为数据报最后一个分片。MF=1 表示不是最后一片；MF=0 表示该分片是数据报的最后一片。
- DF（Don’t Fragment）：标志位的中间位，说明该数据报是否允许分片。DF=1 表示该数据报不可分片；DF=0 表示该数据报允许分片。

7）片偏移（Fragment Offset）：占 13bit。该字段与数据报分片功能有关，片偏移指出本分片数据的第 1 个字节距离原数据报数据首部的距离（字节数）。偏移量以 8B 为单位，即每个分片长度是 8B（64bit）的整数倍。

8）生存时间（Time To Live，TTL）：占 8bit。用于设置 IP 数据报在网络中的最大生存时间，理论上以秒（s）为单位，最大生存时间为 255s，但在实际应用中常以跳数计数（设置最大跳数），一个路由器为一跳。分组每经过一跳该计数减 1，当该值递减到 0 时则丢弃该分组，并向源主机发送一个告警信息，避免无法投递的数据报在网络中积累消耗网络带宽资源。对于 TTL 初始值，不同操作系统有不同默认值，如 Windows 为 128、UNIX 为 255、Linux 为 64、Cisco ISO 为 255 等。此外，初始 TTL 值可以自行设置。当初始 TTL 的值被设置为 1 时，表示该报文被限制在本地子网中传输。

9）协议：占 8bit。该字段表示该数据报封装的数据部分所采用的上层协议类型（如 TCP、UDP 等），仅在到达目的主机时使用，用于指引网络层将报文中数据部分上交给哪个传输层协议处理。协议的代码值由 NIC 管理，在整个 Internet 范围内保持一致。TCP/IP 中常见的用 IP 封装的上层协议代码值见表 4-5。

表 4-5　常见 IP 封装上层协议代码值

协议名	ICMP	IGMP	IP	TCP	EGP	IGP	UDP	IPv6	ESP	OSPF
协议字段值	1	2	4	6	8	9	17	41	50	89

10）首部校验和：占 16bit。IP 只对首部进行校验，数据部分的差错校验在传输层进行。这样传输过程中各中间路由器只需要对报文首部的几十个字节计算校验和，而不必对整个数据报进行运算，可以提高中间节点处理数据报的效率。

与大多数数据链路层协议采用 CRC 校验不同，IP 首部校验采用了反码运算方法。

① 发送方计算校验和。

- 运算前将校验和字段清零。
- 每 2B（16bit）为一个数参与运算。
- 所有的运算数反码求和（方法：运算数不需要取反码，按照一般二进制求和算法，从低位到高位运算，只是当最高位有进位时循环加到最低位）。
- 将最后的和取反码，填入校验和字段，发送数据报。

② 接收方计算校验和。

- 将收到的 IP 数据报首部以 2B（16bit）为单位反码求和。
- 对和取反码，结果为 0 则该数据报正确，否则认为出错，丢弃。

📖 在传输过程中 IP 数据报首部的一些字段值可能会发生变化（如 TTL、标志等），因此，网络中路由器需要对经过它转发的每个 IP 数据报重新计算首部校验和。

11）源 IP 地址和目的 IP 地址：各占 32bit。分别表示 IP 数据报的发送主机和接收主机的 IP 地址。源主机在产生一个数据报时，将自己的 IP 地址和目的主机的 IP 地址填入，在整个数据报传输过程中这两个字段的值是不会发生变化的。

12）选项：该字段用于在需要时对首部功能的扩展，主要包括安全、时间戳，以及一些用于调试路由算法的功能。根据选项的不同，长度从 1～40B 不等。IPv4 定义了以下 5 种选项。

- 安全选项：表明数据报的安全级别。
- 源路由选项（严格）：给定数据报转发路径上的每一跳。
- 源路由选项（松散）：只给出必须经过的路由器。
- 记录路由选项：要求沿途每个路由器附上自己的 IP 地址。
- 时间戳选项：要求沿途每个路由器附上自己的 IP 地址和时间戳。

由于选项字段使 IP 首部长度不定，从而使 IP 处理复杂化，因此，IPv6 已经不再采用选项的做法。

2. IP 数据报的存储转发、分片和重组

（1）IP 数据报的存储转发

Internet 中所有分组的转发都是基于目的主机所在的网络，路由器依据路由表中的内容确定 IP 分组的转发。路由表的内容主要有两项：目的网络地址和下一跳路由器地址。若目的主机与源主机不在同一个网络内，IP 数据报先设法通过间接交付找到目的主机所在网络的路由器，这个阶段要经过一个或多个路由器。到达与目的主机直接连接的最后一个路由器时，通过直接交付将 IP 分组交给目的主机。

下面以一个例子来说明 IP 数据报的存储转发过程。网络配置如图 4-14 所示，假定 4 个不同网段的网络通过 3 个路由器互连在一起，路由表中包含目的地址、下一跳地址和转发接口 3 个表

项。以路由器 R2 为例，IP 分组可以通过 R2 的接口 0 或接口 1 直接交付的目的网络是网 2 或网 3，若目的网络为网 1 或网 4 时，则下一跳路由器分别为 R1 或 R3。为讨论问题方便，可以将具体的网络简化为一条链路，即不用关心网络的具体构成。可以看出，在互联网转发 IP 分组的实质就是将 IP 数据报从一个路由器存储转发到下一个路由器。

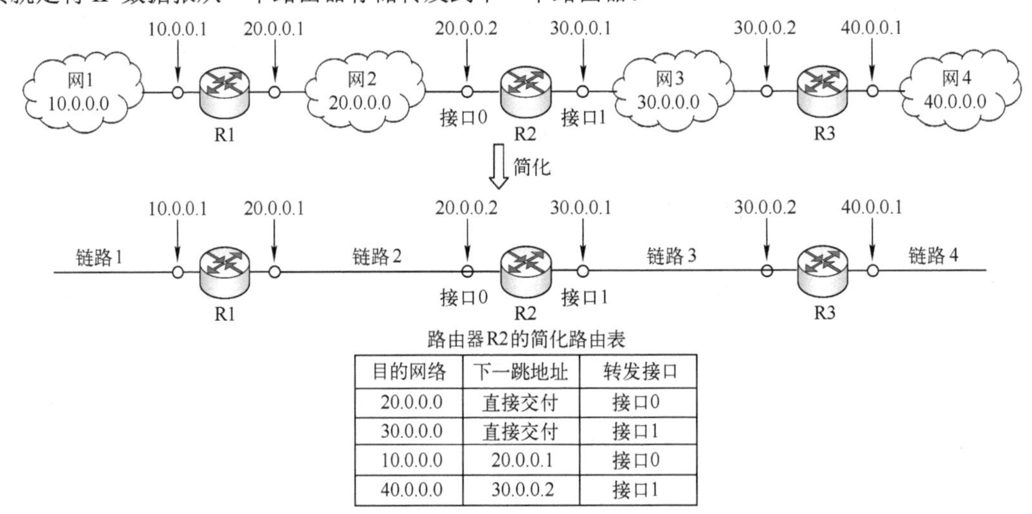

目的网络	下一跳地址	转发接口
20.0.0.0	直接交付	接口0
30.0.0.0	直接交付	接口1
10.0.0.0	20.0.0.1	接口0
40.0.0.0	30.0.0.2	接口1

图 4-14　IP 数据报存储转发过程网络配置

IP 数据报存储转发算法如下。

1）从 IP 数据报首部提取目的主机 IP 地址 DA，计算目的网络地址 NA。

2）若 NA 是与该路由器直接相连的某个网络地址，则直接交付，将数据报交付目的主机（包括由目的主机地址 DA 映射具体的硬件地址，将数据报封装为 MAC 帧，再发送此帧），存储转发结束；否则，进行间接交付，转入 3）。

3）查找路由表中是否存在目的地址为 DA 的特定主机路由。若存在，则将数据报转发给路由表中指明的下一跳路由器；否则，转入 4）。

4）查找路由表中是否存在到达目的网络 NA 的路由。若存在，则将数据报转发给路由表中指明的下一跳路由器；否则，转入 5）。

5）查找路由表中是否存在一个默认路由。若存在，则将数据报转发给路由表指定的默认路由器；否则，转入 6）。

6）报告转发 IP 数据报出错。

默认路由是路由表中的一个表项，当找不到与目的网络标识相匹配的表项时，即路由表中所有的表项都没有对应目的网络的内容时，可以采用把数据报转发到默认路由给出的下一跳路由器的 IP 地址。在配置路由表时一般都会配置默认路由，设置默认路由可以减少路由表项数目，提高路由效率。

（2）IP 数据报的分片和重组

数据传输时，IP 数据报的数据部分长度不能适合底层网络 MTU 的要求时，需要对 IP 数据报进行分片。数据报分片涉及 3 个字段：标识、标志、片偏移。

【例 4-1】 IP 数据报分片。已知：1 个 IP 数据报的数据部分长度为 3800B，固定首部为 20B，标识字段的值为 111，若 IP 数据报分片长度不超过 1420B，即每个数据报分片的数据部分长度不超过 1400B。试计算回答下列问题。

(1)该 IP 数据报应该分为几片?

(2)写出各数据报分片的总长度、标识、标志(MF 和 DF 的值)、片偏移值。

【解】

(1)由题意得,分片数为 3800/1400=2.7,向上取整为 3,因此,该 IP 数据报需要分成 3 个数据报分片。

(2)为了使各数据报分片能够在目的节点重组成原始 IP 数据报,各数据报分片的标识字段值均为 111。IP 数据报分片情况如图 4-15 所示。IP 数据报分片首部与分片有关的字段值见表 4-6。

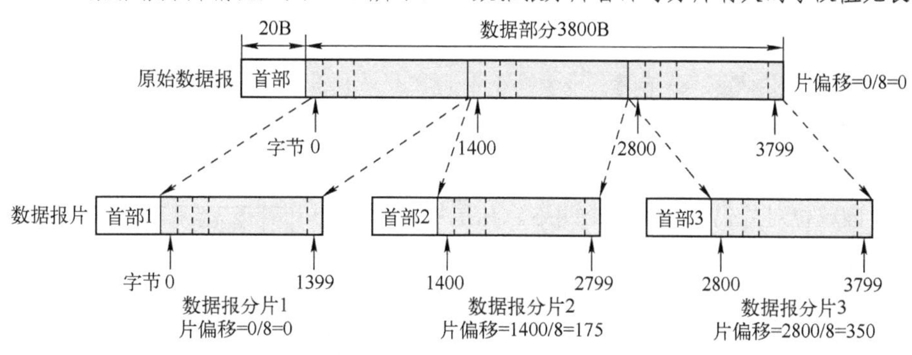

图 4-15 IP 数据报分片情况

表 4-6 各分片中有关字段的值

数据报分片	总长度(B)	标识字段	MF 位	DF 位	分片偏移字段(B)
原始数据报	3820	111	0	0	0
数据报分片 1	1420	111	1	0	0
数据报分片 2	1420	111	1	0	175
数据报分片 3	1020	111	0	0	350

4.3.3 子网规划

为解决 IP 地址不足的问题,进一步提高网络的灵活性,出现了子网划分和无分类域间路由技术。通过它们可将传统的 IP 有分类网络变成更为高效、实用的无分类网络。

1. 子网掩码

标准分类地址在实际应用中存在着许多问题。

- IP 地址空间利用率很低。如一个 A 类网络或 B 类网络的主机号数量过多,而实际应用中接入大量主机会影响网络吞吐性能,因此大量 IP 地址被浪费。
- 为每个物理网络分配一个网络号将使路由表占用很大空间,降低网络性能。
- 两级 IP 地址不够灵活。当需要开通一个新的网络时,在申请到一个新的 IP 地址之前,新的网络不能接入 Internet。

为解决上述问题,1985 年研究人员提出了子网(Subnet)和掩码(Mask)的概念。掩码,又称为子网掩码或子网屏蔽码。它与 IP 地址长度相同,也是一个 32 位的 1 和 0 的序列,其中,对应 IP 地址中网络号及子网号部分为全 1,对应主机号部分为全 0。子网掩码也采用“点分十进制”表示。Internet 标准规定:所有网络必须有一个子网掩码,路由表表项中必须有子网掩码项。路由器与相邻路由器交换路由信息时,需要将自己所在网络或子网的子网掩码通告相邻路由器。在有分类 IP 地址应用中,也需要子网掩码标识网络号。如果一个使用分类 IP 地址的网络不划分子网，其子网掩码则采用默认子网掩码，A、B、C 类 IP 地址对应的默认子网掩码分别为 255.0.0.0、255.255.0.0、255.255.255.0。

2．子网划分

子网划分是指在 IP 地址中加入子网号（Subnet-ID），将 IP 地址由两层结构（网络号-主机号）变为三层结构（网络号-子网号-主机号）。有分类 IP 地址进行子网划分的方法：保留网络号不变，根据需要的子网数，借用主机号中前若干位作为子网号。

划分子网后，IP 地址结构包括网络号（Net-ID）、子网号（Subnet-ID）、主机号（Host-ID）。可以用以下记法表示：

```
IP 地址：：={<网络号>，<子网号>，<主机号>}
```

子网号借位示意图如图 4-16 所示。

子网划分通常存在于一个单位内部，对单位以外子网络是透明的，该单位对外仍表现为一个网络。凡是从其他网络发往本单位某个主机的 IP 数据报，仍然是根据 IP 数据报的目的网络号（两级结构中的网络号）找到连接在本单位网络上的路由器，该路由器收到 IP 数据报后，按照目的网络号和子网号组合找到目的子网，将 IP 数据报交付目的主机。

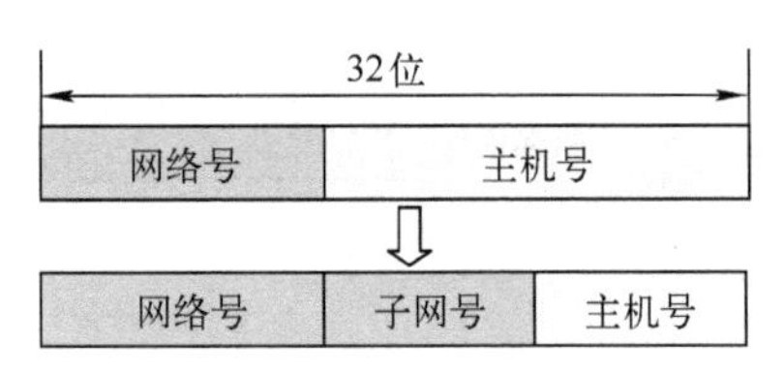

图 4-16　划分子网中的借位

将 IP 地址与子网掩码进行“与”（AND）运算，可获取 IP 地址中的网络号和子网号。例如，某单位将 B 类网络 128.17.0.0 按 8 位子网号划分 3 个子网，分别为 128.17.2.0、128.17.5.0 以及 128.17.67.0，子网掩码为 255.255.255.0。划分子网后，整个网络对外仍表现为 128.17.0.0，当 IP 分组到达路由器 R1 时，R1 根据分组的目的地址和子网掩码将其转发到相应子网。划分子网后的网络 128.17.0.0 如图 4-17 所示。

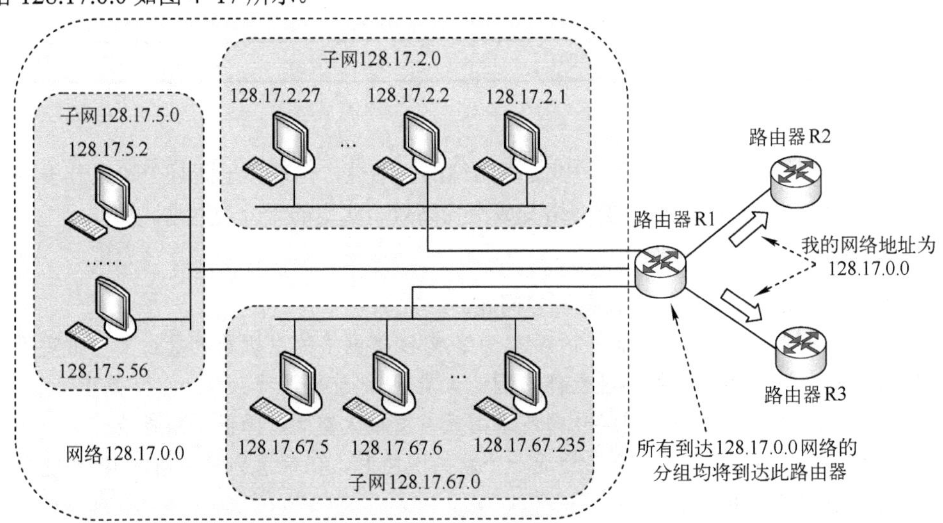

图 4-17　划分子网后的网络 128.17.0.0

- 子网划分方法：将 IP 地址 128.17.0.0 的主机号部分（后 16 位二进制数）取出前 8 位作为子网号，主机号从 16 位减为 8 位。
- 提取网络号和子网号的方法：将 IP 地址从“点分十进制”转换为二进制，并与子网掩码按位进行“与”（AND）运算，得到子网的网络地址。

应用子网掩码提取子网地址的示例如图 4-18 所示。

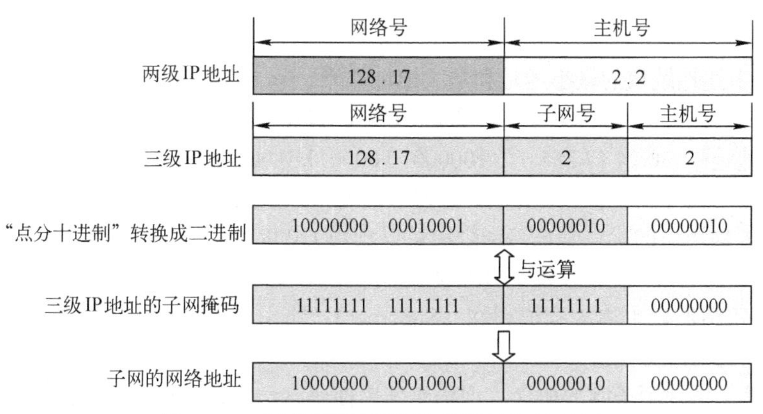

图 4-18　应用子网掩码提取子网地址的示例

3. 无类别域间路由选择

划分子网在一定程度上为 IP 地址机制增加了灵活性，但仍然没有打破分类 IP 地址的界限。随着 Internet 的发展，网络规模扩大带来的两个问题也越来越突出。

- Internet 地址空间的分配仍然是基于 A、B、C 类，不够灵活，存在浪费，导致地址空间消耗过快。一方面，Internet 的未分配地址空间即将耗尽；另一方面，据统计已分配的地址空间中只有 3%的地址真正被使用了。
- 随着网络规模的增大，Internet 主干路由器的路由表条目越来越多。路由器的路由表越大，选路和更新路由表所需要的时间就越长，网络的性能就会降低。

为解决上述问题，IETF 在 1993 年提出了无类别域间路由选择（CIDR）技术（RFC1519），并形成了 Internet 的建议标准。CIDR 是在变长子网掩码（VLSM）的基础上发展起来的，早在 1987 年，RFC1009 就指明了在一个划分子网的网络中可同时使用几个不同的子网掩码，进一步提高 IP 地址资源的利用率。

（1）CIDR 地址标记方法

CIDR 用区别于传统标准分类的 IP 地址与划分子网概念的"网络前缀"（Network Prefix）代替了分类地址中的网络号和子网号。由于 CIDR 不再使用子网的概念而使用网络前缀，IP 地址从三层结构（使用子网号）又回到了两层结构，但这是无分类的两层结构。

CIDR 的标记方法：

```
IP 地址：：={<网络前缀>，<主机号>}
```

也可采用 CIDR 表示法（又称为斜线表示法）表示一个 CIDR 地址块，格式如下：

```
地址块的起始 IP 地址/网络前缀长度
```

斜线前面是一个完整的 IP 地址，表示该地址空间的第一个可用 IP 地址，斜线后的数字表示网络地址占前面多少位。因此，从 CIDR 地址表示法可以很方便地判断地址覆盖范围，并推导出其网络地址和网络掩码（又可简称为掩码，其作用和子网掩码相同）。

如 202.112.9.128/26 表示该网络的网络前缀（网络地址）为 26 位，主机号为 6 位，起始 IP 地址为 202.112.9.128。

（2）CIDR 地址块

CIDR 将网络前缀相同的连续的 IP 地址组成一个"CIDR 地址块"。地址块由块起始地址与块地址数组成。地址块起始地址是指地址块中地址数值最小的一个。例如，地址块 130.14.32.0/20 的起始地址是 130.14.32.0。该地址块中的地址数是 2^{12}，因为在这个地址块中，网络号为 20 位，所以主机号位数为 32−20=12，地址数为 2^{12}。当不需要指出地址块起始地址时，将地址块简称为“/20 地址块”。上述地址块的最小地址和最大地址如下。

最小地址：130.14.32.0　　10000010 00001110 0010**0000 00000000**

最大地址：130.14.47.255　　10000010 00001110 0010**1111 11111111**

当然，一般主机号全 0 和全 1 的地址不使用，通常只使用这两个地址之间的地址。

使用 CIDR 地址块的优点是在路由表中可以利用 CIDR 地址块直接查找目的网络，使得路由表中的一个表项可以表示多个分类 IP 地址的路由，这种地址的聚合称为路由汇聚（Route Aggregation），路由汇聚也称为构成超网（Supernet）。路由汇聚减少了路由器表项的数目，也减少了路由器之间的信息交换量。

CIDR 虽然不再使用子网的概念，但仍然使用掩码这一术语（但不称子网掩码）。对于/20 地址块，它的掩码是 11111111 11111111 11110000 00000000（20 个连续的 1）。斜线标记法中的数字就是掩码中 1 的个数。

另外，“CIDR 不使用子网”是指 CIDR 并没有在 32 位地址中指明若干位作为子网字段。但分配到一个 CIDR 地址块的单位，仍然可以在本单位内根据需要划分出一些子网。这些子网也都只有一个网络前缀和一个主机号字段，但子网的网络前缀比整个单位的网络前缀要长些。

常用 CIDR 地址块见表 4-7。网络前缀小于 13 或大于 27 的情况很少出现，“包含的地址数”中并未去掉全 1 和全 0 的主机号。

表 4-7　常用 CIDR 地址块

CIDR 前缀长度	对应的掩码	包含的地址数	包含的分类网络数
/13	255.248.0.0	$2^{19}=8\times2^{16}=2048\times2^{8}$	8 个 B 类或 2048 个 C 类
/14	255.252.0.0	$2^{18}=4\times2^{16}=1024\times2^{8}$	4 个 B 类或 1024 个 C 类
/15	255.254.0.0	$2^{17}=2\times2^{16}=512\times2^{8}$	2 个 B 类或 512 个 C 类
/16	255.255.0.0	$2^{16}=256\times2^{8}$	1 个 B 类或 256 个 C 类
/17	255.255.128.0	$2^{15}=128\times2^{8}$	128 个 C 类
/18	255.255.192.0	$2^{14}=64\times2^{8}$	64 个 C 类
/19	255.255.224.0	$8192=32\times2^{8}$	32 个 C 类
/20	255.255.240.0	$4096=16\times2^{8}$	16 个 C 类
/21	255.255.248.0	$2048=8\times2^{8}$	8 个 C 类
/22	255.255.252.0	$1024=4\times2^{8}$	4 个 C 类
/23	255.255.254.0	$512=2\times2^{8}$	2 个 C 类
/24	255.255.255.0	$256=1\times2^{8}$	1 个 C 类
/25	255.255.255.128	$128=0.5\times2^{8}$	1/2 个 C 类
/26	255.255.255.192	$64=0.25\times2^{8}$	1/4 个 C 类
/27	255.255.255.224	$32=0.125\times2^{8}$	1/8 个 C 类

从表 4-7 中可以看出，每一个 CIDR 地址块中的地址数一定是 2 的整数次幂。除最后几行外，CIDR 地址块都包含了多个 C 类地址，是一个 C 类地址的 2^n 倍，其中 n 为整数。

【例 4-2】 CIDR 地址空间分配举例。假设某 ISP（Internet 服务商）拥有地址块为 202.24.0.0/13，现有 3 所大学 A、B、C 的网络 N1、N2、N3 需要接入该 ISP，在充分考虑了各自未来的网络发展规模后提出了以下的地址空间申请。

大学 A 的 N1 网络：需要 2048 个 IP 地址，即 8 个 C 类网络。

大学 B 的 N2 网络：需要 4096 个 IP 地址，即 16 个 C 类网络。

大学 C 的 N3 网络：需要 1024 个 IP 地址，即 4 个 C 类网络。

问题：

（1）ISP 如何为这 3 所大学分配地址空间？

（2）若大学 C 拿到分配给其网络 N3 的地址块，需要分配给 4 个学院（学院 1～学院 4），所需地址数分别为 512、256、128、128，该如何分配地址空间？

【解】

（1）由题意，地址块 202.24.0.0/13 的分配地址范围是 202.24.0.0～202.31.255.255，共 2048 个 C 类网络。因此，ISP 为网络 N1～N3 分配的地址空间见表 4-8。

表 4-8　网络 N1～N3 分配的地址空间

网络	需要的 IP 地址个数	CIDR 地址块	地址范围	掩码	网络号
N1	2048，8 个 C 类网络	202.24.0.0/21	202.24.0.0～202.24.7.255	255.255.248.0	202.24.0.0
N2	4096，16 个 C 类网络	202.24.16.0/20	202.24.16.0～202.24.31.255	255.255.240.0	202.24.16.0
N3	1024，4 个 C 类网络	202.24.8.0/22	202.24.8.0～202.24.11.255	255.255.252.0	202.24.8.0

注意：分配给 N2 的地址块没有从 202.24.8.0 开始，原因是 N2 网络需要 16 个连续 C 类网络地址，需要覆盖相同的 20 位掩码，否则无法满足。

（2）大学 C 在拿到分配给其网络 N3 地址块 202.24.8.0/22 后，根据学院 1～学院 4 的地址数需求，分配的地址空间见表 4-9。

表 4-9　大学 C 的学院 1～学院 4 分配的地址空间

单位	需要的 IP 地址个数	CIDR 地址块	地址范围	掩码	网络号
大学 C	1024，4 个 C 类网络	202.24.8.0/22	202.24.8.0～202.24.11.255	255.255.252.0	202.24.8.0
学院 1	512，2 个 C 类网络	202.24.8.0/23	202.24.8.0～202.24.9.255	255.255.254.0	202.24.8.0
学院 2	256，1 个 C 类网络	202.24.10.0/24	202.24.10.0～202.24.10.255	255.255.255.0	202.24.10.0
学院 3	128，1/2 个 C 类网络	202.24.11.0/25	202.24.11.0～202.24.11.127	255.255.255.128	202.24.11.0
学院 4	128，1/2 个 C 类网络	202.24.11.128/25	202.24.11.128～202.24.11.255	255.255.255.128	202.24.11.128

CIDR 地址空间分配结果如图 4-19 所示。

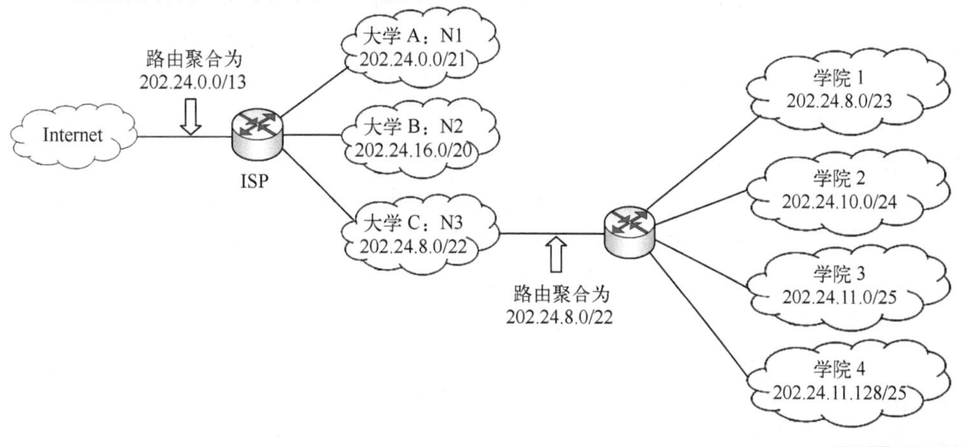

图 4-19　CIDR 地址空间分配结果

扫码看视频

从例题 4-2 可以看出，CIDR 地址块的网络前缀越短，包含的地址空间越大，前缀越长，包含的地址空间越小，能容纳的主机数也就越少。从路由器角度来看，对内表现为多个网络，对外则呈现为一条聚合的路由。

（3）最长前缀匹配

在使用 CIDR 时，路由表中包含网络前缀和下一跳地址，在查找路由表时可能得到多个匹配结果，此时应从多个匹配结果中选择具有最长网络前缀的路由，称为最长前缀匹配（Longest-prefix Matching）。因为网络前缀越长，其地址块就越小，路由越具体。最长前缀匹配又称为最长匹配或最佳匹配。

4.3.4　IPv6 简介

IPv6 是 IP 的第 6 版，它的提出主要是为了解决 IPv4 地址耗尽问题。IPv6 能提供更大的地址空间，同时也解决了 IPv4 存在的安全性等问题。

1．IPv4 存在的问题

IPv4 除了存在地址空间缺乏的问题外，还存在着扩展性问题、管理问题、选路困难、服务的改进和服务质量特性的交付以及安全性问题。

- 地址空间的局限性：IPv4 地址空间缺乏已久。
- 性能：IPv4 在管理性能、选路性能、服务质量等方面存在着进一步改进的空间。
- 安全性：IPv4 的安全性很弱，网络安全基本由传输层及高层负责。
- 自动配置：IP 主机移动性的增强要求当主机在不同网络间移动和使用不同的网络接入点时能提供即插即用的配置支持。

由于新的子网和 IP 节点的快速增长，使用 IPv4 的 Internet，其 32 位的 IP 地址空间即将耗尽，ISP 无法再申请到新的地址块，不能提供更多的空间来满足越来越多的用户需求（IP 地址的分配是唯一的）。另外，网络地址的分配也存在很多问题，IETF 很早就意识到 IPv4 可能会出现地址分配不够的问题，因此，1992 年，IETF 提出要制定新的下一代 IP，即 IPv6。

2．IPv6 的特点

IPv6 相对于 IPv4 在很多方面有了很大的提高和改进，其特点如下。

1）具有更大的 IP 地址空间。IPv6 地址位数由原来的 32 位扩展为 128 位，相比于 IPv4，其地址空间增大了 2^{96} 倍。这也是 IPv6 设计的初衷——提供有效的且无限量的 IP 地址。

2）扩展了地址层结构。划分层次管理 IPv6 地址空间，将 128 位的 IPv6 地址一分为二，前 64 位作为子网络地址空间，后 64 位作为局域网 MAC 地址空间。子网地址空间可以满足主机和主干网之间的三级 ISP 结构，使路由器寻址更加方便。这种划分方式很好地适用于现在的多级 ISP 结构，弥补了 IPv4 在这方面的不足。

3）简化报文首部格式。IPv6 数据报采用首部长度固定的方式，只有 8 个字段，加快了报文转发，提高了吞吐量。同时，IPv6 允许数据报含有选项控制信息，可以添加其他选项。由于数据报首部长度固定，因此这些选项都放到了有效载荷中。

4）IPv6 报文首部格式灵活。IPv6 数据报首部和 IPv4 报文首部不兼容。IPv6 首部定义了许多可扩展的首部区域，可以提供更多的功能。但由于路由器对 IPv6 扩展首部不进行处理，因此可以加快路由器的处理效率，从而提高报文的处理效率。

5）支持更多的服务类型。IPv6 具有良好的可扩展性，允许协议继续扩充。IPv6 通过在 IPv6 报文首部之后添加扩展报文首部，从而简单快捷地实现扩展功能。IPv6 通过“下一个报头”字段实现扩展报头的作用。

6）提高了安全性。IPv6 具有身份认证隐私权，支持 IPSec。

7）IPv6 地址自动配置。IPv6 支持即插即用，主机在不改变地址的情况下即可实现漫游。链路上的主机会自动为自己配置适合该链路的 IPv6 地址，同一链路的所有主机可以自动配置各自的链路本地地址，不需要手工配置就可以通信。

8）IPv6 首部为 8 字节对齐，IPv4 首部是 4 字节对齐。

3．IPv6 地址结构

IPv6 的地址位数由原来 IPv4 的 32 位扩展到 128 位，位数扩展了 4 倍，地址空间由 2^{32} 扩展到 2^{128}，IPv6 的地址结构采用分层结构。下面是一些合法的 IPv6 地址。

CDCD : 910A : 2222 : 5498 : 8475 : 1111 : 3900 : 2020

1030 : 0 : 0 : 0 : C9B4 : FF12 : 48AA : 1A2B

2000 : 0 : 0 : 0 : 0 : 0 : 0 : 1

IPv6 地址的表示形式可分为冒号十六进制法、前导零省略法和压缩零法 3 种。

（1）冒号十六进制法

IPv6 地址通常不采用二进制（书写不方便），而是采用冒号分隔的十六进制数表示，每 16 位二进制数为一块，共分 8 块（又称地址块）。每块由一个 4 位十六进制数（16 位二进制数）组成，表示为 X:X:X:X:X:X:X:X，其中，X 是一个 4 位十六进制整数。

例如，下面的 IPv6 合法地址

0001111111111110:0011101010111000:1101011101000000:0000000000000000:

0000011111111111:0111001010000100:1101000111100000:0011100000000000

采用冒号十六进制法可以表示为

```
1FFE:3AB8:D740:0000:07FF:7284:D1E0:3800
```

（2）前导零省略法

前导零省略法是指可以省略 IPv6 地址中每个地址块中的前导 0。

1）若地址为 1FFE:3AB8:D740:0000:07FF:7284:D1E0:3800，对于其中的 07FF，可以简写为 7FF，0000 可以直接简写为 0。因此，该地址可简写为

```
1FFE:3AB8:D740:0:7FF:7284:D1E0:3800
```

2）若地址为 1005:0000:0000:0000:034A:00EE:000F:3532，可简写为

```
1005:0:0:0:34A:EE:F:3532
```

（3）压缩零法

压缩零法是指当 IPv6 地址中连续出现多个 0 时，可用双冒号代替地址中连续的、值为 0 的十六位地址，又称为双冒号替换法。

例如，地址 1005:**0:0:0**:34A:EE:F:3532 中有 3 个连续地址块均为 0，采用压缩零法，可以将 3 个连续为 0 的地址块用一个双冒号代替，则这个地址可以表示为

```
1005::34A:EE:F:3532
```

例如，以下 IPv6 地址采用压缩零法表示

ED22:0:0:0:EA23:DD53:4C2A:345A　压缩为　ED22::EA23:DD53:4C2A:345A

DE2A:0:0:0:0:0:0:1　压缩为　DE2A::1

0:0:0:0:0:0:0:2　压缩为　::2

0:0:0:0:0:0:0:0　压缩为　::

📖 注意：一个 IPv6 地址中只能采用一次双冒号替换。

4．IPv6 数据报格式

IPv6 数据报由基本首部和有效载荷组成，其格式如图 4-20 所示。基本首部固定为 40bit，有效载荷（又称净负荷）由 0 到多个扩展首部（可选项）和数据部分组成。

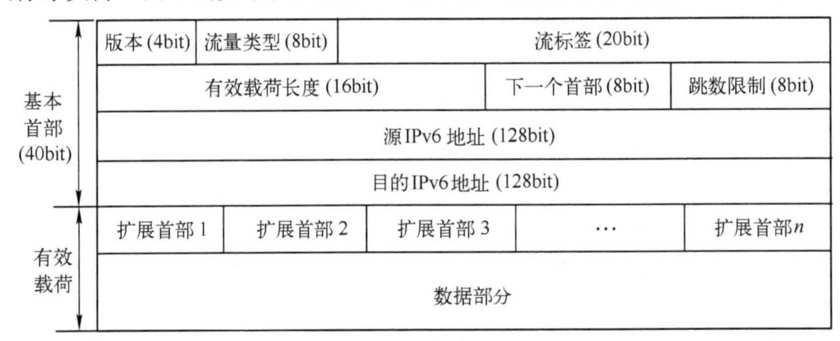

图 4-20　IPv6 数据报格式

IPv6 数据报基本首部各字段的含义如下。

- 版本：占 4bit，协议版本号，IPv6 该字段值为 6。
- 流量类型：占 8bit，用来区分不同的 IPv6 数据报的类别或其优先级。
- 流标签：占 20bit，支持资源预分配。允许路由器将每个数据报与一个给定的资源分配联系起来。流标签对于音频和视频等流媒体数据传输十分有用，对于电子邮件或非实时传送数据的作用不大。一般将其设为 0。
- 有效载荷长度：占 16bit，表示 IPv6 数据报除基本首部以外其他部分的字节数（包括扩展首部和数据部分）。该字段最大为 64KB。
- 下一个首部：占 8bit，当 IPv6 数据报不存在扩展首部时，该字段的值为 IP 层之上的高层协议号；若存在扩展首部时，该字段的值表示扩展首部 1 的类型。
- 跳数限制：占 8bit，表示数据报生存期。源点在每一个数据报发送时，会设定一个跳数限制（最大跳数为 255）。每个路由器在转发数据报时，首先将跳数限制字段中的值减 1。当跳数限制的值为零时，则将该数据报丢弃。
- 源 IPv6 地址：占 128bit，表示数据报发送方的 IPv6 地址。
- 目的 IPv6 地址：占 128bit，表示数据报接收方的 IPv6 地址。

5．IPv6 数据报的扩展首部

IPv6 数据报定义了 6 种扩展首部，分别为逐跳选项首部、路由选择首部、分片首部、身份认证（AH）首部、封装安全有效载荷（ESP）首部，以及目的节点选项首部。

6 种扩展首部的含义如下。

- 逐跳选项首部：紧跟在 IPv6 基本首部之后，包含数据报所经路径上的每个节点都必须检查的可选数据。
- 路由选择首部：指明数据报在到达目的地途中将经过的特殊节点，包含数据报沿途经过的各节点地址列表。IPv6 基本首部的最初目的地址并不是数据报的最终目的地址，而是路由选择中所列的第一个地址。此地址对应的节点接收到该数据报后，对 IPv6 基本首部和路由选择进行处理，然后将数据报发送到路由选择列表中的第二个地址。如此继续，直至该数据报到达最终目的节点。
- 分片首部：由 1 个分片偏移值、1 个“更多分片”标志和 1 个标识字段组成，用于源节点对长度超出源节点和目的节点之间路径 MTU 的数据报进行分片处理。

- 身份认证（AH）首部：提供一种对 IPv6 基本首部、扩展首部和净负荷的某些部分进行加密的校验和计算机制。
- 封装安全有效载荷（ESP）首部：指明数据载荷已经加密，并为已获得授权的目的节点提供足够的解密信息。
- 目的节点选项首部：包含只能由最终目的节点所处理的选项。目前，只定义了填充选项，填充为 64bit 边界，以备将来所用。

6 种扩展首部由若干个字段组成，第一个字段为 8bit 的“下一个首部”字段，其余字段长度不同。“下一个首部”字段指出该扩展首部下一个跟随的扩展首部。IPv6 数据报中下一个首部字段部分取值见表 4-10。

表 4-10　IPv6 数据报中下一个首部字段部分取值

下一个首部字段值	描述	下一个首部字段值	描述
0	逐跳选项首部	51	身份认证（AH）首部
43	路由选择首部	52	封装安全有效载荷（ESP）首部
44	分片首部	60	目的节点选项首部

IPv6 基本首部、扩展首部和上层协议之间的关系如图 4-21 所示。

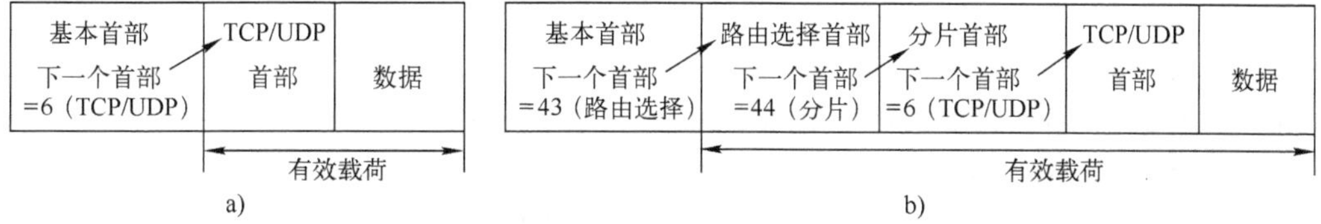

图 4-21　IPv6 基本首部、扩展首部和上层协议之间的关系

a) 无扩展首部　b) 有两个扩展首部

当 IPv6 数据报同时使用多个扩展首部时，各扩展首部需按一定顺序排列，出现顺序：IPv6 基本首部、逐跳选项首部、目的节点选项首部、路由选择首部、分片首部、身份认证（AH）首部、封装安全有效载荷（ESP）首部、目的节点选项首部（本字段可多次出现）、上层协议首部。注意：该顺序并非绝对。例如，当数据报数据部分需要加密时，ESP 首部必须是最后一个扩展首部。逐跳选项首部优先于所有其他扩展首部。

扫码看视频

4.4　ICMP

Internet 控制报文协议（Internet Control Message Protocol，ICMP）是用于监视和检测网络、报告意外事件的 Internet 标准协议，对应的技术文档是 RFC792。由出错节点向源节点发送差错报文或控制报文，源节点接收到这种报文后由 ICMP 软件确定错误类型、如何处理出错数据报等。

扫码看视频

4.4.1　ICMP 概述

1. ICMP 的目的

IP 提供了一种无连接、尽力而为的不可靠的数据报传递服务。其优点是简洁，缺点是缺少差错控制和查询机制。数据报在互联网传输过程中，出现传输错误是不可避免的。例如，数据报因生存期超时而被丢弃，路由器找不到到达最终目的节点的路由，目的主机在预先设定的时间内不能收到所有的数据报分片等。对于 IP 来说，数据报一旦发送出去，是否到达目的主机，以及在传输过程中出现哪些错误等，源主机的 IP 模块无法知晓。因此，必须通过一种差错报告与查询控制机制来了解和报告这种差错。ICMP 就是为了解决以上问题而设计的控制协议。

2. ICMP 的特点

ICMP 的主要特点如下。

1）ICMP 是网络层协议，但 ICMP 报文却并不直接传递给数据链路层，而是作为数据封装在 IP 数据报中传递给数据链路层。ICMP 报文与 IP 数据报、帧的关系如图 4-22 所示。

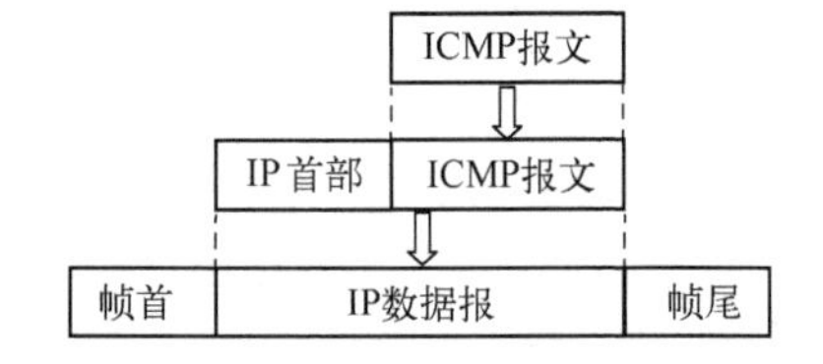

图 4-22　ICMP 报文与 IP 数据报、帧的关系

2）ICMP 差错报告采用路由器-源主机的模式。路由器在发现 IP 数据报传输出现错误时只向源主机报告差错原因，因为 IP 数据报本身只带有源 IP 地址与目的 IP 地址，一旦数据报在传输过程中出现错误，最重要的是让发送该数据报的源主机知道，并采取相应的处理措施。数据报传输过程中路由选择是独立的，发现出错的路由器无法知道 IP 数据报经过的路径，因此它也无法将出错情况报告给相应的路由器。

4.4.2 ICMP 报文

1. ICMP 报文格式

ICMP 报文固定首部 8B，其中前 4B 的格式是统一的。ICMP 报文格式如图 4-23 所示。ICMP 报文中各字段含义如下。

图 4-23　ICMP 报文格式

- 类型：占 1B，表示 ICMP 报文的类型。
- 代码：占 1B，进一步划分 ICMP 报文的子类型。
- 校验和：占 2B，对 ICMP 报文首部和数据进行校验。
- 参数：占 4B，值取决于 ICMP 报文的类型，有的类型不定义该字段。
- ICMP 数据：长度可变，内容和长度取决于 ICMP 报文的类型。

2. ICMP 报文类型

目前在用的 ICMP 报文主要有 14 种，可分为差错控制报文、查询控制报文和实验类报文。常见的 ICMP 报文见表 4-11。

表 4-11　常见的 ICMP 报文

ICMP 报文种类	类型值	ICMP 报文类型
查询控制报文	8/0	回送请求/应答报文
	13/14	时间戳请求/应答报文
差错控制报文	3	目的地不可达
	5	重定向（改变路由）
	11	数据报超时
	12	数据报参数出错

3. ICMP 查询控制报文

ICMP 查询控制报文用于对网络状态和问题进行查询诊断，以达到正常通信的目的，一般是请求/应答报文成对出现。

（1）回送请求/应答报文

一般需要测试网络连通性时，可使用 ICMP 的回送请求/应答报文。报文格式如图 4-24 所示。其中，类型值为 8 表示回送请求，类型值为 0 表示回送应答；标识和序列号无明确定义，可由发送方任意使用。

（2）时间戳请求/应答报文

时间戳请求/应答报文主要用于通信双方进行时钟同步，也可查询通信的往返时间。报文格式如图 4-25 所示。其中，原始时间戳记录发送方生成时间戳请求报文的时间，接收时间戳记录接收者收到请求报文的时间，发送时间戳记录接收方生成时间戳应答报文的时间。时间戳以 ms（毫秒）为单位，可以表示 2^{32} 个数字。

类型（8/0）	代码（0）	校验和
标识		序列号
请求方发送数据，应答方重复		

图 4-24　ICMP 回送请求/应答报文

类型（13/14）	代码（0）	校验和
标识		序列号
原始时间戳		
接收时间戳		
发送时间戳		

图 4-25　ICMP 时间戳请求/应答报文

4．ICMP 差错控制报文

ICMP 产生的差错控制报文用于通知发送方 ICMP 在数据传输过程中遇到的诸如目的网络不可达、数据报超时等问题，以便发送方采取相应的处理措施。

（1）目的地不可达

当路由器有无法转发交付的 IP 数据报时，ICMP 就产生一个目的地不可达报文通知发送方，其格式如图 4-26 所示。其中，类型值为 3；代码值为 0～15，表示目的地不可达的原因，具体见表 4-12。

类型（3）	代码（0~15）	校验和
未用		
收到的 IP 数据报首部和数据区前 8 个字节		

图 4-26　ICMP 目的地不可达报文格式

表 4-12　目的地不可达报文代码字段的取值及含义

代码	含义	代码	含义
0	目的网络不可达（选路失败）	8	源主机被隔离（已废弃不用）
1	目的主机不可达（交付失败）	9	出于管理需要，禁止与目的网络通信
2	目的协议不可达（不能识别数据报中的上层协议）	10	出于管理需要，禁止与目的主机通信
3	目的端口不可达（UDP 或 TCP 报文中的端口无效）	11	网络无法满足所请求的服务类型
4	需要分片但 DF 置位（不允许分片）	12	主机无法满足所请求的服务类型
5	源路由失败	13	出于管理需要，主机上设置过滤器使主机不可达
6	目的网络未知	14	因主机所设置的优先级受到破坏使主机不可达
7	目的主机未知	15	因优先级被删除使主机不可达

（2）重定向

ICMP 重定向报文是指同一网络中的路由器发送给主机的改变路由的报文（主机不允许发送重定向报文），其格式如图 4-27 所示。其中，类型为 5；代码为 0～3，0 表示对指定网络的路由改变，1 表示对特定主机的路由改变，2 表示按一定服务类型对特定网络路由的改变，3 表示按一定服务类型对特定主机的路由改变。

（3）超时

数据报在传输过程中发生了环路路由，或其他原因导致经过的路由器数目过多，使得生存期

（TTL）的值减为 0 时，路由器将丢弃该数据报，并向源主机发送 ICMP 超时报文。若目的主机收到生存期（TTL）的值为 0 的数据报时，不仅向源主机发出超时报文，还要将此前已收到的该报文的其他分片全部丢弃。超时报文格式与图 4-27 所示的重定向报文格式类似，只是类型为 11，代码为 0 或 1，代码为 0 表示是路由器发送，代码为 1 表示是目的主机发送。

（4）参数出错

路由器和目的主机收到的 IP 数据报首部中出现字段值不正确或缺少某字段值时，则丢弃该数据报，并向源主机发送参数出错报文，其格式如图 4-28 所示。其中，类型为 12；代码为 0 表示报文首部出错，指针为出错位置；代码为 1 表示缺少必要选项，此时不用指针。

<table>
<tr><td>类型（5）</td><td>代码（0~3）</td><td>校验和</td></tr>
<tr><td colspan="3">目标路由器的 IP 地址</td></tr>
<tr><td colspan="3">收到的 IP 数据报首部和数据区前 8 个字节</td></tr>
</table>

图 4-27　ICMP 重定向报文

<table>
<tr><td>类型（12）</td><td>代码（0~1）</td><td>校验和</td></tr>
<tr><td>指针</td><td colspan="2">未用或全 0</td></tr>
<tr><td colspan="3">收到的 IP 数据报首部和数据区前 8 个字节</td></tr>
</table>

图 4-28　ICMP 参数出错报文

4.5　IGMP

Internet 组管理协议（Internet Group Management Protocol，IGMP）是 IPv4 中提供组管理的协议，参加多播的主机和路由器利用 IGMP 交换多播成员信息，以支持主机加入或离开多播组。IPv6 中 IGMP 合并到 ICMPv6 中，不再需要单独的组管理协议。

4.5.1　多播的基本概念

1．多播的定义

IP 多播（Multicast）又称为 IP 组播，是指在 IP 网络中将报文以尽力传送的形式发送到网络中的某个确定节点子集，这个子集称为多播组（Multicast Group）。IP 多播的基本思想是：源主机只需发送一份 IP 报文，报文中的目的 IP 地址为 IP 多播地址，加入到该多播组的所有接收者均可接收到该 IP 报文的副本。

例如，某服务器向多个主机发送相同的 IP 数据报，如果采用单播方式，需要单播多次发送相同的数据报，如图 4-29 所示。如果使用多播方式，服务器发送一次数据报，由路由器 R1 复制两个副本向 R2 和 R3 发送，两个局域网启动多播，建立多播组，不需再复制数据报即可将数据报传送给多播组的所有主机，如图 4-30 所示。

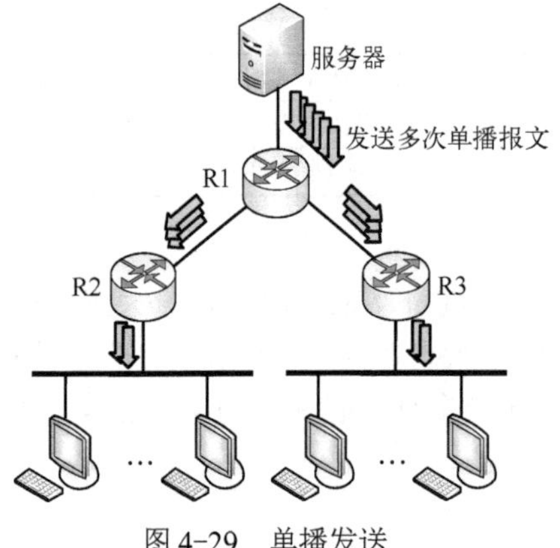

图 4-29　单播发送

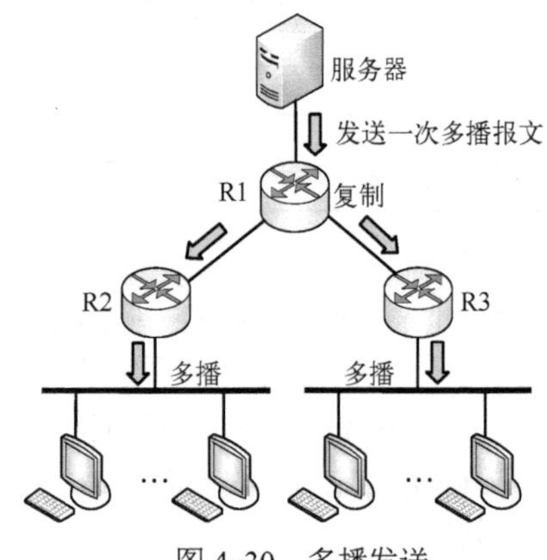

图 4-30　多播发送

IP 多播技术有效地解决了单点发送多点接收的问题，实现了 IP 网络中点到多点的高效数据传送，能够大量节省网络带宽、降低网络负载。

2．组播地址

（1）IP 组播地址分类

IPv4 中 D 类地址是组播地址，其地址范围是 224.0.0.0～239.255.255.255。组播地址通常作为一个组的标识符。按照约定，D 类 IP 地址被划分为以下 3 类。

- 224.0.0.0～224.0.0.255：保留地址，用于路由协议或其他下层拓扑发现协议及维护管理协议等。例如，224.0.0.1 代表本地子网中的所有主机，224.0.0.2 代表本地子网中的所有路由器，224.0.0.5 代表所有 OSPF 路由器，224.0.0.9 代表所有 RIP2 路由器，224.0.0.12 代表 DHCP 服务器和中继代理，224.0.0.13 代表所有支持 PIM 的路由器等。
- 224.0.1.0～238.255.255.255：用于全球范围内的组播地址分配。可以把这个 D 类地址动态地分配给一个组播组，当一个组播会话停止时，其地址被收回，以后还可以分配给新出现的组播组。
- 239.0.0.0～239.255.255.255：在管理权限范围内使用的组播地址。限制了组播的范围，可以在本地子网中作为组播地址使用。

（2）以太网组播地址

通常有两种组播地址：一种是 IP 组播地址，另一种是以太网组播地址。IP 组播地址在 Internet 中标识一个组，将 IP 组播数据报封装到以太网数据帧时要将 IP 组播地址映射到以太网的 MAC 地址上，其映射方式是将 IP 地址的低 23 位复制到 MAC 地址的低 23 位，如图 4-31 所示。

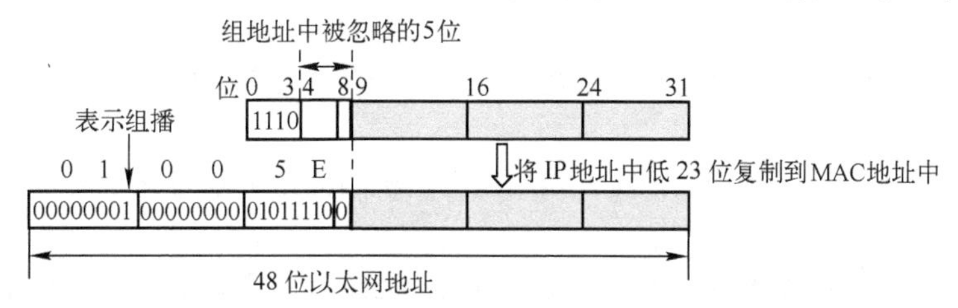

图 4-31　IP 组播地址映射到以太网的 MAC 地址

为了避免使用 ARP 进行地址解析，IANA 保留一个以太网地址块 01-00-5E-00-00-00～01-00-5E-7F-FF-FF 用于映射 IP 组播地址，其中第 1 个字节的最低位是 I/G（Individual/Group），应设置为“1”，表示是以太网组播。

这种地址映射方式，IP 地址中有 5 位被忽略，造成 32 个不同的组播地址对应于同一个 MAC 地址的重叠现象。但在现实中这种情况很少发生，即使不幸出现了地址重叠，其影响是有的节点收到了未预期的组播报文。因此，在设计组播时尽量避免多个 IP 组播地址对应一个 MAC 地址。另外，用户在收到组播以太网数据帧时，可通过软件检查 IP 源地址字段，以确定是否为预期接收的组播源地址。

4.5.2　IGMP 报文

1．IGMP 的作用

IGMP 是负责主机和路由器之间交换组播信息的协议。主机发送 IGMP 组成员关系报告消息，将其所加入的组播地址通告给其所在网络的组播路由器，然后组播路由器负责将该组的数据转发到该网络。

IGMP 目前有 3 个版本。IGMPv1（RFC1112）定义了基本的组成员查询和报告过程，IGMPv2（RFC2236）在 IGMPv1 的基础上添加了组成员快速离开机制，IGMPv3（RFC3376）增加了成员可以指定接收或不接收某些组播源的报文。

2. IGMP 工作原理

下面基于 IGMPv3 介绍 IGMP 的工作原理。IGMP 报文主要进行组成员的查询和报告。IGMP 采用两种消息报文。

1）成员关系查询（Membership Query）：路由器周期性地向自己的所有接口发送一般查询报文，发给接口上的所有主机系统（224.0.0.1），以了解多播组的存在。

2）成员关系报告（Membership Report）：主机用该消息响应路由器的查询，报告自己加入的组，成员关系报告报文的目的地址是本网中的 IGMPv3 路由器（224.0.0.22）。此外，当一台主机新加入一个组时，要主动发送成员关系报告。

为了与前面的版本兼容，IGMPv3 还支持 IGMPv1 和 IGMPv2 的成员报告消息和退出组（Leave Group）消息。成员在退出组时向路由器发送该消息，这时路由器会发送特定组的查询报文，以确认该组是否还存在成员，若收不到该组成员的响应，则表明该接口上已经没有该组成员了。

通过 IGMP 消息的交互，在组播路由器中建立一张“组-接口”对照表，记录路由器的每个接口所接入的网络中存在哪些组（成员）。

实际上，组播路由器关心的是自己所连接的网络上是否有组播组存在、有哪些组播组存在、原来的组播组是否还有成员，并不关心每个组有多少成员、它们都是哪些主机。因此，为了减少 IGMP 报文的流量开销，IGMP 采取以下几项措施。

1）路由器发出的一般性的组成员关系查询报文可发给本网络中的所有主机（224.0.0.1），不必针对每一个组。

2）每一个组的主机都监听响应报文，当本组有主机响应路由器的查询时，其他主机不再发送响应报文。

3）组成员退出时，可以不发送“退出组”报文；当没有主机响应针对特定组的查询时，路由器便认为这个多播组中已经没有成员存在了。

4）当一个网络中有多个组播路由器时，通过选举机制推举一个路由器来执行组成员查询任务。

3. IGMP 报文格式

成员关系查询报文由组播路由器发出，分为 3 种子类型。

1）通用查询：路由器用于了解在它连接的网络上有哪些组的成员。

2）组专用查询：路由器用于了解在它连接的网络上一个具体的组是否有成员存在。

3）组和源专用查询：路由器用于了解它所连接的主机是否愿意加入一个特定的组。

成员关系查询报文和成员关系报告报文的格式分别如图 4-32 和图 4-33 所示。

成员关系查询报文中各字段的含义如下。

- 类型：占 1B，说明报文类型。0x11 代表是成员查询报文（基本不用），0x12 代表是 IGMPv1 的成员报告报文，0x16 代表是 IGMPv2 的成员报告报文，0x17 代表是 IGMPv2 的组离开报告，0x22 代表是 IGMPv3 的成员报告报文。
- 最大响应时间：占 1B，说明对查询报文的响应时间的最大值，单位为 0.1s。
- 校验和：占 2B，IGMP 报文校验和，计算方法与 IP 首部校验和的计算方法相同。

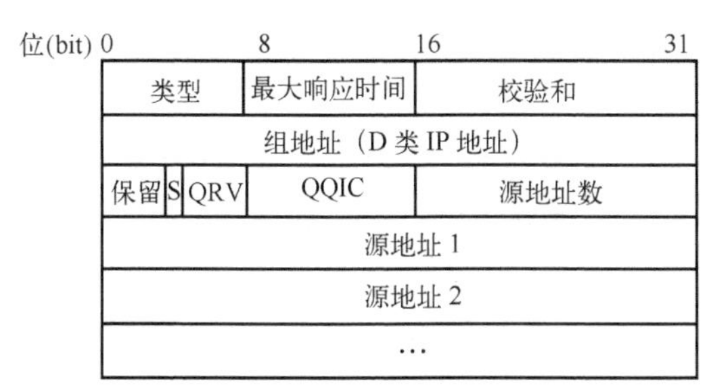

图 4-32　成员关系查询报文格式

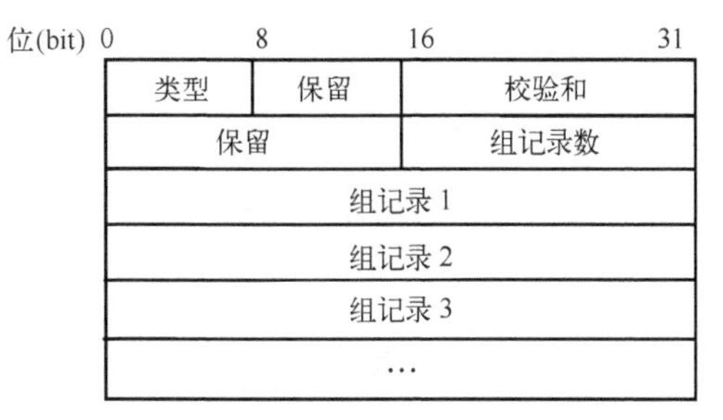

图 4-33　成员关系报告报文格式

- 组地址：占 4B。对于通用查询，该字段的值为 0；对于另外两种查询，该字段是一个组地址。
- S 标志位：占 1bit，置 1 时表示“抑制路由器”（Suppress Router），即禁止接收查询的多播路由器在监听询问期间进行正常的定时器更新。
- QRV（Querier's Robustness Variable）：健壮性变量（RV）表示一个主机应该重发多少次报文，才能保证不被它所连接的任何组播路由器忽略。如果该字段非 0，则包含了询问报文发送者使用的 RV 值。路由器通常把最近接收到的询问报文中的 RV 值作为自己的 RV 值，除非最近接收到的 RV 值为 0，在后一种情况下接收者使用默认的 RV 值或者静态配置的 RV 值。
- QQIC（Querier's Querier Interval Code）：询问间隔（QI）表示发送组播询问的定时间隔。非当前询问报文发送者的多播路由器一般采用最近接收到的询问报文中的 QI 值作为自己的 QI 值，除非最近接收到的 QI 值是 0。在后一种情况下，接收者使用默认的 QI 值。
- 源地址数：说明有多少个源地址出现在该报文中。仅用于源和组专用查询，在其他询问报文中该字段的值为 0。
- 源地址：如果源地址数字段的值为 *N*，则有 *N* 个 32 位的 IP 单播地址，这些组播源指向同一个多播组。

成员关系报告报文中各字段的含义如下。

- 类型：占 1B，同查询报文。
- 校验和：占 2B，同查询报文。
- 组记录数：占 2B，说明该报告报文中的组记录查询数。
- 组记录：长度不定，说明属于一个组的成员信息。

扫码看视频

4.6　虚拟专用网和网络地址转换

虚拟专用网和网络地址转换是计算机网络中两种非常重要的技术。虚拟专用网是在公共网络上建立专用网络，进行加密通信。网络地址转换很好地解决了 IP 地址不足的问题。

4.6.1　虚拟专用网

1．虚拟专用网的定义及作用

虚拟专用网（Virtual Private Network，VPN）是指在公共网络上建立的专用的、安全的、临时的连接。虚拟是指这条连接并不是一条独立的物理链路或专线，而是共享公用链路的一条逻辑上的连接，它实际上是在公共网络中建立的一条安全隧道。被称为“专用网络”是因为这种网络的建立是为属于同一个公司的主机在公司内部通信，而不是用于和网络外非本公司的主机进行通信。如果 VPN 中不同网点之间的通信必须经过公用的 Internet 传输，又有保密的要求时，则所有通过 Internet 传送的数据都需加密传输。

VPN 只是在效果上和真正的专用网一样。一个公司要构建自己的 VPN 就必须为它的每一个场所购买专门的硬件和软件，并进行相应配置，使每一个场所的 VPN 系统都知道其他场所的地址。

📖 专用网络为了自身的安全，原则上应当与其他网络隔离。但现在有些专用网有时还需要和其他网络交换信息，因此也可以允许一些主机能够通过某些方式与其他网络相互通信。

VPN 的主要作用有以下两个。

- 为分布在不同地域的公司的多个分支机构提供安全接入公司网络的方式。公共网络存在着信息窃取、泄露、篡改等多种风险，因此公司各分支机构之间的通信需要建立安全传输通道，以保障数据传输的私密性和完整性。
- 为驻外或外出员工访问公司网络提供安全接入，方便公司网络之外的用户办公。

2. VPN 解决方案

VPN 的解决方案有 3 种，分别是内联网 VPN、外联网 VPN 和远程接入 VPN。

1）内联网 VPN（Intranet VPN）是指公司内部虚拟专用网，用于实现公司内部各个 LAN 之间的安全互连。

2）外联网 VPN（Extranet VPN）是指公司外部虚拟专用网，用于实现公司与客户、供应商及其他相关团体之间的互连互通。

3）远程接入 VPN（Access VPN）是指通过一个拥有与专用网络相同策略的共享基础设施提供对公司内部网或外部网的远程访问。用户可随时随地以其所需的方式访问公司内部的网络资源。该方式最适用于公司内部经常有流动人员远程办公的情况。出差员工利用当地 ISP 提供的 VPN 服务就可以和公司的 VPN 网关建立私有的隧道连接。

3. VPN 关键技术

用来实现 VPN 的关键技术主要有以下几种。

1）隧道（Tunneling）技术。隧道技术是一种通过使用 Internet 基础设施在网络之间安全传递数据的一种方式。

2）加/解密（Encryption & Decryption）技术。VPN 可以利用已有的加/解密技术实现保密通信，以保证公司业务和个人通信的安全。

3）密钥管理（Key Management）技术。建立隧道和保密通信都需要密钥管理技术的支撑，密钥管理负责密钥的生成、分发、控制和跟踪，以及验证密钥的真实性等。

4）身份认证（Authentication）技术。加入 VPN 的用户都要通过身份认证，通常使用用户名和密码，或者智能卡来实现用户的身份认证。

4. 使用隧道技术建立虚拟专用网

隧道技术是一种为了将两个不同的网络相互连接起来传输数据而采用的一种特殊的数据封装传输技术，是一种通过使用互联网的基础设施在网络之间传输数据的方式。使用隧道技术传输的数据（或负载）可以是不同协议的数据帧或包。隧道协议可以将其他协议的数据帧或分组重新封装后通过隧道发送，新的帧首部提供路由信息，以便通过互联网传输被封装的数据（或负载）。在网络中进行传输，到目的局域网与公网接口处将数据进行解封，取出封装的数据（或负载）。

隧道技术包括数据封装、传输和解封装过程。利用隧道技术可以将数据流强制送到特定的地址、隐藏私有的网络地址、在 IP 网上传输非 IP 数据包、提供数据安全支持等。

隧道的源主机和目的主机双方必须使用相同的隧道协议。隧道技术分别以第二层或第三层隧道协议为基础。第二层隧道协议在数据链路层中，有点对点隧道协议（Point to Point Tunneling Protocol，PPTP）、第二层隧道协议（Layer Two Tunneling Protocol，L2TP）和第二层转发协议（Layer Two Forwarding Protocol，L2FP），是将用户数据报封装在点对点协议（PPP）帧中通过互联网发送的。第三层隧道协议在网络层中，使用数据包作为交换单位。IP-IP（IP over IP）及 IPSec 隧道模式属于第三层隧道协议。它们将 IP 包封装在附加的 IP 包首部中，通过 IP 网络进行传输。无论哪种隧道协议都是由传输的载体、不同的封装格式及用户数据包组成的。

使用 IP 隧道技术建立虚拟专用网（以内联网为例）如图 4-34 所示。

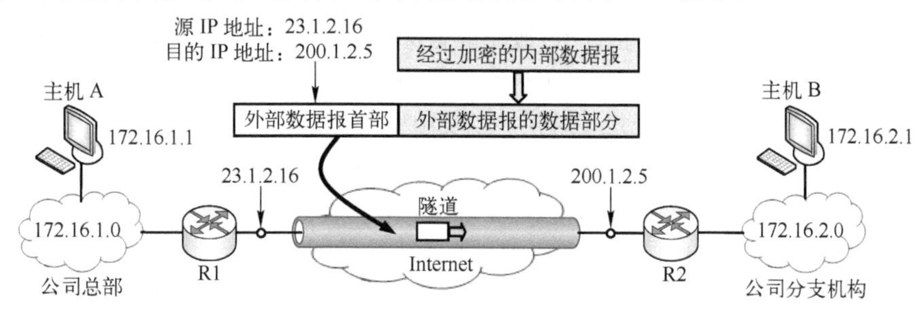

图 4-34 使用 IP 隧道技术建立虚拟专用网

假设公司总部的主机 A 要与分支机构的主机 B 进行通信，主机 A 向主机 B 发送数据报的源地址是 172.16.1.1，目的地址是 172.16.2.1，隧道传输过程如下。

- 发送内部数据报。将数据报作为公司总部内部数据报（源地址为 172.16.1.1，目的地址为 172.16.2.1）从主机 A 发送到路由器 R1。
- 加密、封装成外部数据报。路由器 R1 收到内部数据报后，根据目的 IP 地址判断该数据报必须通过 Internet 传输到目的主机，此时将整个内部数据报进行加密，再添加新的数据报首部，封装成在 Internet 上发送的外部数据报，其源 IP 地址是路由器 R1 的公有地址 23.1.2.16，目的 IP 地址是路由器 R2 的公有地址 200.1.2.5。
- 解密、恢复为内部数据报。路由器 R2 收到数据报后去掉首部，取出数据部分（加密后的内部数据报）进行解密，恢复为原始的内部数据报。
- 交付数据报。解密后的内部数据报的目的地址为 172.16.2.1，交付给主机 B。

主机 A 与主机 B 之间的数据交换虽然经过 Internet，但通过隧道技术加密、封装后其效果就像在公司专用网上传输一样。数据报从 R1 传送到 R2 中间可能需要经过多个网络和路由器，但从逻辑上看，在 R1 和 R2 之间就好像是一条直通的点对点链路。

扫码看视频

4.6.2 网络地址转换

1. 网络地址转换的定义

网络地址转换（Network Address Translation，NAT）技术允许机构内部使用私有地址的用户通过 NAT 路由器将私有地址转换为公有地址来访问 Internet，以降低对公网 IP 地址的需求。

2. 网络地址转换的作用

采用 NAT 一是为了解决公有 IP 地址缺乏的问题，每台主机只需要分配一个私有 IP 地址就可满足内部互连的需要，只有要访问 Internet 时才和公有 IP 地址绑定，这样可以不必申请很多公有 IP 地址。另外，也有用户出于安全考虑，通过 NAT 掩盖内部主机的真实 IP 地址，这样能够有效地避免来自网络外部的攻击，隐藏并保护网络内部的计算机。

3．网络地址转换方法

网络地址转换的方法有 3 种，即静态 NAT（Static NAT）、动态 NAT（Dynamic NAT）和网络地址端口转换（Network Address Port Translation，NAPT）。

（1）静态 NAT

静态 NAT 是指将内部网络的私有 IP 地址转换为公有 IP 地址时，IP 地址转换是一对一的，且一成不变，某个私有地址只转换为某一公有地址。

（2）动态 NAT

动态 NAT 是指将内部网络的私有 IP 地址转换为公有 IP 地址时，IP 地址是不确定的、随机的，所有被授权访问 Internet 的私有 IP 地址可随机转换为任何指定的合法的公有 IP 地址。也就是说，只要指定哪些内部地址可以进行转换，以及用哪些公有地址作为外部地址时，就可以进行动态转换。动态转换可以使用多个公有外部地址集。当 ISP 提供的公有 IP 地址略少于网络内部的计算机数量时，可以采用动态转换的方式。

（3）网络地址端口转换

网络地址端口转换是指改变发往公网的 IP 数据报的源端口而进行的端口转换。端口地址转换（Port Address Translation，PAT）采用端口多路复用方式。内部网络的所有主机均可共享一个合法外部 IP 地址实现对 Internet 的访问，从而可以最大限度地节约 IP 地址资源。同时，又可隐藏网络内部的所有主机，有效避免来自 Internet 的攻击。因此，目前端口多路复用是在网络中应用最多的。网络地址端口转换原理示意如图 4-35 所示。

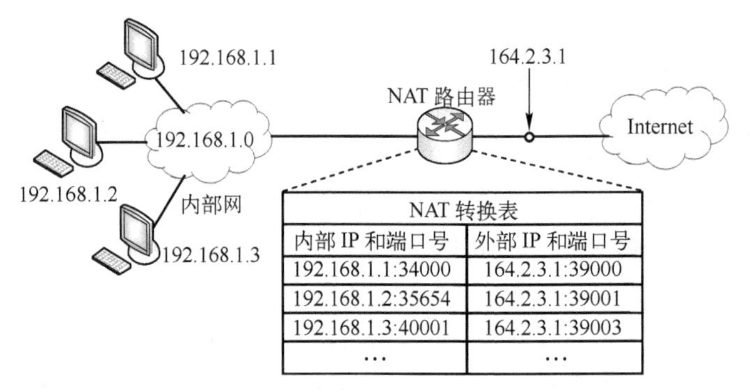

NAT 转换表

内部 IP 和端口号	外部 IP 和端口号
192.168.1.1:34000	164.2.3.1:39000
192.168.1.2:35654	164.2.3.1:39001
192.168.1.3:40001	164.2.3.1:39003
…	…

图 4-35　网络地址端口转换原理示意

NAPT 将内外网不同的 IP 地址转换为同一个公有地址，但对源主机所采用的 TCP 端口号（可相同）转换为不同的新端口号。因此，当 NAPT 路由器收到从 Internet 发来的应答时，就可以从 IP 数据报的数据部分找出传输层的端口号，然后根据不同的目的端口号，从 NAPT 转换表中找到正确的目的主机。

扫码看视频

4.7　延伸阅读——电力能源互联网

能源互联网一般是指综合运用先进的电力电子技术、信息技术和智能管理技术，将大量由分布式能量采集装置、分布式能量存储装置和各种类型负载构成的新型电力网络、石油网络、天然气网络等能源节点互连起来，以实现能量双向流动的能量对等交换与共享网络。我国的能源互联网发展紧密围绕着电力系统，通过融入以大数据、云计算、物联网、移动互联网等为代表的互联网技术，跨领域实现与可再生能源系统、其他能源系统的数据融合与系统协调运行，形成了高效、智能且双向互动的能源服务网络，推动着社会与经济的可持续发展。

电力能源互联网以电力物联网为基础技术架构。电力物联网包括感知层、网络层、平台层和应用层 4 层结构。

1）感知层：是电力物联网的底层基础，完成各类数据的采集。由微型化、智能化的传感器对电力设备的运行状态、气象环境、用户信息等数据进行采集，并由边缘计算模块等配合进行数据的本地化处理。

2）网络层：负责数据传输。将感知层采集并完成本地化处理的数据通过网络传输路径传输至平台层和应用层。

3）平台层：是管理层，负责电力物联网业务数据流的统一接入管理，并对业务信息进行高效处理。

4）应用层：向下反馈调节信息并对外输出价值信息，实现规划建设、生产运行、经营管理、客户服务等对内、对外业务的支撑。

能源互联网中的网络层实现数据的快速、安全传输是最基本的前提条件。物联网作为 Internet 的延伸与扩展网络，可将 IP 引入到物联网中，依托 IP 所具备的开放性、轻量级、稳定性、可扩展性等特点，提升物联网中数据传输的稳定性和可靠性。

5G 数据传输技术具有突出的传输性能优势，适用于电网中典型的配电自动化、负载控制业务和分布式发电机和电能数据采集业务。2018 年国家发布的《5G 助力智能电力应用白皮书》及 2020 年发布的《5G 行业虚拟专网网络架构》中阐述了 5G 能够更好地在安全可靠数据传输、可管可控等方面助力电力物联网的典型业务应用，电力能源管理由粗放型转向精细化。未来，我国将在政策方面全面支持建设 5G 业务，并将其合理地运用到电力行业中，推动电力物联网在我国的进一步发展。

4.8　思考与练习

1. 选择题

1）网络层的主要功能是（　　）。

A．在信道上传输原始的比特流

B．确保到达对方的各段信息正确无误

C．确定数据报从源节点到目的节点如何选择路由

D．加强物理层数据传输原始比特流的功能并进行流量控制

2）关于 IP 提供的服务，下列说法正确的是（　　）。

A．IP 提供不可靠的数据投递服务，因此数据报投递不能受到保障

B．IP 提供不可靠的数据投递服务，因此它可以随意丢弃报文

C．IP 提供可靠的数据投递服务，因此数据报投递可以受到保障

D．IP 提供可靠的数据投递服务，因此它不能随意丢弃报文

3）IP 是一个（　　）的协议。

A．面向连接　　B．面向字节流　　C．无连接　　D．面向比特流

4）给定一个用二进制数表示的 IP 地址 11010111 00111100 00011111 11000000，如果采用“点分十进制”表示，应该是（　　）。

A．221.60.31.120　　B．215.64.31.120

C. 215.60.31.192　　D. 211.64.31.192

5）下列（　　）地址可以作为 C 类主机的 IP 地址。

A. 127.0.0.1　　B. 192.12.25.255

C. 202.96.98.0　　D. 192.3.4.2

6）某子网中一主机的 IP 地址为 120.14.22.16，子网掩码为 255.255.128.0，则子网地址为（　　）。

A. 120.0.0.0　　B. 120.14.0.0　　C. 120.14.22.0　　D. 120.14.22.16

7）某单位规划网络需要 1000 个 IP 地址，若采用 CIDR 机制，起始地址为 194.24.0.0，则网络掩码为（　　）。

A. 255.252.0.0　　B. 255.255.192.0

C. 255.255.252.0　　D. 255.255.255.192

8）对于 172.128.12.0、172.128.17.0、172.128.18.0、172.128.19.0 四个网段，最好使用下列（　　）网段实现路由汇总。

A. 172.128.0.0/21　　B. 172.128.17.0/21

C. 172.128.0.0/19　　D. 172.128.20.0/20

9）在网络 192.168.10.0/24 中划分 16 个大小相同的子网，每个子网最多可有（　　）可用的主机地址。

A. 1　　B. 14　　C. 254　　D. 256

10）如果 IP 数据报的源 IP 地址是 201.1.16.2，目的 IP 地址是 0.0.0.55，则这个目的地址属于（　　）。

A. 受限广播地址　　B. “这个网络的这个主机”地址

C. 直接广播地址　　D. “这个网络上的特定主机”地址

11）下面关于 ICMP 描述正确的是（　　）。

A. ICMP 根据 MAC 地址查找对应的 IP 地址

B. ICMP 把公有地址转换为私有地址

C. ICMP 根据网络通信的情况把控制报文发送给源主机

D. ICMP 集中管理网络中的 IP 地址分配

12）网络层含有 4 个重要的协议，分别是（　　）。

A. IP、ICMP、ARP、UDP　　B. TCP、ICMP、ARP、UDP

C. IP、ICMP、ARP、RARP　　D. IP、ICMP、RARP、UDP

13）关于 IP 地址和硬件地址，下列叙述错误的是（　　）。

A. IP 地址放在 IP 数据报的首部，而硬件地址则放在 MAC 帧首部

B. 在整个通信过程中，IP 数据报在不同的网络上传送时，其源 IP 地址和目的 IP 地址都不发生变化

C. MAC 帧在不同网络上传送时，MAC 帧首部的源地址和目的地址都不发生变化

D. 路由器的每一个接口都应有一个不同网络号的 IP 地址

14）下列 IP 地址中，只能作为 IP 分组的源 IP 地址但不能作为目的 IP 地址的是（　　）。

A. 0.0.0.0　　B. 127.0.0.1　　C. 200.10.10.3　　D. 255.255.255.255

15）当一台主机从一个网络移动到另一个网络时，以下说法正确的是（　　）。

A. 必须改变它的 IP 地址和 MAC 地址

B. 必须改变它的 IP 地址，无须改变 MAC 地址

C．必须改变它的 MAC 地址，无须改变 IP 地址

D．MAC 地址与 IP 地址都不需要改动

16）某主机的 IP 地址为 180.80.77.55，子网掩码为 255.255.252.0。若该主机向其所在子网发送广播分组，则目的地址可以是（　　）。

A．180.80.76.0　　B．180.80.76.255

C．180.80.77.255　　D．180.80.79.255

17）根据 NAT 协议，下列 IP 地址中（　　）不允许出现在 Internet 上。

A．192.172.56.23　　B．172.15.34.128

C．192.168.32.17　　D．172.128.45.34

18）若将 101.200.16.0/20 划分为 5 个子网，则可能的最小子网的可分配 IP 地址数是（　　）。

A．126　　B．254　　C．510　　D．1022

19）在 TCP/IP 体系结构中，直接为 ICMP 提供服务的协议是（　　）。

A．PPP　　B．IP　　C．UDP　　D．TCP

2．问答题

1）网络层向上层提供的服务有哪些？

2）试说明 IP、ARP、RARP 和 ICMP 的作用。

3）试说明 IP 地址与硬件地址的区别。为什么要使用这两种不同的地址？

4）直接广播地址和受限广播地址的区别是什么？

5）NAT 的主要功能是什么？

6）无分类地址与有分类地址相比有什么优点？

7）IGMP 是如何工作的？

8）什么是 VPN？VPN 的关键技术有哪些？

3．综合应用题

1）某公司获得的网络 IP 地址为 147.0.0.0，该公司至少需要由 900 个物理网络组成。作为网络设计者，试对公司的网络进行子网划分。

问题 1：子网号的位长至少应该设计为多少位？

问题 2：所设计的子网掩码是什么？采用该子网掩码，理论上支持多少个子网？

问题 3：对于 IP 地址 147.14.220.16，如果子网掩码是 255.255.128.0，其子网地址是什么？主机号是什么？

2）某单位有一个 C 类网络 200.1.1.0，现准备为 4 个部门划分子网。4 个部门的主机数分别为 A 部门 71 台、B 部门 34 台、C 部门 21 台、D 部门 17 台，即共有 143 台主机。

问题 1：给出一种可能的子网掩码来完成子网划分任务。

问题 2：如果部门 D 的主机数目增长到 34 台，则该单位又该如何划分子网？

3）一个 IP 数据报首部为 20B，数据长度为 3000B，在 MTU=820 的网络中传输。试问应当划分为几个短些的数据报片？各数据报片的数据字段长度、片偏移字段和 MF 标志应为何数值？

4）在 4 个“/24”地址块（212.56.132.0/24、212.56.133.0/24、212.56.134.0/24、212.56.135.0/24）中进行最大可能的聚合。

5）某网络配置如图 4-36 所示，假设 H1 与 H2 的默认网关和子网掩码均分别配置为 192.168.3.1 和 255.255.255.128，H3 和 H4 的默认网关和子网掩码均分别配置为 192.168.3.254 和

255.255.255.128。

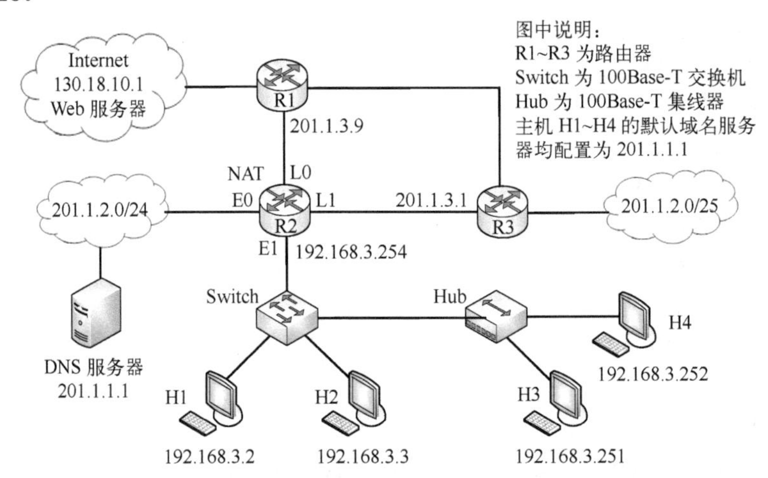

图 4-36　网络配置图

问题 1：下列现象中可能发生的是哪个？

A．H1 不能与 H2 进行正常的 IP 通信　　B．H2 与 H4 均不能访问 Internet

C．H1 不能与 H3 进行正常的 IP 通信　　D．H3 不能与 H4 进行正常的 IP 通信

问题 2：假设连接 R1、R2 和 R3 之间的点对点链路使用地址 201.1.3.x/30，当 H3 访问 Web 服务器时，R2 转发出去的封装 HTTP 请求报文的 IP 分组中源 IP 地址和目的 IP 地址分别是什么？

6）某路由器的路由表见表 4-13。现收到 5 个分组，其目的地址分别为 143.65.39.11、143.65.40.16、143.65.39.151、192.4.153.18、192.4.153.92。试计算出下一跳地址，并给出计算过程。

7）某路由器的路由表见表 4-14。若路由器收到一个目的地址为 169.96.40.5 的 IP 分组，则转发该 IP 分组的接口是哪个？

表 4-13　路由表

目的网络	子网掩码	下一跳
143.65.39.0	255.255.255.128	202.113.28.9
143.65.39.128	255.255.255.128	103.16.23.8
143.65.40.0	255.255.255.128	204.25.62.79
192.4.153.0	255.255.255.192	205.35.8.26
*（默认）	—	212.2.3.34

表 4-14　路由表

目的网络	下一跳	接口
169.96.40.0/23	176.1.1.1	S1
169.96.40.0/25	176.2.2.2	S2
169.96.40.0/27	176.3.3.3	S3
0.0.0.0/0	176.4.4.4	S4

第5章 网络互连

本章导读（思维导图）

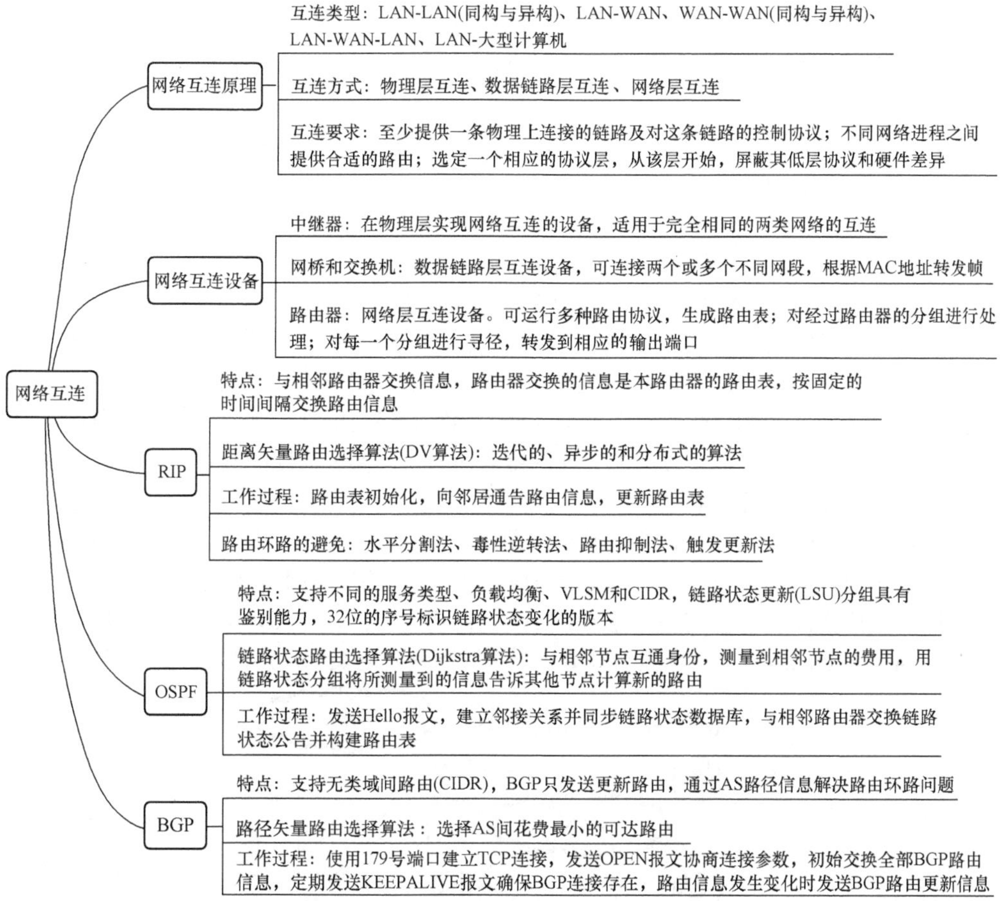

网络互连
- 网络互连原理
  - 互连类型：LAN-LAN(同构与异构)、LAN-WAN、WAN-WAN(同构与异构)、LAN-WAN-LAN、LAN-大型计算机
  - 互连方式：物理层互连、数据链路层互连、网络层互连
  - 互连要求：至少提供一条物理上连接的链路及对这条链路的控制协议；不同网络进程之间提供合适的路由；选定一个相应的协议层，从该层开始，屏蔽其低层协议和硬件差异
- 网络互连设备
  - 中继器：在物理层实现网络互连的设备，适用于完全相同的两类网络的互连
  - 网桥和交换机：数据链路层互连设备，可连接两个或多个不同网段，根据MAC地址转发帧
  - 路由器：网络层互连设备。可运行多种路由协议，生成路由表；对经过路由器的分组进行处理；对每一个分组进行寻径，转发到相应的输出端口
- RIP
  - 特点：与相邻路由器交换信息，路由器交换的信息是本路由器的路由表，按固定的时间间隔交换路由信息
  - 距离矢量路由选择算法(DV算法)：迭代的、异步的和分布式的算法
  - 工作过程：路由表初始化，向邻居通告路由信息，更新路由表
  - 路由环路的避免：水平分割法、毒性逆转法、路由抑制法、触发更新法
- OSPF
  - 特点：支持不同的服务类型、负载均衡、VLSM和CIDR，链路状态更新(LSU)分组具有鉴别能力，32位的序号标识链路状态变化的版本
  - 链路状态路由选择算法(Dijkstra算法)：与相邻节点互通身份，测量到相邻节点的费用，用链路状态分组将所测量到的信息告诉其他节点计算新的路由
  - 工作过程：发送Hello报文，建立邻接关系并同步链路状态数据库，与相邻路由器交换链路状态公告并构建路由表
- BGP
  - 特点：支持无类域间路由(CIDR)，BGP只发送更新路由，通过AS路径信息解决路由环路问题
  - 路径矢量路由选择算法：选择AS间花费最小的可达路由
  - 工作过程：使用179号端口建立TCP连接，发送OPEN报文协商连接参数，初始交换全部BGP路由信息，定期发送KEEPALIVE报文确保BGP连接存在，路由信息发生变化时发送BGP路由更新信息

网络互连的目的是使一个网络上的用户能够访问其他网络上的资源，不同网络上的用户能互相通信和交换数据。网络互连可以解决异构网络间的通信问题，提供全局服务的通信系统方案。本章主要介绍网络互连原理、互连设备，以及网络互连中使用的路由算法和路由协议。

5.1 网络互连概述

网络互连是指将不同的网络连接起来，以构成更大规模的网络系统，实现网络间的数据通信、资源共享和协同工作。网络互连设备主要有中继器（Repeater）、集线器（Hub）、网桥（Bridge）、交换机（Switch）、路由器（Router）等，它们对应着计算机网络体系中的不同层次。不同层次的网络互连设备实现网络互连的方式也不相同。

1．网络互连的定义与类型

网络互连是通过采用互连协议和互连设备，实现多个网络之间的连接，使得处在不同网络中的主机可以互相访问、共享资源和传输数据。互连的网络可能是同一种类型的，也可能是不同类型的。因此，实际网络系统的互连必然涉及异构问题。异构是指网络类型和通信协议、计算机硬件和操作系统具有差异。这种差异主要表现在以下几个方面。

- 网络的类型不同，如广域网、城域网和局域网。
- 所使用的数据链路层的协议不同，如 Ethernet、Token Ring 及 X.25 等。
- 计算机系统的类型不同，如微型机、小型机、大型机。
- 使用的操作系统不同，如 Windows、OS/2、UNIX 及 Linux 等。

通常，网络都是为了满足某种需求而设计的，每种网络都采用了一些特殊技术。在网络设计中，不存在对所有的网络需求都是最好的网络技术。各种不同的网络技术与网络协议将长期共存，原因有以下 3 个方面。

- 各种网络都有广泛的用户，并且还在不断发展，并非所有网络厂家都同意放弃自己的技术而采用别家的技术。
- 由于管理、网络价格下降等原因，网络将更加多样化，即使在一个机构内也是如此。
- 由于不同的网络采用不同的技术，当有新的硬件技术出现后，很快就会有新的软件及协议与之配套，这种技术的进步会带来新的网络的多样性。

网络互连需要硬件和软件支撑，硬件体现为各种互连设备，软件体现为互连协议。Internet 中主要通过 IP 实现网络互连，可用 IP 地址中的网络号和主机号区分不同的网络与主机。此外，互连网络一般没有大小限制，也没有对参与互连的网络有任何限制。互连网络协议为众多的网络和网络中的计算机提供单一的、无缝的互连网络通信系统，实现通用的网络服务，而用户无须了解、也没有必要知道网络互连的细节。

互连网络可以说是一个虚拟网络。从用户角度看，互连网络是一个庞大的单一网络，但事实上用户面对的只是所处的物理网络，与其他网络的通信是依靠通用服务实现的。

网络互连的类型有多种，可分为 LAN-LAN（同构与异构）、LAN-WAN、WAN-WAN（同构与异构）、LAN-WAN-LAN、LAN-大型计算机。多种网络互连类型示意图如图 5-1 所示。

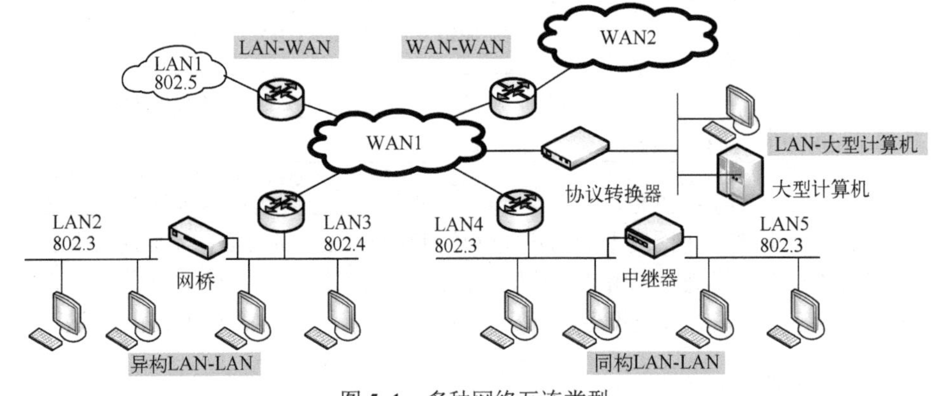

图 5-1　多种网络互连类型

📖 同构网络互连是指符合相同协议局域网的互连，异构网络互连是指两种不同协议局域网的互连。

2. 网络互连的方式与要求

网络互连的方式通常有 3 种，它们分别与物理层、数据链路层和网络层一一对应。

（1）物理层互连

物理层互连主要是采用中继器或集线器来扩展局域网长度。物理层互连的两个局域网通常是同构的。因此，中继器提供物理层的连接，并且只能连接一种特定体系的局域网。基于中继器的网络互连示意图如图 5-2 所示，互连的两个局域网体系结构要求一致。

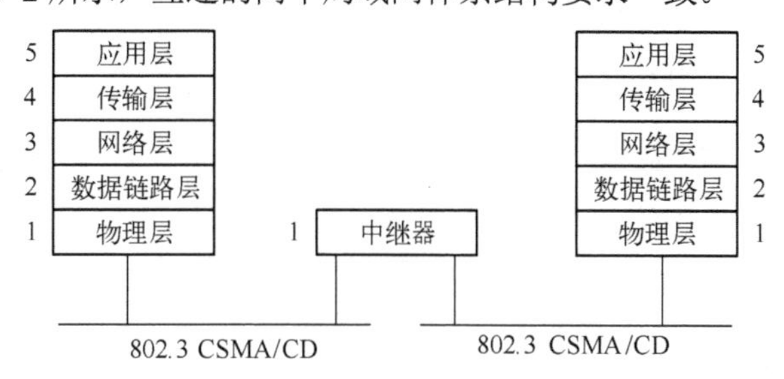

图 5-2 基于中继器的网络互连

（2）数据链路层互连

数据链路层互连通常采用网桥或二层交换机等互连设备完成。这些设备可以支持不同的物理层，并且能够互连不同物理体系结构的局域网。基于桥式交换机的网络互连示意图如图 5-3 所示，两端的物理层可以不同，并且连接不同的局域网体系。

📖 注意：基于 MAC 的网桥只能连接两个同样体系结构的局域网。

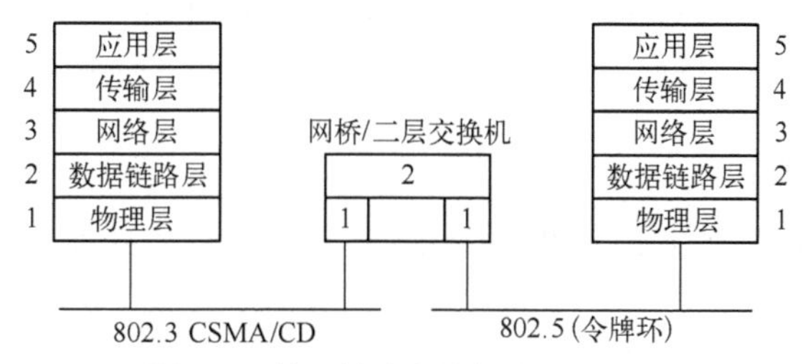

图 5-3 基于桥式交换机的网络互连

由于网桥和二层交换机独立于网络协议，且都与网络层无关，所以它们可以互连具有不同网络协议（如 TCP/IP、IPX 协议）的网络。网桥和二层交换机不需要关心网络层的信息，它通过使用硬件地址而非网络地址在网络之间转发数据帧以实现网络的互连。此时，由网桥或二层交换机连接的两个网络组成一个互连网，可将这种互连网视为单个的逻辑网络。

（3）网络层互连

对于网络层的网络互连，所需要的互连设备应能够支持不同的网络协议（比如 IP、IPX 和 Apple Talk），并可以完成协议的转换。网络层互连的设备主要是路由器，路由器可以用于连接异构网络。使用路由器连接的互连网络可以具有不同的物理层和数据链路层。基于路由器和三层交换机的网络互连示意图如图 5-4 所示，路由器工作在网络层，连接使用不同网络协议的网络。

网络互连有多种方式，但进行网络互连时都需要满足以下要求。

- 网络之间至少提供一条物理上连接的链路及对这条链路的控制协议。
- 不同网络进程之间提供合适的路由，以便交换数据。
- 选定一个相应的协议层，从该层开始，互相连接的网络设备中的高层协议都是相同的，其低层协议和硬件差异可通过该层屏蔽，以实现不同网络中的用户可以互相通信。

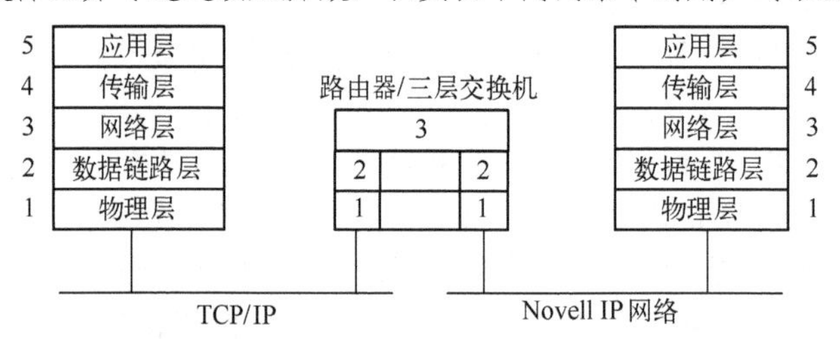

图 5-4　基于路由器和三层交换机的网络互连

在提供上述服务时，要求在不修改原有网络体系结构的基础上，能适应各种差异，这些差异是多方面的。可能存在的网络差异见表 5-1。

表 5-1　可能存在的网络差异

差异	网络之间可能存在的差异内容	差异	网络之间可能存在的差异内容
提供的服务	面向连接和无连接	安全性	加密机制、采用的规则
网络协议	IP、IPX、CLNP、APPLETALK、DECnet	拥塞控制	漏桶方法、抑制分组数目或其他
寻址方式	平面结构（LAN 地址）、层次结构（IP 地址）	流量控制	滑动窗口、速率控制或不支持
分组大小	最大数据单元（MTU）	网络参数	不同的超时值设置，数据流标记说明
出错处理	校验和、CRC、奇偶校验和	信息编码方式	ASCII 码或 EBCDIC 码
服务质量	带宽、延时、抖动、优先级、集中服务、区分服务等是否提供	计费方式	连接时间、分组数、字节数或不支持
多点传播	是否支持	路由协议	RIP、OSPF、IS-IS
数据顺序	有序或无序的提交		

5.2　网络互连设备

网络互连设备的作用是连接不同的网络。根据工作的协议层不同，网络互连设备可以分为以下几类。

- 中继器和集线器：工作于物理层。
- 网桥和交换机（Switch）：工作于数据链路层。
- 路由器：工作于网络层。

这种根据工作协议层不同的分类通常只是概念上的划分，现实中的网络互连设备可以是同时工作在多个协议层上的，因此可以提供更复杂的网络互连功能。

5.2.1　中继器与集线器

1. 中继器

中继器是在物理层实现网络互连的设备，适用于完全相同的两类网络的互连，它对高层协议是透明的。

（1）中继器的基本功能

中继器的作用是放大信号，补偿信号衰减，扩展信号的传输距离，支持远距离的通信。由于线路传输存在损耗，传输的信号功率会逐渐衰减，衰减到一定程度时信号会失真，从而导致接收错误。中继器可以很好地解决这一问题，它完成物理线路的连接，对衰减的信号进行放大，保持与原数据相同。理论上，可以用中继器把网络延长到任意长。然而很多网络都限制了在一对节点之中加入中继器的数目，例如，在以太网中限制最多使用 4 个中继器，即最多由 5 个网段组成，主要原因如下。

- 信号在传输过程中，放大信号的同时也放大了干扰的噪声。
- 存在着传输时间限制，过长的传输时间容易造成数据超时重传。

另外，中继器可以将具有不同传输介质的网络互连在一起，这种中继器多用于数据链路层以上各层相同的局域网互连中。通过中继器连接起来的网络相当于同一条电缆组成的更大的网络，它们仍然属于同一个冲突域。

冲突域是指 CSMA/CD 算法中每个节点所监听的网络范围。如果一个基于 CSMA/CD 原理下的以太网，所连接的若干个节点在同时通信时发生冲突，那么这个基于 CSMA/CD 的以太网的连接范围就构成一个冲突域。广播域是指网络上的一个节点发出广播信号后能够接收到该广播信号的范围。

（2）中继器的工作原理

中继器主要用于连接两个相同传输介质局域网的电缆，重新定时并再生电缆上的数字信号，然后再发送出去。有些品牌的中继器可以连接不同传输介质的电缆段，如细同轴电缆和光缆。中继器只将一段电缆段上的数据发送到另一段电缆上，并不管数据中是否有错误数据或不适合于网段的数据。

2. 集线器

集线器就是一种物理层共享设备，它本身不能识别 MAC 地址和 IP 地址。集线器实际上就是一个多端口的中继器，它的工作原理与中继器基本相同。集线器把从一个端口接收到的数据广播发送到其他所有端口上，其他各主机自行验证数据帧首部的 MAC 地址以确定是否接收。在这种工作方式下，同一时刻网络上只能传输一组数据帧，如果发生冲突（碰撞）则需重传。这种方式就是共享网络带宽。

5.2.2 网桥与交换机

1. 网桥

网桥也称桥接器，是工作在数据链路层的一种网络互连设备，用来连接两个不同的网段，根据 MAC 地址来转发帧。

（1）网桥的基本功能

网桥主要有以下几个基本功能。

- 扩大物理范围，将独立的局域网进行互连。
- 提高可靠性，网络出现故障，只影响个别网段。
- 过滤通信量，使局域网各网段成为隔离开的冲突域，减少冲突，从而减轻扩展在局域网上的负荷。
- 可以互连不同物理层和不同传输速率的局域网。

（2）网桥的工作原理

网桥的工作过程可归纳为以下几个步骤。

1）网桥的缓存 MAC 地址表初始为空，即不存在任何 MAC 地址，也就是说网桥最初并不知道哪台主机在哪个物理网段上。

2）当网桥收到集线器的广播帧后，将帧中的源 MAC 地址和目的 MAC 地址与网桥缓存中保存的 MAC 地址表进行比较。

3）当网桥收到的数据帧中源MAC地址和目的MAC地址在网桥MAC地址表中均存在时，则比较这两个 MAC 地址是否属于同一个物理网段。如果在同一物理网段，则网桥不进行转发直接丢弃该帧，起到冲突域隔离的作用；如果两个 MAC 地址不在同一物理网段，则网桥将该数据帧以泛洪方式（复制原数据帧）转发到另一个端口所连接的另一个物理网段上。

4）当网桥收到的数据帧中源MAC地址和目的MAC地址在网桥MAC地址表中不存在时，则网桥会将两个MAC地址及与其对应的物理网段记录在MAC地址表中，同时广播该数据帧。

5）网桥经过多次转发记录，就可以在MAC地址表中将网络中各主机的MAC地址与对应的物理网段全部记录下来。注意：网桥的端口通常是连接集线器的，因此一个网桥端口会与多个主机MAC地址进行映射。

2．交换机

交换（Switching）是按照通信两端传输信息的需要，用人工或设备自动完成的方法，把要传输的信息送到符合要求的相应路由器上的技术的统称。交换机就是一种用于转发电（光）信号的网络设备，它可以为接入交换机的任意两个网络节点提供独享的电信号通路。

交换机根据工作位置的不同，可以分为广域网交换机和局域网交换机。广域网交换机主要应用于电信领域，提供通信的基础平台。局域网交换机应用于局域网，用于连接终端设备，如PC、网络打印机等。交换机有多个端口，每个端口都具有桥接功能，可以连接一个局域网或一台高性能服务器或工作站。最常见的交换机是以太网交换机。

📖 以太网交换机实际是一种多端口网桥，每一个端口都可以连接一个局域网。

在计算机网络中，交换概念的提出改进了共享工作模式。

以太网是一种计算机网络，需要传输的是数据，采用的交换方式是“分组交换”。

以太网交换机目前有二层、三层及四层交换机。其核心功能仍是二层的以太网数据包交换，只是带有了一定的处理 IP 层甚至更高层数据包的能力。网络交换机是一个扩大网络的器材，能为子网络中提供更多的连接端口，以便连接更多的计算机。

（1）交换机的基本功能

交换机在同一时刻可进行多个端口对之间的数据传输。每一端口都可视为独立的物理网段，连接在其上的网络设备独自享有全部的带宽，无须同其他设备竞争使用。

交换机的基本功能主要如下。

- 交换机提供了大量可供线缆连接的端口，可以采用星形拓扑布线。
- 交换机转发数据帧时，会重新产生一个不失真的方形电信号。
- 交换机在每个端口上都使用相同的转发或过滤逻辑。
- 交换机将局域网划分为多个冲突域，每个冲突域都享有独立的宽带，因此大大提高了局域网的带宽。
- 交换机还提供了更多先进的功能，如支持虚拟局域网（VLAN）、支持链路汇聚和更高的性能。

（2）交换机的工作原理

传统交换机从网桥发展而来，属于数据链路层设备，它根据 MAC 地址寻址，通过节点表选择转发端口或路由，节点表的建立和维护由交换机自动进行。交换机除了能够连接同种类型的网络之外，也可以在不同类型的网络（如以太网和快速以太网）之间起到连接作用。

交换机具有以下能力。

- 学习：以太网交换机知道每一端口相连设备的 MAC 地址，并将 MAC 地址同相应的端口映射起来，存放在交换机缓存中的 MAC 地址表中。

- 转发/过滤：当一个数据帧的目的地址在 MAC 地址表中有映射时，它被转发到连接目的节点的端口而不是所有端口（如果该数据帧为广播/组播帧则转发至所有端口）。
- 消除回路：当交换机包括一个冗余回路时，以太网交换机通过生成树协议避免回路的产生，同时允许存在后备路径。

交换机的工作过程如下。

- 当交换机从某个端口收到一个数据帧，先读取其首部的源 MAC 地址，以获取源 MAC 地址与所连端口的映射关系。
- 然后读取首部的目的 MAC 地址，并在地址表中查找相应的端口。
- 如果表中有与目的 MAC 地址对应的端口，则把数据帧直接转发到该端口。
- 如果表中不存在相应的端口，则把数据帧广播到所有端口上，当目的节点对源节点做出回应时，交换机则记录该目的 MAC 地址及端口的映射关系。

5.2.3　路由器

路由器是典型的网络层互连设备，对经过路由器的分组进行处理，同时运行路由协议，生成路由表，对每一个分组进行寻径，并转发到相应的输出端口。

（1）路由器的基本功能

路由器的基本功能如下。

- 协议转换。路由器可以对网络层及其以下各层的协议进行转换。
- 路由选择。当分组从互连的网络到达路由器时，路由器能根据分组的目的 IP 地址按某种路由策略选择最佳路由，将分组转发出去，并能随网络拓扑的变化，自动调整路由表。
- 支持多种协议的路由选择。路由器与协议有关，不同的路由器有不同的路由协议，支持不同的网络层协议。如果互连的局域网采用不同的协议，如 IP、IPX 或 X.25 协议，多协议路由器可以为不同类型的协议建立和维护不同的路由表。
- 流量控制。路由器不仅具有缓冲区，而且还能控制收发双方的数据流量，使二者更加匹配。
- 分段和组装。当多个网络通过路由器互连时，各网络传输的数据分组大小可能不相同，路由器可以对分组进行分段或组装。
- 网络管理。路由器是连接多种网络的汇集点，网间分组都要通过它，在这里对网络中的分组、设备进行监视和管理是比较方便的。因此，高档路由器都配置了网络管理功能，以便提高网络的运行效率、可靠性和可维护性。

（2）路由器的工作原理

路由器的作用是存储转发数据包。其工作过程如下。

- 路由器接收相连的所有网络上的每个分组并存储在路由器的缓存中。
- 根据目的地址判断目的主机与源主机是否在同一物理网络上。若是，则不做任何处理；若不是，则选择合适的路径转发数据包。

扫码看视频

在数据包转发过程中，如果输出网络与输入网络协议不同，还要进行协议转换，即将输入分组转换为输出网络要求的格式后再转发。为进行路径选择，路由器可能还需要与其他路由器交换路由信息。

📖 路由器在转发数据包时还需要进行流量控制和拥塞控制。

5.3　路由选择协议

路由选择协议是网络中路由器用来建立路由表和更新路由信息的通信协议。网络中的主机、路由器根据路由选择协议生成路由表，确定数据分组的传输路径。

Internet 是由大量相对独立的网络组成的，这些相对独立的网络可以按自治系统（Autonomous System，AS）划分进行网络路由管理。各个 AS 由不同的组织机构拥有、操作和管理，其管理策略可能各不相同，但各 AS 必须能相互通信。划分自治系统之后，网络上的通信可以分 AS 内部通信和 AS 之间的通信，因此可以把路由选择协议划分为两大类，即用于 AS 内部通信的内部路由选择协议（Interior Gateway Protocol，IGP）和用于 AS 之间通信的外部路由选择协议（External Gateway Protocol，EGP）。目前，Internet 中内部路由选择协议主要有路由选择信息协议（Routing Information Protocol，RIP）和开放式最短路径优先（Open Shortest Path First，OSPF）协议等，外部路由选择协议主要是边界网关协议（Border Gateway Protocol，BGP）。

📖 内部网关协议是一个自治系统内部使用的路由协议，是相对独立的，与 Internet 中其他自治系统选用什么路由协议无关。

5.3.1　路由信息协议

路由信息协议是应用较早、使用较普遍的内部网关协议，适用于小型同类网络的一个自治系统（AS）内的路由信息传递。RIP 采用距离矢量路由选择算法，使用跳数（Hop）来衡量到达目的地址的路由距离，设置最大跳数为 15，即一条路径最多只能包含 15 个路由器。

1. RIP 的版本

RIP 有 3 个版本，即 RIPv1、RIPv2 以及 RIPng。前两者用于 IPv4，后者用于 IPv6。本节只讨论前两个版本的 RIP。

（1）RIPv1

RIPv1 是早期的路由协议，定义在 RFC 1058 中，现在仍广泛使用。RIPv1 使用本地广播地址 255.255.255.255 发布路由信息，默认的路由更新周期为 30s，持有时间为 180s。也就是说，RIPv1 路由器每 30s 向所有邻居发送一次路由更新报文，如果 180s 之内没有从某个邻居路由器接收到更新报文，则认为该邻居已经不存在了。这时，如果从其他邻居路由器收到了有关同一目的地址的路由更新报文，则用新的路由信息替换已失效的路由表项；否则，对应的路由表项被删除。

对于同一目的地址，RIP 路由表项中最多可以有 6 条等费用的路由，默认是 4 条。RIPv1 可以实现等费用路由的负载均衡（Equal-Cost Load Balancing）。这种机制提供了链路冗余功能，用于解决可能出现的连接失效，但是 RIPv1 不支持不等费用路由的负载均衡，这种功能出现在后来的 IGRP 和 EIGRP 中。

RIPv1 是有类别协议，即配置 RIPv1 时必须使用 A 类、B 类或 C 类 IP 地址和子网掩码。

（2）RIPv2

RIPv2 是增强的 RIP，定义在 RFC 1721 和 RFC 1722、RFC 2453 中。RIPv2 仍是距离矢量路由协议，除了兼容 RIPv1 外，在以下 3 个方面进行了改进。

- 使用组播而不是广播来传播路由更新报文，并且采用了触发更新（Triggered Update）机制来加速路由收敛，即出现路由变化时立即向邻居路由器发送路由更新报文，而不必等待更新周期的到达。

- RIPv2 是一个无类别协议（Classless Protocol），可以使用可变长子网掩码（VLSM），也支持无类别域间路由（CIDR），使得网络设计更具伸缩性。
- RIPv2 支持认证，使用经过散列的口令字来限制路由更新信息的传播。

2. RIP 的特点

RIP 具有如下特点。

- 仅和相邻路由器交换信息。如果两个路由器之间的通信不需要经过另一个路由器，那么这两个路由器就是相邻的。RIP 规定，不相邻的路由器不交换信息。
- 路由器交换的信息是本路由器的路由表。
- 按固定的时间间隔交换路由信息。例如，每隔 30s 发送一次路由信息，然后路由器根据收到的路由信息更新路由表。当网络拓扑发生变化时，路由器也会及时向相邻路由器通告拓扑变化后的路由信息。

3. RIP 报文格式

RIP 报文封装在 UDP 的数据报中，使用 520 端口接收路由器的路由通告信息。RIP 报文由首部（4B）和若干条路由记录组成，每条路由记录占 20B，最多可携带 25 条路由记录。因此，RIP 报文最大长度为 4+20×25=504B。RIP 报文格式如图 5-5 所示。

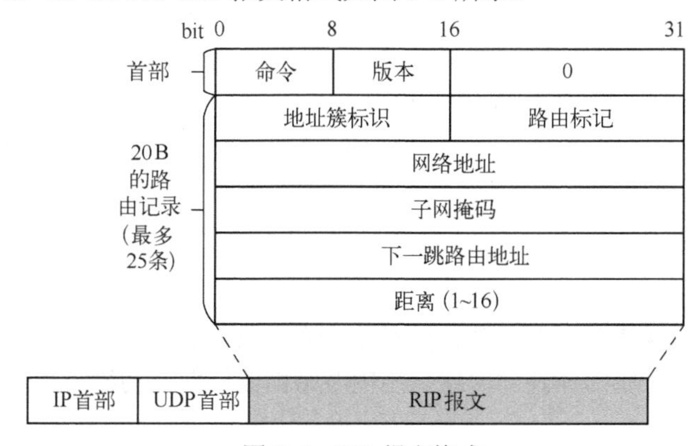

图 5-5　RIP 报文格式

RIP 报文中各字段的含义如下。

- 命令：占 1B，取值范围是 1～5，但只有 1 和 2 是正式值，1 表示请求路由信息，2 表示对请求路由信息的响应或未被请求而发出的路由更新报文。
- 版本：占 1B，取值为 1 或 2，表示 RIP 第 1 版或第 2 版，两种版本的报文格式基本相同。
- 地址簇标识：占 2B，用于指明网络层采用的地址协议类型，使 RIP 不仅仅局限于支持 IP，还可支持其他非 TCP/IP 网络协议。对于 IP 地址，该字段的值为 2。
- 路由标记：占 2B，用于区别内部或外部路由，用 16bit 的 AS 编号区分从其他自治系统学习到的路由。
- 网络地址：占 4B，表示目的 IP 地址。
- 子网掩码：占 4B，对于 RIPv2，该字段是对应网络地址的子网掩码；对于 RIPv1，该字段的值为 0，因为 RIPv1 默认使用 A 类、B 类、C 类地址掩码。
- 下一跳路由地址：占 4B，表示下一跳节点的地址。
- 距离：占 4B，表示到达目的地址的跳数。取值为 1～16。

4．距离矢量路由选择算法

距离矢量（DV）路由选择算法是基于 Bellman-Ford 数学研究结果得到的，因此有时也称该算法为 Bellman-Ford 算法。这种算法的基本思想是每台路由器周期性地与相邻的路由器交换路由表信息。

DV 算法是一种迭代的、异步的和分布式的算法。分布式是指每个节点都要从一个或多个直接相连的节点交换路由信息、更新路由信息，然后把更新的路由信息再传送给相邻节点；迭代是指节点与邻居交换路由信息的过程一直要持续到与邻居之间没有信息交换为止，即 DV 算法是自终止的；异步是指不要求网络中的所有节点相互之间同步操作。

DV 算法适用于小型网络环境。在大型网络环境下该算法的局限之一是周期性地交换路由信息（通常称为“路由通告”）将产生较大的网络流量，占用过多的带宽。另一个局限是存在路由环路问题，收敛速度慢。

典型的距离矢量路由协议有路由选择信息协议（RIP）和内部网关路由协议（IGRP）。

DV 算法的工作原理如下。

1）网络中的每个节点（路由器）并不知道从源节点到目的节点的完整路径，它只知道与其交换路由信息的相邻节点，通过与相邻节点交换路由信息来更新路由表中的内容。

2）每个节点必须知道其每个邻居到所有目的节点的最小费用，当一个节点计算出到某目的节点的新的最小费用时，必须将这个新的最小费用通知给该节点的所有邻居。

距离矢量的度量标准可以是延迟时间（分组从源节点到目的节点经过的时间），也可以是节点数（通常称为“跳数”，分组在传输路径上经过的路由器数目）、等待输出的分组的数量或其他值。

5．RIP 的工作过程

RIP 的工作过程包括路由表的建立和更新。

扫码看视频

（1）路由表的初始化

路由器启动时对路由表进行初始化，此时路由表中只包含与该路由器直接相连的网络路由。对于直接相连的网络，不需要路由器转发，初始路由表中各条路由的距离均为 1。

（2）向邻居通告路由信息

路由表建立后，每个路由器向相邻路由器通告自己的路由信息。网络中的路由器通过彼此之间的信息交换更新自己的路由表。RIP 的信息交换是周期性的，相邻路由器之间每隔 30s 发送一次路由信息广播。

（3）更新路由表

当路由器 Rm 收到相邻路由器 Rn 发送的路由信息时，首先对收到的每条路由进行修改，将下一跳均改为 Rn，距离加 1，然后逐条对路由信息进行比较处理，当有以下 3 种需要时，Rm 将用新路由修改自己的路由表。

- 添加新路由：若某条路由的目的网络不在自己的路由表中，则加入该条路由。
- 替换已有的距离较长的路由：若自己的路由表中与收到的路由信息中存在同一目的网络，但下一跳不是 Rn，距离比通过 Rn 转发的路由长，则替换为短距离路由。
- 更新已有的过时路由：若自己的路由表中有到达同一网络的路由，下一跳也是 Rn，则无论新路由距离长短均替换，说明 Rn 所连接的网络拓扑有变化。

若 3min（180s）没有收到相邻路由器更新的路由表，则把该相邻的路由器标记为不可达的路由器，即把距离置为 16（距离 16 表示不可达）。

下面通过例子来说明使用 RIP 路由表的更新过程。一个自治系统的部分网络结构如图 5-6 所示。路由器 R2 的初始路由表见表 5-2。路由器在刚开始工作时只知道与自己直连网络的距离。

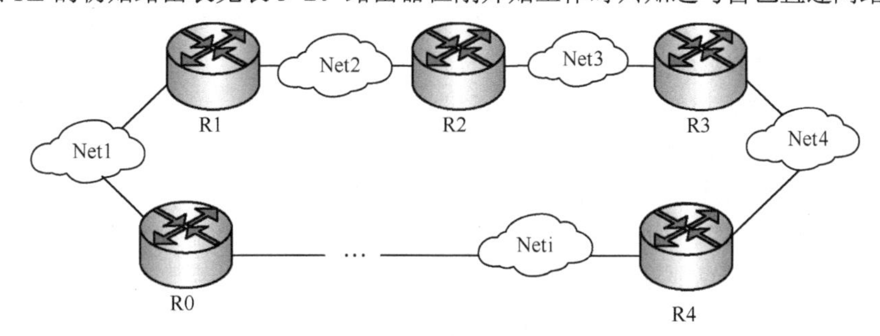

图 5-6　某自治系统部分网络结构

表 5-2　路由器 R2 的初始路由表

目的网络	下一跳路由器	距离
Net2	直接连接	1
Net3	直接连接	1

与 R2 相邻的邻居路由器是 R1 和 R3，R2 将根据收到的 R1 和 R3 路由通告来更新自己的路由表。

30s 后，R2 收到来自 R1 的路由通告，内容见表 5-3。根据 RIP 的算法，R2 的路由表中添加了 Net1 和 Neti 两条路由，R2 更新后的路由表见表 5-4。

表 5-3　R1 路由通告

目的网络	下一跳路由器	距离
Net1	直接连接	1
Net2	直接连接	1
Neti	R0	4

表 5-4　R2 更新后的路由表

目的网络	下一跳路由器	距离
Net1	R1	2
Net2	直接连接	1
Net3	直接连接	1
Neti	R1	5

随后，R2 又收到来自 R3 的路由通告，内容见表 5-5。R2 的路由表又发生以下两个变化：增加了到达 Net4 的路由、替换了到达 Neti 的路由（因为经过 R3 的距离为 3，而原来经过 R1 的路由距离为 5）。R2 更新后的路由表见表 5-6。

表 5-5　R3 路由通告

目的网络	下一跳路由器	距离
Net3	直接连接	1
Net4	直接连接	1
Neti	R4	2

表 5-6　R2 第二次更新后的路由表

目的网络	下一跳路由器	距离
Net1	R1	2
Net2	直接连接	1
Net3	直接连接	1
Net4	R3	2
Neti	R3	3

上面的例子说明了路由器 R2 的路由表更新过程。在实际中，随着相邻节点的路由信息传递，所有路由器都会建立起完整的路由表。

📖 注意：虽然所有路由器最终都拥有了整个自治系统的全部路由信息，但由于每一个路由器的位置不同，它们的路由表内容也是不同的。

6．RIP 路由环路的避免

距离矢量法算法要求相邻的路由器之间周期性地交换路由表，并通过逐步交换将路由信息扩散到网络中所有的路由器。这种逐步交换过程如果不加以限制，将会形成路由环路（Routing Loops），使得各个路由器无法就网络的可到达性取得一致。

假定在图 5-6 所示的网络结构中，所有路由器的路由表都已经收敛（当网络拓扑发生变化时，自治系统中所有的节点都建立起正确的路由选择信息的过程）。若某一时刻，R1 与直连网络 Net1 因故障断开而变为不可达，此时，R1 将自己路由表中到达 Net1 的路由改为“Net1，直接连接，16”（不可达路由），R1 将会在 30s 后向邻居发布该路由信息。但如果在其发布之前，R1 先收到了 R2 的路由通告，其中有一条路由为“Net1, R1, 2”，按照距离向量算法，R1 将会不加分辨地用这条路由更新刚建立的 Net1 不可达路由（因为距离 3<距离 16），更新为“Net1, R2, 3”后再传回 R2，在 R2 路由表中更新为“Net1, R1, 4”，即 R1 认为通过 R2 可以到达 Net1，R2 认为通过可以 R1 到达 Net1，从而形成了不通的路由环路。解决路由环路通常可采用以下几种方法。

（1）水平分割法（范围分割）

水平分割是指进行路由通告时不将某条路由信息向其来源路由器发送，即路由信息通告具有单向性。也就是说，如果某条路由信息是从某个端口学习到的，那么向该端口发送的路由更新表中将不再包含该条路由信息，从而避免出现路由更新环路。

（2）毒性逆转法

水平分割法是路由器防止将从一个接口获得的路由信息又从此接口传回，导致路由更新环路的出现。而毒性逆转是指在路由更新信息中允许包含这些回传路由信息，但会将这些回传路由信息的跳数设为 16（无穷，不可达）。通过将跳数设为无穷，并将其通告源路由器，能够更快地消除路由信息环路，但它增加了路由更新的负担。

（3）路由抑制法

路由抑制是指设置路由信息被抑制（不可更新）的时间（保持计时器，默认为 180s）。当路由器收到一个不可达路由更新时，路由器会将该条路由更新置于无效抑制状态，不再接收对应路由的更新信息，也不向外发送这条路由更新信息，一直持续到接收到一个带有更好度量的对应路由更新分组或者相应保持计时器到期为止。

（4）触发更新法

触发更新是指一旦发现某一些路由表项发生变化，则立即广播路由更新报文，而不必等待下一次刷新周期。触发更新法能够大大加快路由的收敛速度，但是它同样存在着更新报文数量多、频繁交换的缺点，因此需要对触发更新报文的发送频率做严格的控制。RIP 规定触发更新报文的发送间隔时间范围为 1～5s。

扫码看视频

5.3.2 开放最短路径优先协议

开放最短路径优先（Open Shortest Path First，OSPF）协议是一个在 Internet 中广泛采用的内部网关协议。其中，“开放”的意思是 OSPF 协议不受厂商的限制；“最短路径优先”是指使用了 Dijkstra 提出的最短路径优先（SPF）算法。链路是路由接口的另一种说法，因此 OSPF 协议又称为链路接口状态路由协议。OSPF 分为 OSPFv2 和 OSPFv3 两个版本，其中，OSPFv2 用于 IPv4

网络，OSPFv3 用于 IPv6 网络。OSPFv2 是由 RFC 2328 定义的，OSPFv3 是由 RFC 5340 定义的。

OSPF 协议通过路由器通告网络接口的状态来建立链路状态数据库（Link State Database，LSDB），生成最短路径树，每个 OSPF 路由器使用这些最短路径构造路由表。在一个自治系统中，所有的 OSPF 路由器都维护一个相同的链路状态数据库，路由器正是利用这个数据库计算出它的路由表。

1. OSPF 分区

为了适应大型网络配置的需要，OSPF 协议引入了“分层路由”的概念。如果网络规模很大，路由器要学习的路由信息很多，对网络资源的消耗过大，所以典型的链路状态协议都把网络划分成较小的区域（Area），从而限制了路由信息传播的范围。每个区域就如同一个独立的网络，区域内的路由器只保存该区域的链路状态信息，从而使路由器的链路状态数据库可以保持合理的大小，路由计算的时间和报文数量都不会太大。OSPF 主干区域负责在各个区域之间传播路由信息。

一个划分为 3 个区域的 OSPF 网络示例如图 5-7 所示，其中路由器 R3、R4、R5、R6 和 R9 组成主干网。主干网本身也是 OSPF 区域，称为区域 0（Area 0）。主干网的拓扑结构对所有的跨区域的路由器都是可见的。

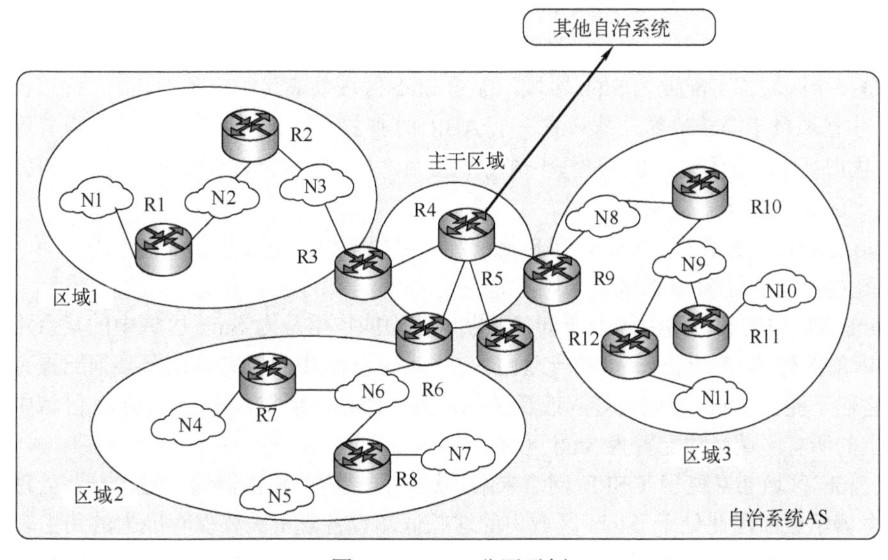

图 5-7　OSPF 分区示例

区域的命名可以采用整数数字，如 1、2、3 等，也可以采用 IP 地址的形式，如 0.0.0.1、0.0.0.2 等。一个区域不能太大，在一个区域内的路由器最好不超过 200 个。OSPF 的区域分为以下 5 种，不同类型的区域对由自治系统外部传入的路由信息的处理方式也不同。

（1）标准区域

标准区域可以接收任何链路的更新信息和路由汇总信息。

（2）主干（Backbone）区域

一个 OSPF 互连网络，无论是否划分区域，至少存在一个主干区域。主干区域称为区域 0（Area 0），其标识符为 0.0.0.0。主干区域要求必须是连续的，即中间不会跨越其他区域，其他区域必须与主干区域直接相连。主干区域的主要作用是在其他区域之间传递路由信息。

主干区域是区域间传输通信和路由信息的中心。区域间的通信先要被路由到主干区域，然后再路由到目的区域，最后被路由到目的区域中的主机。在主干区域中的路由器通告它们区域内的汇总路由到区域中的其他路由器。这些汇总通告在区域内路由器泛洪，所以区域中的每台路由器存在一个反映其所在区域内路由可用的路由表，这个路由与AS中其他区域的ABR（区域边界路由器）汇总通告相对应。

在实际网络中，可能会存在主干区域不连续，或者某一个区域与主干区域物理不相连的情况，系统管理员可以采用虚拟链路技术连接两个区域使其成一个主干区域。虚拟链路存在于两个路由器之间，这两个路由器都有一个端口与一个非主干区域相连（该区域处于主干区域和某个不直接与主干区域相连的区域之间），虚拟链路使该区域与主干区域建立一个逻辑连接点。虚拟链路被认为属于主干区域（相当于主干区域的延伸），在OSPF协议看来，虚拟链路两端的两个路由器被一个点对点的链路连在一起，这样原本没有与主干区域连接的区域就变成了直接连接，成为普通区域了。而且，在OSPF协议中，通过虚拟链路的路由信息是作为域内路由来看待的。但是，该虚拟链路必须建立在两个ABR之间，并且其中一个ABR属于主干区域。

（3）末梢区域

末梢（Stub）区域是一种比较特殊的区域，该区域的ABR不能接收本地AS之外的路由信息（即Type 5类型LSA），因为该区域中不存在ASBR（自治系统边界路由器）。Stub区域的内部路由器仅需要配置一条到达该ABR的默认路由0.0.0.0来实现同一AS中不同区域间的路由，这样可大大减少这些区域中内部路由器的路由表规模以及路由信息传递的数量。但需要注意的是，并不是每个区域都可配置为Stub区域，配置Stub区域要满足一定条件。

- Stub区域位于AS边界，是只有一个ABR的非主干区域。为保证到AS内其他区域的路由依旧可达，该区域ABR将生成一条默认路由，并发布给Stub区域中其他非ABR路由器。
- 主干区域不能配置成Stub区域。
- Stub区域内不能存在ASBR，即自治系统外部的路由不能在该区域内传播。
- 虚连接不能穿过Stub区域。

在Stub区域中的一个路由器上所创建的默认路由的作用是为Stub区域中的其余路由器不可到达AS内部的外部IP地址提供唯一路由。在Stub区域中的所有路由器必须配置有该默认路由，以便它们不能在Stub区域内导入或泛洪AS外部路由。所以，在一个Stub区域中的所有路由器接口上的所有区域必须配置为Stub区域。

由于Stub区域通常位于OSPF网络末端，这些区域内的路由器通常是由一些处理能力有限的低端路由器组成，因此处于Stub区域内的这些低端设备既不需要保存庞大的路由表，也不需要经常性地进行路由计算。这样有利于减小Stub区域中内部路由器上的链路状态数据库的大小及存储器的使用，提高路由器计算路由表的速度。

当一个OSPF的区域只存在一个区域出口点（只与一个其他区域连接）时，可以将该区域配置成一个Stub区域。此时，该区域的边界路由器会对域内通告默认路由信息。另外，一个Stub区域中的所有路由器都必须知道自身属于该区域（即需要在其余的路由器中启用这项功能），否则Stub区域的设置将不起作用。

（4）完全末梢区域

完全末梢（Totally Stub）区域是由Cisco定义的，非国际标准。Totally Stub区域是在Stub区域的基础上（即阻止了Type 5 LSA包的基础上）再阻止其他ABR通告的网络汇总LSA（即Type 3类型LSA），不接收区域间路由通告。其ABR仅通过网络汇总LSA通告一个默认路由，使用这个默认路由可以到达OSPF自治系统外部其他区域。也就是说，Totally Stub区域同时不允许 Type 3、4 或 5 类 LSA 注入，但默认汇总路由除外。

（5）非纯末梢区域

非纯末梢（NSSA）对 Stub 的要求有所放宽，这使得它可以应用于更多网络环境中。NSSA 区域规定，AS 外的 ASE（AS 外部）路由不可以进入 NSSA 区域中，但 NSSA 区域内的路由器引入的 ASE 路由（NSSA 区域中可以连接 ASBR）可以在 NSSA 中泛洪并发送到区域外。也就是说，NSSA 区域中取消了 Stub 区域中关于 ASE 的双向传播限制（区域外的进不来，区域内的也出不去），将其改为单向限制（区域外的进不来，区域内的能出去）。

为了解决 ASE 单向传递的问题，NSSA 中重新定义了一种 Type 7 类型的 LSA（NSSA 外部 LSA），供区域内的路由器引入外部路由器时使用。该类型的 LSA 除了类型标识与 Type 5 不相同之外，其他内容基本一样。这样，区域内的路由器就可以通过 LSA 的类型来判断是否该路由来自本区域内。由于 Type 7 类型的 LSA 是新定义的，不支持 NSSA 属性的路由器无法识别，所以协议规定：在 NSSA 的 ABR 上将 NSSA 内部产生的 Type 7 类型的 LSA 转化成 Type 5 类型的 LSA 再发布出去，并同时更改 LSA 的发布者为 ABR 自己。这样，NSSA 区域外的路由器就可以完全不用支持该属性。在 NSSA 区域内的所有路由器（包括 NSSA 的 ABR），必须支持 Type 7 类型的 LSA 属性，而自治系统中的其他路由器则不需要。总的来说，NSSA 区域不允许 Type 5 LSA，但在 NSSA ABR 上转换为 Type 5 的 Type 7 LSA 还是可以通过的。

2．OSPF 路由器

在多区域网络中，OSPF 路由器可以按功能划分为以下 4 种。

1）内部路由器（Internal Route，IR）：指所有的接口都在同一区域内的路由器。它只维护一个链路状态数据库。

2）主干路由器（Backbone Route，BR）：指具有连接主干区域接口的路由器。

3）区域边界路由器（Area Border Route，ABR）：指连接多个区域的路由器，一般作为一个区域的出口。ABR 为每一个连接的区域建立一个链路状态数据库，负责将所有连接区域的路由信息摘要发送到主干区域，而主干区域上的 ABR 则负责将这些信息发送给各个区域。

4）自治系统边界路由器（Autonomous System Boundary Route，ASBR）：指至少拥有一个连接外部自治系统接口的路由器。它负责将外部非 OSPF 网络的路由信息传入 OSPF 网络。

以上 4 类 OSPF 路由器所处位置示意图如图 5-8 所示。

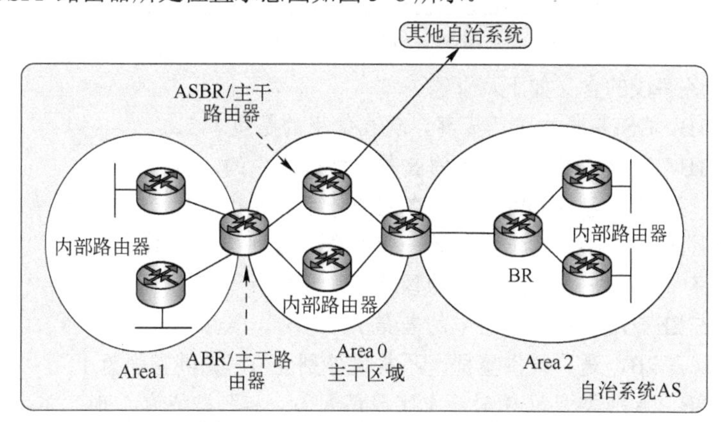

图 5-8　OSPF 路由器位置示意图

3．指定路由器和备份指定路由器

在一个广播性多路访问的网络中，如果每个路由器都独立地与其他路由器进行链路状态信息交换来同步自己的链路状态数据库，将导致巨大的流量增长。为了防止出现这种现象，同时使路由器保持链路状态信息最少，OSPF 在网络上选举出一个指定路由器（Designated Router，DR）和备份指定路由器（Backup Designated Router，BDR），用于集中负责一个区域内各个路由器间的路由信息交换和邻接关系的建立。区域内既不是 DR 也不是 BDR 的路由器称为 DR Other。

由于 OSPF 路由器之间是通过建立邻接关系以后的泛洪来同步路由信息数据库的，所以 DR 必须与同一区域的 OSPF 路由器建立邻接关系（其他路由器不必建立邻接关系），负责集中管理、维护和组播下发区域内各路由器发来的路由信息。DR 或 BDR 通常处于一个区域的中心地位，这样其他路由器与它建立邻接关系的难易程度基本一样。BDR 用于 DR 失效后接替 DR 的工作（也可以不选举 BDR），在 DR 正常工作时，它不承担 DR 的责任。在同一个 OSPF 区域内，DR Other 仅与 DR 和 BDR 建立邻接关系，DR Other 之间不交换路由信息。

4. OSPF 报文格式

OSPF 和 RIP 不同，它不采用传输层协议封装，而是直接用 IP 报文封装，对应 IP 报文首部的协议字段的值为 89。OSPF 构成的数据报很短，既可减少路由信息的通信量，也可以不必对长数据报进行分片。因为分片传送的数据报只要丢失其中一个分片，就无法组装成原来的数据报，整个数据报就必须重传。OSPF 分组使用 24B 的固定长度首部，其报文格式如图 5-9 所示。

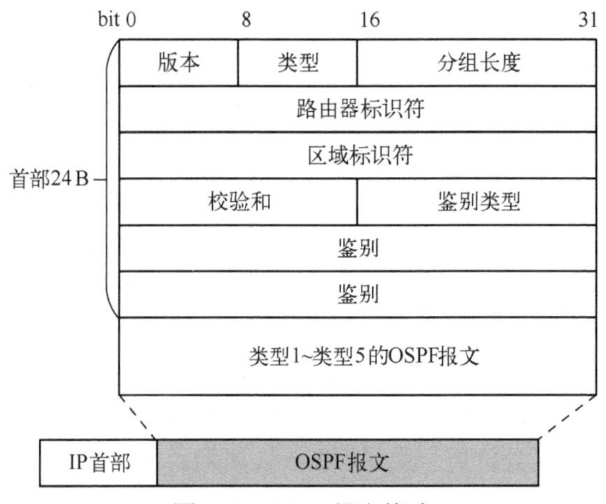

图 5-9　OSPF 报文格式

OSPF 报文中各字段的含义如下。

- 版本：占 1B，OSPF 版本 1 已废弃，现在使用的是版本 2。
- 类型：占 1B，可以是 OSPF 提供的 5 种类型分组中的一种。
- 分组长度：占 2B，包括 OSPF 首部在内的分组长度，以字节（B）为单位。
- 路由器标识符：占 4B，标志发送该分组的路由器的接口的 IP 地址。
- 区域标识符：占 4B，指分组所属的区域的标识符。
- 校验和：占 2B，用于检测分组中的差错。
- 鉴别类型：占 2B，是否提供鉴别，不提供鉴别为 0，提供鉴别为 1。
- 鉴别：占 8B。鉴别类型为 0 时，本字段填入 0；鉴别类型为 1 时，本字段则填入 8 个字符的口令。

5. OSPF 报文分组类型

OSPF 报文分为以下 5 种分组类型。

1）类型 1：问候（Hello）分组。周期性地发送该报文，用来发现和维持邻站的可达性。

2）类型 2：数据库描述（Database Description，DD）分组，向邻站给出自己的链路状态数据库中的所有链路状态项目的摘要信息。

3）类型 3：链路状态请求（Link State Request，LSR）分组，向对方请求发送某些链路状态项目的详细信息。

4）类型 4：链路状态更新（Link State Update，LSU）分组，用泛洪法对全网更新链路状态。这种分组是最复杂的，也是 OSPF 协议最核心的部分。路由器使用这种分组将其链路状态通知给邻站。链路状态更新分组共有 7 种不同的链路状态。

5）类型 5：链路状态确认（Link State Acknowledgment，LSA）分组，对链路更新分组的确认。

OSPF 协议规定，两个相邻路由器每隔 10s 交换一次 Hello 分组，以确定邻站的可达性。"可达"对相邻路由器是最基本的要求，因为只有可达邻站的链路状态信息才会存入链路状态数据库（路由表是根据链路状态数据库计算生成的）。正常情况下，网络中传送的绝大多数 OSPF 分组都是 Hello 分组。如果 40s 内没有收到某个相邻路由器发来的 Hello 分组，则可认为该相邻路由器是不可达的，应立即修改链路状态数据库，并重新计算路由表。其他 4 种分组都是用于链路状态数据库的同步。所谓同步，就是指不同路由器的链路状态数据库的内容是一致的。两个同步的路由器称为"完全邻接的"（Fully Adjacent）路由器。不是完全邻接的路由器表明它们虽然在物理上是相邻的，但其链路状态数据库并没有达到一致。

6．链路状态路由选择算法——Dijkstra 算法

链路状态（LS）路由选择算法是对距离矢量算法的一种改进，也称为最短路径优先（Shortest Path First，SPF）算法。在链路状态路由选择算法应用中，网络拓扑和所有的链路费用都是已知的。链路状态路由选择算法是 Internet 中主要使用的算法。

链路状态路由算法是一种全局算法，网络中的路由器节点向其他路由器广播自己的链路状态信息，每个路由器建立一个拓扑数据库，并通过此数据库建立网络拓扑的完整信息。然后运行 Dijkstra 最短路径算法，计算出通往各目的网络的最佳路径（最小费用），所有这些最佳下一跳构成本节点的路由表。

应用链路状态路由算法的动态路由协议主要包括开放最短路径优先（OSPF）协议、中间系统到中间系统（IS-IS）协议、增强内部网关路由协议（EIGRP）（同时支持"链路状态"和"距离矢量"两种算法）。

（1）链路状态路由选择算法工作过程

链路状态路由选择算法的工作过程主要分为以下几个步骤。

1）与相邻节点互通身份。

一个节点启动以后，首先需知道它的相邻节点。其方法是向所有链路广播发送一个特殊的分组，通告自己的身份，收到广播的所有相邻节点都回送一个应答分组通告自身，该节点根据收到的应答分组就可以知道所有的相邻节点。

📖 链路中的节点仅需知道其直接连接的相邻节点的身份，以及到相邻节点的费用即可。

2）测量到相邻节点的费用。

节点发送一个特殊的测量分组到各相邻节点，各相邻节点收到该分组后，必须立即给予应答。

3）用链路状态分组将所测量到的信息告诉其他节点。

当一个节点测量到所有相邻节点费用信息后，就用一个称为链路状态分组的特殊分组将测量的结果通知相邻节点。节点接收来自其他节点的链路状态广播，获知网络中其余部分的拓扑，各个节点的链路状态广播将使所有节点都有一个相同并且完整的网络拓扑结构图。每个节点都运行链路状态算法，并计算出相同的最低费用路径集合。

链路状态分组通常采用广播或扩散的办法传送。链路状态分组中应有一个序号，以区别不同的链路状态分组。相邻节点收到该分组后，根据序号做相应处理。若该分组已收到过，则丢弃；否则，记录该分组并进行扩散。

该方法存在一个缺陷：当某节点在工作过程中因故复位时，重新启动工作后序号将从头开始，这将使得其他节点把本来是新的分组当成已接收过的旧分组而丢弃掉。

4）计算新的路由。

每个节点周期性地收到其他节点发送的链路状态分组，一旦一个节点积累了一套可以反映全网状况的链路状态分组，就可以周期性地重构整个网络的拓扑结构，并可以知道任意两个相邻节点之间的费用。节点根据这些信息就可以使用 Dijkstra 算法重新计算到达任意节点的最优路径，供下次与相邻节点交换路由信息、广播链路状态分组时使用。

（2）Dijkstra 算法

Dijkstra 算法是指按路径长度递增次序产生从网络中某节点出发到其他所有可以到达节点的最短路径（又称为最低费用路径）的算法。

1）Dijkstra 算法的基本原理。

Dijkstra 算法是一种迭代算法。其基本思想是：假定一个网络具有 n 个节点（v_1～v_n），现在从给定的源节点 v_1 开始，按路径长度递增的顺序，逐步产生从源节点到其他各节点的最短距离路径。

2）Dijkstra 算法的计算过程。

首先，初始化集合 S、U、P 及数组 $d[n]$。

设置一个存放网络节点的集合 S、U 和 P，最短距离路径已经求出的节点存储在集合 S 中，尚未求出最短距离路径的节点放在集合 U 中，求出的最短距离路径存放在集合 P 中。初始时，$S=\{v_1\}$（只有一个源节点 v_1），U 中是除源节点 v_1 之外的其余节点，P 为空。

设置一个数组 $d[n]$，用于存储 v_1 到 v_n 的最低费用。若节点 v_1 到 v_i（i=2～n）的最短距离路径已求出，则其最低费用 w_i 存储在 $d[i]$中；否则，$d[i]$中存储的是∞（表示不存在从 v_1 到 v_i 的路径）。$d[i]$初始化：

$$d[i]=\begin{cases} w_i & \text{若}v_1\text{到}v_i\text{直接相连} \\ \infty & \text{若}v_1\text{到}v_i\text{不直接相连} \end{cases}$$

其次，不断扩充集合 S，直到集合 U 中全部节点均移到集合 S 中，同时记录最短路径到 P 中。从集合 U 中迭代选取具有最短路径的节点 v_i，将其扩充到集合 S 中。从节点 v_1 经集合 S 中的节点到 v_i 的所有路径中最短路径的费用，称为 v_i 的距离，也称为 v_i 的最短路径长度。当最新节点 v_k 扩充到集合 S 中时，对集合 U 中其他各节点距离进行如下调整：对集合 U 中任意顶点 v_j，若 $d[j]>d[k]+<v_k,v_j>$，则将 $d[j]=d[k]+<v_k,v_j>$；否则，$d[j]$的值保持不变。

（3）距离矢量路由选择算法与链路状态路由选择算法的比较

距离矢量路由选择算法与链路状态路由选择算法存在的差异见表 5-7。

表 5-7　两种路由选择算法的差异

距离矢量路由选择算法	链路状态路由选择算法
不知道整个网络拓扑结构	知道整个网络拓扑结构
在相邻路由器路由信息的基础上计算路由的向量距离	根据网络拓扑结构寻找和计算最短路径

（续）

距离矢量路由选择算法	链路状态路由选择算法
收敛速度慢	收敛速度快
路由器的路由表只发送给相邻路由器	路由器的链路状态信息发送给指定的一个或多个路由器

7．OSPF 网络类型

网络的物理连接和拓扑结构不同，交换路由信息的方式也不同。OSPF 将路由器连接的物理网络划分为以下 4 种类型。

（1）点对点网络

由 Cisco 提出的网络类型，路由器自动发现邻居，不选举 DR 和 BDR，Hello 报文的时间间隔为 10s。在这种网络中，两个路由器可以直接交换路由信息。

（2）广播多址网络

由 Cisco 提出的网络类型，路由器自动发现邻居，选举 DR 和 BDR，Hello 报文的时间间隔为 10s。在这种网络中，一条路由信息可以广播给所有的路由器。以太网或者其他具有共享介质的局域网都属于这种网络。

（3）非广播多址访问网络（Non-broadcast Multi-access，NBMA）

由 RFC 提出的网络类型，手动配置邻居，选举 DR 和 BDR，Hello 报文的时间间隔为 30s。在这种网络中，可以通过组播方式发布路由信息。X.25 分组交换网就属于这种网络。

（4）点到多点网络

由 RFC 提出，自动发现邻居，不选举 DR 和 BDR，Hello 报文的时间间隔为 30s。可以将非广播网络当作多条点对点网络来使用，从而把一条路由信息发送到不同的目标。

8．链路状态公告

OSPF 路由器之间通过链路状态公告（Link State Announcement，LSA）交换网络拓扑信息。LSA 中包含连接的接口、链路的度量值等信息。LSA 的分类见表 5-8。

表 5-8　链路状态公告（LSA）分类

类型	名称	发送者	传播范围	描述
1	路由器 LSA	任意 OSPF 路由器	区域内	路由器在区域内连接的路由状态
2	网络 LSA	DR	区域内	指定路由器 DR 在区域内连接的各个路由器
3	网络汇总 LSA	ABR	主干区域	ABR 连接的本区域中的链路状态
4	ABSR 汇总 LSA	ABR	主干区域	ASBR 的可达性
5	外部 LSA	ASBR	除末梢区之外的其他区	AS 之外的路由信息
6	组播 LSA	组播组中任意单一源地址	一个共享组播组	用于建立组播分发树
7	NSSA LSA	连接到 NSSA 的 ASBR	非纯末梢区（Not-so-stub-area，NSSA）	到达 AS 之外的目标的路由可以由 ABR 转换为类型 5 的 LSA

除表 5-10 中提到的 LSA 之外，还有 Opaque LSA。Opaque LSA 是一个被提议的 LSA 类别，在标准的 LSA 头部后面加上特殊应用的信息组成。它可直接由 OSPF 协议使用，或者由其他应用分发信息到整个 OSPF 域间接使用。Opaque LSA 分为 Type 9、Type 10 和 Type 11 三种类型，三种类型的可泛洪区域不同，分别为仅在本地链路范围内泛洪、仅在本地区域范围内泛洪，以及可在一个自治系统范围内泛洪。

9．OSPF 工作过程

OSPF 的基本工作如图 5-10 所示。

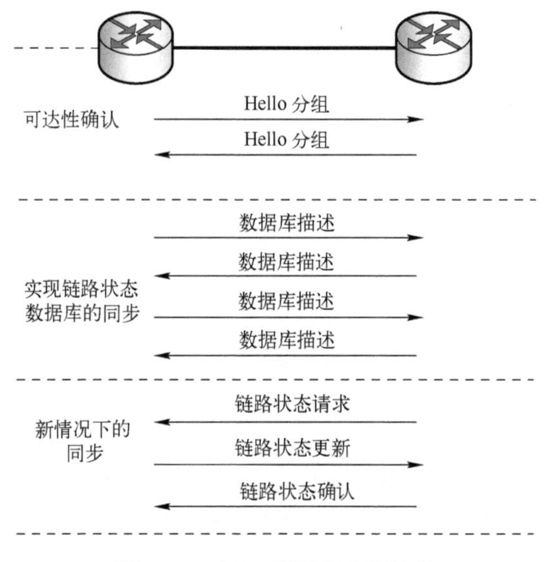

图 5-10 OSPF 的基本工作过程

（1）发送 Hello 报文

通过发送 Hello 报文来发现相邻路由器，并在多路访问网络中选举 DR。OSPF 运行后，首先试探与相邻路由器建立邻接关系。周期性地（每隔 10s）向各个网络接口（包括虚拟网络接口）发送 Hello 报文，以便发现、建立和维护邻接关系。接收到 Hello 报文的路由器如果发现自己在对方相邻的路由器表中，则表明双方都收到了对方的 Hello 报文。

（2）建立邻接关系并同步链路状态数据库

OSPF 需要在自治系统内的路由器的一个子集之间建立邻接关系。只有建立邻接关系的路由器才能参与 OSPF 操作。建立了邻接关系的路由器之间链路状态数据库同步过程如下。

- 假定有两台路由器 A 和 B 刚建立起邻接关系，路由器 A 和 B 将相互发送数据库描述（DD）报文，DD 报文中包括多个 LSA（链路状态公告）的报头。
- 路由器 B 如果在 A 发送的报文中发现其中一些 LSA 头代表的 LSA 在自身的数据库中不存在，或者收到的 LSA 比它拥有的 LSA 更新，则把该 LSA 报头放入自己的 LSA 请求表中，然后向路由器 A 发送链路状态请求（LSR）报文，要求得到 LSA 具体的信息。
- 路由器 A 收到 B 的 LSA 请求报文后，将向 B 发送 LSA 更新（LSU）报文。报文的数据部分是所请求的 LSA 的完整信息。
- 路由器 B 对于收到的每一个更新报文进行检查，将收到的新 LSA 从 LSA 请求表中删除，同时向路由器 A 发出 LSA 更新的确认（LSA）报文。
- 如果路由器 B 的 LSA 请求表为空，则表明两者的链路状态数据库达到一致，即同步成功。OSPF 对每个链路状态更新（LSU）报文发送链路状态确认（LSA）报文，保证数据库描述报文的可靠传输。

（3）与相邻路由器交换 LSA 并构建路由表

路由器在其链路状态发生变化或收到其他路由器发送的 LSA 更新报文后，路由器也要向邻接的路由器主动发送 LSA 更新报文，以便其他路由器尽快更新其拓扑数据库。OSPF 要求 LSA 的所有发起者每隔 30min 刷新一次 LSA，这一规则可以防止路由器数据库发生意外错误。

10. OSPF 的特点

OSPF 协议具有以下一些特点。

- OSPF 协议支持不同的服务类型。对不同服务类型的应用可以计算出不同的路由。例如，可以根据 IP 分组中的服务类型（ToS）字段的值，对不同的链路设置不同的费用代价，代价可以是 1～65535 之间的一个整数；也可以对延时敏感的业务设置较高的代价。
- OSPF 协议支持负载均衡。若到达同一个目的网络存在多条代价相同的路径，可以把通信量负载均匀分到这几条路径上。
- OSPF 协议支持可变长度的子网划分和无分类的编址 CIDR。
- OSPF 协议中的链路状态更新（LSU）分组具有鉴别能力，使得交换信息可以仅在可信赖的相邻节点之间进行。
- OSPF 协议使每一个链路状态都携带一个 32 位的序号，标识链路状态变化的版本，序号越大表明链路状态越新。OSPF 规定，链路状态序号数值增长的速率不能超过 5 次/s。

11. OSPF 与 RIP 的区别

OSPF 最主要的特征就是使用分布式的链路状态协议，而 RIP 使用的是距离矢量协议。此外，OSPF 和 RIP 在其他方面存在着以下一些差异。

1）RIP 与 OSPF 协议都是寻找最短的路径，并采取“最短路径优先”的指导思想，但在具体使用的参数与计算方法上存在不同。OSPF 协议要求路由器发送的信息是本路由器与哪些路由器相邻，以及链路状态的度量（Metric）。链路状态的度量主要是指链路的费用、距离、延时、带宽等数据。而 RIP 发送的信息是“到所有网络的距离和下一跳路由器”。

2）OSPF 协议要求当链路状态发生变化时，用泛洪（Flooding）法向所有路由器发送信息。RIP 仅与自己相邻的几个路由器交换路由信息。泛洪法指路由器通过所有输出端口向所有相邻的路由器发送信息，而每一个相邻路由器又再将此信息发往其所有的相邻路由器（但不再发送给刚刚发来信息的那个路由器），最终整个区域中所有的路由器都得到了这个信息的一个副本。

3）OSPF 协议中只有当链路状态发生变化时，路由器才向所有路由器用泛洪法发送更新信息。RIP 是无论网络拓扑是否发生变化，路由器之间都要定期交换路由表信息。

4）由于执行 OSPF 协议的路由器之间频繁地交换链路状态信息，因此所有的路由器最终都能建立一个链路状态数据库。这个数据库实际上存储着全网的拓扑信息，并且在全网范围内保持一致。执行 RIP 的每一个路由器虽然知道到所有网络的距离及下一跳路由器，但不知道全网的拓扑信息。

5）OSPF 的链路状态数据库能较快地进行更新，使各个路由器也能及时更新其路由表。OSPF 的更新过程和收敛速度都更快。

扫码看视频

5.3.3 边界网关协议

边界网关协议（Border Gateway Protocol，BGP）是 Internet 中广泛采用的外部网关协议，用于多个自治系统（AS）之间的路由选择。目前，大多数网络运营商均将 BGP 部署到其主干路由器中。BGP 的选路算法既不属于链路状态算法，也不属于距离矢量算法。在进行选路时，BGP 不采用内部网关协议常用的一些度量值（Metrics）去衡量某条路径的距离或成本，而是基于路径属性来考虑。因此，BGP 又称为路径矢量协议（Path Vector Protocol）。目前，使用最多的版本是边界网关协议版本 4，通常称为 BGP-4（简称为 BGP）。BGP-4 是目前 Internet 中域间路由协议的草案标准。

BGP 作为域间路由协议，它的交互主要分为以下两类。

- 与其他邻近自治系统或本自治系统中的 BGP 路由器进行交互。不同 AS 之间的 BGP 会话称为 EBGP（External BGP），同一个 AS 内部的 BGP 会话称为 IBGP（Internal BGP）。
- 与同一自治系统内的域内路由协议（如 OSPF、RIP）进行交互。

BGP 使用的路径矢量路由算法是由距离矢量路由算法和 AS 路径环路检测组成的。通过路径矢量算法可以与其他 BGP 发言人在进行路由更新时交换网络可达信息。网络可达信息包括网络号、路径参数属性和一个路由传输到达目的地必须通过的 AS 列表。该 AS 列表被包含在 AS 路径属性中。BGP 通过拒绝任何包含本地 AS 号的路由更新实现无路由环路。BGP 选择一条单一路径，默认为到达目的网络的最佳路径。该最佳路径选择算法是通过分析路径属性来确定哪条路径将被作为最佳路径安装在 BGP 路由表中。

1. BGP 适用的网络环境

BGP 主要用于自治系统（AS）之间的连接。连接在 Internet 主干网上的路由器，需要对任何有效的 IP 地址都能在路由表中找到匹配的目的网络。由于 Internet 互连的各个网络的性能存在很大差异，采用最短距离（最少跳数）选定的路径，未必是合适的路径。若采用链路状态协议，每个网络中的节点（路由器）需要维持一个庞大的链路状态数据库，如果主干网上路由器中路由表的表项数目超过 5 万个网络前缀，此时用 Dijkstra 算法计算最短路径的花费非常巨大。

随着 Internet 规模的扩大，AS 之间的路由选择越来越困难。因此，在 AS 之间寻找最佳路由不现实。各 AS 运行所选定的内部路由协议，采用各 AS 规定的路径代价（费用），当一条路径经过若干个不同的 AS 时想对这样的路径计算出合理的代价是不可能的。由此可以看出，AS 之间的路由选择只可能交换“可达性”信息，如告诉相邻路由器，到达某一目的网络 M 可以经过自治系统 A。

另外，AS 之间的路由选择还涉及有关的策略。例如，某些 AS 不允许有些数据经过自己的网络。AS 之间的路由选择协议应当允许多种路由选择策略，这些策略涉及政治、经济、安全等方面。例如，可以设置策略“在自治系统 A 和 B 都可以通过的情况下，优先选择 B”。

因此，BGP 是在 AS 之间力求寻找到一条能够到达目的网络，并且不会出现环路、相对比较好的路径。

📖 BGP 并不是要寻找一条最佳路由，也无法找到一条最佳路由。

---

2. BGP 的特点

BGP 具有以下一些特点。

- BGP 是一种外部网关协议，与 OSPF、RIP 等内部网关协议不同，其着眼点不在于发现和计算路由，而在于控制路由的传播和选择最佳路由。
- 使用 TCP 为其传输层协议（端口号 179），提高了协议的可靠性。
- 支持无类域间路由（CIDR）。
- 路由更新时，BGP 只发送更新路由，大大减少了 BGP 传播路由所占用带宽，适用于在 Internet 上传播大量路由信息。
- BGP 路由通过携带 AS 路径信息彻底解决路由环路问题。
- 提供了丰富的路由策略，能对路由实行灵活过滤和筛选。
- 易于扩展，能够适应新网络的发展。

3. BGP 发言人与自治系统的关系

在配置 BGP 路由协议时，一个自治系统内至少有一台路由器作为自治系统的“BGP 发言人”。这个发言人可以是 BGP 边界路由器，也可以不是 BGP 边界路由器。不同自治系统的发言人彼此成为对方的邻站（Neighbor）或对等站（Peer）。对等站交换信息之前，要建立一个 TCP 连接，所用端口号为 179。在建立好的连接上通过交换 BGP 报文创建 BGP 会话（Session），通过 BGP 会话交换路由信息。这些信息可以是增加了新的路由、撤销了旧的路由、出错报告等。采用 TCP 可以简化路由选择协议提供可靠服务。每一个 BGP 发言人不仅需要运行 BGP，还需要运行它们自治系统内使用的内部路由协议，如 RIP 和 OSPF 协议。

BGP 发言人与自治系统之间的关系如图 5-11 所示。图中给出了 3 个自治系统，有 5 个 BGP 发言人。BGP 所要交换的可达性信息内容是要到达的目的网络（用网络前缀标识）所要经过一系列自治系统编号，如 AS1、AS2、AS3 等。在交换了可达性信息后，各 BGP 发言人根据所采用的策略从收到的路径中寻找到达各自治系统比较好的路径。所构成的路径连通图是不存在环路的树形结构。

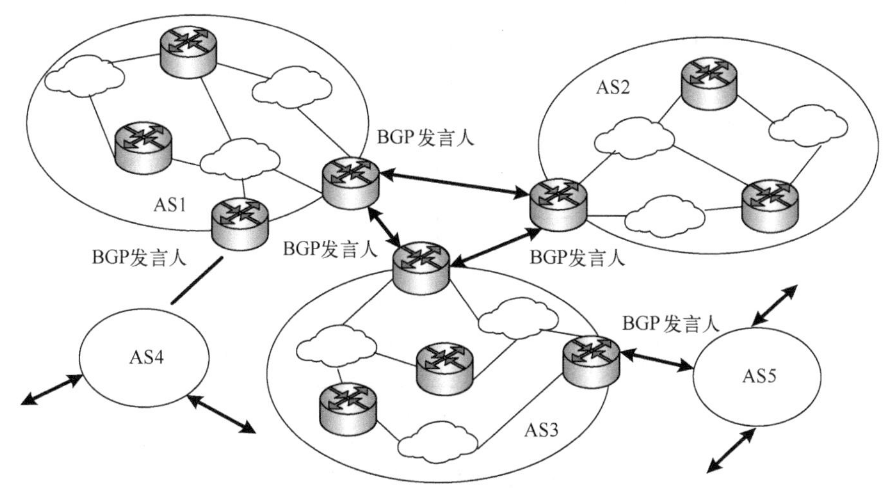

图 5-11　BGP 发言人与自治系统之间的关系

4. BGP 报文格式

BGP 报文首部采用长度为 19B 的固定格式。BGP 报文分为 4 种类型，它们具有相同的报文首部。BGP 报文格式如图 5-12 所示。

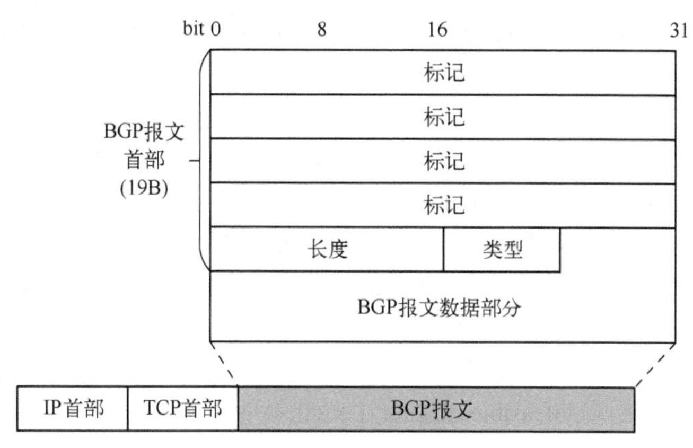

图 5-12　BGP 报文格式

BGP 报文中各字段的含义如下。

● 标记：占 4B，用于认证 BGP 报文或检测一对 BGP 对等实体之间同步的丢失。如果报文是一个 OPEN 报文，可以采用基于某种认证机制来预测。如果 OPEN 报文没有携带认证，标记字段必须设为全 1。

● 长度：占 2B，用于指示以字节（B）为单位的 BGP 报文总长度，包括报头。长度字段的数值必须在 19～4096B 之间。

● 类型：占 1B，用于标志 BGP 报文类型，值为 1～4，分别对应打开、更新、保持存活和通知 4 种类型的 BGP 报文。

5. BGP 报文类型

BGP 报文分为打开（OPEN）报文、更新（UPDATE）报文、保持存活（KEEPALIVE）报文和通知（NOTIFICATION）报文 4 种类型。

1）OPEN 报文，用于创建 BGP 的邻接关系。当 TCP 连接建立后，双方发送的第一个报文就是 OPEN 报文。若接收 OPEN 报文，则需要回复一个 KEEPALIVE 报文进行确认，然后双方就可以交换路由更新信息了。在 OPEN 报文中，双方通过一个保持时间（Hold Time）字段来协商 KEEPALIVE 以及 UPDATE 报文发送的时间间隔。OPEN 报文格式如图 5-13 所示。

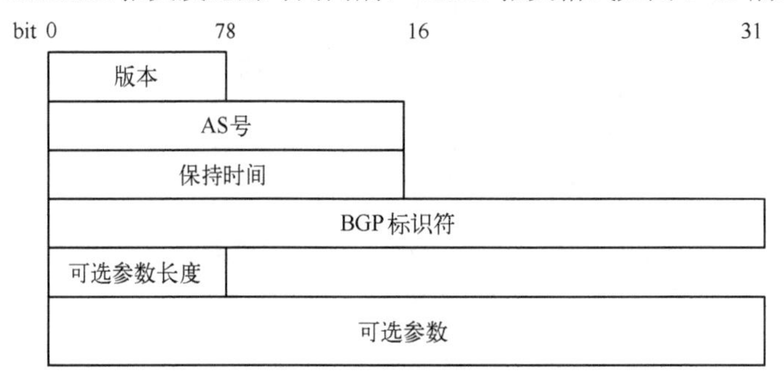

图 5-13　OPEN 报文格式

OPEN 报文中各字段的含义如下。

● 版本：占 1B，标识 BGP 版本号。对于 BGP-4 来说，其值为 4。

● AS 号：占 2B，使用全球唯一的 16 位 AS 号，由 ICANN 地区登记机构分配。通过比较两端的 AS 号可以确定是 EBGP 连接还是 IBGP 连接。

● 保持时间（Hold Time）：占 2B，以秒（s）为单位，在建立对等体关系时两端要协商 Hold Time，并保持一致。如果在这个时间内未收到对端发来的 KEEPALIVE 报文或 UPDATE 报文，则认为 BGP 连接中断。

● BGP 标识符：占 4B，用来标识 BGP 路由器的 ID，通常就是该路由器的 IP 地址。

● 可选参数长度：占 1B，用来标识可选参数的总长度，值为 0 则没有可选参数。

● 可选参数：长度可变，用于协议扩展等功能。

2）UPDATE 报文，用于交换路由信息。根据 UPDATE 报文传递的信息，可以建立起描述不同 AS 之间关系的结构图，是 BGP 的核心内容。UPDATE 报文格式如图 5-14 所示。

不可用的路由长度（2B）
撤销的路由（可变长）
路径属性总长度（2B）
路径属性（可变长）
网络层可达性信息（可变长）

图 5-14　UPDATE 报文格式

UPDATE 报文中各字段的含义如下。

● 不可用的路由长度（Unfeasible Routes Length）：占 2B，表示回收字段的长度。

● 撤销的路由（Withdrawn Routes）：包含从服务器中撤销路由

的 IP 地址前缀列表。

- 路径属性总长度：占 2B，表示路径属性字段的长度。
- 路径属性（Path Attributes）：包含了与网络层可达性信息字段中的 IP 地址前缀相关联的属性列表。例如，路由信息的来源、路由优先级、实施路由聚合的 BGP 实体，以及在路由聚合时丢失的路由信息等。
- 网络层可达性信息（Network Layer Reachability Information，NLRI）：可达性信息包含在一系列 AS 列表中。描述了通过路径属性中的 NEXTHOP 属性指明的网关可以到达的网络。

BGP 在通告网络层可达性信息和撤销路由时采用 IP 地址前缀列表来描述路由，而每一个 IP 地址前缀采用 2B 的<长度, 前缀>二元组的格式。其中，长度指 IP 地址前缀长度的位数，前缀包含 IP 地址前缀。UPDATE 报文中还用路由属性来描述路由。

3）KEEPALIVE 报文，用于确认 BGP 邻接路由器是否可达。该报文只有 BGP 的 19B 的报头，没有数据部分。KEEPALIVE 报文发送的最大间隔不超过保持时间的 1/3，但不允许过于频繁。

4）NOTIFICATION 报文，用于通告错误的发生。当检测到出错时，发送 NOTIFICATION 报文，然后立即关闭该 BGP 连接。NOTIFICATION 报文格式如图 5-15 所示。

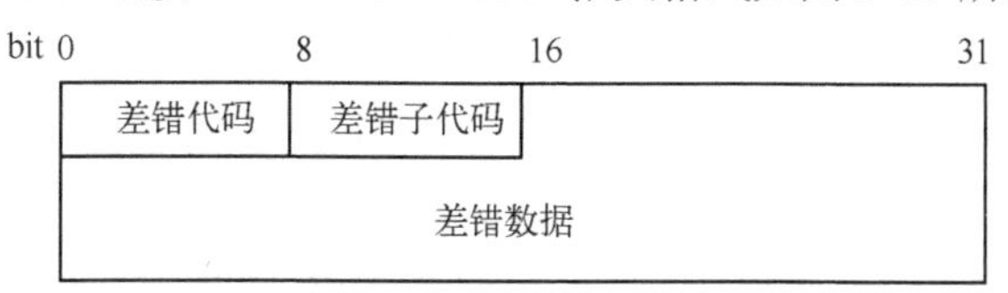

图 5-15　NOTIFICATION 报文格式

NOTIFICATION 报文中各字段的含义如下。

- 差错代码（Error Code）：占 1B，指定错误类型。
- 差错子代码（Error Subcode）：占 1B，描述错误类型的详细信息。
- 差错数据（Error Data）：可变长度，用于辅助发现错误原因。它的内容依赖于具体的差错代码和差错子代码，记录的是出错部分的数据。

6. BGP 工作原理

（1）BGP 的工作原理

1）BGP 运行在 TCP 上，使用 179 端口建立连接。

2）当两个 BGP 路由器建立 TCP 连接后，双方就各自发送 OPEN 报文协商连接参数。

3）参数确定后，BGP 路由器之间才开始交换 BGP 路由信息。初始交换的路由信息是全部的 BGP 路由表，以后只有在路由信息发生变化时才发送路由更新信息。

4）BGP 不需要定期刷新路由表，而是通过定期发送 KEEPALIVE 报文来确保 BGP 连接的存在。

5）如果 BGP 在正常的路由信息更新或连接保持过程中发生错误，BGP 便发送 NOTIFICATION 报文报告出错情况，并关闭该连接。

（2）BGP 路由的撤销和声明

BGP 路由信息存储在相应的数据库中，经过处理和计算来选择发送给其他 BGP 路由器。BGP 路由宣告包括路由撤销和路由声明。

- 对于当前无效的路由信息，BGP 进行路由撤销，每一条被撤销的路由都是一个二元组<长度, 前缀>。在一个 UPDATE 报文中，可以撤销一条或多条路由信息。

● BGP 声明的路由则通过路径属性和网络可达性信息进行说明。

（3）BGP 路由声明过程

多 AS 结构示意如图 5-16 所示。各 AS 之间均由 BGP 路由器相连，主干网和地区 ISP 网络都是中转 AS，而本地 ISP 网络都是末端 AS。其 BGP 路由声明过程如下。

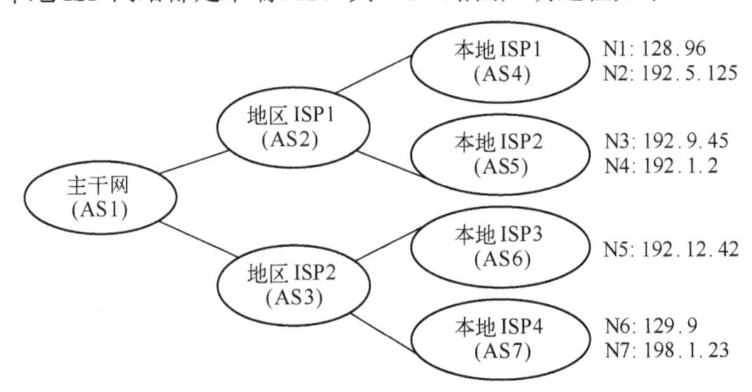

图 5-16　BGP 路由声明示例

1）本地 ISP1（AS4）和本地 ISP2（AS5）的 BGP 路由器分别向地区 ISP1（AS2）的 BGP 路由器通告关于“网络 N1、N2 及网络 N3、N4”的可达性，这样，地区 ISP1 就知道“网络 N1、N2 可经过路径<AS4>到达，网络 N3、N4 可经过路径<AS5>到达”。

2）由地区 ISP1 的 BGP 路由器向主干网（AS1）的 BGP 路由器通告关于 4 个网络的可达性，这样，主干网就知道“网络 N1、N2 可经过路径<AS2, AS4>到达，网络 N3、N4 可经过路径<AS2，AS5>到达”，并将这些网络的可达性信息通过地区 ISP2（AS3）再传播出去。

3）类似地，主干网也能知道如何通过 AS 层次的路径到达网络 N5、N6 和 N7，它同样将这些网络的可达性信息通过地区 ISP1 再传播出去。这样，所有 AS 都知道如何到达上面的这些网络。

当然，每个 AS 同样可以通知其他 AS 将不再使用的 BGP 路由删除掉。

扫码看视频

5.4　延伸阅读——工业互联网

工业互联网（Industrial Internet）是新一代信息通信技术与工业经济深度融合的新型基础设施、应用模式和工业生态，通过对人、机、物、系统等的全面连接，构建起覆盖全产业链、全价值链的全新制造和服务体系，为工业乃至产业数字化、网络化、智能化发展提供了实现途径，是第四次工业革命的重要基石。

在工业互联网中，网络是基础，平台是核心，安全是保障。“设备网联化、联接 IP 化、网络智能化”的先进工业网络是实现设备和系统都说“普通话”、提高异构工业网络的互通能力的关键，是支撑工业资源泛在连接、数据高效流动、网络安全、实现数字化与智能化的基础。

位于我国某省的一座未来汽车产业园可称为汽车零部件企业数字化智能制造的“标杆未来工厂”，网络功能充分渗透办公、生产、运维等各个环节。

（1）乐享办公

在未来汽车产业园的办公区和生产办公区有很多便携式计算机和各种多媒体会议设备，人员密集，部署环境差异大。为了给员工提供优质的 WiFi 服务，在产业园网络规划之初，园区采用了华为云园区网络规划工具进行工勘，对 AP 的安装位置、安装方式、信道等进行统一的管理与规划。选用华为 AirEngine WiFi 6 AP，其高吞吐速率、低时延、智能无线射频调优的特性满足了未来汽车产业园办公高清视频会议和跨基地、跨厂区信息传输等大流量业务的需求。WiFi 6 AP 采用华为的智能天线技术，其覆盖半径比传统天线大 20%，为用户提供零死角的网络覆盖，用更少的 AP 带来更优的网络体验。iMaster NCE-Campus 业务随行，IP-Group 实现认证点与策略点分离，一套认证设备，兼容第三方混合组网，降低 TCO，让跨厂区移动不再需要重复认证，保护用户投资，移动办公更流畅，工作可随时随地处理。

基于先进的办公网络，未来汽车产业园在各种管理环节中实现数字化、自动化和智能化。通过高效会议、3A 办公（Anytime、Anywhere、Anything）、智能办公室 3 个维度，共同构建智能化、移动化、个性化的办公系统，实现员工实时的任务协作、全渠道的沟通及无边界的信息共享。

（2）智能生产

未来工厂采用华为 S12700E 系列交换机作为核心、Multi-GE 交换机作为接入，并加持 WiFi 6 在"神经末梢"工作，可实现端到端带宽升级，满足未来 5～10 年数字化终端和业务增长需求。同时，交换机随板 AC、有线无线充分融合、无线流量转发无瓶颈、减少故障点且成本降低。端到端的带宽保障为物流协同过程中的视频监控、分段抓拍、月台全景录像等提供无阻塞的"长神经纤维"通途，确保信息实时、可靠、稳定地传递到园区的"中枢神经"。

制造云网助力未来工厂的 AGV 小车自如地穿梭在车间各个角落，无须人工干预就能准确无误地完成各项复杂任务。通过无损漫游技术，实现 AGV 小车漫游 0 丢包，有效保障 AGV 小车 7×24 小时高效、稳定地运行。车间还可启动机器上岗，利用数字化仿真技术，结合人机工程学，使操作更加轻松。

（3）智能运维

华为 iMaster NCE-Campus 和 iMaster NCE-CampusInsight 自动驾驶网络管理与智能运维系统助力未来汽车产业园有线无线网络的一体化、精细化运维。iMaster NCE-CampusInsight 是以用户体验为中心的智能运维，从传统的依赖人力肉眼监测，到现在管理员可以对每一个用户的使用情况、设备的在线状态进行实时监测。基于 Telemetry 秒级数据采集，可实现每用户每应用每时刻的体验可视，一旦出现问题只需数分钟即可定位问题，找出问题的根本原因，并根据故障推理引擎提出有效的解决措施建议，保证了生产不掉线、业务不中断。基于神经网络的智能无线射频调优，可实现整网性能提升 50%以上，把复杂留给自己，把方便带给客户。

通过与华为的合作，未来汽车产业园借助华为制造云网解决方案，打造"三化一体"（设备网联化、联接 IP 化、网络智能化、一体安全）智能制造"标杆未来工厂"，让身处其中的员工充分感受到科技带来的便利和人文关怀。

5.5　思考与练习

1．选择题

1）集线器工作在（　　），路由器工作在（　　），网桥工作在（　　）。

A．物理层　　B．数据链路层　　C．网络层　　D．传输层

2）下列说法错误的是（　　）。

A．中继器可以连接一个以太网 UTP 线缆上的设备和一个以太网同轴电缆上的设备

B．中继器可以增加网络带宽

C．中继器可以扩展网络上两个节点间的距离

D．中继器可以再生网络上的电信号

3）当网桥收到一帧，但不知道目的节点在哪一网段时，会（　　）。

A．在输入端口上复制该帧　　B．丢弃该帧
C．将该帧复制到所有端口　　D．生成校验和

4）当一个网桥处于学习状态时（　　）。
A．向它的转发数据库中添加数据链路层地址
B．向它的转发数据库中添加网络层地址
C．从它的数据库中删除未知地址
D．丢弃它不能识别的所有帧

5）具有隔离广播信息能力的互连设备是（　　）。
A．中继器　　B．网桥　　C．L2交换机　　D．路由器

6）路由器用来连接（　　）个逻辑上分开的网络。
A．1个　　B．两个　　C．多个　　D．无数个

7）边界路由器是指（　　）。
A．单独的一种路由器
B．次要的路由器
C．路由功能包含在位于主干边界每一个LAN交换设备中
D．路由器放在主干网的外边

8）以下不是路由器的功能是（　　）。
A．安全性与防火墙　　B．路径选择　　C．隔离广播　　D．第二层特殊服务

9）对于RIP，可以到达目的网络的跳数最多为（　　）。
A．12　　B．15　　C．16　　D．无数条

10）对于OSPF协议中划分区域的重要性，下列描述不正确的是（　　）。
A．减小LSDB的规模　　B．降低运行SPF算法的复杂度
C．缩短路由器的LSDB同步时间　　D．有利于进行汇聚

11）下列不是解决RIP路由环路的方法的是（　　）。
A．水平分割　　B．毒性逆转　　C．重启路由器　　D．触发更新

12）下面正确描述了路由协议的是（　　）。
A．允许数据包在主机间传送的一种协议
B．定义数据包中域的格式和用法的一种方式
C．通过执行一个算法来完成路由选择的一种协议
D．指定MAC地址和IP地址捆绑的方式和时间的一种协议

13）BGP是在（　　）之间传播路由的协议。
A．主机　　B．子网　　C．区域　　D．自治系统（AS）

14）下列对链路状态路由选择算法说法正确的是（　　）。
A．链路状态是对路由的描述　　B．链路状态是对网络拓扑结构的描述
C．链路状态算法本身不会产生自环路由　　D．OSPF和RIP都使用链路状态算法

15）在OSPF同一区域（区域A）内，下列说法正确的是（　　）。
A．每台路由器生成的LSA都是相同的
B．每台路由器根据该最短路径树计算出的路由都是相同的
C．每台路由器根据该LSDB计算出的最短路径树都是相同的
D．每台路由器的区域A的LSDB（链路状态数据库）都是相同的

16）RIP 是基于（　　）。

A．UDP　　B．TCP　　C．ICMP　　D．Raw IP

17）关于自治系统说法正确的是（　　）。

A．自治系统是运行同种路由协议的区域

B．自治系统内部可以运行一种或几种 IGP

C．自治系统是一组在同一管理机构控制下的路由器的集合

D．自治系统之间利用 BGP 等外部网关路由协议交换路由信息

18）以下关于 RIPv1 和 RIPv2 描述正确的是（　　）。

A．RIPv1 不支持组播，默认不发布子网信息

B．RIPv2 支持组播，可以不发布子网信息

C．RIPv1 中，可以通过取消路由聚合来发布子网信息

D．RIPv2 默认使用广播方式，要使用组播发布 RIP 报文，需要用命令设置

2．问答题

1）作为中间设备，中继器、网桥和路由器有何区别？

2）简述 RIP、OSPF 和 BGP 路由选择协议的主要特点。

3）路由器的主要功能是什么？

3．综合题

网络中路由器 B 的路由表见表 5-9，现在路由器 B 收到来自路由器 C 的路由信息（见表 5-10）。试求路由器 B 更新后的路由表，要求说明每一个步骤。

表 5-9　路由器 B 的路由表

目的网络	距离	下一跳路由器
N1	4	B
N2	2	C
N3	1	F
N4	5	G

表 5-10　路由器 C 的路由通告

目的网络	距离
N1	2
N2	1
N3	3
N4	7

第 6 章 传输层

本章导读（思维导图）

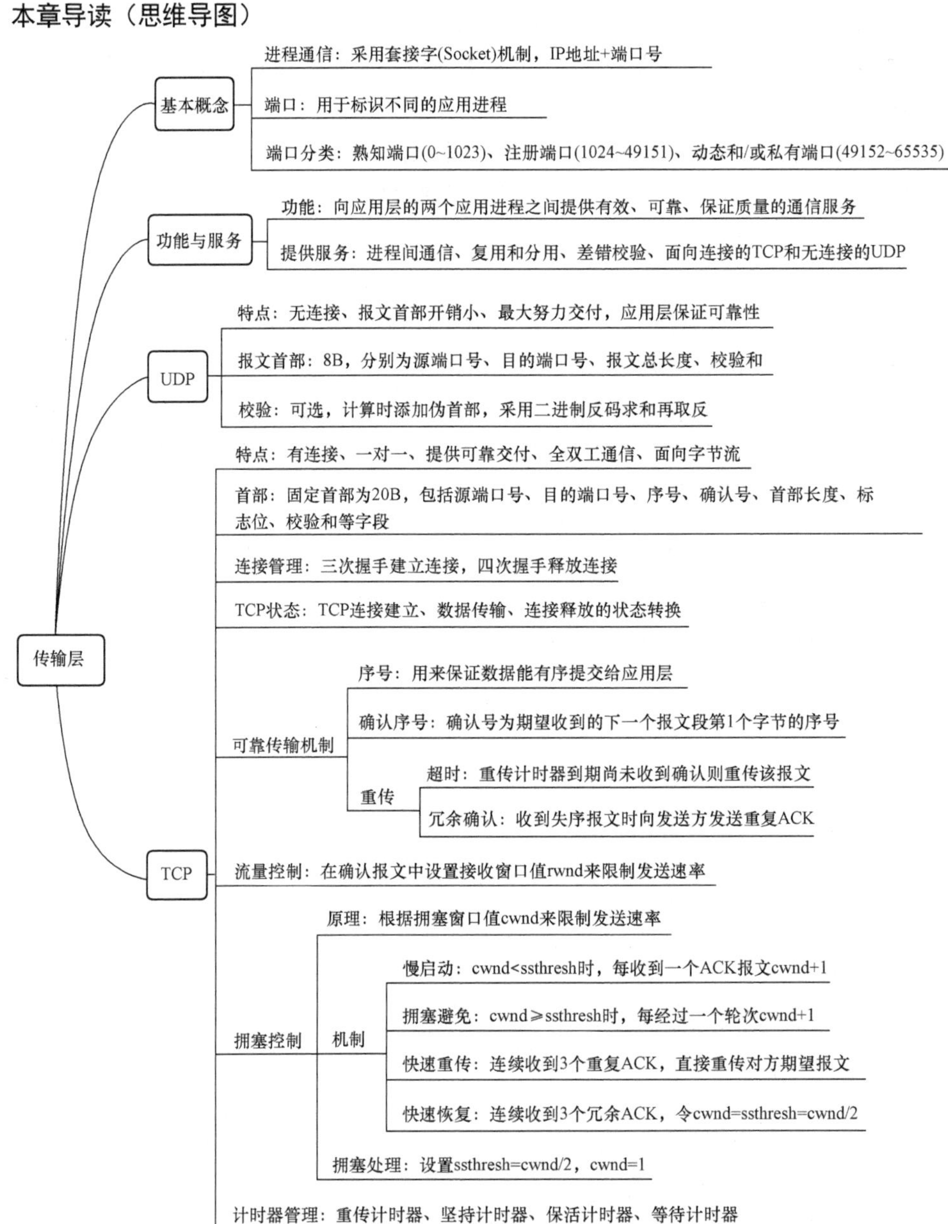

传输层处于OSI参考模型的第4层，是从底向上第一个提供端到端通信功能的层次。传输层的主要功能是为相互通信的主机的应用进程提供完整的端到端逻辑通信，是整个网络体系结构中的关键层次之一。本章主要介绍进程间通信，以及端口、套接字等重要概念；传输层的功能；网络服务和服务质量；UDP的特点和基本工作过程；TCP和可靠传输的工作原理，包括TCP的特点、TCP连接管理、TCP滑动窗口、流量控制、拥塞控制和TCP计时器管理等。

📖 计算机网络本质是主机之间的进程通信，传输层的主要作用就是实现主机之间的进程通信。

6.1 传输层概述

从通信角度看，网络层实现了IP分组的路由选择与转发，即网络中主机之间的数据通信，但不能实现应用层的各种网络服务功能。传输层的主要作用是实现网络中主机间的进程通信，为实现应用层的各种网络服务功能提供服务。

6.1.1 进程通信与端口

在计算机网络体系结构中，传输层向其上的应用层提供通信服务，属于面向通信部分的最高层，同时也是用户功能的最低层。从网络层来说，通信的两端是两个主机，IP数据报的首部明确标识了源主机的IP地址和目的主机的IP地址。IP根据IP地址仅能把IP数据报从源主机发送到目的主机，这个分组还停留在主机的网络层，没有交付给主机中的应用进程。实际上，真正的通信实体是主机中的进程，即源主机中的应用进程和目的主机中的应用进程在交换数据。因此严格地讲，两个主机进行通信就是两个主机中的应用进程互相通信。

1．进程和进程通信

进程和进程通信是操作系统中最基本的概念。程序是一个在时间上按照严格次序进行的操作序列，它是一个静态的概念。程序体现编程人员要求计算机所要完成的功能应该采取的顺序步骤。进程是一个动态的概念，是一个程序对某个数据集的执行过程。进程具有并发特性，是分配计算机资源的基本单位。进程的静态描述由3个部分组成：进程控制块（Process Control Block，PCB）、有关的程序段及对其操作的数据。

在引入进程的概念后，可以把并发的程序划分成若干个并发活动的进程，这些进程统一由一个调度程序控制和管理，以保证协调完成各种任务。在单机系统中，多个进程共享单一的CPU，因此在一个时刻，某个进程在使用CPU，有的进程在等待分配CPU，有的进程在等待其他条件。这样，一个进程在不同的时刻处于不同的状态。例如，正在运行的进程处于运行态；等待分配CPU的进程处于就绪态；等待其他条件的进程处于等待态。进程的状态反映进程执行过程的变化，这些状态随着外界条件与进程的执行发生改变。

进程通信的概念最初出现在单机系统中，单机内进程通信可以采用各种进程间通信（Inter-Process Communication，IPC）机制实现，但IPC机制不能解决网络进程通信问题。网络进程通信一般采用套接字（Socket）机制。在TCP/IP网络中，每个应用进程首先创建一个socket，然后对该socket赋值，并将应用进程与socket进行绑定。一个socket可以用一个三元组<协议, 本地主机地址, 本地端口>来描述。因此，两个应用进程之间的网络通信可以用一对socket来标识，一对socket合起来就是一个五元组<协议, 本地主机地址, 本地端口, 远程主机地址, 远程端口>。

📖 应用进程就是应用程序的动态执行过程。

2．端口

（1）传输层的复用和分用功能

传输层有一个很重要的功能就是复用（Multiplexing）和分用（Demultiplexing）。“复用”是指发送方不同的应用进程都可以使用同一个传输层协议传送数据（当然需要加上适当的首部）；“分用”是指接收方的传输层在剥去报文的首部后能够把这些数据正确交付目的应用进程。

日常生活中有很多复用和分用的例子。例如，一个机构的所有部门向外单位发出的公文都由收发室负责寄出，相当于各部门共同“复用”该收发室；当收发室收到从外单位寄来的公文时，则要完成“分用”功能，即按照信封上写明的本机构的部门地址把公文进行正确交付。传输层的复用和分用功能与此类似，应用层的所有应用进程都可以将数据通过传输层传送给网络层（IP层），即复用；传输层从 IP 层收到数据后交付给指定的应用进程，即分用。

（2）端口的概念

为实现复用和分用功能，传输层协议需要为应用层的每个应用进程赋予一个明确的标志，用于标识不同的应用进程，该标志称为协议端口号，简称为端口（Port）。因此，尽管通信终点是应用进程，但网络通信中只需将传送的报文交付到目的主机的某一个合适的目的端口即可，最后交付给进程的工作由传输层协议完成。

注意：协议栈层间抽象的协议端口与路由器或交换机上的端口的区别。前者是软件端口，是应用层的各种协议进程与传输实体进行层间交互的一种地址，不同的操作系统具体实现端口的方法可以是不同的；后者是硬件端口，是不同硬件设备进行交互的接口。

因此，传输层的主要功能是在网络层提供主机通信的基础之上实现进程通信。TCP/IP 是通过端口机制实现进程通信的。在 IP 层，通过 IP 地址定位到主机，在传输层，通过端口号定位到进程。图 6-1 给出了 IP 地址和端口号的关系。

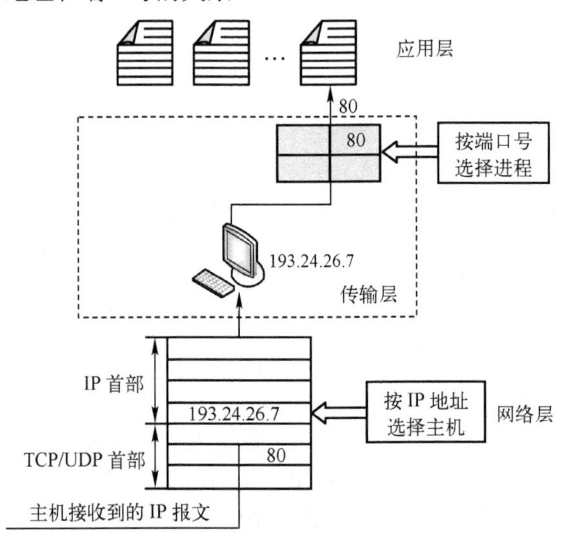

图 6-1　IP 地址和端口号的关系

TCP/IP 的传输层采用一个 16 位的二进制数来标识一个端口（即端口号），可允许的端口号共有 65536 个。端口号只是为了标识本地计算机应用层中各进程在与传输层交互时的层间接口，它只具有本地意义，Internet 中不同计算机中相同的端口号是没有关联的。

由此可见，两个计算机中的进程要互相通信，不仅必须知道对方的 IP 地址（为了找到对方的计算机），而且还要知道对方的端口号（为了找到对方计算机中的应用进程）。

（3）TCP/IP 中端口的分类

TCP/IP 中端口一般分为 3 类。

- 熟知端口（Well Known Port）：端口号范围是 0～1023。通常用于一些众所周知的服务，主要被系统使用，由 IANA 进行统一分配。
- 注册端口（Registered Port）：端口号范围是 1024～49151。主要用于一些不常用服务，使用前要注册。
- 动态和/或私有端口（Dynamic and/or Private Port）：端口号范围是 49152～65535。一般是临时端口，随着通信需要随时分配，及时回收，主要为客户端分配使用。理论上，不应为服务分配这些端口，也有例外，如 Sun 的 RPC 端口从 32768 开始分配。动态端口范围在具体实现中亦有不同，有些机器从 1024 起分配动态端口。

表 6-1 列出了一些 TCP/UDP 的熟知端口。

表 6-1 TCP/UDP 的熟知端口

端口号	协议	关键词	描述
20/21	TCP	FTP-DATA/Control	文件传输协议-数据连接/控制连接
23	TCP	Telnet	远程登录
25	TCP	SMTP	简单邮件传送协议
53	UDP	DNS	DNS 服务器
67/68	UDP	DHCP Server/Client	DHCP 服务器/客户端
69	UCP	TFTP	简单文件传送协议
80	TCP	HTTP	超文本传送协议
110	TCP	POP3	邮局协议版本 3
443	TCP	HTTPS	安全 HTTP

此外，系统管理员可以“重定向”端口，一种常见方法是将一个熟知端口进行重定向。端口重定向是为了隐藏服务器使用的端口。例如，HTTP 服务器的默认端口是 80，可以将它重定向到其他端口号，如 8080。

📖 传输层端口号是为了识别最终服务的应用进程，将数据交付目的主机的目的进程。

6.1.2 传输层的基本概念

1. 传输层在网络层次结构中的地位

传输层的目标是向应用层网络中两个应用进程之间的通信，提供有效、可靠、保证质量的服务。通信子网包括网络层及以下部分，通常是由电信部门建设并提供给用户使用的公共数据网。如果通信子网服务能够满足用户需求，则传输层就可能变得很简单；如果通信子网服务不能满足用户需求，则传输层必须对通信子网服务加以完善，传输层协议就可能变得比较复杂。因此，传输层在网络分层结构中起着承上启下的作用，它使用网络层提供的服务，通过执行传输层协议，屏蔽通信子网在技术、设计上的差异和服务质量的不足，向高层提供一个标准的、完善的通信服务。

网络中设置传输层后，应用层的网络应用程序不必担心不同的子网接口和不可靠的数据传输。传输层可以起到隔离通信子网的技术差异性，如网络拓扑、通信协议的差异，改善传输可靠性的作用。因此，传输层是为用户提供可靠的数据传输服务的关键层。

2．传输层协议需解决的问题

传输服务是通过建立连接的两个传输实体之间执行传输层协议来实现的。传输层实体间的通信是面向通信子网的，传输层传输的报文需要经过多个路由器和通信线路传输与转发才能到达目的主机，传输中可能产生报文过大、传输延迟与差错等问题。因此，传输层协议需要解决可靠性和网络拥塞等问题。

3．传输层与网络层的主要区别

网络层和传输层具有明显的区别，主要有以下几方面。

- 网络层为主机之间提供逻辑通信，传输层为应用进程之间提供逻辑通信。
- 网络层的设备是路由器，路由器的协议栈最高层是网络层，因为路由器在转发分组时只使用低三层的功能。而传输层需要向其上的应用层提供通信服务，是端到端的通信，因此，在网络中，只有传输的两端主机才能进行端到端的通信，即只有主机的协议栈才有传输层。
- 网络层的 IP 数据报首部中的校验和字段，只校验首部是否出现差错而不检查数据部分，而传输层需要对收到的整个报文进行差错检测。
- 网络层通过 IP 地址识别通信主机，传输层通过端口号识别应用层进程。

网络层和传输层的主要区别如图 6-2 所示。从图中可以看出，传输层向高层用户屏蔽了下面网络核心的细节（如网络拓扑、所采用的路由选择协议等），使应用进程面对的是两个传输层实体之间端到端的逻辑通信信道。但是这条逻辑通信信道对上层的表现却因传输层使用不同协议有很大差别。根据应用程序的不同需求，传输层提供两种不同的传输协议，面向连接的 TCP 和无连接的 UDP。当传输层采用 TCP 时，尽管下面的网络是不可靠的（只提供尽最大努力服务），但传输层信道提供一条全双工的可靠信道。但当传输层采用 UDP 时，传输层信道仍然是一条不可靠信道。

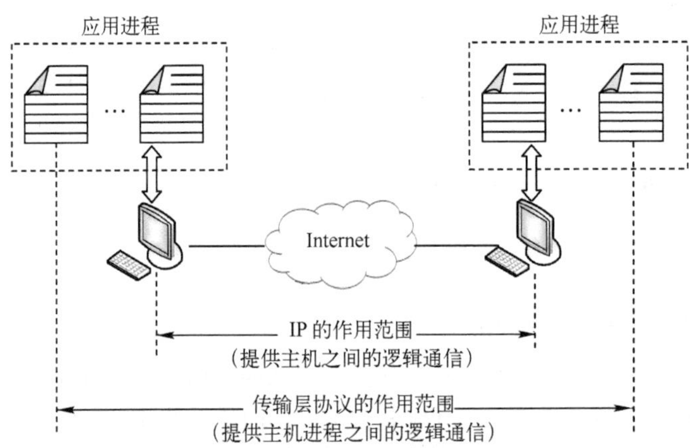

图 6-2 网络层和传输层的主要区别

4．传输层协议数据单元

传输层之间传输的报文称为传输层协议数据单元（Transport-Layer Protocol Data Unit，TPDU）。TPDU 的结构，以及与 IP 分组、帧结构的关系如图 6-3 所示。

TPDU 有效载荷是应用层的数据，传输层在 TPDU 有效载荷之前加上 TPDU 首部，形成传输层协议数据单元（TPDU）；TPDU 传送到网络层后，加上 IP 分组首部后形成 IP 分组；IP 分组传送到数据链路层后，加上帧首和帧尾形成帧。帧传输到目的主机后，经过数据链路层与网络层处理，传输层接收到 TPDU，读取 TPDU 首部，按照传输层协议的要求完成相应的动作。与数据链路层、网络层一样，TPDU 首部实现传输层协议的命令和响应功能。

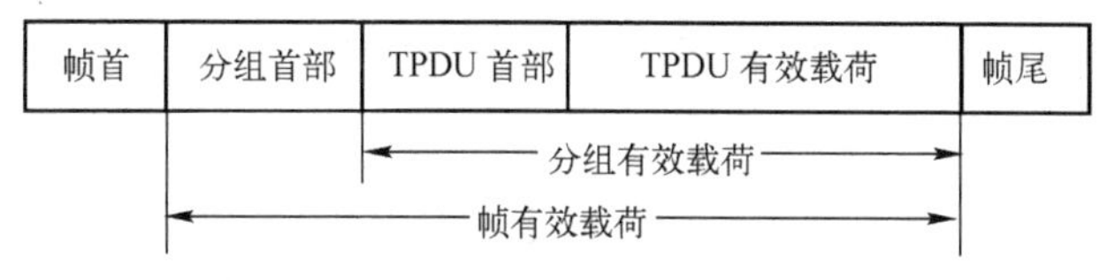

图 6-3　TPDU 与 IP 分组、帧的结构关系

6.1.3　网络服务质量

1. 网络服务质量的概念

任何服务都有质量问题，网络中的服务也不例外。在计算机网络中，网络服务质量简称 QoS（Quality of Service）。

对于面向连接的传输层，衡量其 QoS 的重要指标有：连接建立延迟/释放延迟、连接建立/释放失败概率、传输延迟、吞吐率、残留误码率与传输失败概率等。其中很多指标与低层所能提供的服务直接相关。例如，延迟指标在很大程度上取决于通信子网本身的结构、性能和采用的网络技术，如广域网比局域网延迟要大，而无论高层协议设计得如何合理，它只能尽可能减少延迟的增加，而不可能减少延迟。

网络中的第 N 层总是要向第 N+1 层提供比第 N−1 层更完善、更高质量的服务，否则第 N 层就没有存在的价值。这个思想贯穿于整个网络层次结构和网络设计中，传输层的协议设计也是遵循这一基本指导思想。传输层可以进一步改善传输的可靠性，包括是否有分组丢失、重复和失序等。在 QoS 指标中，延迟等反映通信子网物理特性的指标，通过传输层协议是无法改善的，而可以加以改善的是连接建立/释放失败概率、残留误码率等可靠性指标。

2. 衡量传输层服务质量的主要参数

传输服务允许用户在建立连接时，对各种服务参数指定希望得到的和可以接受的最低限度的要求。有些参数还可以用于无连接的传输服务。传输层根据网络服务的种类或它能够获得的服务来检查这些参数，决定能否提供所要求的服务。

衡量传输层服务质量主要有以下几个参数。

1）连接建立延迟。连接建立延迟是指从传输服务用户要求建立连接，到收到连接确认之间所经历的时间。它包括远端传输实体的处理延迟。延迟越短，服务质量就越好。

2）连接建立失败的概率。连接失败的概率是指在最大连接建立延迟时间内，连接未能建立的可能性。例如，由于网络拥塞、缺少缓冲区或其他原因造成连接建立失败。

3）吞吐率。吞吐率是指每秒钟传输的用户数据的字节数，它是在某个时间间隔内测量得到的数据。同一条路径的不同传输方向的吞吐率可以是不同的。每个传输方向需要分别用各自的吞吐率来衡量。

4）传输延迟。传输延迟是指从源主机开始发送用户报文，到目的主机接收到报文为止所经历的时间。与吞吐率一样，同一条路径的不同传输方向的传输延迟可以是不同的。每个传输方向需要分别用各自的传输延迟来衡量。

5）残余误码率。残余误码率是指丢失或乱序的报文数占整个发送报文数的百分比。理论上残余误码率应为零，实际上它可能是一较小的值。

6）安全保护。安全保护为传输用户提供了传输层的保护，以防止未经授权的第三方读取或修改数据。

7）优先级。优先级为传输用户提供了一种用以表明哪些连接更为重要的方法。当发生拥塞事件时，确保高优先级的连接比低优先级的连接优先获得服务。

8）恢复功能。恢复功能给出了当出现内部问题或拥塞问题的情况下，传输层本身自发终止连接的可能性。

在讨论传输层服务质量参数时，需要注意以下几个问题。

- 服务质量参数是传输层用户在请求建立连接时设定的。它表明希望得到的和可以接受的最低限度的要求。
- 在某些情况下，传输层通过检查服务质量参数，可以立即发现其中某些值是无法达到的。这时，传输层可以不与目的主机连接，而直接通知传输用户连接请求失败，同时报告失败的原因。
- 在有些情况下，传输层发现它不能达到用户希望的质量参数，但可以达到稍微低一些的要求，那么它将降低要求，然后再请求建立连接。

并非所有的传输连接都需要或都能够提供所有的服务质量参数。大多数情况仅对残余误码率有要求，而对其他参数不提出要求。

扫码看视频

6.2　用户数据报协议

用户数据报协议（User Datagram Protocol，UDP）在 IP 提供主机通信的基础之上通过端口机制提供进程通信功能。

6.2.1　UDP 概述

1. UDP 的定义

（1）UDP 的概念

UDP 为用户提供端到端的无连接的不可靠的数据传输服务。除了提供应用进程对 UDP 的复用功能外，仅提供轻量型的差错控制，如果 UDP 检测出在收到的分组中有一个差错，就丢弃该分组。UDP 不提供流量控制机制和确认机制。

（2）UDP 的应用场合

由于 UDP 采用了无连接方式，并且只提供有限的差错控制，因此协议简单，在一些特定的应用中协议运行效率高。目前，UDP 主要应用于对实时要求高、差错要求低的场合，如 IP 电话、视频会议等，它们要求源主机以恒定的速率发送数据，并且在网络出现拥塞时，可以丢弃一些数据，但是不希望数据延迟太大。此外，路由选择协议（RIP）、域名解析（DNS）、网络管理协议（SNMP）、网络文件服务（NFS）、网络电话（VoIP）等应用也都采用 UDP。

2. UDP 的特点

UDP 只在 IP 的数据服务之上增加了很少的功能，主要是复用、分用及简单的差错检测功能。UDP 的主要特点如下。

1）UDP 是一种无连接的、不可靠的传输层协议。发送数据之前不需要建立连接（当然，发送数据结束时也没有连接可释放），因此减少了开销和发送数据之前的时延。UDP 仅提供有限的差错校验功能。

2）UDP 提供尽最大努力交付功能，不保证可靠交付。

3）UDP 是面向报文的。发送方 UDP 对应用程序递交下来的报文添加首部后就向下交付给网络层。UDP 对应用层递交下来的报文，既不合并，也不拆分，而是保留这些报文的边界。UDP 报文封装如图 6-4 所示。因此，需要应用程序选择大小合适的报文，若报文太长，UDP 把它交给网络层后，网络层在传送时可能要进行分片，会降低传输效率。反之，若报文太短，UDP 把它交给网络层后，会使 IP 数据报的首部的相对长度过大，也会降低传输效率。

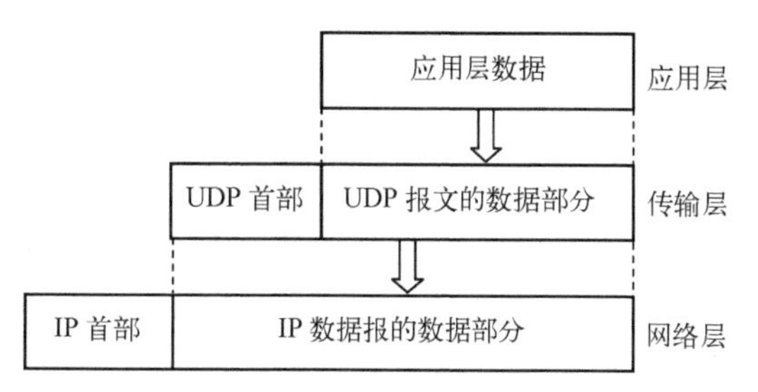

图 6-4　UDP 报文封装

4）UDP 没有拥塞控制，因此网络出现拥塞不会降低源主机的发送速率。这对某些实时应用（如流媒体视频传输）很重要。

5）UDP 支持一对一、一对多、多对一和多对多的交互通信。

6）UDP 的首部开销小，只有 8B，比 TCP 的 20B 首部要短。

虽然某些实时应用需要使用没有拥塞控制的 UDP，但当很多的源主机同时都向网络发送高速率的实时视频流时，网络就有可能发生拥塞，结果大家都无法正常接收。因此，无拥塞控制功能的 UDP 有可能会引起网络产生严重的拥塞问题。

3．UDP 数据报传输过程

UDP 数据报传输过程如图 6-5 所示。

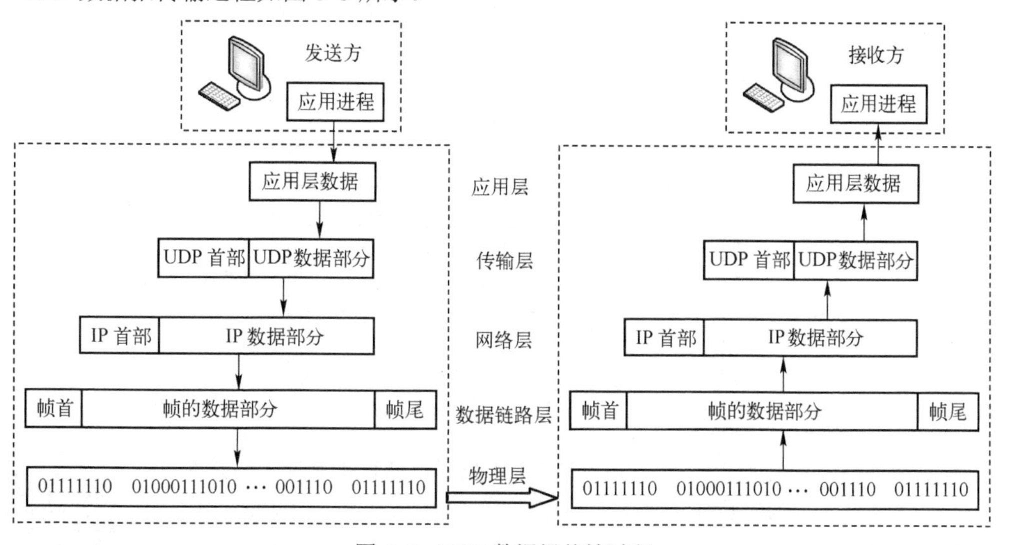

图 6-5　UDP 数据报传输过程

1）形成 UDP 报文段。UDP 从应用进程获取要传输的数据，添加 UDP 首部，形成 UDP 数据报。

2）逐层封装，实现端到端数据传输。将 UDP 数据报向下递交给网络层，网络层对收到的 UDP 数据报增加 IP 首部形成 IP 分组，再向下递交给数据链路层，数据链路层在 IP 分组上增加帧首和帧尾，形成帧，通过物理层发送出去，尽最大努力地将此报文段交付给目的主机。

3）该 UDP 数据报到达目的主机后，逐层解封装向上传递，数据链路层、网络层及 UDP 进行差错校验，如果没有差错，则去掉 UDP 首部，按照目的端口号将报文段中的数据交付给正确的应用进程，从而完成源与目的进程之间的数据交换。

6.2.2 UDP 数据报格式

在 UDP 中，标识不同进程的方法是在 UDP 报文的首部包含发送进程和接收进程使用的 UDP 端口。UDP 报文格式如图 6-6 所示。

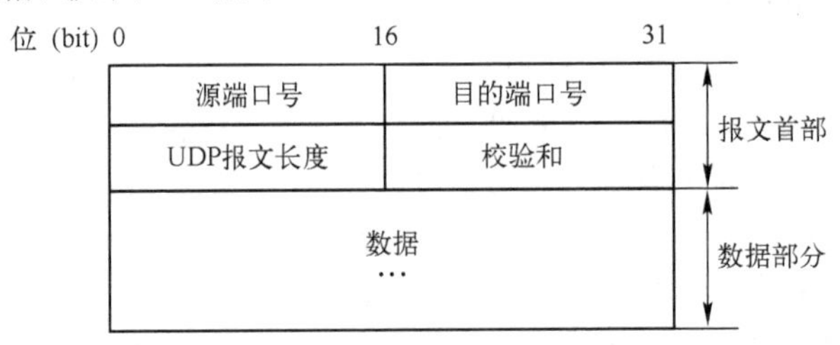

图 6-6　UDP 报文格式

UDP 报文包括首部和数据两部分。其中，首部长度固定为 8B，包括源端口号、目的端口号、UDP 报文长度及校验和 4 个字段，每个字段都是 16bit。各字段的含义如下。

- 端口号。包括源端口号和目的端口号，端口号范围是 1～65535。
- UDP 报文长度。定义了包括首部在内的 UDP 数据报总长度，以字节（B）为单位。最大长度为 65535B，最小长度为 8B（该数据报只有首部，没有数据）。
- 校验和。可选项，用于检验整个报文在传输中是否出现差错。UDP 校验和的计算方法与 IP 首部校验和计算方法基本相同。需要注意的是，UDP 校验和字段的设计有其特殊的地方，计算 UDP 校验和时，需要在 UDP 数据报之前增加 12B 的伪首部，伪首部的格式如图 6-7 所示。

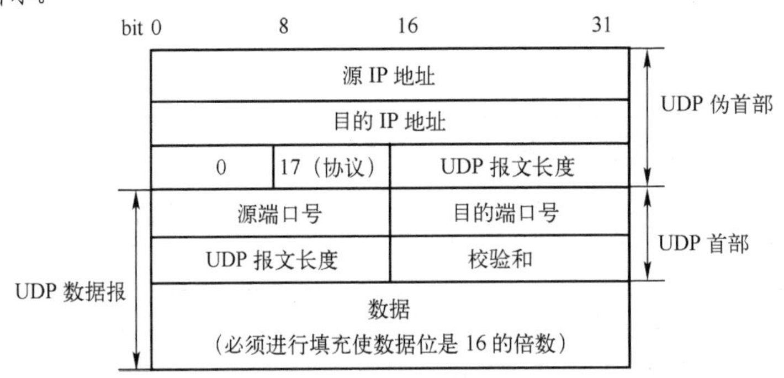

图 6-7　UDP 伪首部格式

之所以称为伪首部是因为它本身并不是 UDP 数据报的真正首部，只是在计算校验和时临时与 UDP 数据报连接在一起。伪首部只在计算校验和时起作用，它既不向低层传送，也不向高层传送。这点反映了 UDP 设计中效率优先的思想，因为计算校验和需要花费一定时间，如果应用进程对通信效率和可靠性要求较高时，应用进程可以不计算校验和。

6.3 传输控制协议

传输控制协议（Transmission Control Protocol，TCP）是为了在不可靠的互连网络上提供可靠的、端到端的、字节流传输而设计的一个传输协议。本节介绍 TCP 的基本概念、报文格式、TCP 传输连接管理、差错控制、流量控制、拥塞控制等内容。

6.3.1　TCP 概述

1. TCP 的定义

TCP 是一个面向连接的、提供可靠的端到端传输和全双工通信服务的传输协议。虽然 TCP 是面向连接的，但 TCP 建立的连接既不是一条如电路交换网络中的端到端的电路，也不是一条虚电路，只是一条端到端的连接状态，即其连接状态只是保留在两边端系统（发送方和接收方）中，也就是说，TCP 只在端系统中运行，中间的网络元素（路由器和链路层交换机）不会维持 TCP 连接状态，因为中间路由器对 TCP 连接完全不知情，中间网络元素面对的是数据报而不是连接。

2. TCP 的功能

TCP 的功能主要表现在以下几个方面。

（1）提供面向连接的服务

面向连接服务可以很好地保证数据传输的可靠性，在进行实际数据流传输之前必须在源进程与目的进程之间建立传输连接。一旦连接建立，通信的两个进程就可以在该连接上发送和接收数据流。TCP 使用了“三次握手”机制建立连接，传输结束时采用“四次握手”机制释放连接。

（2）提供具有较高可靠性的数据传输

由于 TCP 是建立在不可靠的网络层基础上，IP 不提供任何保证分组可靠传输的机制，因此 TCP 的可靠性需要由自己来实现。TCP 支持数据报传输可靠性的主要方法是差错校验、报文确认与超时重传等。

（3）提供全双工通信

在两个应用进程传输连接建立后，发送方与接收方进程可以同时发送和接收数据流。TCP 使用缓存机制存储准备发送和接收的数据。

（4）支持流传输

TCP 提供一个流接口（Stream Interface），应用进程利用它可以发送连续的数据流。TCP 传输连接提供一个“管道”，保证数据流从一端正确地“流”到另一端。TCP 对数据流的内容不做任何解释，即 TCP 不知道传输的数据流是二进制数据，还是 ASCII 字符、EBCDIC 字符或者其他类型数据，对数据流的解释由双方的应用程序处理。

（5）提供流量控制与拥塞控制

TCP 采用大小可变的滑动窗口机制进行流量控制。发送窗口大小在建立连接时由双方商定。在通信过程中，发送方根据自己的资源情况和接收方的接收能力随机、动态地调整发送窗口的大小，接收方将跟随发送方调整接收窗口的大小。

3. TCP 的特点

TCP 在网络层的基础上，向应用层进程提供面向连接的、可靠的、全双工的、点到点的数据流传输服务。

1）允许两个应用进程之间建立一条传输连接，应用进程通过传输连接可以实现顺序、无差错、不重复和无报文丢失的流传输。在一次进程数据交互结束时，释放传输连接。

2）全双工意味着可以同时进行双向数据传输；点到点是指每个连接只有两个端点，目前 TCP 不支持组播或广播，不能用于多播系统中。

3）TCP 提供流量控制机制，这将使接收方能够限制发送方在给定时间内发送的数据量。

4）TCP 支持复用，允许任何主机上的多个应用进程同时与它们各自对等的应用进程进行通信。

5）TCP 提供拥塞控制功能，目的是防止发送方发送数据的速率超出网络容量。

6）TCP 是面向字节流的协议。源主机上的应用进程将用户数据写入 TCP 发送缓存，TCP 将发送缓存中的数据按字节封装成一个大小合适的 TCP 报文，然后通过网络发送给目的主机的 TCP 进程。目的主机的 TCP 进程收到 TCP 报文后解封装，取出 TCP 报文中的数据，将其放入应用进程的接收缓存，通知应用进程从接收缓存中读取数据，其过程如图 6-8 所示。

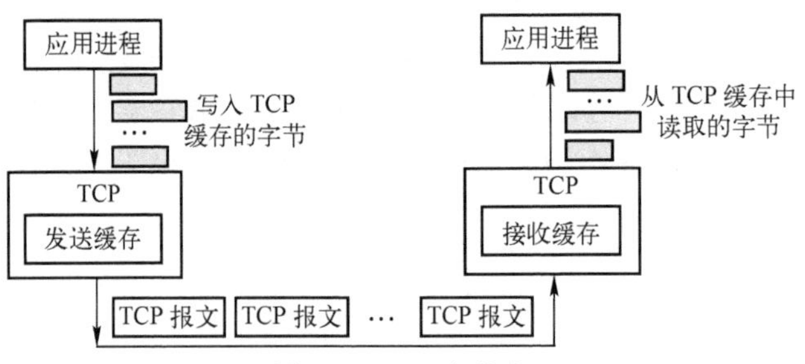

图 6-8　TCP 字节流

为简单起见，图 6-8 中只显示了一个方向的字节流。由于 TCP 双方交换的每个 TCP 报文携带一段字节流，所以又将 TCP 报文称为 TCP 报文段（Segment）。

6.3.2　TCP 报文格式

TCP 报文段由 TCP 首部和数据两部分组成。TCP 首部分为固定和选项两部分；数据部分包含一块应用数据，有大小限制，当 TCP 发送一个大文件（如某 Web 页面上的一个图像）时，通常会将该文件划分成一定长度的若干块。TCP 报文格式如图 6-9 所示。

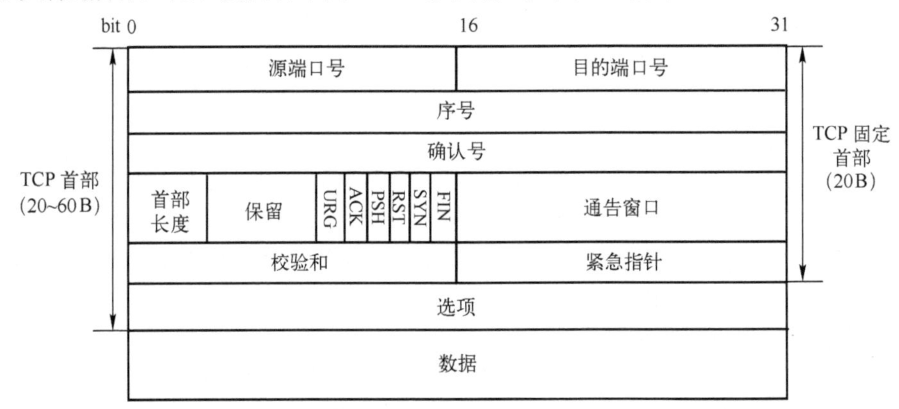

图 6-9　TCP 报文格式

TCP 报文首部中各字段的含义如下。

1）源端口（Source Port）号和目的端口（Destination Port）号：各占 16bit。分别表示报文的源端口和目的端口。将 TCP 报文中的源端口号和目的端口号字段加上 IP 报文中的源 IP 地址和目的 IP 地址字段构成一个四元组<源端口号, 源 IP 地址, 目的端口号, 目的 IP 地址>，它可以唯一标识一个 TCP 连接。

2）序号（Sequence Number）、确认号（Acknowledgment Number）和通告窗口（Advertised Window）：序号和确认号各占 32bit，通告窗口占 16bit。它们用于 TCP 滑动窗口机制中。由于 TCP 是面向字节流的协议，因此报文段中的每个字节都有编号。

- 序号：给出该 TCP 报文段中携带的数据的第一个字节在整个字节流中的编号。
- 确认号：给出接收方希望接收的下一个 TCP 报文段数据流的第一个字节编号。确认号只有在 ACK 标志位为 1 时才有效。

- 通告窗口：给出接收方返回给发送方关于接收缓存大小的情况。

3）首部长度（Header Length）：占 4bit。表示 TCP 首部长度，该值以 4B 为单位计算，TCP 固定首部为 20B，选项字段长度可变。TCP 报文首部长度为 20～60B。

4）标志位（Flags）：占 6bit。用于区分不同类型的 TCP 报文，目前用到的标志位有 SYN、ACK、FIN、RST、PSH 和 URG。

- SYN：同步位。用于 TCP 连接的建立。SYN 标志位和 ACK 标志位配合使用。当请求连接时，SYN=1，ACK=0；当响应连接时，SYN=1，ACK=1。
- ACK：确认位。ACK 标志位为 1 时，确认号字段有效。
- FIN：结束位。发送带有 FIN 标志位的 TCP 报文后，TCP 连接将被断开。
- RST：复位位。表示连接复位请求，用来复位那些产生错误的连接。
- URG：紧急位。URG 标志位置 1 时，表示 TCP 报文的数据段中包含紧急数据。紧急数据在 TCP 报文数据段中的位置由紧急指针（Urgent Pointer）字段给出。
- PSH：推送位。表示推送操作，指当 TCP 报文到达接收方以后，立即传送给应用程序，而无须在缓存中排队。

5）校验和：与 UDP 中的校验和字段计算方法相同，由 TCP 整个报文（首部和数据）及 TCP 伪首部（源 IP 地址、目的 IP 地址、协议和 TCP 长度）计算得到。TCP 报文字段中的校验和字段是必需的。

6）选项：最常用的选项字段是最大段长度（Maximum Segment Size，MSS），通常用 MSS 来限制报文段数据的最大长度。每个 TCP 连接的发起方在第一个报文（为建立 TCP 连接而发送的将 SYN 置 1 的那个 TCP 报文）中就指明了这个选项，其值通常是发送方主机所连接的物理网络最大传输单元减去 TCP 报文首部长度（TCP 报文首部长度的最小值为 20B）和 IP 首部长度（IP 首部长度的最小值为 20B），这样可以避免发送主机对 IP 报文进行分段。需要注意的是，MSS 选项字段只能出现在 SYN 标志位置 1 的 TCP 报文（即 TCP 连接建立请求报文和连接建立响应报文）中。如果 TCP 连接的另一方不接受发起方给出的 MSS 值（即双方“协商”不成功），则发起方就将 MSS 设定为默认值 536B（这个 MSS 默认值加上 20B 的 TCP 报文首部，再加上 20B 的 IP 报文首部等于 576B，它是 X.25 网的 MTU）。

扫码看视频

6.3.3　TCP 连接管理

1．TCP 连接的建立和释放

TCP 连接的建立一般是从客户端向服务器发送一个主动打开请求而启动的。如果服务器已经执行了被动打开操作，则双方就可以交换报文以建立 TCP 连接。TCP 连接建立后，双方开始收/发数据。当其中一方数据发送完成后，可向对方发送请求关闭自己这一方连接的 TCP 报文。

（1）TCP 连接的建立

TCP 连接的建立通常是一个非对称的活动，即一方执行被动打开而另一方执行主动打开。TCP 连接的建立采用三次握手机制，握手次数指客户机和服务器之间交换报文的次数。

三次握手机制的基本思想是连接双方在握手过程中协商一定的连接参数，例如确定各自报文字节流的初始序号、报文段大小等。TCP 连接建立的过程如图 6-10 所示。

- 第一次握手：主动打开，发送 SYN 报文段。A（客户机）希望与 B（服务器）建立 TCP 连接，向 B 发送一个 SYN 报文段，即 SYN=1，序号 seq=x（x 为 A 的初始序号，随机数），启动计时器，等待 B 的应答。该报文不携带任何数据，但消耗一个序号。

- 第二次握手：被动打开，发送 SYN+ACK 报文段。B 收到 A 的 TCP 连接请求后向 A 发送 SYN+ACK 的应答报文，即 SYN=1、ACK=1，序号为 seq=y（y 为 B 的初始序号，随机数），确认号 ack=x+1。B 也启动计时器，等待接收 A 的确认应答。该报文也不携带任何数据，但消耗一个序号。
- 第三次握手：确认，发送 ACK 报文。若 A 在计时器超时之前收到 B 的应答报文，判断其中的确认号 ack 是否为 x+1，若是，表明是 B 的正确应答，则向 B 发送一个 ACK 确认报文，即 ACK=1，确认号 ack=y+1。至此，A 认为连接已经建立。

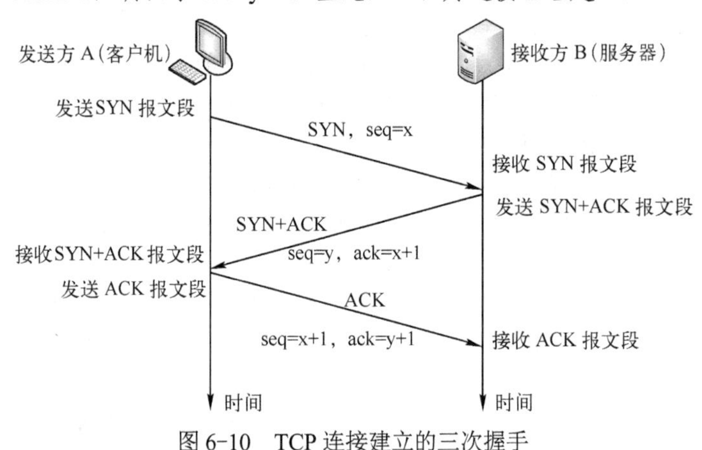

图 6-10 TCP 连接建立的三次握手

📖 注意：图 6-10 中没有画出重传计时器，但是在前面两个报文中都使用了计时器，如果发送方没有收到所希望的应答报文，就会重发该报文。

（2）TCP 连接的释放

TCP 连接的释放一般是对称活动，即双方独立关闭连接。一般采用“四次握手”机制，分为半关闭和全关闭两个阶段。半关闭阶段是当 A 没有数据向 B 发送时，A 向 B 发出释放连接请求，B 收到后向 A 发回确认，这时 A 向 B 的 TCP 连接就关闭了，但 B 仍可以继续向 A 发送数据。当 B 也没有数据向 A 发送时，这时 B 就向 A 发出释放连接的请求，同样，A 收到后向 B 发回确认，至此 B 向 A 的 TCP 连接也关闭了。当 B 收到来自 A 的确认后，就进入了全关闭状态。TCP 连接释放的四次握手过程如图 6-11 所示。

- 第一次握手：主动关闭，发送 FIN 报文段。A 向 B 发送连接释放请求报文，即 FIN=1，序号 seq=u。
- 第二次握手：确认应答，发送 ACK 报文段。B 收到 A 的释放请求后向 A 发送确认报文，即 ACK=1，序号 seq=v，确认号 ack=u+1，B 通知己方应用程序关闭。
- 第三次握手：被动关闭，发送 FIN+ACK 报文段。B 接收到己方主机应用程序关闭的信息，向 A 发送被动关闭请求和确认报文，即 FIN=1，ACK=1，序号 seq=w，确认号 ack=u+1。
- 第四次握手：确认应答，发送 ACK 报文段。A 收到 B 发送的 FIN+ACK 报文后向 B 发送确认报文，即 ACK=1，序号 seq=u+1，确认号 ack=w+1。

2. TCP 状态变换

TCP 工作过程中有若干种状态，TCP 的执行就是在各种状态之间的变换过程。

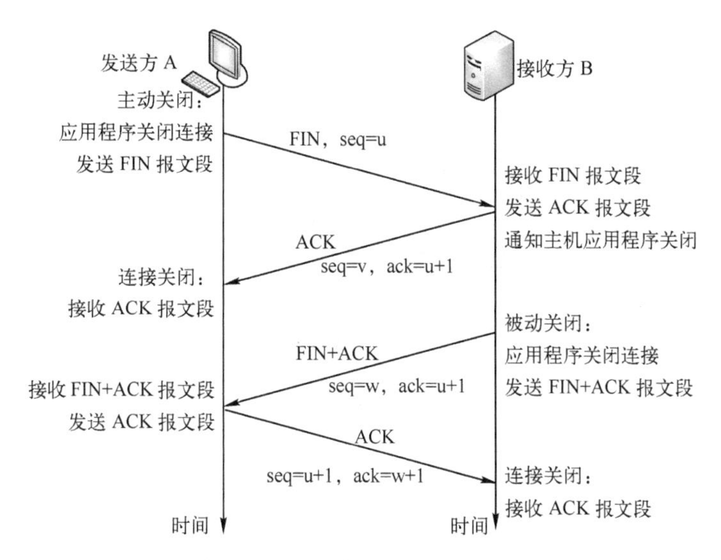

图 6-11　TCP 连接释放的四次握手

（1）TCP 的状态

TCP 包含的状态主要如下。

- CLOSED：无连接状态，又称为关闭状态。
- LISTEN：侦听状态，收到了被动打开请求，等待连接请求 SYN。
- SYN_SENT：已发送连接请求 SYN，等待确认 ACK 状态。
- SYN_RCVD：收到连接请求 SYN，并发送了 SYN+ACK，等待 ACK 状态。
- ESTABLISHED：已建立连接，数据传输状态。
- FIN_WAIT_1：应用程序要求关闭连接，断开请求的 FIN 已发出，等待 ACK 状态。
- FIN_WAIT_2：已关闭半连接状态，等待对方关闭另一个半连接，即对第一个 FIN 的确认 ACK 已收到，等待第二个 FIN 状态。
- CLOSED_WAIT：收到第一个 FIN，已发送 ACK，等待来自应用程序的关闭请求。
- TIME_WAIT：收到第二个 FIN，已发送 ACK，等待超时状态。
- LAST_ACK：已发送第二个 FIN，等待关闭确认 ACK。
- CLOSING：双方同时决定关闭连接状态。

（2）TCP 状态变换过程

TCP 的一个状态变换过程如图 6-12 所示。该图只给出了打开 TCP 连接的状态（图中 ESTABLISHED 以上部分）和关闭 TCP 连接的状态（图中 ESTABLISHED 以下部分）。而 TCP 连接建立后数据传输过程中所发生的事件（如滑动窗口算法等）都隐藏在 ESTABLISHED 状态中。图中，每个矩形框表示一种状态，TCP 连接的一方任一时刻都处于其中一种状态。准备建立 TCP 连接的双方初始状态为 CLOSED 状态，随着连接建立过程的推进，TCP 连接中的双方按照图中弧线所指示的方向从一种状态变换到另一种状态。图中的每条线用事件/活动（event/action）的形式标记。例如，如果 TCP 连接的某一方处于 LISTEN 状态并且收到一个 SYN=1 的 TCP 报文，则它将由 LISTEN 状态变换到 SYN_RCVD 状态，然后返回一个 ACK=1、SYN=1 的 TCP 报文给连接的另一方。

扫码看视频

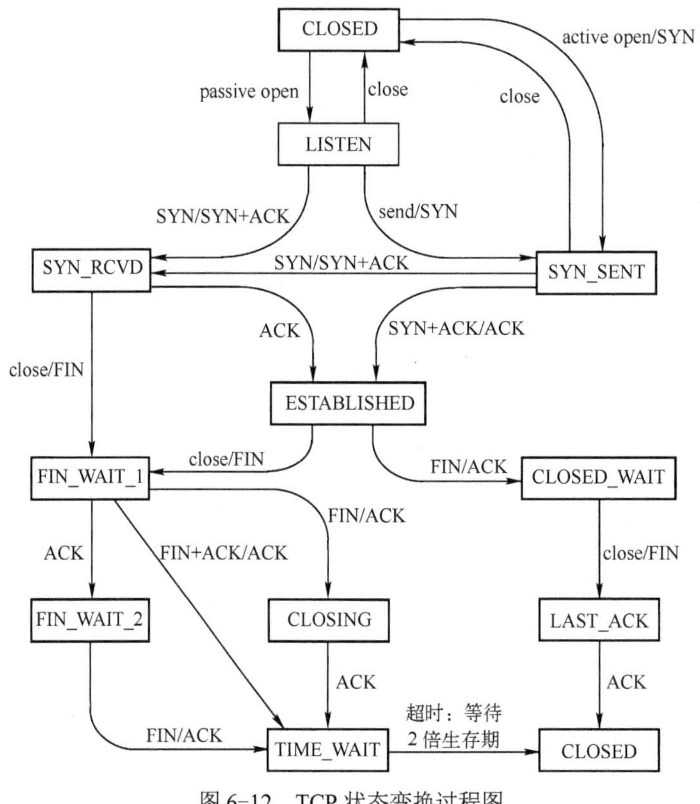

图 6-12　TCP 状态变换过程图

6.3.4　TCP 的差错控制机制

1. TCP 差错控制概述

因为 TCP 是可靠的传输层协议，应用程序将数据交给 TCP 后，TCP 能无差错地交给目的主机的应用程序。TCP 使用差错控制保证可靠传输。TCP 的差错控制主要采用确认机制和重传机制，重传机制主要有超时重传机制和冗余确认。

（1）确认机制

TCP 采用的差错控制机制之一是字节确认机制。一般情况下，接收方确认已收到的最长的、连续的字节计数。TCP 报文的每个确认号字段指出下一个希望接收的字节，它也是对已经接收到的所有字节的确认。

TCP 字节确认采用“累计确认”原则，即如果收到某一个确认字节号，表示该确认字节号前面的所有字节均已收到，不论前面所发送的确认报文是否到达对方，这也是字节确认的优点，即使确认丢失也不一定导致发送方重传。例如，假设接收方 TCP 发送的 ACK 报文段的确认号是 1801，它表明字节编号为 1800 前的所有字节都已经收到。如果接收方 TCP 之前已经发送过确认号为 1601 的 ACK 报文段，但是如果确认号为 1601 的 ACK 报文段丢失，也不需要发送方 TCP 重发这个报文段。

（2）超时重传机制

发送方 TCP 为了恢复丢失或者损坏的报文段，必须对丢失或者损坏的报文段进行重传。通常情况下，发送方 TCP 每发送一个 TCP 报文段，就启动一个重传计时器，如果在规定的时间内没有收到接收方 TCP 返回的确认报文，重传计时器超时，发送方就重传该 TCP 报文。

（3）冗余确认

接收方 TCP 每当收到一个比期望序号大的失序到达的报文段时，则发送一个重复的 ACK 报文，指明下一个期望接收字节的序号，该重复 ACK 报文即为冗余确认报文，这种确认方式称为冗余确认，它可以避免超时重传机制中存在的超时周期过长问题，实现快速重传。

2．TCP 差错控制过程

TCP 差错控制包括检测出错的报文段、丢失的报文段、失序的报文段和重复的报文段，以及检测出差错后纠正差错的机制。

TCP 的差错检测通过校验和、确认和超时重传完成。每个 TCP 报文段都包括校验和字段。校验和用来检查报文段是否出现传输错误。如果报文段出现传输错误，TCP 检查出错就丢弃该报文段。发送方 TCP 通过检查接收方的确认，判断发送的报文段是否已正确到达目的地。如果发出的报文段在规定的时间内没有收到确认，发送方将判断该报文段丢失或传输出错。

- 对传输出错报文段的处理。丢弃出错报文段，发送已收到的正确报文段的确认报文，等待对方的出错报文段超时重传。
- 对丢失报文段的处理。等待对方的出错报文段超时重传。
- 对重复报文段的处理。丢弃重复的报文段。
- 对乱序报文段的处理。对乱序的报文段不确认，直到收到它前面的所有报文段为止。
- 对确认报文丢失的处理。TCP 的确认机制采用累计确认方法。如果不超时，后面新的报文确认到达时可以忽略之前的确认丢失。

由于 TCP 连接能够提供全双工通信，因此，在实际的通信过程中，通信双方都不需要专门发送确认报文段，可以在传送数据的同时以“捎带确认”方式完成确认过程，从而提高系统的工作效率。

6.3.5　TCP 的流量控制机制

TCP 的流量控制是指根据接收方发送的确认报文的速度控制发送方发送数据的速度，即发送方发送和接收方接收的速度要匹配。

1．滑动窗口概述

TCP 采用滑动窗口机制来实现流量控制。但是，TCP 的滑动窗口不是固定大小的，而是由接收方通过 TCP 报文首部的通告窗口字段向发送方通告它的窗口大小。这样，发送方在任意时刻没有确认的字节数不能超过通告窗口字段的值。接收方根据分配的缓冲区的大小来为通告窗口选择一个合适的值，这个值就是接收窗口值 rwnd，即 AdvertisedWindow=rwnd。

TCP 的滑动窗口是以字节（B）为单位的。假定主机 A 和主机 B 通信，主机 A 向主机 B 发送数据，主机 B 给出确认。主机 A 维护发送窗口，主机 B 维护接收窗口，同时主机 B 发送给主机 A 通告窗口。图 6-13 给出了主机 A 根据主机 B 给出的通告窗口值构造自己的发送窗口的大小。现假定 A 收到了 B 发来的确认报文段，其中通告窗口字段的值是 20（B），而确认号是 31（表明 B 期望收到的下一个序号是 31，而序号 30 以前的数据已经收到）。根据这两个值，A 就构造出自己的发送窗口，其位置如图 6-13 所示。

发送方 A 的发送窗口是指在没有收到 B 的确认的情况下，A 可以连续把发送窗口内的数据都发送出去。凡是已经发送过的数据，在未收到确认之前都必须暂时保留，以便在超时重传时使用。

发送窗口内的序号表示允许发送的序号。显然，窗口越大，发送方就可以在收到对方确认之前连续发送更多的数据，因而可能获得更高的传输效率。但接收方必须来得及处理这些收到的数据。

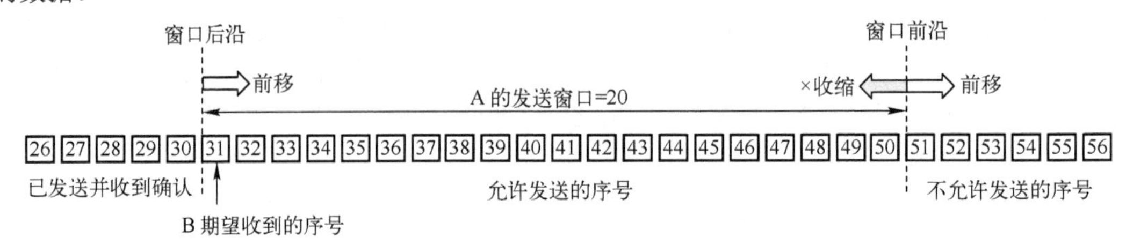

图 6-13　主机 A 的发送窗口的构造

发送窗口后沿的后面部分表示已发送且已收到了确认，这些数据不需要再保留了。而发送窗口前沿的前面部分表示不允许发送的，因为接收方都没有为这部分数据保留临时存放的缓存空间。

发送窗口的位置由窗口前沿和窗口后沿的位置共同确定。

发送窗口后沿不允许向后移动，因为不可能撤销已收到的确认。发送窗口后沿的变化情况有以下两种可能。

- 不动：没有收到新的确认。
- 前移：收到了新的确认。

发送窗口前沿可以不断向前移动，但也有可能不动，对应以下两种情况。

- 不动：没有收到新的确认，对方的通知窗口大小保持不变。
- 前移：收到了新的确认但对方通知窗口缩小了，使得发送窗口前沿正好不动。

发送窗口前沿一般不允许向后移动（收缩）。尽管如此，如果发生接收方通知发送方窗口缩小的情况时，发送窗口前沿也有可能向后收缩。但 TCP 标准不推荐这种处理方式，因为发送方在收到该通知前很可能窗口中的许多数据已经发送出去，如果这时收缩窗口，即不允许发送这些数据，可能会产生意外错误。

现在假定 A 发送了序号为 31～41 的数据，发送窗口位置并未改变（见图 6-14），但发送窗口内靠后面有 11B（灰色小方框，31～41）表示已发送但未收到确认，而发送窗口内靠前面的 9B（42～50）是允许发送但尚未发送的数据。

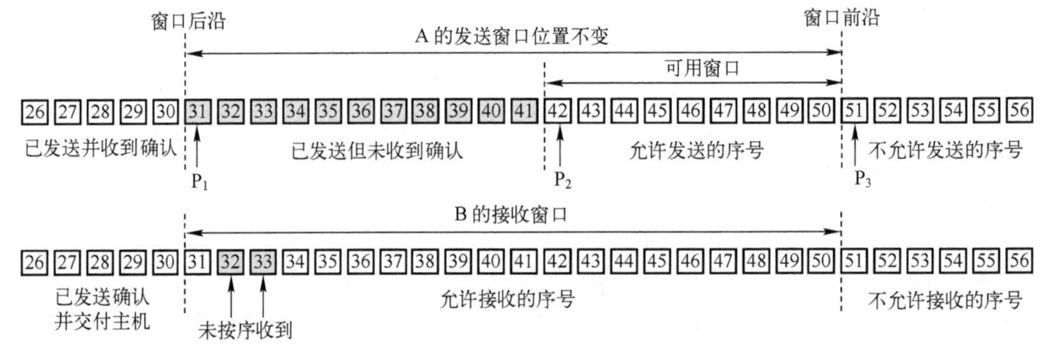

图 6-14　主机 A 发送窗口内部的变化

2．流量控制过程

为使发送方的发送速率能够匹配接收方的接收速率，接收方通过滑动窗口对发送方进行流量控制，以免造成接收方来不及处理而被发送方过快发送的数据淹没的问题。

（1）接收方确定和调整通告窗口的大小

接收方的通告窗口的大小由接收方 TCP 缓冲区中可用大小（字节）确定。当有新的报文段到达接收方 TCP 时，若该报文段前面的字节都已到达，接收方就会对新接收到的报文段进行确认；否则，接收方只是将该报文段接收下来放在缓冲区中，调整缓冲区指针，即可用缓冲区减少，接收方发送的通告窗口值降低。

通告窗口值是否减少还取决于接收方应用进程读取接收方 TCP 缓冲区数据的快慢。如果接收方应用进程读取数据的速度慢，如接收方应用进程可能需要对它读取的每个字节进行费时的操作，则随着接收方 TCP 不断接收到发送方 TCP 发来的数据，接收方 TCP 的缓冲区会慢慢被用光，而接收方 TCP 发送给发送方 TCP 的通告窗口的值将会不断缩小，直到变为 0，即接收方没有缓冲区可用，发送方暂时不能继续发送数据。

（2）发送方确定发送窗口的大小

发送窗口的大小一般根据发送方缓冲区和接收方发送的通告窗口的值进行调整（取小值）。

（3）流量控制

流量控制就是指慢速的接收方应用进程如何控制快速的发送方应用进程的发送速度，以使收发双方速度相匹配。其过程如下。

1）由于接收方应用进程处理速度慢，最终导致接收方 TCP 缓冲区满，意味着接收方 TCP 发给发送方 TCP 的通告窗口为 0。

2）发送方 TCP 收到通告窗口为 0 的报文，就立即停止发送数据。但是，发送方应用进程会一直向发送方 TCP 的发送缓冲区里写入数据，最终将发送方 TCP 的发送缓冲区写满，从而可能导致发送方应用进程阻塞（Blocking）。

3）在接收方，一旦接收方应用进程开始从 TCP 的接收缓冲区读取数据，接收方 TCP 就可以打开它的接收窗口，即其接收缓冲区的可用空间不再为 0。于是，接收方 TCP 就会给发送方 TCP 发送一个通告窗口值非零的报文，发送方 TCP 就可以将发送缓冲区中的数据发送给接收方 TCP。

扫码看视频

4）当发送方 TCP 收到接收方 TCP 返回的确认报文后，就可以释放发送缓冲区的部分空间，使发送方 TCP 不再阻塞发送方应用进程，并允许发送方应用进程继续向其发送缓冲区里写入数据。

6.3.6 TCP 的拥塞控制机制

Internet 是一种无连接、尽力服务的分组交换网，采用的分组交换技术通过统计复用提高了链路的利用率，端节点在发送数据前无须建立连接，网络的中间节点无须保存状态信息，这种无连接方式难以控制用户输入到网络中的报文数量，当用户输入网络的报文数量大于网络容量时，网络将会发生拥塞，导致网络性能下降。因此，这种网络结构和服务模型与网络拥塞的发生密切相关。

1．拥塞和拥塞控制的基本概念

（1）拥塞的定义

计算机网络中的链路容量（即宽带）、交换节点中的缓存和处理器等都是网络资源。一段时间内，若对网络中某一资源的需求超过了该资源所能提供的可用部分，网络的性能就要变差。这种情况就称为拥塞（Congestion）。拥塞是计算机网络运行过程中经常发生的一种现象。拥塞从不同的角度有不同的定义。

- 从拥塞的表现形式定义：拥塞是指由于路由器中排队的报文过多，导致缓冲区溢出，路由器开始丢弃报文的现象。
- 从拥塞对网络的影响定义：拥塞是指网络中存在过多的报文，导致网络性能下降的现象。

- 从拥塞产生的根本原因定义：拥塞是指报文到达速率大于路由器的转发速率时产生的一种现象。

（2）拥塞控制的定义

拥塞控制是指网络节点采取措施避免拥塞的发生，或者对已经发生的拥塞做出响应。从拥塞控制的定义可以看出，拥塞控制机制包括两个部分：拥塞避免和拥塞恢复。

- 拥塞避免是一种“主动”机制，它的目标是使网络运行在高吞吐量、低延迟的状态，避免网络进入拥塞状态。
- 拥塞恢复是一种“响应”机制，它的功能是把网络从拥塞状态恢复出来。

拥塞恢复的功能就是消除已经发生的拥塞，或者避免拥塞的发生。目前的拥塞控制机制主要在传输层实现，最典型的就是传输控制协议（TCP）中的拥塞控制机制。

2．拥塞产生的原因

若网络中有多种资源同时呈现供应不足，网络的性能就要明显变差，整个网络的吞吐量将随着输入负荷的增大而急剧下降。拥塞出现的条件通常可以用以下关系式表示：

Σ对资源的需求>可用资源

虽然拥塞是由于资源不能满足需求造成的，但并不是只要任意增加一些资源就能解决拥塞问题。例如，扩大节点缓存的存储空间、更换高速率链路、提高节点处理器的运算速度等，这些并不一定能彻底解决网络拥塞的问题。因为网络拥塞往往是由多种因素引起的，是一个非常复杂的问题。简单地采用上述做法，在很多情况下，不但不能解决拥塞问题，而且还可能使网络的性能变得更差。

1）简单地扩大节点缓存的存储空间不能解决网络拥塞问题。当某个节点缓存的容量过小时，到达该节点的分组因无存储空间暂存而不得不被丢弃。现假设将该节点缓存的容量扩展到非常大，于是凡到达该节点的分组均可在节点的缓存队列中排队，不受任何限制。但是，由于输出链路的容量和处理器的处理速率并未提高，因此在这队列中的绝大多数分组的排队等待时间将会大大增加，其结果是因为超时（未收到确认）而重传，造成网络中存在大量的重传数据报，网络资源严重浪费的同时，增大了网络吞吐量的压力，从而加重网络拥塞。因此，简单地扩大缓存空间解决不了网络拥塞问题。

2）简单地提高处理器的处理速率不能解决网络拥塞问题。处理器的处理速率太慢可能引起网络拥塞，简单地将处理器的处理速率提高，可能会使上述情况有所缓解，但往往又会将瓶颈转移到其他地方。网络拥塞产生的实质是整个系统的各个部分不匹配，只有所有的部分都平衡了，问题才会得到根本解决。

3）拥塞产生后并不会停止，通常可能会持续恶化直至网络崩溃。例如，如果一个路由器没有足够的缓存空间，它就会丢弃一些新到的分组。但当分组被丢弃时，发送这一分组的源节点就会重传该分组，甚至可能还要重传多次。这样会引起更多的分组流入网络和被网络中的路由器丢弃。因此，由于拥塞引起的数据重传并不会缓解网络的拥塞，反而会加剧网络的拥塞直至网络崩溃。

3．网络负载、吞吐量及拥塞控制的关系

网络负载、吞吐量及拥塞控制的关系如图 6-15 所示。图中横坐标是提供的负载（Offered Load），代表单位时间内输入网络的分组数目，因此提供的负载又称为输入负载或网络负载；纵坐标是吞吐量（Throughput），代表单位时间内从网络输出的分组数目。

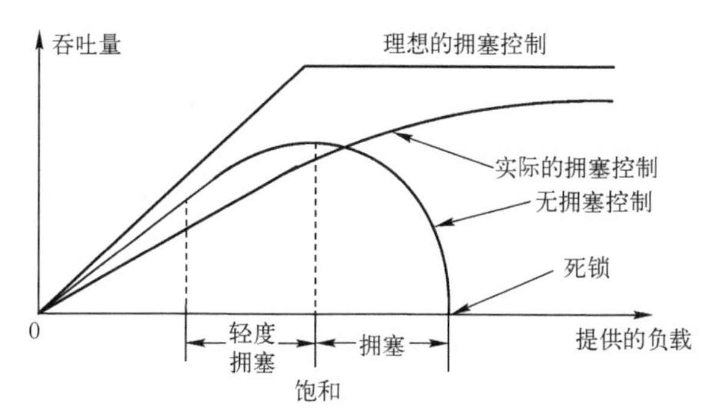

图 6-15　网络负载、吞吐量及拥塞控制的关系

图 6-15 中有以下 3 种拥塞控制曲线。

1）理想的拥塞控制。具有理想拥塞控制的网络，在吞吐量饱和之前，网络吞吐量应等于提供的负载，故吞吐量曲线是 45° 的斜线；若提供的负载超过某一限度，由于网络资源受限，吞吐量不再增长而保持为水平线，即吞吐量达到饱和。在这种理想的拥塞控制作用下，网络的吞吐量可以维持在其所能达到的最大值。

2）实际的拥塞控制。在实际网络运行过程中，随着提供的负载增大，网络吞吐量的增长速率逐渐减小。在网络吞吐量还未达到饱和时，就已经有一部分的输入分组被丢弃了；当网络的吞吐量明显小于理想的吞吐量时，网络就进入了轻度拥塞状态，其后进入网络拥塞控制阶段。

3）无拥塞控制。提供的负载在网络吞吐量饱和之前，网络吞吐量基本等于提供的负载；提供的负载达到某一数值时，网络的吞吐量反而随提供的负载的增大而下降，网络进入了拥塞状态；提供的负载继续增大到某一数值时，网络的吞吐量下降到零，进入死锁状态，网络崩溃。

4．拥塞控制的一般原理

从控制理论的角度分析，Internet 中的拥塞控制主要采用闭环控制的方式。拥塞控制一般包括 3 个阶段。

1）根据网络状况检测拥塞的发生。

2）将拥塞信息反馈到拥塞控制点。

3）拥塞控制点根据拥塞信息进行调节以消除拥塞。

根据拥塞控制实现位置，拥塞控制算法一般可以分为链路算法和源算法。

- 链路算法主要是在网络设备（如路由器）中执行，路由器负责检测拥塞的发生，产生拥塞反馈信息。
- 源算法在主机中执行，根据拥塞信息调节发送速率。拥塞控制的源算法中使用最广泛的是 TCP 拥塞控制机制。

对于任何一种拥塞控制机制，可以采用吞吐量、利用率、效率、延迟、队列长度、有效吞吐量（Goodput）和能量（Power=吞吐量/延迟）等指标来评价控制机制的有效性。

从原理上讲，寻找拥塞控制的方案就是使网络中可用资源能够满足网络的需求。通过增大网络的某些可用资源，如业务繁忙时增加一些链路、增大链路的带宽、使额外的通信量从另外的通路分流等，或减少一些用户对某些资源的需求，如拒绝接受新的建立连接的请求、要求用户减轻其负载（降低了服务质量）等。需要注意的是，采用以上某种措施时，还可能应考虑到该措施所带来的其他影响。实践证明，拥塞控制是一个动态问题。拥塞控制设计困难，进行拥塞控制需要付出一定的代价。

- 需要获得网络内部流量分布的信息以便做出响应进行拥塞控制。它会产生额外开销，降低网络速率，同时增加网络负载。

- 在实施拥塞控制时，需要在节点之间交换信息和各种命令，以便选择控制策略和实施控制，也会产生额外开销。
- 拥塞控制有时需要将一些资源（如缓存、带宽等）分配给个别用户（或一些类别的用户）单独使用，这样就使得网络资源不能更好地实现共享。

📖 网络产生拥塞的原因复杂，因素众多，设计拥塞控制策略时，需全面衡量得失。

5. 网络拥塞的监测

网络拥塞监测的主要指标有由于缺少缓存空间而被丢弃的分组的百分比、平均队列长度、超时重传的分组数、平均分组时延、分组时延的标准差等。这些指标的上升都标志着发生拥塞可能性的增长。

网络拥塞监测方法主要如下。

- 通知源节点。一般在监测到拥塞发生时，要将拥塞发生的信息传送到产生分组的源节点。当然，通知拥塞发生的分组同样会使网络拥塞加重。
- 在路由器转发的分组中保留一位或一字段，用该位或该字段的值表示网络没有拥塞或产生了拥塞。
- 由一些主机或路由器周期性地发出探测分组，以询问拥塞是否发生。

另外，过于频繁地采取行动以缓和网络的拥塞，可能会使系统产生不稳定的振荡；但过于迟缓地采取行动又不具有任何实用价值。因此，通常需要采用某种折中的方法来监测网络拥塞，但选择正确的时间点也存在一定困难。

6. TCP 的拥塞控制机制

为了进行拥塞控制，TCP 为每条连接维持两个新变量：一个是拥塞窗口 cwnd，另一个是慢启动门限值 ssthresh。

引入 cwnd 变量后，发送方允许发送的最大数据量（发送窗口）取当前拥塞窗口（cwnd）和通告窗口（rwnd）的最小值，即

```
发送窗口上限值 MaxWindow=MIN(cwnd,rwnd)
```

- 当 rwnd<cwnd 时，可发送的数据量受接收能力（rwnd）限制。
- 当 rwnd>cwnd 时，可发送的数据量受网络拥塞（cwnd）限制。

TCP 拥塞控制主要根据网络拥塞状况调节拥塞窗口（cwnd）的大小，主要有慢启动、拥塞避免、快速重传和快速恢复 4 种机制，共同实现 TCP 拥塞控制。

（1）慢启动和拥塞避免

1）慢启动算法。

发送方控制拥塞窗口的原则是：只要网络没有出现拥塞，拥塞窗口就再增大一些，以便把更多的分组发送出去；若网络出现拥塞，拥塞窗口就减小一些，以减少发送到网络中的分组数。

慢启动算法的基本思想是：当主机开始发送数据时，如果立即把大量分组输入到网络，有可能引起网络拥塞，因为现在并不清楚网络的负载情况。实践证明，较好的方法是在向网络输入分组时先探测一下，即由小到大逐渐增大发送窗口，即由小到大逐渐增大拥塞窗口数值。通常在刚刚开始发送报文段时，先把拥塞窗口（cwnd）设置为最大报文段（MSS）的值；然后，每收到一个对新报文段的确认，就将拥塞窗口增加一个 MSS 值。逐步增大发送方的拥塞窗口（cwnd），可以使分组输入网络的速率更加合理。

为简化问题，窗口的大小采用报文数表示。慢启动算法可描述如下。

① 主机刚开始发送报文时，设置 cwnd=1，报文大小为 MSS。

② 每收到一个确认报文都使 cwnd=cwnd+1，当一个传输轮次结束时，拥塞窗口将加倍。

③ 重新计算发送窗口，按新计算的发送窗口的大小连续发送报文。

例如，TCP 建立开始时，设置 cwnd=1，即只发送 1 个报文段，当收到该报文段的确认后，cwnd=cwnd+1=2，发送方接着连续发送两个报文段，当收到这两个报文段的确认后，cwnd=cwnd+2=4，接着连续发送 4 个报文段，依次类推。慢启动传输过程如图 6-16 所示。

2）拥塞避免算法。

由于慢启动算法使得拥塞窗口一直成倍增长，为了避免拥塞窗口增长过快，通常设置一个慢启动门限值（又称为阈值）——ssthresh。拥塞避免的基本思想是：当 cwnd≥ssthresh 时，TCP 传输进入拥塞避免阶段，cwnd 不再加倍，而是改为线性增长，而且一旦出现数据传输超时，cwnd 重新设置为 1，并再次开始慢启动算法。

为了避免和消除拥塞，TCP 周而复始地使用 3 种算法控制拥塞的发生。

- 假定初始设置：cwnd=1，ssthresh=16。
- 当 cwnd<ssthresh 时，采用慢启动算法，cwnd 以指数级快速增加。
- 当 cwnd≥ssthresh 时，停止使用慢启动算法，启用拥塞避免算法：每经过一个传输轮次，cwnd=cwnd+1，如图 6-17 所示。虽然这是一个线性增长过程，但拥塞窗口仍在增长，最终还可能导致拥塞发生。

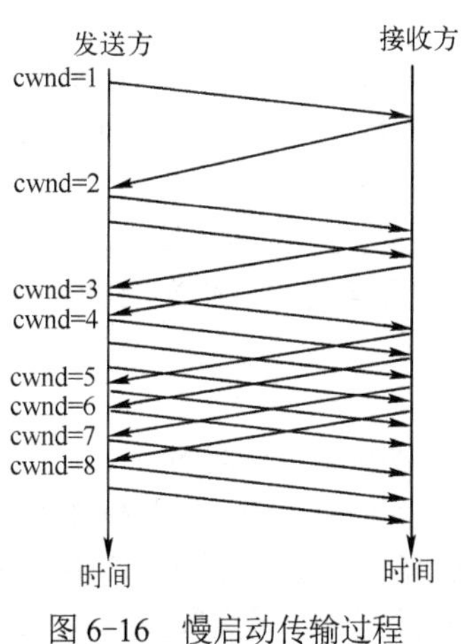

图 6-16　慢启动传输过程

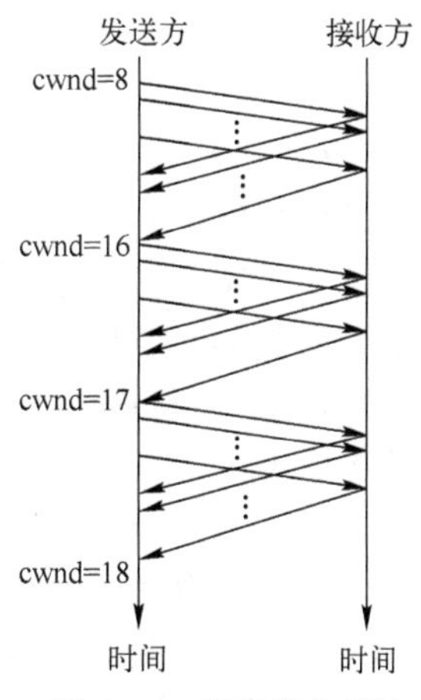

图 6-17　拥塞避免算法

- 若拥塞发生，报文被丢弃，则发送方重传计时器将会超时，进入拥塞解决阶段。拥塞解决算法：首先把 ssthresh 设置为出现拥塞时 cwnd 的一半（但不能小于 2），即 ssthresh=cwnd/2；然后将 cwnd 重新设置为 1，即 cwnd=1，重新开始慢启动算法。

3）慢启动-拥塞避免算法。

慢启动和拥塞避免配合使用称为慢启动-拥塞避免算法，其工作过程示意图如图 6-18 所示。拥塞避免算法能够迅速减少主机发送到网络中的分组数，使得发生拥塞的路由器有时间把队列中积压的分组处理完毕。其中，进入拥塞避免阶段，拥塞窗口按线性增长。一旦出现拥塞，就将门限值调成拥塞窗口的一半。

> 📖 拥塞避免并不是指完全避免拥塞，只是在拥塞避免阶段将拥塞窗口控制为按线性规律增长，使网络比较不容易出现拥塞。

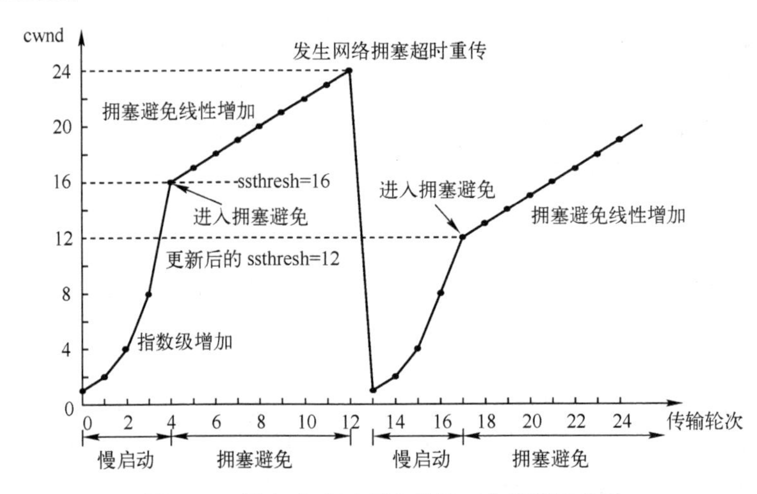

图 6-18　慢启动-拥塞避免算法工作流程示意图

（2）快速重传和快速恢复

慢启动和拥塞避免算法是 TCP 最早使用的拥塞控制算法，快速重传和快速恢复是 TCP 拥塞控制机制中为了进一步提高网络性能而对慢启动和拥塞避免算法的改进算法。

当一个乱序报文段到达时，TCP 接收方迅速发送一个重复的 ACK，目的是通知发送方收到了一个失序的报文段，并告诉发送方自己期望收到的报文序号。

从发送方的角度来看，重复的 ACK 可能是由以下原因引起的。

- 由报文段的丢失引起。在这种情况下，所有在丢失的报文段之后到达的报文段都将触发重复的 ACK。例如，若发送方发送的 seq=1500 的报文丢失（报文段长度假定为 100），则在发送方超时之前，接收方会连续收到 seq=1601, seq=1701, …，尽管这些报文正常到达，但由于 TCP 要求按序组装报文，只要 1500 号报文未到达，接收方 TCP 将会连续发送确认号为 1500 的相同 ACK 报文，即告诉发送方希望接收序号为 1500 的报文。
- 由于网络数据的重新排序引起。
- 由于网络对 ACK 或报文段的复制引起。

由于发送方并不知道一个重复的 ACK 是由一个丢失的报文段引起的，还是由于其他原因引起的，因此，发送方需要等待少量重复的 ACK 的到来。假如只是由于一些报文段的重新排序引起的，则在重新排序的报文段被处理并产生一个新的 ACK 之前，可能只会产生 1～2 个重复的 ACK。如果连续收到 3 个或 3 个以上的重复 ACK，则可能是一个报文段丢失了。TCP 可以采用快速重传和快速恢复算法提高网络吞吐量。

1）快速重传算法。

快速重传算法是以连续 3 个重复 ACK 的到达作为一个报文段丢失的标志，TCP 在收到 3 个重复 ACK 之后，不必等待重传计时器超时就可以重传接收方希望接收的报文段（即可能丢失的报文段）。快速重传算法规定如下。

- 接收方每收到一个失序的报文段后就立即发出重复确认，以便让发送方及早知道有报文段未到达接收方。
- 发送方只要连续收到 3 个重复的 ACK 即可断定有报文段丢失了，立即重传丢失的报文段而不必继续等待为该报文段设置的重传计时器超时。

快速重传过程如图 6-19 所示。

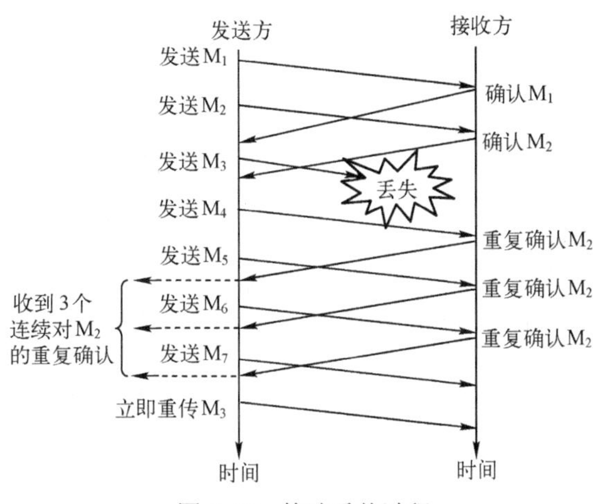

图 6-19　快速重传过程

快速重传过程如下。

① 接收方收到了报文 M_1 和 M_2 后分别发回了确认。

② 假定报文 M_3 丢失，接收方直接收到了 M_4，但接收方不能确认 M_4，因为 M_4 是收到的失序报文段（按照顺序 M_3 还未收到）。

③ 按照快速重传机制规定，接收方应及时发送对 M_2 的重复确认。

④ 发送方接着发送 M_5、M_6 和 M_7，接收方收到后，再次发出对 M_2 的重复确认，这样，发送方共收到了接收方 4 个对 M_2 的确认，后 3 个是重复确认。

⑤ 快速重传算法规定，发送方只要一连收到 3 个重复确认就应当立即重传对方尚未收到的报文段 M_3，而不必继续等待为 M_3 设置的重传计时器超时。

快速重传并非取消重传计时器，而是在某些情况下尽早地重传丢失的报文，提高网络吞吐量，一般可以使整个网络的吞吐量提高约 20%。

2）快速恢复算法。

与快速重传配合使用的还有快速恢复算法。当发送方收到重复的 ACK 时，不仅说明一个报文段可能丢失，也说明已经有另一个报文段离开了网络并进入了接收方的缓存，因为接收方只有在收到另一个报文段时才会产生重复的 ACK。所以，发送方 TCP 可以继续发送新的报文段而不必使用慢启动来突然减少数据流。

快速重传与快速恢复的执行过程如图 6-20 所示。

快速重传与快速恢复算法配合使用过程如下。

① 当发送方收到连续 3 个重复的 ACK 时，就将 ssthresh 设为 cwnd/2，并重传丢失的报文段。

扫码看视频

② 将 cwnd 设置为 ssthresh+3（因为已经有 3 个报文段离开网络到达目的地，若收到的重复的 ACK 数为 n，则拥塞窗口设置为 ssthresh+n），执行拥塞避免算法。

③ 每收到另一个重复 ACK 时，cwnd 加 1，只要发送窗口允许，就发送 1 个报文段。

④ 当下一个确认新数据的 ACK 到达时，将 cwnd 设置为 ssthresh（该 ACK 应该是对第 1 步中重传报文段的确认）。

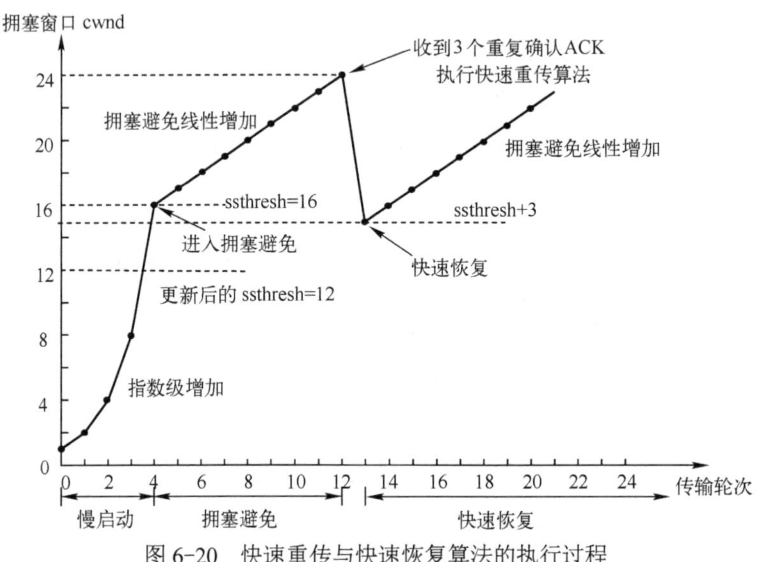

图 6-20　快速重传与快速恢复算法的执行过程

6.3.7　TCP 的计时器管理

1．重传计时器

为了控制丢失的或丢弃的报文段，TCP 采用重传计时器来计算确认到达时间，决定报文段是否需要重传及重传的时间。当 TCP 发送报文段时，它就创建该报文段的重传计时器。此后可能会有两种情况发生：如果在计时器截止时间到来之前收到对该报文段的确认，则撤销此计时器；否则，TCP 重传该报文段并将计时器复位。

2．坚持计时器

在 TCP 流量控制中，一旦接收方 TCP 返回给发送方 TCP 的通告窗口变为 0 时，发送方 TCP 不允许发送任何数据，直到发送方 TCP 收到接收方 TCP 的通告窗口为非零的报文。但是，接收方 TCP 返回给发送方 TCP 的确认报文可能丢失（注意：TCP 并不对确认报文进行再确认）。假如接收方 TCP 返回给发送方 TCP 的通告窗口为非零的确认报文丢失，则发送方 TCP 就一直不能发送报文，此时发送方 TCP 和接收方 TCP 进入死锁状态。

为了打破这种死锁，发送方 TCP 为每一个 TCP 连接设置一个坚持计时器。当发送方 TCP 接收到通告窗口值为 0 的确认报文时，就启动坚持计时器，坚持计时器的超时宽度通常设置为重传计时器的宽度。一旦坚持计时器超时，发送方 TCP 就发送一个只有 1B 数据的探测报文；如果发送方 TCP 还没有收到接收方的确认报文，则它将坚持计时器的超时宽度加倍，并且重新发送一个探测报文。一直持续这个过程，直到坚持计时器的超时宽度增加到门限值（通常是 60s）为止。此后，发送方 TCP 就每隔 60s 发送一个探测报文，直到接收窗口重新打开。

3．保活计时器

保活计时器又称为激活计时器。在某些 TCP 实现中，使用保活（Keepalive）计时器来防止 TCP 连接长时间空闲。假定主机建立了到服务器的 TCP 连接，并且发送了一些数据，然后就出现故障了，在这种情况下，服务器上的 TCP 连接就永远处于打开状态。

为了解决这个问题，服务器上的 TCP 引入了保活计时器。保活计时器的宽度通常设置为 2h。每当服务器 TCP 收到来自客户端 TCP 的数据时，就将保活计时器复位。若服务器 TCP 的保活计时器超时，服务器就不断（一般每隔 75s）发送 1B 的探测报文，当服务器 TCP 连续发送了

10 个探测报文还没有收到客户端 TCP 的响应时，它就关闭连接。

4. 等待计时器

等待计时器在 TCP 传输连接释放期间使用。TCP 连接释放采用四次握手机制，如果第四次握手的 ACK 报文段丢失，则服务器进程将一直处于等待客户进程的第四次 ACK 报文段的状态，而客户进程认为已经发出 ACK 应答，这样就会造成释放连接出错。为了避免这种情况的发生，TCP 设置了等待计时器。当被动释放传输连接的一方发出同意释放传输连接的报文段时，打开等待计时器。如果等待计时器超时之前接到应答报文段，则正确释放传输连接；如果出现超时，则重传同意释放传输连接的报文段。

6.4 延伸阅读——量子通信

世界首颗量子科学实验卫星——“墨子号”圆满实现千公里级的星地双量子纠缠分发、星地量子密钥分发、地星量子隐形传态等三大科学目标，具有里程碑意义。首次实现多自由度量子隐形传态，被评为 2015 年度国际物理学十项重大突破榜首。建成了光纤量子保密通信骨干网——“京沪干线”。量子通信装备为党的十八大和阅兵等重大活动提供了信息安全保障。

来自中国科学技术大学等国内外研究团队利用“墨子号”量子科学实验卫星，在国际上首次实现千公里级基于纠缠的量子密钥分发。该实验成果不仅将以往地面无中继量子保密通信的空间距离提高了一个数量级，并且通过物理原理确保即使在卫星被他方控制的极端情况下，依然能实现安全的量子通信，取得了量子通信现实应用的重要突破。

量子通信提供了一种原理上无条件安全的通信方式，但要从实验室走向广泛应用，需要解决两大挑战，分别是现实条件下的安全性问题和远距离传输问题。在现有技术水平下，使用可信中继可以有效拓展量子通信的距离，比如利用“墨子号”量子卫星作为中继，在自由空间信道可以拓展到 7600km 的洲际距离。但中继节点的安全仍然需要得到人为保障。

实现远距离安全量子通信的最佳解决方案是结合量子中继和基于纠缠的量子密钥分发。基于纠缠的量子密钥分发的原理是无论处于纠缠状态的粒子之间相隔多远，只要测量了其中一个粒子的状态，另一个粒子的状态也会相应确定，这一特性可以用来在遥远两地的用户间产生密钥。利用卫星作为量子纠缠源，通过自由空间信道在遥远两地直接分发纠缠，为现有技术条件下实现基于纠缠的量子保密通信提供了可行的道路。

基于“墨子号”量子卫星的前期实验工作和技术积累，研究团队通过对地面望远镜主光学和后光路系统进行升级，实现了单边双倍、双边四倍接收效率的提升。“墨子号”量子卫星过境时，可以同时与新疆乌鲁木齐南山站和青海德令哈站两个地面站建立光链路，以 2 对/s 的速度在地面超过 1120km 的两个站之间建立量子纠缠，进而在有限码长下以 0.12bit/s 的最终码速率产生密钥。“在实验中，通过对地面接收光路和单光子探测器等方面进行精心设计和防护，保证了公平采样和对所有已知侧信道的免疫，所生成的密钥不依赖可信中继，并确保了现实安全性。”中科院院士潘建伟说，结合最新发展的量子纠缠源技术，未来卫星上可每秒产生 10 亿个纠缠光子，最终密钥成码率将提高到每秒几十比特或单次过境几万比特。

对此，《自然》杂志审稿人称赞道，“这是朝向构建全球化量子密钥分发网络甚至量子互联网的重要一步。”“我的确认为不依赖可信中继的长距离纠缠量子密钥分发协议的实现是一个里程碑。”潘建伟表示，基于该研究成果发展起来的高效星地链路收集技术，可以将量子卫星载荷重量由现有的几百公斤降低到几十公斤以下，同时将地面接收系统的重量由现有的 10 余吨大幅降低到 100 公斤左右，实现接收系统的小型化、可搬运，为将来卫星量子通信的规模化、商业化应用奠定了坚实的基础。

6.5　思考与练习

1. 选择题

1）传输层向其上的（　　）提供通信服务。

A. 物理层　　B. 数据链路层　　C. 网络层　　D. 应用层

2）在TCP/IP网络中，用（　　）来标识一台主机和在主机上的应用程序。

A. 端口号和主机地址　　B. 主机地址和IP地址

C. IP地址和主机地址　　D. IP地址和端口号

3）在UDP报文中，伪首部的作用是（　　）。

A. 数据对齐　　B. 计算校验和　　C. 数据加密　　D. 填充数据

4）在下列关于UDP的叙述中正确的是（　　）。

A. UDP使用TCP传输协议　　B. 给出数据的按序投递

C. 不允许多路复用　　D. 提供普通用户可直接使用的数据报服务

5）UDP数据报首部不包括（　　）。

A. UDP源端口号　　B. UDP检验和

C. UDP目的端口号　　D. UDP数据报首部长度

6）若在网络上传输语音和影像数据，传输层一般采用（　　）。

A. HTTP　　B. TCP　　C. UDP　　D. FTP

7）下列关于TCP和UDP的描述正确的是（　　）。

A. TCP和UDP均是面向连接的

B. TCP是面向连接的，UDP是无连接的

C. TCP和UDP均是无连接的

D. UDP是面向连接的，TCP是无连接的

8）TCP数据首部的固定长度是（　　）。

A. 20B　　B. 24B　　C. 32B　　D. 36B

9）TCP是一个面向连接的协议，它采用（　　）技术实现可靠数据流的传送。

A. 超时重传

B. 肯定确认（捎带一个分组的序号）

C. 丢失重传和重复确认

D. 超时重传和肯定确认（捎带一个分组的序号）

10）TCP使用的流量控制协议是（　　）。

A. 固定大小的滑动窗口协议　　B. 可变大小的滑动窗口协议

C. 后退N帧ARQ协议　　D. 选择重发ARQ协议

11）在TCP协议中，建立连接需要经过（　　）阶段。

A. 直接握手　　B. 二次握手　　C. 三次握手　　D. 四次握手

12）主机A与主机B之间已建立一个TCP连接，主机A向主机B发送了两个连续的TCP段，分别包含300B和500B的有效载荷，若第1个报文段的序号为200，主机B正确接收这两个报文段后，发送给主机A的确认号是（　　）。

A. 500　　B. 700　　C. 800　　D. 1000

13）在 TCP 中，发送方的窗口大小决定于（　　）。

A．仅接收方允许的窗口　　B．接收方允许的窗口和发送方允许的窗口

C．接收方允许的窗口和拥塞窗口　D．发送方允许的窗口和拥塞窗口

14）TCP 采用（　　）来区分不同的应用进程。

A．端口号　B．IP 地址　C．协议类型　D．MAC 地址

15）虽然 TCP 中并没有解决拥塞问题，但在实际使用中发现如果不进行控制将会出现拥塞现象。因此 TCP 推荐了两种技术，即加速递减（快速恢复）和（　　）。

A．快启动　B．慢启动　C．拥塞检测　D．拥塞恢复

2．问答题

1）试述 UDP 检验和的计算过程。

2）因为 IP 和 UDP 都是面向无连接的，现在只需用 IP 分组实现无连接传输，丢弃 UDP，是否可以，为什么？

3）一个应用程序用 UDP 传输，传递到 IP 层将数据报划分为 4 个数据报片发送出去，到达目的主机时前两个数据报片丢失，后两个数据报片到达目的节点。一段时间后应用程序重传该数据报，UDP 将数据报传递到 IP 层时仍然划分为 4 个数据报片传送，本次传输前两个数据报片到达目的节点，而后两个数据报片丢失。试问：在目的节点能否将收到的两次传输的 4 个数据报片组装成为完整的数据报？假定目的节点第 1 次收到的后两个数据报片仍然保存在目的节点的缓存中。

4）TCP 为什么使用三次握手来建立连接？

5）为什么 TCP 首部最开始的 4B 是 TCP 的端口号？

6）在使用 TCP 传送数据时，如果有一个确认报文段丢失了，也不一定会引起与该确认报文段对应的分组的重传。试说明理由。

7）主机 1 上的一个进程被分配端口 x，在主机 2 上的一个进程被分配端口 y。试问，在这两个端口之间是否可以同时有两条或更多条 TCP 连接？

8）试分析为什么重置 TCP 连接释放可能会丢失用户数据，而使用 TCP 妥善释放连接方法可以保证用户数据不丢失。

9）试画图说明 TCP 连接建立的三次握手机制。

10）试画图说明 TCP 慢启动机制。

3．综合题

1）若 TCP 的拥塞窗口（cwnd）的大小与传输轮次 n 的关系见表 6-2。

表 6-2　轮次与 cwnd 的关系

轮次 n	1	2	3	4	5	6	7	8	9	10	11	12	13
cwnd	1	2	4	8	16	17	18	19	20	21	22	23	24
轮次 n	14	15	16	17	18	19	20	21	22	23	24	25	26
cwnd	12	13	14	15	16	17	18	1	2	4	8	9	10

问题 1：试画出拥塞窗口与传输轮次的关系曲线。

问题 2：指明 TCP 工作在慢启动阶段的时间间隔。

问题 3：指明 TCP 工作在拥塞避免阶段的时间间隔。

问题 4：在第 16 轮次和第 22 轮次之后，发送方是通过收到 3 个重复确认还是通过超时检测

到丢失了报文段？

问题 5：在第 1 轮次、第 18 轮次和第 24 轮次发送时，ssthresh 分别被设置为多大？

问题 6：在第几轮次发送出第 70 个报文段？

问题 7：假定在第 26 轮次之后收到了 3 个重复确认，因而检测出了报文段的丢失，那么 cwnd 和 ssthresh 应设置为多大？

2）已知 T0 时刻主机 A 收到主机 B 发送的确认报文段，其中通告窗口字段值为 15，确认序号为 31。应用 TCP 的滑动窗口机制完成以下问题：

问题 1：构造 T0 时刻主机 A 的发送窗口。

问题 2：若 T1 时刻主机 A 按从小到大的顺序发送 11B 数据，试画出 T1 时刻主机 A 的发送窗口，并标出其可用窗口的范围。

问题 3：若 T2 时刻主机 A 收到了对 T1 时刻发送出去的数据中的前 5B 的确认，试画出 T2 时刻主机 A 的发送窗口及可用窗口。

第7章 应用层

本章导读（思维导图）

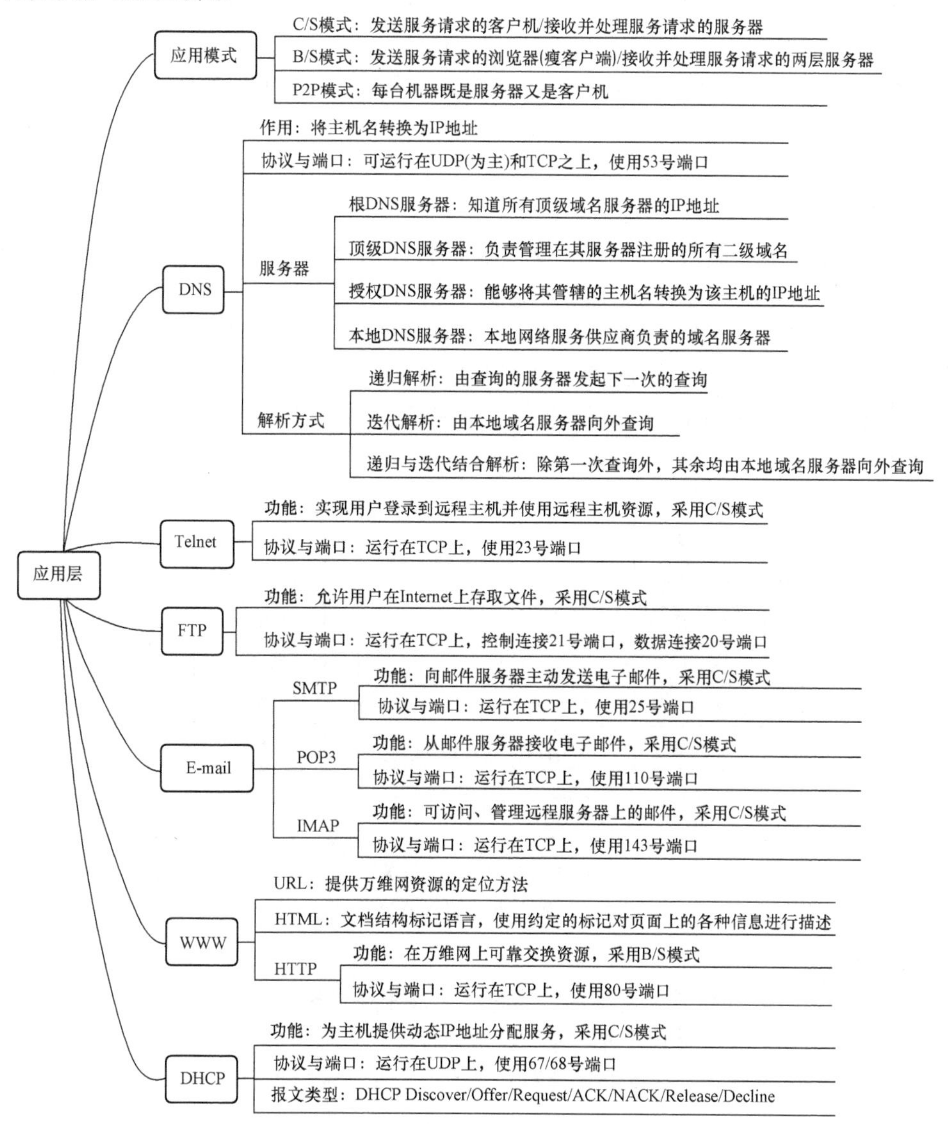

应用层是 OSI 和 TCP/IP 参考模型的最高层，在传输层提供端到端通信服务的基础上向用户提供服务，是计算机网络与用户之间的界面或接口。与网络中其他各层一样，应用层提供的各种服务功能也是通过协议实现的，每个应用层协议解决某一类网络应用问题。本章主要介绍应用层协议基本概念，以及典型应用层协议的基本工作原理。

7.1　应用层协议概述

随着 Internet 应用的普及和发展，各种网络应用服务层出不穷，如 Web 服务、电子邮件服务、DNS（域名服务）、DHCP（IP 地址自动分配服务）、文件传输服务、远程登录服务等。每种网络应用都需要对应的应用服务支持，应用层协议就是通过应用进程（服务实体）为用户提供所需的应用服务。

7.1.1　应用层体系结构

应用层体系结构与网络层体系结构不同，应用层体现的主要是应用程序。从应用程序开发者角度看，网络体系结构是固定的，并为应用程序提供特定的服务集合；应用程序体系结构由应用程序开发者设计，规定如何在各种端系统上组织该应用程序。应用程序体系结构主要有客户机/服务器（Client/Serve，C/S）模式、浏览器/服务器（Browser/Server，B/S）模式和对等（Peer to Peer，P2P）模式。

1．客户机/服务器（C/S）模式

客户机和服务器是指通信中涉及的两个应用进程，C/S 模式描述的是进程之间服务与被服务的关系，通常客户机是服务请求方，服务器是服务提供方。在基于 C/S 模式的应用系统中，服务器通常一直处于打开（等待请求）状态，是应用系统的资源存储、用户管理及数据运算中心，用于处理来自客户机的请求。客户机通常是需要时打开（也可以一直打开），结束时即关闭，客户机也具有相应的处理功能。两者相互配合共同实现完整的网络应用。TCP/IP 体系中客户机和服务器进程通信如图 7-1 所示。

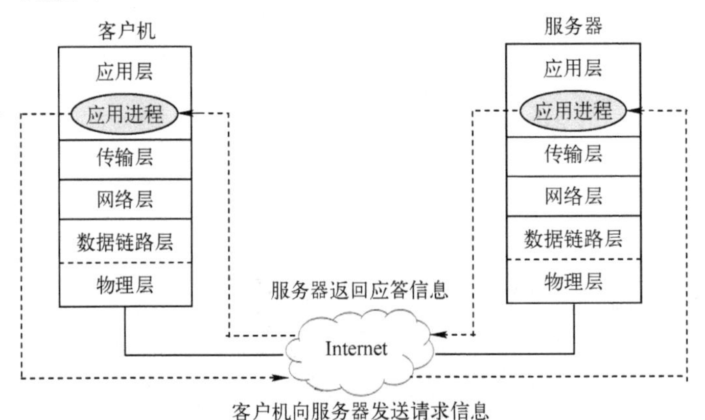

图 7-1　客户机和服务器进程通信

（1）C/S 模式的特点

- 客户机与服务器通常是非对称的。客户机一般是通信时成为临时用户；服务器一般是永久用户，启动时就自动调用并一直不断地运行着。
- 客户机主动发起通信，服务器等待客户机的请求并对请求进行响应。

- 客户机对服务器有一定程度的依赖性。客户机主要完成请求的发送及应答结果的显示，大部分运算工作由服务器完成。服务器与客户机分工明确，界限明显。

（2）C/S 的工作模式

C/S 的工作模式如下。

- 客户机需要服务时首先向服务器发送服务请求。
- 服务器收到请求后，对请求进行处理，并将处理结果返回给客户机。
- 客户机收到结果，将其以一定形式显示在客户机上。

C/S 结构是软件系统体系结构，通过它可以充分发挥两端硬件环境优势，将任务合理分配到客户端和服务器端完成，有效降低系统的通信开销。

2．浏览器/服务器（B/S）模式

随着 Web 应用的流行和普及，传统的 C/S 模式慢慢被浏览器/服务器（B/S）模式所代替。B/S 结构是对 C/S 结构的一种改进，C/S 是两层结构，B/S 是三层结构。C/S 模式与 B/S 模式比较如图 7-2 所示。

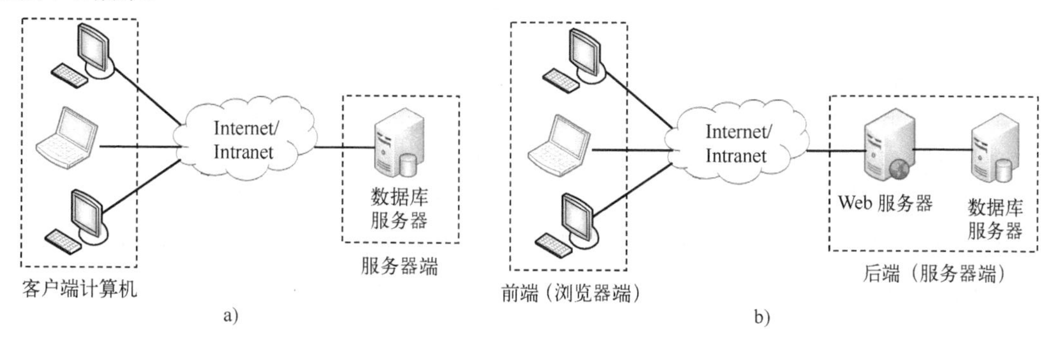

图 7-2　C/S 模式与 B/S 模式比较

a) C/S 模式　b) B/S 模式

在 B/S 模式中，用户工作界面通过浏览器（Browser）实现，主要事务逻辑在服务器端（Server）完成，只有极少事务逻辑在前端完成。服务器通常包括 Web 服务器和数据库服务器，B/S 由前端和二层服务器构成三层结构。这样大大减轻了前端计算机的负载，从而降低了系统维护与升级的成本和用户的总体成本。

（1）B/S 模式的特点

- 客户端简单，只需浏览器即可访问服务器，是一种瘦客户端的体系结构。
- B/S 模式的应用开发需要遵循一定规则，如浏览器支持何种脚本语言等，常见技术有 HTML、ASP、PHP、JSP、Python 等。
- 能够有效地保护数据平台和管理访问权限，服务器数据库相对安全，在如 Java 等跨平台语言开发的应用中其管理软件更加方便、快捷、高效。
- 能够实现不同人员、从不同地点、以不同接入方式（如 LAN、WAN、Internet/Intranet 等）访问和操作共同的数据库。

（2）B/S 模式的工作模式

- 客户端计算机运行浏览器软件，浏览器利用超文本传输协议（HTTP）向 Web 服务器发送请求。
- Web 服务器接收到客户端请求后，将请求转化为 SQL（结构化查询）语法，并交给数据库服务器。

- 数据库服务器收到请求后，验证其合法性，并进行数据处理，然后将处理后的结果返回给 Web 服务器。
- Web 服务器将得到的所有结果进行转化，变成 HTML 文档形式，转发给客户端浏览器以 Web 页面的形式显示结果。

3. 对等（P2P）模式

P2P 模式是在 Internet 上实施网络应用的一种对等模式。在 P2P 结构中，任意连接的一对主机（称为对等方），都可以直接相互通信。这种对等方通信不必通过专门的服务器，所以该体系结构被称为对等方到对等方（简称为对等）。该模式对服务器有最小的（或者没有）依赖，服务器与客户端的界限淡化或者消失，系统中每个参与应用的节点均以“平等”的方式共享其他节点的共享资源，如 CPU、存储空间等。在 P2P 系统中，实体一般既是资源的请求者，又是资源的提供者，即同时扮演客户机和服务器两种角色。

对等方通常是由用户控制而不是由服务提供商所有，P2P 系统是分布式的。目前大多数流行的流量密集型应用程序都是 P2P 体系结构，包括文件分发、文件搜索/共享、网络电话和网络电视等。

（1）P2P 模式的特点

- 具有自扩展性。一个 P2P 文件共享应用中，尽管每个对等方都由请求文件产生负载，但每个对等方向其他对等方分发文件也为系统增加了服务能力。
- 成本较低。P2P 通常不需要庞大的服务器基础设施和服务器带宽。
- 存在一定安全问题。由于 P2P 应用程序具有高度分布和开放的特性，因此存在一定的系统安全问题。

（2）P2P 的工作模式

P2P 系统从结构上可分两类：混杂 P2P 系统与纯粹 P2P 系统。前者由客户机与中央服务器构成，典型案例为 Napster；后者完全由客户机构成，典型案例为 Gnutella。

1）Napster（混杂 P2P 系统）的工作模式。

Napster 可以说是第一代 P2P 软件，是最早出现的 P2P 应用之一，它是一个 MP3 共享软件。Napster 系统由客户机与中央服务器（目录服务器）构成，中央服务器保存所有 Napster 用户上传的音乐文件索引和存放位置的信息，实现了文件查询与文件传输的分离，有效地节省了中央服务器的带宽消耗，减少了系统的文件传输延时。

Napster 系统的工作模式如下。

- 目录服务器记录在线用户的 IP 地址、端口号及网络中 MP3 文件目录信息。
- 客户机向目录服务器发送搜索某 MP3 文件的请求，请求得到其他客户机的网络地址。
- 目录服务器收到请求后，搜索目录数据库，找到包含该文件的其他客户机，将其地址发送给该客户机。
- 客户机依据这些地址，向其他客户机发送请求。
- 其他客户机收到请求后，对请求进行处理，并将结果返回给发送方。

Napster 的安全问题主要如下。

- 中央服务器是 Napster 的安全隐患点，如果该服务器失效，整个系统就会瘫痪。
- 当用户数量增加到 10^5 或者更高时，Napster 的系统性能会大大下降。
- Napster 并没有提供有效的安全机制。

2）Gnutella（纯粹 P2P 系统）的工作模式。

由于 Napster 陷入版权相关问题的诉讼危机，便出现了第二代 P2P 软件 Gnutella。Gnutella 是一个文件共享系统，它吸取了 Napster 失败的教训，将 P2P 的理念向前又推进了一步。它和 Napster 的最大区别在于 Gnutella 是纯粹的 P2P 系统，没有目录服务器，用户只要在计算机上安装了该软件，该计算机就立即变成一台能够提供完整目录和文件服务的服务器，并会自动搜寻其他同类服务器，从而连接成一台由无数 PC 组成的网络超级服务器。这是一种真正意义上的对等分布式网络。

Gnutella 系统的工作模式如下。

- 每个客户机都维护一个相邻客户机列表，当客户机 A 需要搜索文件时，它向所有相邻客户机发送搜索请求。
- 相邻客户机再将客户机 A 的搜索请求转发给它们各自相邻的客户机，该转发工作将持续进行，直到系统中所有客户机均收到该搜索请求。
- 能提供该搜索文件的客户机按原路向客户机 A 发送其 IP 地址和端口号。
- 客户机 A 接收到响应消息后，依据一定规则（如路径最短规则等）与相应的客户机建立连接，下载文件。

纯粹的 P2P 系统中没有目录服务器，每个客户机都具有发现其他客户机的能力。

7.1.2　应用层主要协议

应用层协议（Application-Layer Protocol）定义了运行在不同端系统上的应用程序进程如何相互传递报文。

1. 应用层协议定义的主要内容

应用层协议的定义仍然遵守网络协议三要素，从语法、语义和时序三个方面描述，其定义的主要内容如下。

- 交换的报文类型，如请求报文和响应报文。
- 各种报文类型的语法，如报文中的各个字段及其详细描述。
- 字段的语义，即包含在字段中的信息的含义。
- 进程何时、如何发送报文，以及对报文进行响应的规则。

有些应用层协议位于公共领域，由 RFC 文档定义，是开放的，提供给公众使用。只要开发者遵循这些协议开发的应用软件，则所有应用均可调用。例如，Web 的应用层协议 HTTP（超文本传送协议，RFC 2616）就是由 RFC 定义的。如果浏览器开发者遵循 HTTP RFC 规则，所开发出的浏览器就可以访问任何遵从该文档标准的 Web 服务器并获取相应 Web 页面。另外，还存在许多专用的应用层协议，通常不能随意应用于公共领域。例如，很多现有的 P2P 文件共享系统使用的就是专用应用层协议。

注意区分网络应用和应用层协议两个概念，应用层协议只是网络应用的一部分。例如，Web 应用是一种客户机/服务器应用程序，它允许客户机按照需求从 Web 服务器获得文档。Web 应用有很多组成部分，包括文档格式的标准（即 HTML）、Web 浏览器（如 Microsoft Internet Explorer 等）、Web 服务器（如 Apache、Microsoft 服务器程序等），以及一个应用层协议。Web 的应用层协议是 HTTP，它定义了在浏览器和 Web 服务器之间传输的报文格式和序列。因此，HTTP 只是 Web 应用的一个部分。

2. 主要的应用层协议

在 TCP/IP 参考模型中，应用层是参考模型的最高层。应用层包括所有的高层协议，并且不断有新的协议加入。目前，应用层协议主要有以下几种。

- 远程登录（Telnet）：用于实现 Internet 中远程登录功能。
- 文件传送协议（File Transfer Protocol，FTP）：用于实现 Internet 中交互式文件传送功能。
- 简单邮件传送协议（Simple Mail Transfer Protocol，SMTP）：用于实现 Internet 中电子邮件传送功能。
- 域名系统（Domain Name System，DNS）：用于实现网络设备名字到 IP 地址映射的网络服务。
- 简单网络管理协议（Simple Network Management Protocol，SNMP）：用于管理与监视网络设备。
- 超文本传送协议（Hypertext Transfer Protocol，HTTP）：用于 WWW 服务。

OSI 参考模型、TCP/IP 模型与协议之间的调用关系如图 7-3 所示。

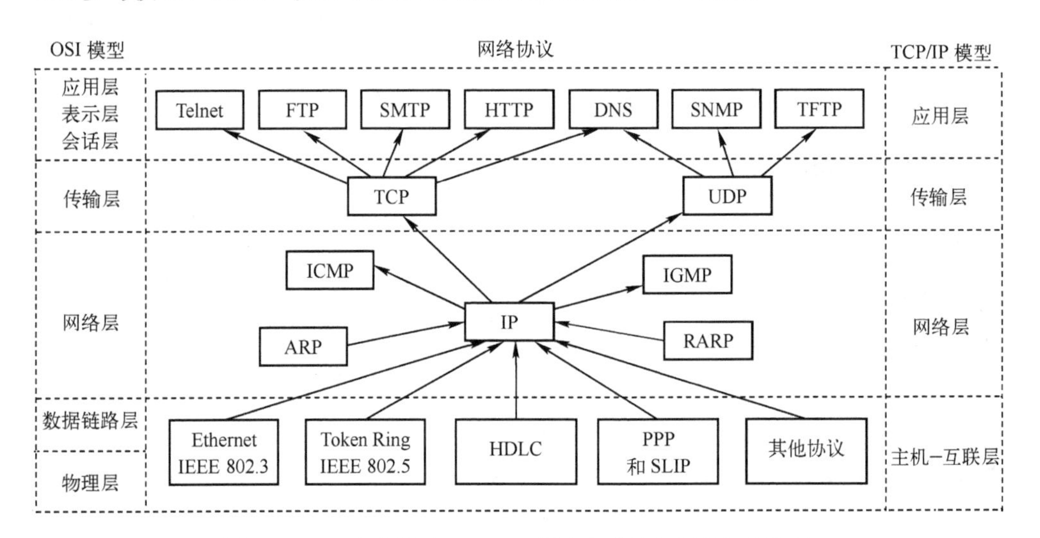

图 7-3　OSI 参考模型、TCP/IP 模型与协议之间的调用关系

应用层协议可以分为以下 3 种类型。

- 依赖于面向连接的 TCP，主要有 Telnet、FTP、SMTP、HTTP 等。
- 依赖于面向无连接的 UDP，主要有 SNMP、TFTP 等。
- 既可依赖于 TCP，又可依赖于 UDP，如 DNS。

7.2　域名系统

Internet 中使用 IP 地址来识别主机，IP 地址对于路由器寻址方便，对用户却不方便，因此，通常在网络中为每台主机分配一个唯一的名字（Name），名字通常更容易记忆，却不包含用于定位主机的信息，主机名字和主机的 IP 地址通常是一一对应的。由于网络中数据传输采用 IP 地址定位主机，因此，必须有一套将主机名字映射为 IP 地址的系统，才能使网络正常运行。域名系统（DNS）讨论的就是如何将名字系统中的主机名字映射到 IP 地址上。

7.2.1 域名系统概述

1．名字空间

为了保证主机名字的唯一性，给主机分配名字必须在名字空间（Name Space）中进行。名字空间可以按平面和层次两种方式进行组织。

（1）平面名字空间

在平面名字空间（Flat Name Space）中，名字是一个无结构的字符序列。为了保证名字的唯一性，名字的分配和管理必须集中控制，因此平面名字空间不适合像 Internet 这样大规模的网络系统。

（2）层次名字空间

在层次名字空间（Hierarchical Name Space）中，每一个名字由若干部分组成，各部分按序具有逐层递进关系。例如，第一部分可以定义组织的形式，第二部分可以定义组织的名字，第三部分可以定义组织的部门等。这样，名字的分配和管理就可以分散逐层管理。中央管理机构负责分配名字的一部分，如组织的形式和组织的名字；名字其他部分的分配和管理交给组织，如可以通过给组织的名字加上后缀（或前缀）来定义部门。

域名空间（Domain Name Space，DNS）就是为定义层次名字空间而设计的。域名空间是一棵根在顶部的倒置树结构，该树最多可有 128 级，由 0 级（顶级、根节点）～127 级（叶子节点）组成。树中的每个节点都有一个标号（Label），标号为一个最多含有 63 个字符的字符串（字母不区分大小写）。根节点的标号是空字符串。DNS 要求每一个节点的子节点具有不同的标号，这样可以确保域名的唯一性。

域（Domain）是域名空间（DNS）的一棵子树，每个域都有一个域名（Domain Name），顶级域名就是域的根节点的名字。每个域还可以再划分为多个子域（Subdomain）。域名通常由小圆点（.）分隔的标号序列表示。例如，www.lntu.edu.cn 和 mail.163.com 都是完整的域名，含义如下。

www.lntu.edu.cn 表示中国（cn）教育科研网（edu）辽宁工程技术大学（lntu）的万维网（www）服务器。mail.163.com 表示商业（com）的网易 163（163）的邮件服务器（mail）。

2．域名空间的层次结构

Internet 中域名空间是有层次结构的，且包含的信息量巨大。因此，为保证域名检索效率和安全性，通常采用将域名空间信息分布在多台被称为 DNS 服务器（DNS Server）的计算机中的方法来存储域名信息。多台 DNS 服务器需建立层次结构，方法如下。

- 顶级（0 级、根节点）保持不变，将整个空间划分为多个基于顶级的域。
- 创建多个顶级的子域（子树），允许将顶级的子域进一步划分成更小的子域。一台 DNS 服务器负责（由上级域授权）一个域（不管大小）。

完整的域名层次结构分布在多台 DNS 服务器上，一台 DNS 服务器负责的范围称为区域（Zone），可以将一个区域定义为整棵树中一个连续的部分。DNS 服务器有一个数据库，称为区域文件，它保存了该域中所有节点的信息。如果某台 DNS 服务器负责某个域，该域没有进一步划分为更小的域，则此时域和区域是相同的。

子域划分方法如下。

- DNS 服务器可以将它自己负责的域划分为多个子域，并将其中的一部分授权给子域 DNS 服务器。
- 子域节点信息存放在子域 DNS 服务器中，上级域 DNS 服务器只保存到子域 DNS 服务器的指针。

上级域 DNS 服务器并不是对域完全不负责，它仍然对该域负责，只是将更详细的信息保存在子域 DNS 服务器上。当然，一台 DNS 服务器既可以将它自己管辖的域划分为子域并将子域信息授权给其他子域 DNS 服务器负责，也可以自己保存一部分子域的详细信息。在这种情况下，区域是由这台 DNS 服务器具有详细信息的那部分子域以及已经授权给其他子域服务器负责的那部分子域所组成的。

3．DNS 服务器

DNS 定义了两种类型的域名服务器：主服务器（Primary Server）和辅助服务器（Secondary Server）。主服务器是指存储了授权区域有关文件的服务器，它负责创建、维护和更新区域文件，并将区域文件存储在本地磁盘中。辅助服务器既不创建也不更新区域文件，它只负责备份主服务器的区域文件。一旦主服务器出现故障，辅助服务器就可以接替主服务器负责这个授权区域的名字解析。

Internet 中的 DNS 服务器系统是按照域名的层次来组织的，每台 DNS 服务器只对 DNS 中的一部分进行管辖，主要有根 DNS 服务器（Root DNS Server）、顶级 DNS 服务器（TLD DNS Server）、授权 DNS 服务器（Authoritative DNS Server）和本地 DNS 服务器（Local DNS Server）4 种不同类型的域名服务器。

- 根 DNS 服务器：它的区域是由整棵树组成的。根 DNS 服务器用于管理顶级域名，通常不保存关于域的任何详细信息，只是将其授权给其所管辖的其他服务器，根 DNS 服务器只保存到所有授权服务器的指针。根 DNS 服务器并不直接对顶级域名下面所属的所有域名进行解析，但它一定能够找到管辖范围内所有二级域名的 DNS 服务器。全球目前共有 13 个根 DNS 服务器，其中 10 个在美国，1 个在挪威，1 个在欧洲注册中心 RIPE，1 个在日本。
- 顶级 DNS 服务器：负责管理在该顶级 DNS 服务器注册的所有二级域名。当收到 DNS 查询请求时给出相应的回答（可能是最后的结果，也可能是下一步应当找的授权 DNS 服务器的 IP 地址）。
- 授权 DNS 服务器：每台主机都必须在授权 DNS 服务器上注册登记。通常，一台主机的授权 DNS 服务器就是本地的一台 DNS 服务器。授权 DNS 服务器总是能够将其管辖的主机名转换为对应的 IP 地址。
- 本地 DNS 服务器：每个网站都拥有一台本地 DNS 服务器，又称为默认 DNS 服务器，通常为递归服务器。当一台主机发出 DNS 查询报文时，该报文首先被发送到本地 DNS 服务器。计算机上配置的 DNS 服务器通常为本地 DNS 服务器。

各类 DNS 服务器一般是层次递进的关系。例如，假定普林斯顿大学 DNS（princeton）服务器下面管辖有 cs、ee 和 physics 三个服务器，cs 下面有 ux01 和 ux02 两台主机。层次关系举例如图 7-4 所示。图中用虚线框起来的部分称为区域。为了实现域名解析，图 7-4 中将根和一级域名组成一个区域（Zone），由根 DNS 服务器负责解析，princeton 及其下属的 cs、ee 和 physics 组成 princeton 区域，其中 physics 域的详细信息保存在 princeton 服务器上，cs、ee 域的详细信息保存在各自的服务器上，princeton 服务器有指针分别指向 cs 和 ee 域服务器。

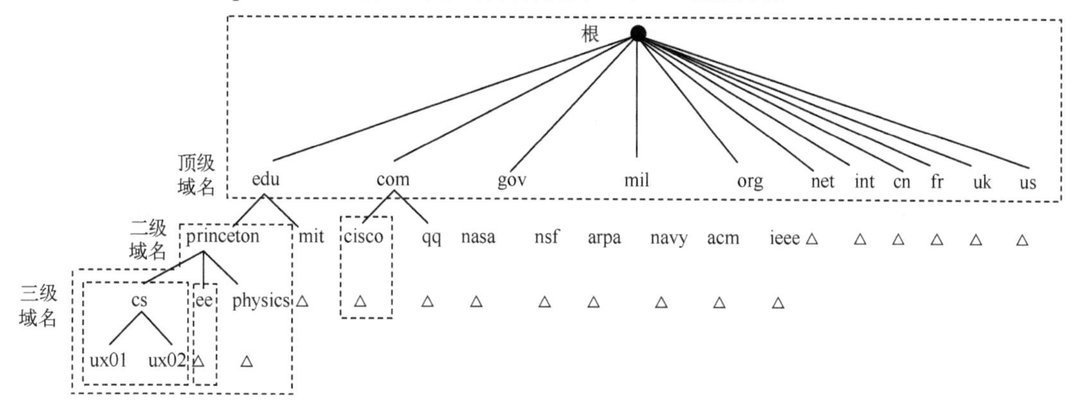

图 7-4　DNS 的层次关系

对应于图 7-4 的 DNS 服务器层次结构如图 7-5 所示。

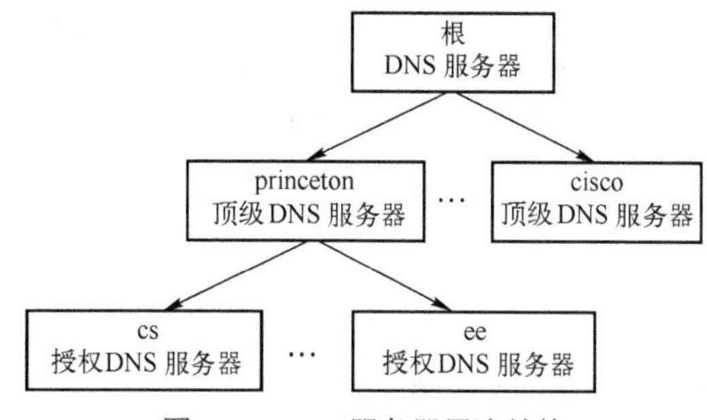

图 7-5　DNS 服务器层次结构

4. 域名空间分类

域名树中的每一个节点定义为一个域，它是到域名空间数据库的一个索引。域名空间通常被划分为通用域、地域顶级域名和反向域 3 个部分。

（1）通用域

通用域（Generic Domain）一般按照组织性质进行定义。常用的通用域（通常称其为顶级域名）有 com、edu、gov、int、mil、net 和 org。这些域名的含义见表 7-1。

表 7-1　常用的顶级域名含义

域名	含义描述	域名	含义描述
com	商业机构等营利性组织	edu	教育机构、学术组织和国家科研中心等
gov	政府机构	int	国际机构
org	非营利机构，如技术支持小组、计算机用户小组等	net	网络信息中心（NIC）等 Internet 服务机构
mil	军事机构		

目前，顶级域名中增加了 aero（航空航天公司）、biz（商业公司，类似于 com）、coop（协作商业组织）、info（信息服务提供商）、museum（博物馆）、name（个人名字）和 pro（专业组织）等。

（2）地域顶级域名

地域顶级域名使用两个字母作为国家或地区缩写（例如，cn 代表中国、us 代表美国等），地域顶级域名后面的第二级名字通常是组织机构，或者更具体一些，由各个国家或地区自行指定。

常用的地域顶级域名见表 7-2。

表 7-2　常用的地域顶级域名

域名	国家	域名	国家	域名	国家	域名	国家
cn	中国	us	美国	de	德国	uk	英国
jp	日本	au	澳大利亚	ru	俄罗斯	fr	法国
it	意大利	kr	韩国	ca	加拿大	nl	荷兰

（3）反向域

反向域（Inverse Domain）用于将 IP 地址映射为名字。这种类型的查询称为反向查询或指针（PTR）查询。为了处理指针查询，在域名空间中增加了一个反向域，其第一级名字标号为 arpa，第二级名字标号为 in-addr（用于反向地址查询）。域的其他部分定义 IP 地址。

处理反向域的服务器是倒置的层次结构。例如 IP 地址为 202.199.224.2，其网络号为 202.199.224，在反向域中读为 2.224.199.202.in-addr.arpa，其反向域层次结构如图 7-6 所示，IP 地址的网络号比子网号的层次高，子网号的层次高于主机号。

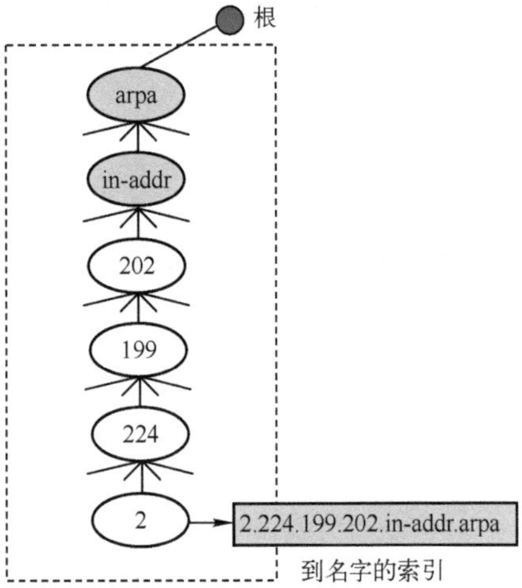

图 7-6　反向域层次结构

7.2.2　域名解析过程

域名解析（Domain Name Resolution）是指将域名转换成对应的 IP 地址的过程，也可以说域名解析实际是一个 IP 地址查询的过程，即向 DNS 服务器发送一个域名解析请求时，DNS 服务器通常返回一个 IP 地址。例如，当用户在网络浏览器中输入腾讯网站的域名 www.qq.com 时，浏览器首先进行域名解析，通过 DNS 将 www.qq.com 解析成 IP 地址 103.7.30.123，将 IP 地址写入 IP 报文中的目的地址段中，然后再调用 TCP/IP 与 www.qq.com 进行通信。

域名解析一般是自上而下进行的，从根域名服务器开始直到末端的本地域名服务器。在 Internet 中，域名解析一般采用递归解析、迭代解析，以及递归与迭代结合解析两种方式进行，递归解析和迭代解析是可以发送到域名服务器的两种请求。

1．递归解析和迭代解析

（1）递归解析

递归解析是最常见的由客户机发送到本地 DNS 服务器的域名解析请求。当本地 DNS 服务器接受了客户机的查询请求时，本地 DNS 服务器将力图代表客户机来找到答案，而在 DNS 服务器执行所有查询工作的时候，客户机只是处于等待状态，等待本地 DNS 服务器给出所需的 IP 地址。如果本地 DNS 服务器不能直接解析出 IP 地址，则本地 DNS 服务器就以 DNS 客户的身份，向其他根 DNS 服务器继续发出查询请求报文，在域名树中的各分支上递归搜索答案。

在递归解析中，DNS 服务器将持续搜索直到收到回答。这种回答可以是主机的 IP 地址，也可以是“主机不存在”。递归 DNS 服务器将最终结果返回给客户机。

（2）迭代解析

迭代解析是指当某 DNS 服务器接收到域名解析请求时，如果本地 DNS 服务器中没有请求中所需的 IP 地址，则该 DNS 服务器会指出下一步可查询的 DNS 服务器 IP 地址，让主机自己去向另一个 DNS 服务器进行搜索。

在迭代解析中，当某本地 DNS 服务器向根 DNS 服务器提出域名解析请求时，根 DNS 服务器并不会代替本地 DNS 服务器进行继续查询的任务（即根 DNS 服务器不接受递归查询），但根 DNS 服务器会指引本地 DNS 服务器到另一台 DNS 服务器中进行查询，这种做法通常称为重指引，也是期望得到的迭代查询的结果。例如，当根 DNS 服务器被要求查询 www.isi.edu 的地址时，根 DNS 服务器不会到 isi DNS 服务器查询 www 主机的地址，它只是给本地 DNS 服务器返回一个提示，告诉本地 DNS 服务器到 isi DNS 服务器去继续查询。

（3）递归与迭代结合解析

通常域名解析服务采用递归与迭代结合方式完成。默认情况下，客户机向本地 DNS 服务器提出的解析请求采用递归方式，本地 DNS 服务器如果不能直接向客户机提供目标 IP 地址，则代替客户机采用迭代方式向根 DNS 服务器发起解析请求。

2．域名解析命令

在 Windows 系统中，使用 nslookup 命令可查询本机解析域名所依赖的 DNS 服务器，即本地 DNS 服务器。如图 7-7 所示，该客户机当前默认的 DNS 服务器是 cache5-sy，对应的 IP 地址为 211.98.2.4。也就是说，在该主机运行的访问 Internet 的程序，如果需要使用 DNS，都会将解析请求发送到该 DNS 服务器上，寻求解析。

图 7-7　域名解析命令示例

3．域名解析过程

域名解析的主要步骤如下。

1）客户机发出域名解析请求，并将该请求发送给本地 DNS 服务器。

2）当本地 DNS 服务器收到该请求后，首先查询本地缓存是否存在该域名与 IP 地址记录项，得到以下两种结果。

- 如果有该记录项，则本地 DNS 服务器直接将查询结果返回给客户机，结束本次域名解析。
- 如果本地缓存中没有该记录，则本地 DNS 服务器直接将请求发送给根 DNS 服务器，根 DNS 服务器再返回给本地 DNS 服务器一个查询域（根的子域）的主 DNS 服务器地址，转第 3）步。

3）本地 DNS 服务器向上一步返回的主 DNS 服务器发送请求，接受请求的主 DNS 服务器查询自己的缓存，如果没有该记录，则返回相关的下级 DNS 服务器的地址。

4）重复第 3）步，直到找到正确的记录为止。

5）本地 DNS 服务器将返回的查询结果返回给客户机，同时也将其保存到缓存中，以备下一次解析使用。

下面以一个实例来说明域名解析过程。客户机浏览器访问域名为 www.abc.com 的域名解析过程如图 7-8 所示，图中请求查询 Q1～Q10 用实箭线表示，查询应答 A1～A10 用虚箭线表示。

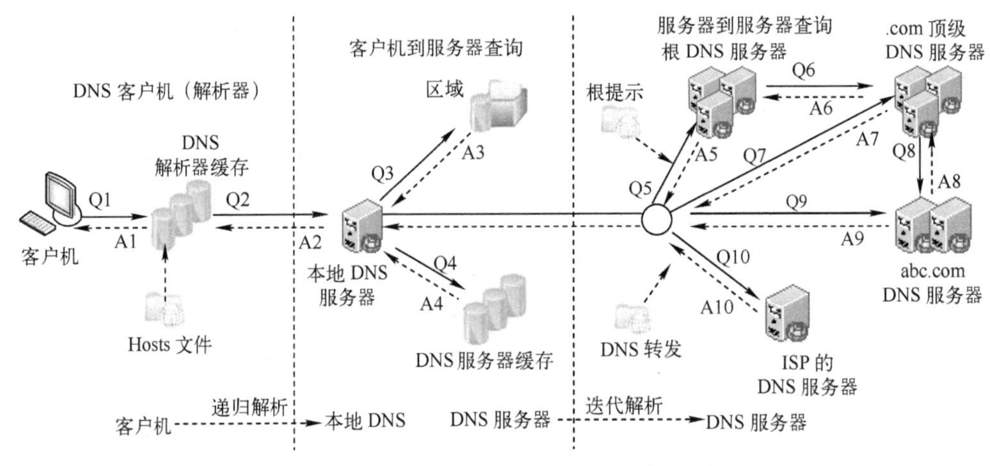

图 7-8　www.abc.com 的域名解析过程

www.abc.com 域名解析过程具体如下。

1）在浏览器中输入 www.abc.com 域名，客户机首先检查本地 Hosts 文件是否有该域名的映射关系，如果有，则取出该 IP 地址，完成域名解析，即 Q1/A1 过程。

2）如果本地 Hosts 里没有该域名的映射，则查找本地 DNS 解析器缓存，是否有该域名的映射关系，如果有，直接返回，完成域名解析，即 Q1/A1 过程。

3）如果本地 Hosts 与本地 DNS 解析器缓存都没有相应的域名映射关系，则查找 TCP/IP 参数中设置的首选 DNS 服务器（即本地 DNS 服务器）。本地 DNS 服务器收到查询命令，如果待查询域名包含在本地配置区域资源中，则返回解析结果给客户机，完成域名解析，此解析具有权威性，即 Q2/A2 和 Q3/A3 过程。

4）如果待查询域名已在本地 DNS 服务器缓存其映射关系，则无须由本地 DNS 服务器区域解析，直接取出地址映射，完成域名解析，此解析不具有权威性，即 Q4/A4 过程。

5）如果本地 DNS 服务器、本地区域文件与本地缓存解析均失效，则根据本地 DNS 服务器的设置（是否设置转发器）进行查询。

① 未用转发模式。

首先，本地 DNS 服务器将请求发到根 DNS 服务器，根 DNS 服务器收到请求后判断该域名（.com）由谁来授权管理（即 Q6/A6 过程），并返回负责该顶级域名服务器的一个 IP 地址给本地 DNS 服务器，即 Q5/A5 过程。

其次，本地 DNS 服务器收到 IP 信息后，将联系负责.com 域的域名服务器。负责.com 域的域名服务器收到解析请求后，如果可以解析，则将解析结果返回给本地 DNS 服务器，即 Q7/A7 过程；如果自己无法解析，则继续寻找管理.com 域的下一级 DNS 服务器地址（abc.com）给本地 DNS 服务器（即 Q8/A8 过程）。

最后，当本地 DNS 服务器收到 abc.com 域名服务器地址后，向 abc.com 域服务器发出域名解析请求，即 Q9/A9 过程。

重复上述动作，直至找到 www.abc.com 主机。

② 启用转发模式。

在采用转发模式时，该 DNS 服务器将解析请求转发至上一级 DNS 服务器，由上一级服务器进行解析，上一级服务器如果不能解析，会找到根 DNS 服务器或将请求转至上上级，以此循环，即 Q10/A10 过程。

6）不论本地 DNS 服务器采用的是根提示模式或转发模式，最后都会将查询结果返回给本地 DNS 服务器，由本地 DNS 服务器再返回给客户机。

一般从客户机到本地 DNS 服务器属于递归解析，而 DNS 服务器之间的交互查询属于迭代解析。

4．域名高速缓存

图 7-8 所示的域名解析过程使用了名字的 DNS 高速缓存机制来优化查询的开销。每个域名服务器都维护着一个高速缓存，存放最近解析过的域名以及相关信息的记录。当客户请求域名服务器解析域名时，服务器首先检查它是否被授权管理该域名。若未授权，则查看高速缓存，检查该域名最近是否被解析过。若能够从高速缓存中获得相应的解析结果，服务器将直接返回解析的 IP 地址，而不必进行真正的解析。这样就大大地提高了解析效率，降低了域名解析的开销。

为了保持高速缓存内容的正确性，域名服务器对每项高速缓存的内容设置了一个合理的生存时间（TTL）。当超过了这个时间后，域名服务器将清除这项高速缓存的内容，下一次对该域名的解析将进行真正的解析操作，并且域名服务器将缓存新的解析结果。这样可以提高域名解析的准确性。

7.2.3 DNS 报文格式

DNS 报文有查询和响应两种类型的报文，其报文格式基本相同。DNS 报文由 12B 的首部和 4 个长度可变的字段组成。DNS 报文的一般格式如图 7-9 所示。

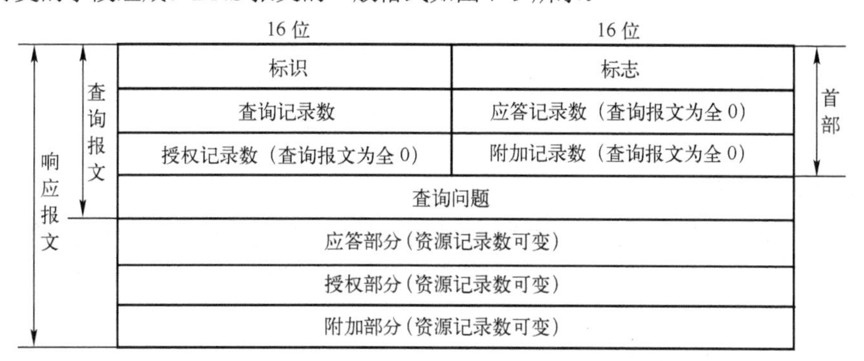

图 7-9 DNS 查询报文和响应报文的一般格式

DNS 报文中各字段的含义如下。

1）标识：2B，由客户程序设置并由服务器返回。客户程序通过它来确定响应与查询是否匹配。客户在每次发送查询时使用不同的标识号，服务器在相应的响应中重复该标识号。

2）标志：2B，标志的作用是完成 DNS 的控制。16bit 的标志字段被划分为若干子字段，如图 7-10 所示。

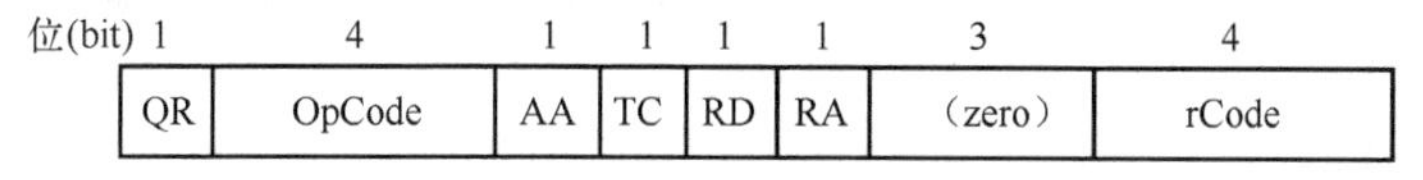

图 7-10 DNS 报文首部的标志字段

- QR：占 1bit，表示查询或响应。QR=0 表示查询报文，QR=1 表示响应报文。
- OpCode：占 4bit，表示查询或响应的类型。OpCode=0 表示标准查询，OpCode=1 表示反向查询，OpCode=2 表示服务器状态请求。
- AA：占 1bit，授权回答，只用于响应报文。AA=1 表示 DNS 服务器是权限服务器。

- TC：占 1bit，表示可截断的（Truncated）。TC=1 时，表示当应答的总长度超过 512B 时，只返回前 512B。当 DNS 承载在 UDP 中时使用该标志位。
- RD：占 1bit，要求递归（Recursion Desired）。在查询报文中置位，响应报文中重复置位。RD=1 表示客户希望得到递归查询；RD=0 且被请求的 DNS 服务器没有一个授权回答，则返回一个能解答该查询的其他 DNS 服务器列表，称为迭代查询。
- RA：占 1bit，递归可用。它只能在响应报文中置位。如果 DNS 服务器支持递归查询，则在响应报文中将 RA 置 1。大多数 DNS 服务器都提供递归查询，除了某些根 DNS 服务器。
- zero：占 3bit，保留位，值为 000。
- rCode：占 4bit，返回一个值，表示查询响应中的差错状态。rCode 取值为 0～5 分别表示无差错、格式差错、域名差错、域参照差错、查询类型不支持、管理上被禁止，取值 6～15 保留。

3）查询记录数：2B，查询问题字段包含的条目数量。

4）应答记录数：2B，表示应答部分包含的应答记录数。在查询报文中该值为 0。

5）授权记录数：2B，表示响应报文中授权部分的授权记录数。在查询报文中该值为 0。

6）附加记录数：2B，表示响应报文中附加部分的附加记录数。在查询报文中该值为 0。

7）查询问题：DNS 查询或响应报文中都会有查询部分。包括一个或多个问题记录。

8）应答部分、授权部分和附加部分均由一组资源记录组成，仅在应答报文中出现。一条资源记录描述一个域名。

7.3　远程登录

远程登录（Telecommuication Network Protocol，Telnet）起源于 ARPANET。Telnet 是标准的提供远程登录功能的应用，几乎每个 TCP/IP 的实现都提供该功能。

7.3.1　远程登录概述

远程登录是指用户使用账号通过网络登录到远程主机并使用远程主机资源的过程。Telnet 属于 TCP/IP 族的应用层程序，是 Internet 远程登录服务的标准协议，可以运行在不同操作系统的主机之间。

1．Telnet 提供的基本服务

Telnet 能够将本地用户所使用的计算机变成远程主机系统的一个终端，Telnet 通过客户进程和服务器进程之间的选项协商机制确定通信双方可以提供的功能特性。Telnet 提供的基本服务如下。

- Telnet 定义了一个网络虚拟终端（Network Virtual Terminal，NVT）为远程系统提供一个标准接口。客户机程序不必详细了解远程系统，只需构造使用标准接口程序。
- Telnet 包括一个允许客户端和服务器协商选项的机制，提供一组标准选项。
- Telnet 对称处理连接的两端，即 Telnet 不强迫客户端从键盘输入，也不强迫客户端在屏幕上显示输出。

2．网络虚拟终端

网络中的计算机及其操作系统可能使用的字符代码集并不一定相同，有的系统使用 ASCII 码字符集，有的使用 Unicode 字符集。Telnet 解决通信双方使用不同字符集问题的方法是定义一个通用接口字符集，称为网络虚拟终端（NVT）字符集。通过该接口，Telnet 客户端将来自本地终端的字符（数据或控制字符）转换成 NVT 字符集再发送给 Telnet 服务器，Telnet 服务器则将接收到的 NVT 字符集转换成远程计算机可以接受的形式。Telnet 使用网络虚拟终端（NVT）字符集解决了异构系统的远程登录问题。

7.3.2 远程登录的工作原理

Telnet 采用客户机/服务器模型，一般使用 Telnet 客户程序和服务器程序完成。远程登录的工作原理如图 7-11 所示。

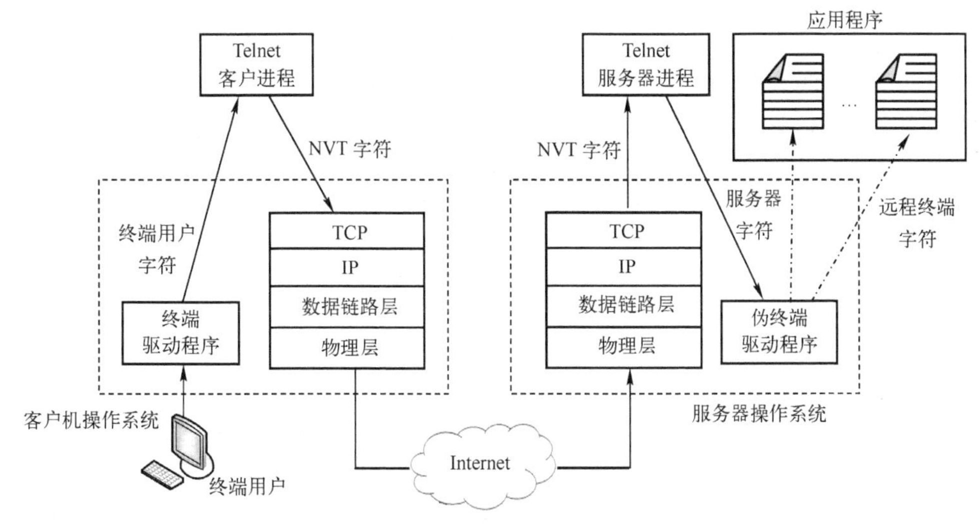

图 7-11 Telnet 工作原理

Telnet 具体工作过程如下。

1）终端用户接收按键输入，通过终端驱动程序原样递交给本地操作系统，操作系统不加任何解释地将接收的字符发送给 Telnet 客户进程。

2）Telnet 客户进程将用户输入的字符转换成网络虚拟终端（NVT）的通用字符，送入本地 TCP/IP 栈。

3）转换成网络虚拟终端形式的命令或文字（NVT 字符）通过 Internet 发送到远程主机的 TCP/IP 栈，然后递交给 Telnet 服务器。

4）Telnet 服务器再将这些 NVT 字符转换为远程计算机可理解的相应字符送入伪终端驱动程序，然后操作系统将这些字符由伪终端传递给适当的应用程序。

7.4 文件传输服务

文件传输服务是 Internet 最早提供的服务功能之一，目前仍然在广泛使用。Internet 上有数量众多的各种程序与文件，这些都是 Internet 数量巨大与宝贵的信息资源。使用文件传输服务，用户可以方便地访问这些信息资源。

7.4.1 文件传输服务概述

1. 文件传输服务的概念

文件传输服务由 FTP（File Transfer Protocol，文件传输协议）程序提供，它允许用户将文件从一台计算机传输到另一台计算机上，并且能保证传输的可靠性。

由于采用 TCP/IP 作为 Internet 的基本协议，无论 Internet 上的两台计算机在地理位置上相距多远，只要它们都支持 FTP，它们之间就可以随意地相互传输文件。而且采用 FTP 传输文件时，不需要对文件进行复杂的转换，因此 FTP 服务的工作效率比较高。FTP 传输文件不仅可以节省实时联机的通信费用，而且可以方便地阅读与处理传输过来的文件。

2．文件传输服务的登录

FTP 服务是一种实时的联机服务，用户在访问 FTP 服务器之前必须进行登录，登录方式主要有以下两种。

- 注册登录：要求用户给出其在 FTP 服务器上的合法账号和口令，只有成功登录的用户才能访问该 FTP 服务器，并对授权的文件进行查阅和存取。
- 匿名登录：匿名登录是指用户使用专用的用户名“anonymous”，口令为自己的电子邮件地址进行登录的方式。FTP 匿名登录成功后即可从该服务器上查阅和下载授权文件。Internet 中含有很多匿名 FTP 服务器，主要用于提供一些免费软件或有关 Internet 的电子文档。目前，匿名 FTP 是 Internet 上发布软件的常用方法。Internet 中很多标准服务程序都是通过匿名 FTP 发布的，任何人都可以存取它们。

7.4.2　文件传输协议

1．文件传输协议概述

文件传输协议（FTP）是 Internet 上使用最广泛的文件传送协议，主要用于 Internet 中进行文件传输。文件传输（File Transfer）不同于文件访问（File Access），文件传输是指客户将文件从服务器下载下来，或者是将文件上传到服务器；而文件访问一般指的是客户在线访问服务器上的文件，可以对服务器上的文件进行在线操作。

文件传输协议具有以下几个特点。

- FTP 提供交互式访问，使用户更容易通过操作命令与远程系统交互。
- FTP 允许客户指定存储文件的类型与格式。
- FTP 具备鉴别控制能力，允许文件具有不同的存取权限。
- FTP 屏蔽了计算机系统的细节，因而适合在异构网络中的任意计算机之间传送文件。

2．文件传输协议模型

FTP 服务采用客户机/服务器模式，一个 FTP 服务器进程可同时为多个客户进程提供服务。FTP 服务进程具有有若干个从属进程，负责接收和处理请求进程。

FTP 客户机/服务器模型如图 7-12 所示，图中控制连接连接控制进程，数据连接连接数据传送进程。FTP 使用 TCP 在传输文件的主机之间建立 TCP 连接，用控制连接传输控制信息，用数据连接传输文件。通用的文件传输方式是流方式，文件结尾以关闭数据连接为标志，对每一个文件传送或者目录列表都需要建立一条新的数据连接。

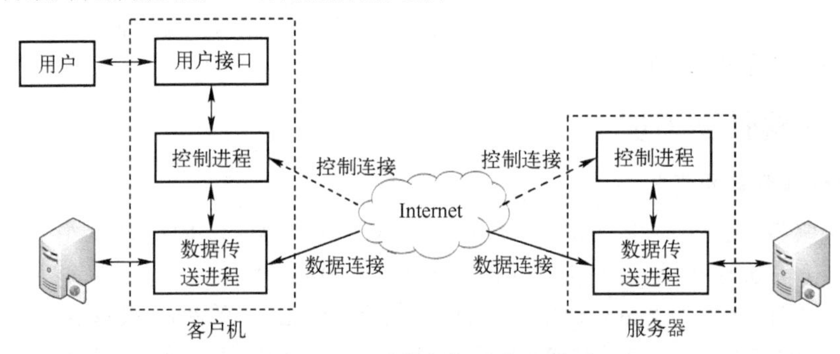

图 7-12　FTP 客户机/服务器模型

3．文件传输协议的工作原理

FTP 支持异构主机之间进行文件传输，但 FTP 只支持种类有限的文件类型（如 ASCII、二进制文件类型等）和文件结构（如字节流、记录结构）。

FTP 应用需要建立两条 TCP 连接，一条为控制连接，另一条为数据连接。FTP 服务器被动打开 21 号端口，并且等待客户机的连接建立请求。客户机以主动方式与服务器建立控制连接。客户机通过控制连接将命令传给服务器，服务器通过控制连接将应答传给客户机。FTP 的工作过程如下。

- 建立 TCP 连接。文件传输前，FTP 客户机使用一个临时分配的端口号，与 FTP 服务器的 21 号端口通过三次握手机制建立 TCP 连接。
- 文件传输。由于两个 FTP 主机之间除了传输数据文件外，还需要传输控制文件传输的其他信息，因此，FTP 约定服务器使用 20 号端口传输数据（称为数据连接），用 21 号端口传输控制信息（称为控制连接）。也就是说，用两条 TCP 连接分别传输文件数据和控制信息。

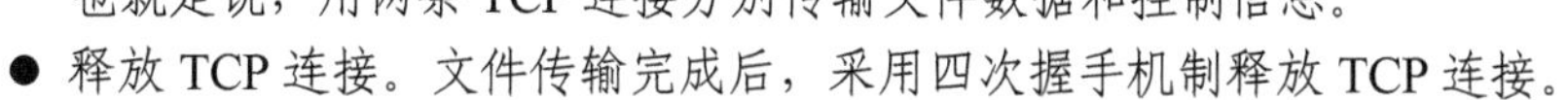

- 释放 TCP 连接。文件传输完成后，采用四次握手机制释放 TCP 连接。

7.5　电子邮件服务

电子邮件（Electronic Mail，E-mail）又称为电子信箱、电子邮政，顾名思义，它是传统邮件的电子化，它是一种通过电子手段提供信息交换的通信方式，传递迅速、风雨无阻，还可以进行一对多的邮件传递，即同一邮件可以同时发送给多人。

7.5.1　电子邮件服务概述

E-mail 是 Internet 应用最广的服务之一，通过网络电子邮件系统，用户可以用非常低廉的价格（不管发送到哪里，都只需负担网费），以非常快速的方式（几秒钟之内可以发送到世界上任何指定的目的地），与世界上任何一个角落的网络用户联系。电子邮件的内容可以是文字、图形、图像、声音等各种形式。

1．电子邮件系统的组成

电子邮件系统的组成在逻辑上可以分为用户代理（User Agent，UA）和报文传送代理（Message Transfer Agent，MTA）两部分。UA 负责邮件的撰写、阅读和处理，MTA 负责邮件的传送，即“电子化邮局”。电子邮件系统的逻辑组成如图 7-13 所示。

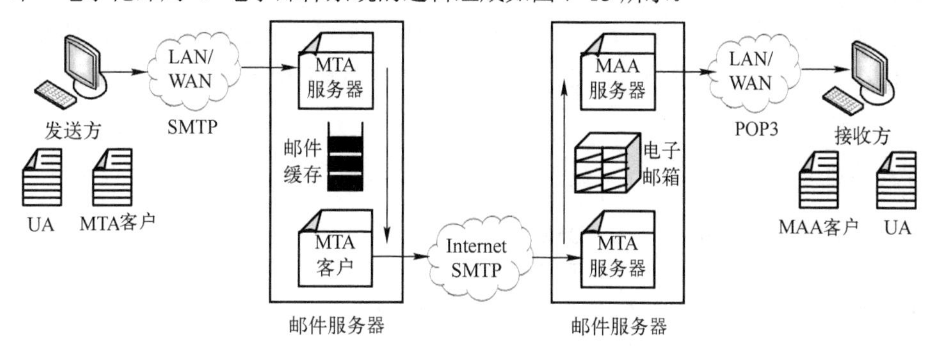

图 7-13　电子邮件系统的逻辑组成

发送方和接收方都是通过局域网（LAN）或广域网（WAN）与各自的邮件服务器相连。发送方发送邮件和接收方接收邮件的过程如下。

1）发送方首先将电子邮件发送到自己所开设邮箱的邮件服务器，然后该邮件服务器再通过

Internet 将邮件发送给接收方所开设邮箱的邮件服务器。

2）当邮件传送到接收方的邮件服务器后，接收方根据收件人的邮箱地址分发到相应的电子邮箱中，用户可以通过邮箱访问协议（如 POP3 或 IMAP4）读取邮箱中的邮件。读取邮件时通常需要在接收方邮件服务器上引入报文访问代理（Message Access Agent，MAA）。

邮件服务器（Mail Server）是 Internet 邮件服务系统的核心，它负责接收用户送来的邮件，并根据收件人地址发送到对方的邮件服务器中；同时，它也负责接收由其他邮件服务器发来的邮件，并根据收件人地址分发到相应的电子邮箱中。

如果要使用 E-mail 服务，首先要拥有一个电子邮箱（Mail Box）。电子邮箱是由提供电子邮件服务的机构（一般是 ISP）为用户建立的。当用户向 ISP 申请 Internet 账户时，ISP 就会在它的邮件服务器上建立该用户的电子邮件账户，它包括用户名（User Name）与用户密码（Password）。任何人都可以将电子邮件发送到某个电子邮箱中，但是只有电子邮箱的拥有者输入正确的用户名与用户密码，才能查看 E-mail 内容或处理 E-mail。

2. 电子邮件地址的格式

电子邮件地址的格式一般由 3 部分组成。

```
USER@邮件服务器
```

各部分含义如下。

- USER：表示用户邮箱的账号，又称为用户邮箱名。USER 在同一个邮件服务器中必须是唯一的。
- @：分隔符，用于分隔用户邮箱名和邮件服务器。
- 邮件服务器：表示该用户邮箱所在邮件服务器的域名，邮件服务器全世界唯一。

例如，若电子邮件地址为 chh123@163.com，则“chh123”表示用户名，“163.com”表示 chh123 用户所在的邮件服务器，163.com 在全世界必须唯一，而 chh123 在 163.com 邮件服务器中也必须唯一。

3. 电子邮件信息的格式

电子邮件信息的格式一般由信封和信件两部分组成。信封只有一个发件人邮件地址及一个或多个收件人的邮件地址。信件则分为首部（Header）和主体（Body）两部分。

（1）邮件首部

邮件首部一般由若干行组成，每一行表达一种信息，主要包括发件人地址、收件人地址、主题、发信日期等。首部按标准格式构造，每一行以一个关键字和冒号开始，其后是相关内容信息。一般格式如下。

```
关键字:信息
```

其中，关键字可以是 From、To、Date、Subject。

- From：其后信息是发件人的电子邮件地址，一般由邮件系统自动填入。
- To：其后信息是一个或多个收件人的电子邮件地址。
- Date：发件日期，一般由邮件系统自动填入。
- Subject：邮件主题，它反映了邮件的主要内容。

（2）邮件主体

邮件主体（又称为正文）是发件人要发给收件人的真正信息，可以是文本、图形、图像、声音等形式的内容。最初的电子邮件系统只设计成用来传送 ASCII 码字符，因此邮件首部和正文都只支持 ASCII 码字符。现在，邮件格式经过多用途互联网邮件扩展（Multipurpose Internet Mail Extensions，MIME）的扩充可以支持各种类型数据的传送，但是这些数据最后仍然会被编码成 ASCII 码字符进行传送。

无论是邮件首部还是主体，都是以回车（CR）和换行（LF）两个 ASCII 码控制字符指示文本行的结束；而邮件首部和正文之间则用一个空行来隔开。

7.5.2 电子邮件协议

电子邮件协议主要包括邮件传送协议和邮件读取协议两部分。邮件传送协议主要有简单邮件传送协议（Simple Mail Transfer Protocol，SMTP），它用于将邮件从发送邮件服务器传送到接收邮件服务器；邮件读取协议主要有 POP3（Post Office Protocol 3）和 IMAP（Internet Mail Access Protocol）等，用于将邮件从邮件服务器读取到用户主机中。

1. 简单邮件传送协议（SMTP）

SMTP 用于邮件服务器之间传送邮件，主要解决的是邮件交付系统如何将邮件从一台邮件服务器传送到另一台邮件服务器，它不涉及用户如何从邮件服务器接收邮件的问题。图 7-13 中的两台邮件服务器在 Internet 中传送邮件采用的就是 SMTP。

SMTP 是一个基于 ASCII 码的协议，每个 SMTP 会话涉及两个邮件传送代理（MTA）之间的一次对话。在这两个 MTA 中，其中一个充当客户机，另一个充当服务器。SMTP 发送者发出相关命令在 SMTP 控制下由 SMTP 接收者接收，SMTP 接收者给出响应。SMTP 定义了客户机与服务器之间交互的命令和响应格式。命令由客户机发给服务器，SMTP 的最小命令集见表 7-3。响应是由服务器发给客户机，是一个 3 位十进制数字，后面可以附加相关文本信息。SMTP 的 3 位数字响应码见表 7-4。

表 7-3　SMTP 的最小命令集及其功能

命令	含义描述	命令	含义描述
HELLO	发送 SMTP 向接收 SMTP 所做的提示	MAIL	后跟发信人，启动邮件发送处理
RCPT	识别邮件接收者	NOOP	用于用户测试，仅返回 OK
DATA	DATA 后面内容表示邮件数据，以<CRLF>结尾	REST	退出（或复位）当前的邮递处理，返回 OK 应答表示过程有效
QUIT	接收方返回 OK 应答并关闭传输连接		

表 7-4　SMTP 的 3 位数字响应码及其含义

响应码	含义描述	响应码	含义描述
211	系统状态或帮助应答	500	语法错误，不能识别命令
214	帮助报文	501	参量有语法错误
220	<域>服务准备好	502	命令失败
221	<域>服务关闭传输连接	503	命令中有错误字符串
250	请求邮递活动已完成	504	命令参量没有实现
251	用户不在本地；寻<前向路径>	550	请求活动失败；邮箱不能得到
354	邮件输入，以<CRLF>结束	551	用户不在本地，请试<前向路径>
421	<域>服务失败，关闭传输连接	552	请求邮递活动失败
450	请求邮递活动失败，邮箱失败	553	请求活动失败；邮箱名未激活
451	请求失败；本地错误	554	处理失败

邮件传送分为 3 个阶段：SMTP 连接建立、邮件传送和 SMTP 连接终止。

（1）SMTP 连接建立阶段

当用户发出邮件请求时，SMTP 发送者与 SMTP 接收者之间建立一个双向传送通信通道。SMTP 连接建立过程如下。

1）SMTP 客户与 SMTP 服务器在 25 号端口上建立 TCP 连接。

2）SMTP 服务器发送“220 Service ready”通知 SMTP 客户机自己已经准备就绪。

3）SMTP 客户机发送 HELLO 报文，并带上发送方域名通知服务器。

4）SMTP 服务器若有能力接收邮件，则发送“250 OK”表示已准备好接收，SMTP 连接建立完毕。若 SMTP 服务器不可用，则发送“421 Service not available”表示服务无效，SMTP 连接建立失败。

（2）邮件传送阶段

SMTP 连接建立之后，进入邮件传送过程。邮件传送过程如下。

1）客户通过命令 MAIL FROM 和 RCPT 将信封内容发送给服务器。

2）发送邮件，包括邮件首部和主体。在邮件主体发送过程中，每一行都是以回车和换行两个 ASCII 码控制字符结束。最后一行是一个“.”ASCⅡ码字符，表示这个邮件发送结束。

3）如果在一定时间内发送不了邮件，则将邮件退还发件人。

（3）SMTP 连接终止阶段

邮件传送结束后，进入 SMTP 连接终止阶段。SMTP 连接终止过程如下。

1）客户发送 QUIT 命令终止邮件传送。

2）服务器用数字 221（表示服务关闭传输连接）响应，结束本次 SMTP 会话。

3）连接终止后，TCP 连接被关闭。

2．邮件读取协议

电子邮箱一般是设置在邮件服务器上的，邮件服务器必须不间断地运行，并时刻保持与 Internet 的连接，以便能随时接收邮件。用户一般工作在 PC 上，通过 LAN、WAN 或拨号网络与邮件服务器相连，通常不能直接向外发送邮件或从外面接收邮件，必须通过软件（协议）完成客户机与邮件服务器的邮件交换问题。

用户将邮件发送到本地邮件服务器采用 SMTP，本地服务器收到用户发来的邮件后，则按通常情况处理，利用 SMTP 将邮件发往收件人所连的邮件服务器。用户从本地邮件服务器上读取邮件则采用邮箱访问协议（POP3 和 IMAP）。

（1）POP3

最简单的邮箱访问协议是邮局协议（Post Office Protocol，POP）。POP3 是 POP 的第 3 个版本。POP3 服务器允许用户把邮件存储在邮件服务器上，也允许用户从服务器上将邮件下载存储到本地主机（即自己的计算机）上，同时根据客户端的需要删除或保存在电子邮件服务器上的邮件。

POP3 采用 C/S 模式。POP3 与 SMTP 一样也是通过 TCP 传输连接完成通信。POP3 客户机和 POP3 服务器之间的通信过程如下。

1）POP3 客户机和 POP3 服务器在 110 号端口建立 TCP 连接，POP3 服务器会时刻在 TCP 110 端口上进行监听，发现有 POP3 客户机连接请求即做出相应的应答。

2）POP3 客户机发送用户名和口令到 POP3 服务器进行用户认证，认证通过后，即可访问邮箱。

POP3 具有用户登录和退出、读取邮件以及删除邮件的功能。POP3 服务仅用于用户从自己的电子邮件服务器上获取电子邮件。

POP3 有以下几个方面的不足。

- 不允许用户在邮件服务器上直接处理邮件。
- 不允许用户在下载邮件之前部分地检查邮件的内容。

（2）IMAP

IMAP4（Internet Mail Access Protocol 4）是交互式邮件访问协议，是管理远程服务器上邮件的协议。它与 POP3 相似，但比 POP3 提供了更多的功能，如允许用户在下载邮件之前检查邮件的标题、用户在下载邮件之前可以用特定的字符串搜索邮件内容、用户可以部分下载邮件、用户可以在邮件服务器上创建和删除邮箱/更改邮箱名或创建多层次的邮箱等。

IMAP4 也是采用 C/S 模式，IMAP4 是通过 TCP 143 号端口的连接完成邮箱读取工作。目前绝大多数电子邮件客户端程序都同时支持 POP3 和 IMAP4，如 Outlook、Windows Mail、Outlook Express、Foxmail、Entourage、Mozilla Thunderbird 和 Eudora 等。

IMAP4 具有以下几方面的特性。

- 支持服务器端邮件副本存储。客户端程序将电子邮件下载到计算机上后，邮件服务器保留邮件副本，这样就可以从多台计算机访问保存在服务器上的同一封电子邮件。
- 支持离线、在线、断线 3 种访问方式。
- 支持多个客户同时连接到一个邮箱。
- 支持选择性获取。用户可以只下载正文，也可以下载部分附件或全部附件。
- 支持在用户邮箱上创建、管理多个文件夹功能。
- 支持邮件服务器搜索。用户可以基于邮件标题、邮件信封中其他部分以及邮件主体内容进行搜索。
- 支持客户机和服务器间的鼠标拖动文件操作。

扫码看视频

7.6　万维网服务

万维网（World Wide Web，WWW）是一种特殊的结构框架，是一种基于 Internet 的分布式信息查询系统，是 Internet 提供的一种服务。它使用超文本标记语言（HTML）及超文本传输协议（HTTP）。

7.6.1　WWW 服务概述

WWW 服务采用链接的方法将 Internet 中数以百万计的计算机的信息连接在了一起，提供方便快捷的方法访问 Internet 中的 WWW 服务器。WWW 是基于 B/S 模式的，WWW 可以使用户主动地按需获取丰富的信息。

1. 统一资源定位符

统一资源定位符（Uniform Resource Location，URL）提供了从 Internet 上获得资源位置和访问这些资源的方法。URL 为资源的位置提供一种抽象的识别方法，并用这种方法对资源进行定位。只要能够对资源定位，系统就可以对资源进行各种操作，如存取、更新、替换和查找其属性。

URL 的完整格式由以下几部分组成。

```
协议+"://"+主机域名（IP 地址）+":"+端口号+目录路径+文件名
```

例如，http://www.lntu.edu.cn。

各部分的含义如下。

- 协议：指获取 WWW 服务的协议，常用协议有 HTTP、FTP、Telnet、Gopher。
- 主机域名（IP 地址）：指 WWW 数据所在的服务器域名。
- 端口号（Port）：服务器提供端口号表示客户访问不同类型的资源。例如，常见的 WWW 服务器提供端口号为 80 或 8080。在 URL 中端口号可以省略，省略时连同前面的“:”一起省略。
- 目录路径（Path）：指明了服务器上存放的被请求信息的路径。
- 文件名（File）：指客户访问的页面名称。例如，index.htm。页面名称与设计时网页的源代码名称并不要求相同，由服务器完成两者之间的映射。

2．Web 浏览器

Web 浏览器是一个交互式应用程序，用于访问 Internet 中 Web 服务器上的某个页面，通常称为网页。Web 浏览器读取服务器上的某个页面后用适当的格式在屏幕上显示页面。页面一般由标题、正文等部分组成。链接到其他页面的超文本链接将会以突出方式（如带下划线或另外一种颜色）显示，当用户将鼠标指针移到超链接上时，指针将会变成手形，单击即可使浏览器显示新的页面内容。

Web 浏览器通常由控制器、解释器和各种客户程序 3 部分组成，如图 7-14 所示。

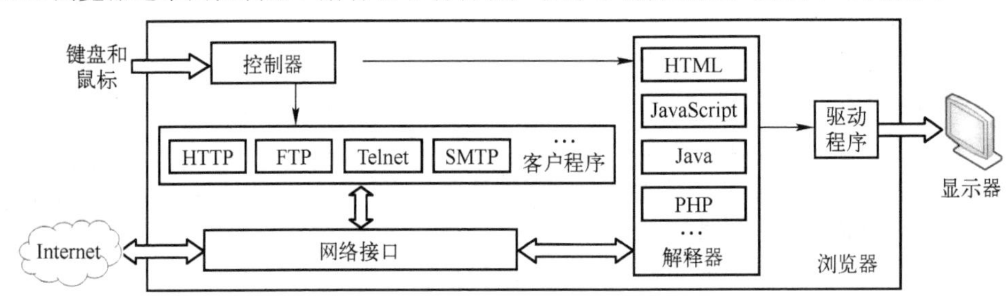

图 7-14　Web 浏览器的组成

控制器接收来自键盘或鼠标的输入，并调用各种客户程序来访问服务器。当浏览器从服务器获取 Web 页面后，控制器调用解释器处理网页。浏览器支持的客户程序可以是 FTP、Telnet、SMTP 或 HTTP 等。解释程序可以是 HTML、JavaScript、Java、PHP 或 Python 等，取决于页面中文档的类型。

3．Web 服务器

Web 服务器又称为 Web 网站，是 HTTP 服务器端，用于存储 Web 对象。每个 Web 对象由 URL 寻址，通常是用 Web 服务器程序，如 IIS、Apache 等开发的网站。

Web 服务器开发的网站中包含大量文档，称为页面（Page）或网页。页面中可以包含基本的文档信息，还可含有指向其他文档的指针，用户可以沿着指针找到存放在其他服务器上的信息，如此循环下去，便形成了“遍布世界的蜘蛛网”信息结构。一般信息的搜索采用的是树形结构，从根开始，逐级向下延伸。而 WWW 却采用网状结构组织信息，用户可以非顺序地访问各种文档，即从一个地方一下子跳到另一个地方。

网页中能够指向其他文档的指针称为超链接（Hyperlink）。如果文档中仅含有文本信息，则称为超文本（Hypertext）；如果文档含有多媒体信息，则称为超媒体（Hypermedia）。

4．Web 服务模型

从用户角度来看，Web 服务或网站是 Web 页面集合，是一个全球范围内的巨大文档。Web

服务的核心应用层协议是超文本传输协议（HyperText Transfer Protocol，HTTP）。HTTP 是 Web 服务的基础。

服务模型是指为实现网络应用服务而搭建的实现服务请求、服务提供及服务注册的完整系统结构。Web 服务模型由 Web 服务提供者、Web 服务请求者和 Web 服务注册中心 3 部分组成，如图 7-15 所示。

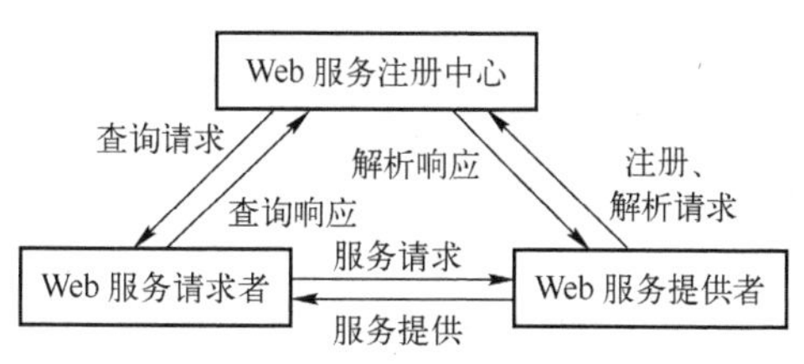

图 7-15　Web 服务模型

Web 服务模型各部分基本功能如下。

1）Web 服务注册中心（可选）是指 Internet 注册、管理中心和提供网站域名解析的 ISP 等。它负责互联网网站的注册和管理，并向用户提供 Internet 域名解析服务。

2）Web 服务提供者是指 Web 服务器。Web 服务器需要向注册中心注册，并实现为 Web 访问用户提供所需要的网页信息资源的功能。

3）Web 服务请求者是指 Web 浏览器，如 IE、Chrome 浏览器等。在 Web 浏览器中输入网站域名或 IP 地址，或者在其他网站或文档上单击该网站的链接即可进入相应网站，然后再单击相应的页面链接即可访问所需要的文字、图片、音频、视频等页面。

7.6.2　超文本标记语言

超文本标记语言（HyperText Markup Language，HTML）是一种简单、通用的标记语言，是一种解释型语言，用来描述如何将文本格式化。利用 HTML 语言，用户可以编写包括文本、图像及各种超链接的网页。

HTML 标记标签简称为 HTML 标签，它是 HTML 语言中最基本的单位。HTML 可以说是组合成一个文本文件的一系列标签。在语句构成上，每个 HTML 文档以一个包含标记和其他信息的文本文件来表示。有些标记用于指定一个立即生效的动作，而有些标记用于说明其后文本的显示格式。HTML 标记不区分大小写。

每个 HTML 文档由首部和主体两部分组成。首部包含文档的标题，大多数浏览器是用标题作为页面的标签；而主体则包含该页面的主要内容。

一个 HTML 文档开始和结束用<html>和</html>标记，文档内容均放置于<html>和</html>之间。

在 HTML 文档中，用<head>和</head>标记首部，用<title>和</title>标记页面标题，用<body>和</body>标记页面主体。

在 HTML 文档中嵌入如图像、声音等非文本信息时，非文本信息通常是以一个独立的文件保存在计算机里，并不直接插入到 HTML 文档中，HTML 文档中只包含了对该文件的引用。当浏览器遇到这些引用时，从服务器取来该文件将其插入到所显示的文档中。例如，在 HTML 文档中用<img>标记来引用图像，标记“<img src="tupian.jpg">”表明要将 tupian.jpg 插入页面。

HTML 文档的最大特点是它可以包括超文本和超媒体引用，每个超文本或超媒体是指向其他信息的一条超链接。HTML 允许任何一项被指定为超链接引用，如一个单词、一个短语、一小段文章或一幅图像。指定超链接引用的 HTML 机制称为锚（Anchor）。HTML 用标记<a>和</a>来标注所引用的文本或图像，两个标记之间的所有内容都是锚的一部分；标记<a>中指定了 URL 信息。例如，如果在 HTML 文档中有下列语句：

```
<a href="http://www.lntu.edu.cn">工大新闻</a>
```

则将在浏览器上显示结果：工大新闻

其中，“工大新闻”就是一条指向工大新闻的超链接。

HTML 有以下特点。

- 关键词用尖括号括起来，如<html>、<title>、<head>等。
- 标签通常是成对出现的，如<body>和</body>。标签对中的第一个标签是开始标签（又称为开放标签），第二个标签是结束标签（又称为闭合标签）。
- 标签也有单独出现的，如<img src="文件名.jpg"/>等。

7.6.3 HTTP

在 WWW 服务中，超文本传输协议用于 Web 浏览器与 Web 服务器之间传送数据。HTTP 改变了传统的线性浏览方法，通过超文本环境实现文档间的快速跳转，实现高效浏览。

1. HTTP 概述

HTTP 是一种请求/应答协议。客户机的 Web 浏览器一般通过 TCP 的 80 号端口向 Web 服务器发送对某一页面的请求信息，Web 服务器接受该请求，并给客户机返回其指定的页面作为应答。Web 浏览器和 Web 服务器之间的通信交互一般是非静态的、不持续连接。当 Web 服务器回答了客户机请求后 TCP 连接便撤销，直到 Web 浏览器发布下一个请求。

HTTP 请求/响应交互过程如图 7-16 所示。

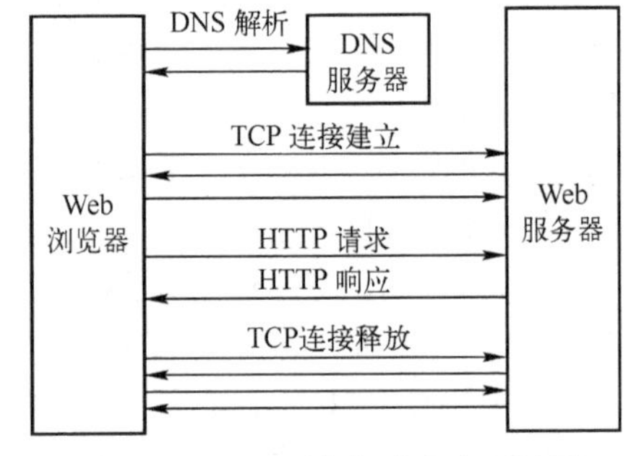

图 7-16　HTTP 请求/响应交互过程

1）DNS 解析。浏览器分析页面的 URL，通过 DNS 将网址（域名）解析为 IP 地址。

2）TCP 连接建立。浏览器使用 DNS 解析出的 Web 服务器的 IP 地址和 HTTP 的 80 号端口向 Web 服务器发出 TCP 连接请求，Web 服务器监听到该连接请求，给予响应，通过三次握手双方完成 TCP 连接的建立。

3）HTTP 请求。TCP 连接建立完成后，浏览器向 Web 服务器发出一个 HTTP 请求命令，以便得到 Web 服务器上的资源。一般第一个请求的资源是一个 HTML 网页。

4）HTTP 响应。Web 服务器将请求的 HTML 页面发送给浏览器，浏览器解析并显示该 Web 页面，同时对该页面上的其他相关信息可以进一步提出请求。

5）TCP 连接释放。请求完成后，通过四次握手释放本次 TCP 连接。

2. HTTP 报文格式

HTTP 报文分为请求报文和响应报文两种类型。

（1）HTTP 请求报文

HTTP 请求报文包括请求行、首部和实体主体（只在某些请求报文中出现），其通用格式如

图 7-17 所示（图中灰色部分为空格）。

1）请求行：包括请求类型、URL 和 HTTP 版本。请求类型是指将请求报文划分为不同类型的方法，常用的 HTTP 请求方法有 GET、HEAD、PUT、POST、DELETE、TRACE、CONNECT，其中 GET、HEAD、POST 方法被大多数服务器支持。

2）首部（Header）：用于浏览器和 Web 服务器之间信息交换时附加信息。可以有一个或多个首部行。每个首部行由首部字段名、冒号和值组成。请求报文包含通用首部、请求首部和实体首部。

（2）HTTP 响应报文

HTTP 响应报文包括状态行、首部和实体主体（只在某些响应报文中出现）。其通用格式如图 7-18 所示（图中灰色部分为空格）。

1）状态行。包括 HTTP 版本、状态码和状态短语。Web 服务器在返回的响应报文中指明 HTTP 版本号和服务器执行请求的状态等信息。

2）首部。格式与 HTTP 请求报文基本相似。响应报文包含通用首部、响应首部和实体首部。

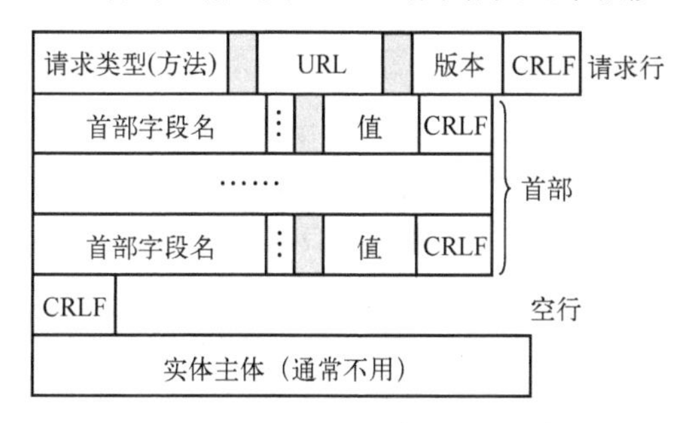

图 7-17　HTTP 请求报文通用格式

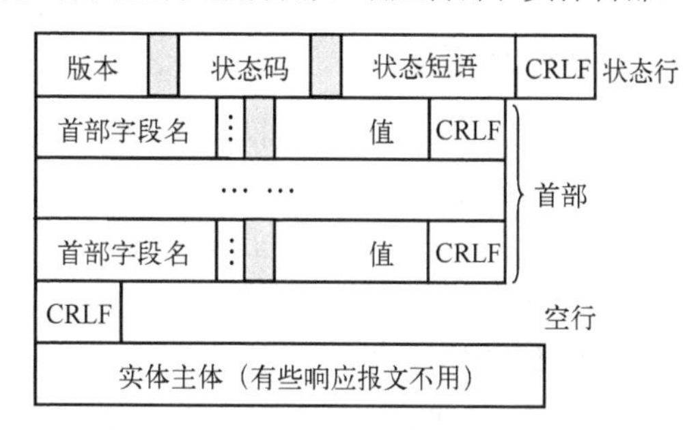

图 7-18　HTTP 响应报文通用格式

7.7　动态主机配置协议

动态主机配置协议（Dynamic Host Configuration Protocol，DHCP）提供为主机动态配置 IP 的服务。通过采用 DHCP 服务，可以使用 DHCP 服务器为网络上安装了 DHCP 服务客户端程序的客户机进行动态 IP 地址分配和其他相关设置，而不需要管理员对各个客户端进行一一配置，减轻了网络管理负担。

7.7.1　DHCP 概述

1. DHCP 的定义

DHCP 可在有限时间（称为租用期）内向主机提供临时 IP 地址。DHCP 是基于 UDP 的协议，采用客户机/服务器模式，服务器提供 DHCP 服务，客户机接收 DHCP 服务。

DHCP 既可以提供静态配置（人工配置），也可以提供动态配置（自动配置）。DHCP 利用“租约”技术使主机在使用分配的 IP 地址时具有一定的期限，只在需要时使用，并不是永久占用，可以大大提高 IP 地址的使用效率和安全性。

2. DHCP 的主要功能

DHCP 的目的是对使用 DHCP 服务的计算机或网络设备（如三层交换机、路由器等）的 IP 地址和其他相关配置进行集中管理，从而降低 IP 地址配置管理的复杂性。

DHCP 服务器能为 DHCP 客户机自动分配 IP 地址是因为在 DHCP 服务器中准备了一批用来为客户机分配 IP 地址的地址池。这个 IP 地址池就像装满了可用于分配的许多 IP 地址的池子一样，而且这些 IP 地址是属于一个网段的一部分或者全部的 IP 地址。

另外，DHCP 还具有中继代理功能，一个 DHCP 服务器可以为多个不同网段的客户机自动分配 IP 地址。

DHCP 服务除了提供基本的 IP 地址自动分配功能外，还提供以下附加功能。

- 通过 IP 地址与 MAC 地址绑定功能实现静态 IP 地址分配。
- 配置客户端的 DNS 服务器、WINS 服务器（仅限 Windows 操作系统中的 DHCP 服务器）和默认网关。
- 利用 IP 地址排除功能，使已静态分配给其他主机（特别是各种服务器）的 IP 地址不再分配给其他 DHCP 客户机。
- 通过 DHCP 中继功能，一个 DHCP 服务器可以为多个网段（或 VLAN）中的 DHCP 客户机分配不同地址池中的 IP 地址，进一步简化了网络中 IP 地址配置工作。

7.7.2 DHCP 报文

虽然 DHCP 工作在 C/S 模式，但客户机与服务器进行报文传输时使用的 UDP 传输端口不同：DHCP 客户机使用 UDP 68 号端口发送请求报文；DHCP 服务器使用 UDP 67 号端口发送应答报文。DHCP 客户机向 DHCP 服务器发送的报文称为 DHCP 请求报文，DHCP 服务器向 DHCP 客户机发送的报文称为 DHCP 应答报文。

1. DHCP 报文类型

DHCP 服务主要提供 7 种常用的 DHCP 报文。7 种报文的主要功能如下。

- DHCP Discover：发现报文，类型为 1。客户机寻找和发现 DHCP 服务器。
- DHCP Offer：响应报文，类型为 2。DHCP 服务器响应发现报文，从地址池中选择一个合适的 IP 地址告知 DHCP 客户机能提供的合法 IP 地址。
- DHCP Request：请求报文，类型为 3。客户机从收到的一个或多个 Offer 报文中选择一个作为目标服务器，向其发送 Request 报文，告知该 DHCP 服务器希望获得它分配的 IP 地址。此外，客户机在成功获取 IP 地址后，续租时也会向 DHCP 服务器发送 Request 报文请求续延租约。
- DHCP Decline：禁止报文，类型为 4。客户机用 Decline 报文通知 DHCP 服务器所分配的 IP 地址不可用（地址冲突或其他原因），希望获得新的 IP 地址。
- DHCP ACK：确认报文，类型为 5。DHCP 服务器对客户机的 Request 报文中请求的 IP 地址确认，客户机可以使用该地址。
- DHCP NACK：否认报文，类型为 6。DHCP 服务器对客户机的 Request 报文中请求的 IP 地址进行否认，客户机不可以使用该地址。
- DHCP Release：释放报文，类型为 7。客户机通过 Release 报文告知 DHCP 服务器不再使用分配的 IP 地址，请求 DHCP 服务器收回对应的 IP 地址。

2. DHCP 报文格式

虽然 DHCP 服务的报文类型比较多，但每种报文的格式基本相同，只是某些字段的取值可能不同。DHCP 报文格式如图 7-19 所示。

操作	硬件类型	物理地址长度	跳数
事务标识符（ID）			
秒数		F	未用
客户 IP 地址			
你的 IP 地址			
服务器 IP 地址			
路由器 IP 地址			
客户硬件地址（16 B）			
服务器主机名（64 B）			
引导文件名（128B）			
选项（长度可变）			

图 7-19　DHCP 报文格式

DHCP 报文中各字段的含义如下。

1）操作：占 8bit，指明是请求报文还是响应报文，请求报文为 1，响应报文为 2。

2）硬件类型和物理地址长度：各占 8bit，分别为 DHCP 客户机的底层物理网络类型及物理地址长度。硬件类型字段值为 1 时表示底层网络是最常见的以太网。以太网 MAC 地址长度为 6B，对应的物理地址长度字段值为 6。

3）跳数：占 8bit，指明 DHCP 跨路由器（中继）使用的数目。DHCP 请求报文中该字段初始值为 0，请求报文被转发一次，跳数加 1。为了限制 DHCP 服务器的作用范围，请求中的跳数增长到 3 时会被丢弃。响应过程相反，每经过一个路由器，跳数减 1。

4）事务标识符（ID）。占 32bit，用于匹配 DHCP 请求和响应。客户机通过 DHCP Discover 报文发起一次 IP 地址请求时所选择的随机数，用来标识一次 IP 地址请求过程，在一次请求中所有报文的 ID 值均相同。

5）秒数：占 16bit，客户机从启动后经过的时间。表示 DHCP 客户机从获取到 IP 地址或者续约过程开始到现在所消耗的时间，以秒（s）为单位。未获得 IP 地址前该字段为 0。

6）标志位（“F”位）：占 1bit，指明预期的服务器响应方式。客户机在发出请求时，可以将该位设置为 1，指定服务器使用广播方式响应。

7）未用：占 15bit，保留，值设置为 0。

8）客户 IP 地址：占 32bit，指明 DHCP 客户机的 IP 地址。仅在 DHCP 服务器发送的 ACK 报文中显示，在其他报文中为 0，因为在得到 DHCP 服务器确认前，DHCP 客户机还没有分配到 IP 地址。

9）你的 IP 地址：占 32bit，指明 DHCP 服务器分配给客户机的 IP 地址，仅在 DHCP 服务器发送的 Offer 和 ACK 报文中显示，其他报文中为 0。

10）服务器 IP 地址和服务器主机名：分别占 32bit 和 64B，若客户机知道某个 DHCP 服务器的存在，在请求报文中由客户机填写其“服务器 IP 地址”字段或“服务器主机名”字段，则只有匹配的服务器才会响应；若不填写，则所有服务器都可以响应。

11）路由器 IP 地址：占 32bit，用于跨路由器使用 DHCP 的情况。转发 DHCP 请求报文的路由器将自己的地址填入该字段。在该过程中，所有转发路由器必须被设置为“中继代理”。

12）客户硬件地址：占 16B，对应 DHCP 客户机的物理地址。

13）引导文件名：占 128B，指明 DHCP 服务器为 DHCP 客户机指定的启动配置文件名称及路径信息，仅在 DHCP Offer 报文中显示，其他报文显示为空。

14）选项：可选项字段，长度可变，主要是配置信息。

- 报文类型：代码为 53，占 1B。取值为 1～7。
- 有效租约期：代码为 51，占 4B，以秒（s）为单位。
- 续约时间：代码为 58，占 4B。
- 子网掩码：代码为 1，占 4B。
- 默认网关：代码为 3，可以是路由器 IP 地址列表，长度可变，以 4B 为单位。
- DNS 服务器：代码为 6，可以是个 DNS 服务器 IP 地址列表，长度可变，以 4B 为单位。
- 域名称：代码为 15，主 DNS 服务器名称，长度可变。
- WINS 服务器：代码为 44，可以是 WINS 服务器 IP 地址列表，长度可变，以 4B 为单位。

7.7.3　DHCP 工作原理

DHCP 不仅体现在为 DHCP 客户机提供 IP 地址自动分配的过程中，还体现在 IP 地址续约和释放过程中。

1．DHCP 的 IP 地址自动分配原理

DHCP 服务器为 DHCP 客户机初次提供 IP 地址自动分配过程大体分为以下 4 个阶段，各阶段利用不同的 DHCP 报文进行交互，如图 7-20 所示。

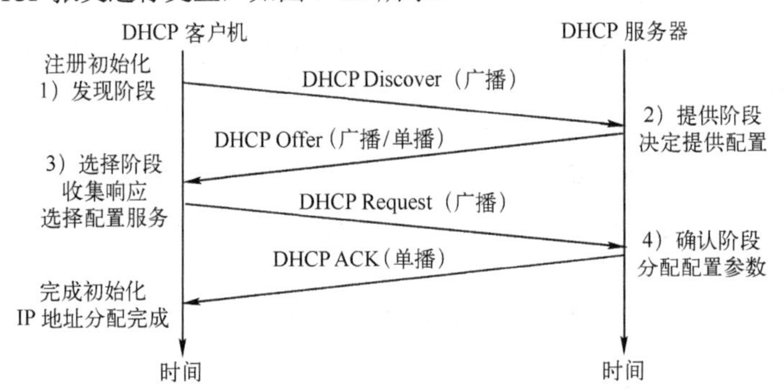

图 7-20　DHCP 客户机从 DHCP 服务器获取 IP 地址的 4 个阶段

1）发现阶段：客户机寻找 DHCP 服务器阶段。客户机用 UDP 68 号端口广播 DHCP Discover 报文寻找网络中的 DHCP 服务器。

2）提供阶段：DHCP 服务器向客户机提供预分配 IP 地址阶段。网络中的所有 DHCP 服务器接收到客户机的 DHCP Discover 报文后，都会根据地址池中 IP 地址分配次序选出一个 IP 地址构造一个 DHCP Offer 报文，将其用 UDP 67 号端口发送给客户机。

3）选择阶段：客户机选择 IP 地址阶段。客户机从收到的一个或多个 DHCP 服务器发送的 DHCP Offer 报文中选择一个（通常选择第一个），以广播方式发送 DHCP Request 报文，告知提供 IP 地址的 DHCP 服务器，请求使用其分配的 IP 地址，同时间接通知其他 DHCP 服务器，可以释放回收预分配的 IP 地址。

4）确认阶段：DHCP 服务器确认分配客户机 IP 地址阶段。收到客户机发送的 DHCP Request 报文的 DHCP 服务器（被选中），如果同意客户机使用，则向客户机发送 DHCP ACK 报文，否则发送 DHCP NACK 报文，表明地址不能分配给该客户机。

2．DHCP 的 IP 地址租约更新原理

DHCP 采用动态 IP 地址分配策略时，DHCP 服务器分配给客户机的 IP 地址具有一定的租约

期限，当租约期满后，DHCP 服务器会收回分配的 IP 地址。如果客户机希望继续使用该地址，则需要向 DHCP 服务器提出更新 IP 地址租约的申请，即“续约”。IP 地址租约更新就是更新服务器端对 IP 地址的租约信息，使其恢复为初始状态。申请租约更新的过程如下。

1）当客户机的 IP 地址租约期限达到 50%时，客户机向提供 IP 地址的 DHCP 服务器以单播方式发送 DHCP Request 报文，请求 IP 租约更新。

2）如果 DHCP 服务器同意续约，以单播方式向客户机发送 DHCP ACK 报文，通知 DHCP 客户机已经获得新的 IP 租约，可以继续使用该 IP 地址；如果 DHCP 服务器不同意续约，以单播方式向客户机发送 DHCP NACK 报文，通知客户机不能获得新的租约，该 IP 地址不可以再分配给该客户机。

3）如果租约更新申请失败（如服务器未响应），则客户机在租约期限达到 87.5%时，再次以单播方式发送 DHCP Request 报文请求续约。DHCP 服务器的处理方式同 2）。如果第二次续约请求还是失败，则原来租约的 IP 地址到期将被释放。

扫码看视频

7.8 延伸阅读——“互联网+”的发展

“互联网+”是网络应用层面的延伸。2015 年国务院印发《国务院关于积极推进“互联网+”行动的指导意见》，提出了“互联网+”的发展方向。2020 年国务院政府工作报告中提出，全面推进“互联网+”，打造数字经济新优势。

“互联网+”主要体现在通过将互联网的开放、平等、互动等网络特性应用于传统产业中，通过大数据的分析与整合，改造传统产业的生产方式、产业结构，增强经济发展动力，提升效益，促进国民经济健康有序发展。

“互联网+”相关新技术主要包括云计算、物联网、区块链、人工智能、数字经济等。

云计算作为一种数字基础设施，提供了一种资源和服务共享的方式，具有资源池、按需求调配、快速弹性、网络访问的广泛性、可度量的服务等。我国云计算市场规模快速增长，2020～2022 年分别达到 1781 亿元、3229 亿元、4552.4 亿元。经过多年的发展，已逐渐成为国家和企业的核心竞争力。

物联网是指通过各种网络连接方式将各种智能设备、传感器和其他物理设备连接在一起的互联技术。其在智能交通、智慧城市和工业互联网等领域得到了广泛应用。2022 年 7 月末，我国蜂窝物联网终端用户已达到 16.7 亿，预计至 2025 年，全球物联网总连接数将超过 240 亿，其中工业互联网联网设备数量将超过 130 亿。

区块链是新一代信息技术的重要组成部分，是分布式网络、加密技术、智能合约等多种技术集成的新型数据库软件。近年来，区块链技术和产业在全球范围内快速发展，应用已延伸到数字金融、物联网、智能制造、供应链管理、数字资产交易等多个领域，展现出广阔的应用前景。2021 年工信部、网信办印发《关于加快推动区块链技术应用和产业发展的指导意见》（以下简称《指导意见》），进一步明确了区块链行业未来 10 年的发展目标——到 2025 年，我国区块链产业综合实力达到世界先进水平，产业初具规模；到 2030 年，我国区块链产业综合实力持续提升，产业规模进一步壮大。

人工智能是研究、开发用于模拟、延伸和扩展人的智能的理论、方法、技术及应用系统的一门新的技术科学。人工智能产业链可分为基础层、技术层和应用层。人工智能技术将加快推进大数据、云计算和物联网的普及运用的进程。

数字经济是指以数字技术为基础，通过数据的获取、存储、加工、传输和应用，驱动经济发展的一种新型经济形态。数字经济具有高创新性、强渗透性和广覆盖性，不仅是新的经济增长点，也是改造提升传统产业的支点，正在成为我国构建现代化经济体系的重要引擎。

党的二十大报告提出，“加快发展数字经济，促进数字经济和实体经济深度融合，打造具有国际竞争力的数字产业集群。”为我国数字经济的下一步发展确立了方向，画出了重点。

7.9　思考与练习

1. 选择题

1）关于 Internet 的域名系统，以下说法错误的是（　　）。

A. 域名解析需要借助于一组既独立又协作的域名服务器完成
B. 域名服务器逻辑上构成一定的层次结构
C. 域名解析总是从根域名服务器开始
D. 域名解析包括递归解析和迭代解析两种方式

2）DNS 是用来解析（　　）。

A. IP 地址和 MAC 地址　　B. 主机名和 IP 地址
C. TCP 名字和地址　　D. 主机名和传输层地址

3）在下列应用层协议中，（　　）既可以使用 UDP 也可以使用 TCP 传输数据。

A. SNMP　　B. SMTP　　C. FTP　　D. DNS

4）Telnet 协议使用的端口号为（　　）。

A. 25　　B. 23　　C. 21　　D. 20

5）FTP 是 Internet 常用的应用层协议，当上下层协议默认时，作为服务器一方的进程，通过监听（　　）号端口得知是否有服务请求。

A. 20　　B. 21　　C. 23　　D. 80

6）FTP 在使用时需要建立两个连接，即控制连接和数据传输连接，并用不同的端口号标识两个连接。用于数据传输连接的端口号是（　　）。

A. 25　　B. 23　　C. 21　　D. 20

7）在 FTP 中，用于实际传输文件的连接是（　　）。

A. UDP 连接　　B. 数据连接　　C. 控制连接　　D. IP 连接

8）简单邮件传送协议（SMTP）规定了（　　）。

A. 两个互相通信的 SMTP 进程间如何交换信息
B. 发信人如何将邮件提交给 SMTP
C. SMTP 如何将邮件投递给收信人
D. 邮件内部采用何种格式

9）邮件服务器使用 POP3 的主要目的是（　　）。

A. 创建邮件　　B. 管理邮件　　C. 接收邮件　　D. 删除邮件

10）若某电子邮箱为 Rjspks@163.com，对于 Rjspks 和 163.com 的正确理解是（　　）。

A. Rjspks 是用户名，163.com 是域名
B. Rjspks 是用户名，163.com 是计算机名
C. Rjspks 是服务器名，163.com 是域名
D. Rjspks 是服务器名，163.com 是计算机名

11）某 Internet 主页的 URL 地址为 http://www.abc.com.cn/product/index.html，则该地址的域名是（　　）。

A．index.html　　B．com.cn

C．www.abc.com.cn　　D．http://www.abc.com.cn

12）WWW 服务依靠的协议是（　　）。

A．HTML　　B．HTTP　　C．SMTP　　D．URL

13）Web 服务器使用的端口号是默认的端口号（　　）来监听 HTTP 请求。

A．25　　B．80　　C．21　　D．20

14）在 Internet 域名中，edu 通常表示（　　）。

A．商业组织　　B．教育机构　　C．政府部门　　D．军事部门

15）在 Internet 域名中，www.gov.cn 中的 cn 表示（　　）。

A．商业组织　　B．美国　　C．政府部门　　D．中国

2．问答题

1）简述 C/S、B/S、P2P 几种工作模式。

2）试述域名系统（DNS）的主要功能。

3）什么是递归解析和迭代解析？画图说明访问 www.xyz.com 网站的域名解析过程。

4）简述 Telnet 提供的服务。Telnet 中为什么采用 NVT 字符集？Telnet 的工作过程如何？

5）简述 FTP 的工作原理。

6）简述 SMTP 的特点及其基本工作原理。

7）为什么在服务器端除了使用熟知端口外还需要使用临时端口？

8）简述 HTTP 的特点和工作过程。

9）试画图说明在 WWW 服务中，客户机浏览器访问 Web 服务器的交互过程。

10）试画图说明 DHCP 客户机从 DHCP 服务器获取 IP 地址的过程。

第 8 章 无线网络

本章导读（思维导图）

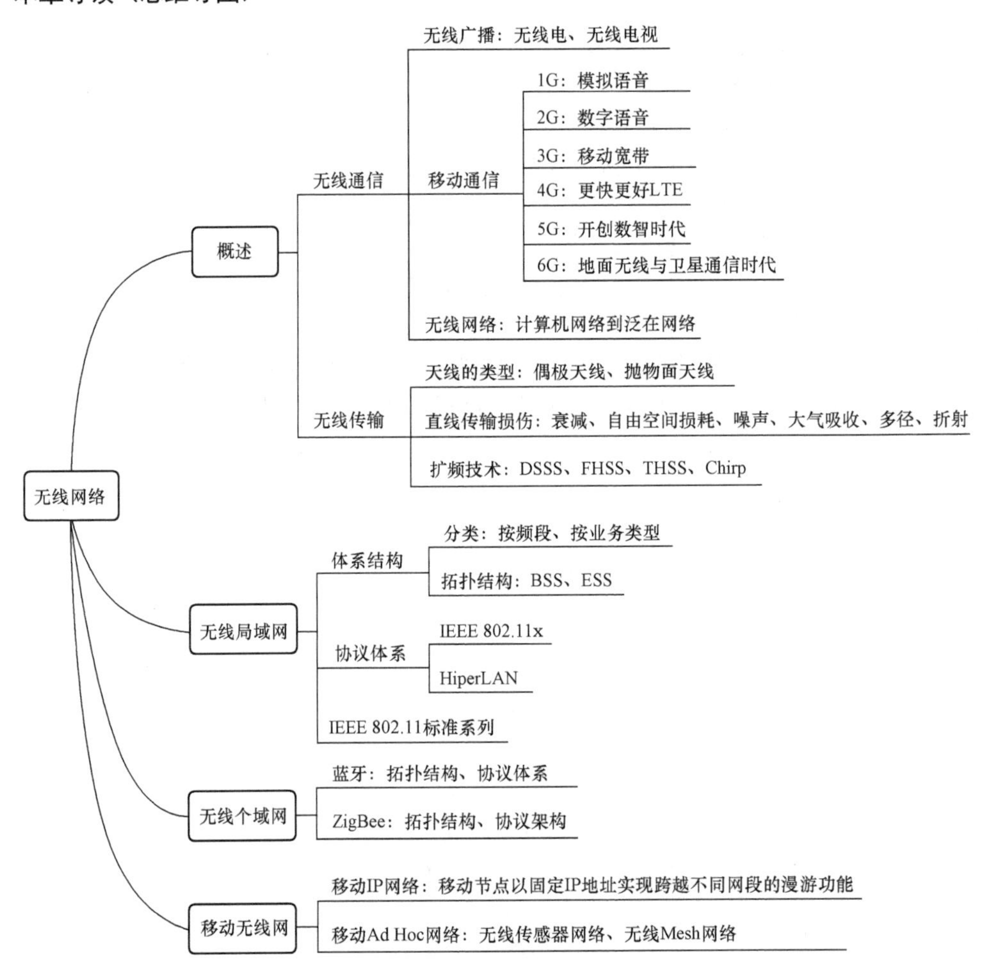

无线网络是指将地理位置上分散的计算机通过无线电技术连接起来实现数据通信和资源共享的网络。本章主要介绍无线网络的基本概念和几种典型无线网络，包括无线网络技术的发展、无线传输技术、无线局域网、无线个域网、移动无线网等。

8.1　无线网络概述

无线网络的传输媒介是无线电波，无须进行物理布线，解决了网络物理布线中存在的相关问题，因此无线网络在网络覆盖范围、移动性等方面具有极大优势。

8.1.1　无线通信的发展

无线网络的产生和发展依赖于无线通信相关理论的产生和发展。1865 年，麦克斯韦（J.C. Maxwell）建立了著名的电、磁、光现象相统一的麦克斯韦方程；1887 年，赫兹（H.R.Hertz）首次证明了在数米远两点之间可以发射和检测电磁波；1895 年 5 月 7 日，波波夫（Alexander Stepanovich Popov）在俄国彼得堡的物理化学分会上，演讲了关于《金属屑同电振荡的关系》的论文，并当众展示了他发明的无线电接收机。这些无线通信理论的产生和发展为无线广播技术、无线电视技术、移动通信技术和无线网络奠定了坚实的理论基础，使无线通信技术得到了快速发展。

1．无线广播技术

1895 年，马可尼（G.M.Marconi）成功地进行了约 3000m 的无线电通信；1901 年，马可尼在英格兰和纽芬兰之间进行了横跨大西洋的莫尔斯电报码发射和接收试验，通信距离超过 3000km。1904 年，佛莱明（J. Fleming）发明了二极管，二极管具有检波和整流两种功能。1906 年，德福雷斯特（L. De Forest）发明了三极管，他使用三极管研制出了电子管振荡器，用它产生高频电磁波，解决了无线电的发送问题，其后又将若干个放大三极管级联起来，制成多级放大，再与振荡器配合，制成了强力无线电发射机。

1907 年，德福雷斯特在纽约进行了音乐和语言的无线电实验广播。第一次世界大战期间，交战双方广泛使用了无线电通信和无线电话。此间，美国的阿姆斯特朗（Edwin Howard Armstrong）改进了无线电接收机的线路，1918 年发明了超外差电路。这一方式可防止两个频率相近的信号在接收机中发生干扰，从而保证接收机能够接收各个不同频率的广播。战后，无线电工业和技术转向民间，大量无线广播电台建立起来。

2．移动通信技术

20 世纪 90 年代开始，移动通信技术产生并迅猛发展，大致经历了以下几个阶段。

（1）第一代移动通信系统（1G——模拟语音）

20 世纪 90 年代初出现了第一代移动通信系统（1G），它主要采用模拟技术和频分多址技术（FDMA）的模拟语音蜂窝电话通信标准。由于受到传输带宽的限制，1G 不能进行移动通信的长途漫游，它只是一种区域性的移动通信系统。

第一代移动通信有多种制式，我国主要采用 TACS（Total Access Communications System，全入网通信系统）。第一代移动通信系统是基于模拟传输的，其特点是业务量小、质量差、安全性差、没有加密和速度低，不能提供数据业务和自动漫游等。1G 网络目前已经淘汰。

（2）第二代移动通信系统（2G——数字语音）

20 世纪 90 年代中后期出现了第二代移动通信系统（2G），它是以数字语音传输技术为核心的通信标准。只具有通话和一些如时间和日期等传输功能，无法直接传送如电子邮件、软件等信息。2G 主要采用时分多址（TDMA）和码分多址（CDMA）两种技术。

主要的 2G 通信标准如下。

- GSM：基于 TDMA 发展，源于欧洲，目前已全球化。

- IDEN：基于 TDMA 发展，美国独有的系统，被美国电信系统商 Nextell 使用。
- IS-136（D-AMPS）：基于 TDMA 发展，是美国最简单的 TDMA 系统，用于美洲。
- IS-95（CDMAOne）：基于 CDMA 发展，是美国最简单的 CDMA 系统、用于美洲和亚洲一些国家及地区。
- PDC（Personal Digital Cellular）：基于 TDMA 发展，仅在日本普及。

我国的 2G 网络技术主要包括 GSM 和 CDMA（IS-95）。目前 2G 网络也基本被淘汰。

（3）第三代移动通信系统（3G——移动宽带）

21 世纪初出现了第三代移动通信系统（3G），它是一种支持高速数据传输的蜂窝移动通信技术。其最基本的特征是智能信号处理技术，智能信号处理单元成为基本功能模块，支持话音和多媒体数据通信。它可以提供各种宽带信息业务，例如高速数据、慢速图像与电视图像等。

国际电信联盟（ITU）在 2000 年 5 月确定 WCDMA（Wideband Code Division Multiple Access，宽带码分多址）、CDMA 2000、TD-SCDMA（Time Division-Synchronous Code Division Multiple Access，时分同步码分多址）三大主流无线接口标准，写入 3G 技术指导性文件《2000 年国际移动通信计划》（简称 IMT-2000），因此，3G 又称 IMT-2000。

- WCDMA：又称为直接扩频宽带码分多址。它由欧洲电信标准组织 ETSI 提出，后与日本的 W-CDMA 技术融合，成为 ITU 倡导的 3G 五种技术中的三大主流技术之一，即 IMT-2000 CDMA-DS。目前中国联通的 3G 网络就是采用 WCDMA 标准。
- CDMA 2000：由窄带 CDMA（CDMA IS-95）技术发展而来的宽带 CDMA 技术，它由高通北美公司提出，摩托罗拉、朗讯（Lucent）和三星参与。目前中国电信的 3G 网络就是采用 CDMA 2000。
- TD-SCDMA：由我国提出的 3G 标准，以我国知识产权为主的、被国际上广泛接受和认可的无线通信国际标准。目前中国移动的 3G 网络就是采用 TD-SCDMA 标准。

（4）第四代移动通信技术（4G——更快更好 LTE）

随着数据通信与多媒体数据传输业务需求的发展，为实现多种移动通信标准兼容和统一、实现移动数据全球覆盖、满足移动计算及移动多媒体运作需要等，人们研究了第四代移动通信技术（4G）。因此，4G 是集 3G 与 WLAN 于一体，并能快速传输数据、高质量的音频、视频和图像等信息的技术。我国拥有全球规模最大、覆盖最广的 4G 网络。

4G 的核心技术包括接入方式和多址方案、调制与编码技术、软件无线电技术、OFDM 技术、MIMO 技术、智能天线、基于 IP 的核心网、多用户检测技术等。

4G 的优点主要有通信速度快、网络频谱宽、通信灵活、智能性能高、兼容性好、提供增值服务、通信质量高、频率效率高和费用便宜等。其缺陷主要有标准多、技术难度大、容量受限、市场难以消化，以及设施更新慢等。

（5）第五代移动通信技术（5G——开创数智时代）

2014 年，在 4G 网络发展的基础上，5G 技术成为移动通信技术新的研究领域。2014 年 5 月 13 日，三星电子宣布，其已率先开发出了首个基于 5G 核心技术的移动传输网络。2014 年—2016 年，爱立信、日本的 NTT Docomo、韩国的 SK Telecom 和诺基亚等公司分别对 5G 网络进行了测试，测试结果无论是传输速度还是质量均令人满意。2020 年 3 月，日本推出 5G 网络商用服务，晚于韩国和美国一年。

5G 的频率范围主要有两种：FR1，450～6000MHz；FR2，24250～52600MHz。目前，国际上主要使用 28GHz 进行试验，该频段也有可能成为 5G 的最先商用频段。

根据 2017 年 3GPP 在 TR38.913 中对 5G 无线关键性能指标的含义描述和具体要求，5G 技术关键绩效指标主要包括增强的 LTE 技术、20Gbit/s 的下行链路峰值数据传输速率、10Gbit/s 上行链路峰值数据传输速率、小于 10ms 的控制平面延迟、99.99%的高可靠性、大于 10 年的电池寿命、10～100 倍以上的连网设备数目、500km/h 的移动性、100Mbit/s 的移动数据传输速率等。

5G 网络架构的目标是虚拟化和模块化的网络功能，支持集成、共享、平稳、协作、以用户为中心的云功能，可编程支持多种垂直的服务和智能云等。

随着 3GPP 标准 R15 版本的完成，5G 正式进入产品化阶段。2019 年 6 月，工信部正式向中国电信、中国移动、中国联通、中国广电发放 5G 商用牌照，我国正式进入 5G 商用元年。2019 年 10 月 31 日，三大运营商公布 5G 商用套餐，并于 11 月 1 日正式上线，标志着我国正式进入 5G 商用时代。目前，以 5G 基建、工业互联网、人工智能、大数据中心等为代表的新基建正成为推动经济社会发展的重要驱动力量，为智慧经济时代提供数字转型、智能升级、融合创新等服务的基础设施体系。

（6）第六代移动通信技术（6G——地面无线与卫星通信时代）

目前，6G 标准处于概念性无线网络移动通信时代，其目标是将地面无线与卫星通信全连接集成，实现全球无缝覆盖。其目标技术指标如下。

- 峰值传输速率：可达到 100Gbit/s ～ 1Tbit/s，相比 5G 提高了 100 倍。
- 网络容量：采用太赫兹（THz）频段通信，网络容量大幅提升。
- 定位精度：室内可达 10cm、室外可达 1m，相比 5G 提高了 10 倍。
- 通信时延：可达 0.1ms，是 5G 的 1/10。
- 高可靠性：中断概率小于百万分之一，具有超高可靠性。
- 密度：连接设备密度达到每立方米过百个，拥有超高密度。

3. 无线网络技术

无线网络（Wireless Network）是指采用无线通信技术实现的网络。最初的无线网络技术主要指的是基于计算机实现无线网络互连的通信技术。随着网络技术的发展，目前的无线网络技术可容纳多种无线终端实现基于无线的数据通信和资源共享，无线网络既包括允许用户建立远距离无线连接的全球语音和数据网络，也包括为近距离无线连接进行优化的红外线技术及射频技术。

1971 年，夏威夷大学的研究员开发了 ALOHNET，这是无线局域网的雏形。ALOHNET 包括了 7 台计算机，采用双向星状拓扑横跨 4 座夏威夷的岛屿，中心计算机放置在瓦胡岛上。

1990 年，IEEE 正式启用了 802.11 项目，无线网络技术逐渐走向成熟。无线网络技术标准自 IEEE 802.11 标准诞生以来，先后推出了 802.11a 和 802.11b、802.11g、802.11e、802.11f、802.11h、802.11i、802.11n 等无线网络标准。

目前，随着经济发展和社会信息化水平的日益提高，构建“泛在网络社会”，带动信息产业的整体发展，已经成为一些国家和地区追求的目标。“泛在网”即广泛存在的网络，它以无所不在、无所不包、无所不能为基本特征，以实现在任何时间、任何地点，任何人、任何物都能顺畅地通信为目标。显然，无线网络在泛在网络的架构中有着举足轻重的地位。

8.1.2 无线传输技术基础

无线传输技术主要包括无线传输介质、天线、传播方式、直线传输损伤、信息编码技术、扩频技术等。（无线传输介质、传播方式和信息编码技术已在第 2 章阐述。）

1. 天线

天线是实现无线传输最基本的设备。天线可看作一条电子导线或导线系统，该导线系统用于将电磁能辐射到空间或将空间中的电磁能收集起来。要传输一个信号，来自转发器的无线电频率的电能通过天线转换为电磁能辐射到周围的环境（空气、空间和水）。要接收一个信号，撞击到天线上的电磁能会转化为无线电频率的电能并合成到接收器中。在双向通信中同一天线既可用于发送也可用于接收。

（1）天线的辐射模式

天线向空间辐射或接收无线电波。天线具有方向性，即天线对空间不同方向具有不同的辐射或接收能力。根据方向性的不同，天线分为全向天线和定向天线两种。全向天线在水平方向图上表现为 360° 都均匀辐射，即辐射无方向性；定向天线在水平方向图上表现为一定角度范围的辐射，即辐射有方向性。

描述天线性能特性的常用方法是辐射模式，它是作为空间协同函数的天线的辐射属性的图形化表示。辐射模式一般被描绘为三维模式的一个二维剖面。全向天线和定向天线的理想辐射模式如图 8-1 所示。

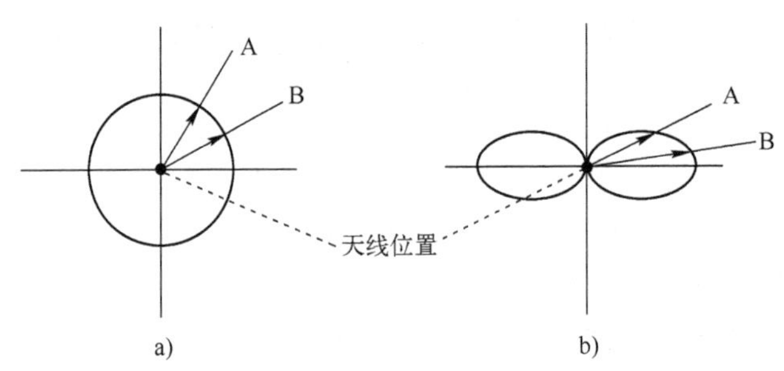

图 8-1　全向天线和定向天线的理想辐射模式

a) 全向天线　b) 定向天线

（2）偶极天线和抛物面天线

1）偶极天线是现实中能够制作的最小天线。最简单和最基本的是半波偶极天线（见图 8-2a）和 1/4 波垂直天线（见图 8-2b）。半波偶极天线由等长度的两段在同一直线上的导线组成，两段导线由一个小的供电间隙分离开，每段导线长度为 1/4 波长，即天线总长度近似为 1/2 波长。半波偶极天线是一种结构简单的基本天线，也是一种经典的、迄今为止使用广泛的一种天线。1/4 波垂直天线是汽车无线电和便携无线电中常见的天线类型。

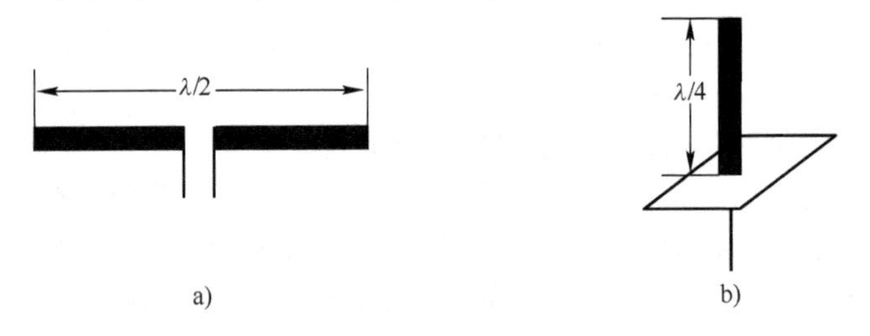

图 8-2　偶极天线

a) 半波偶极天线　b) 1/4 波垂直天线

半波偶极天线在一个维度上具有一致的或全向的辐射模式，在另两个维度上具有 8 字形的辐射模式，如图 8-3a 所示；也可使用更为复杂的天线配置产生出一个定向的无线电磁波辐射，典型的定向辐射模式如图 8-3b 所示，其中天线发射的无线电波的主要强度是在 x 轴方向上。

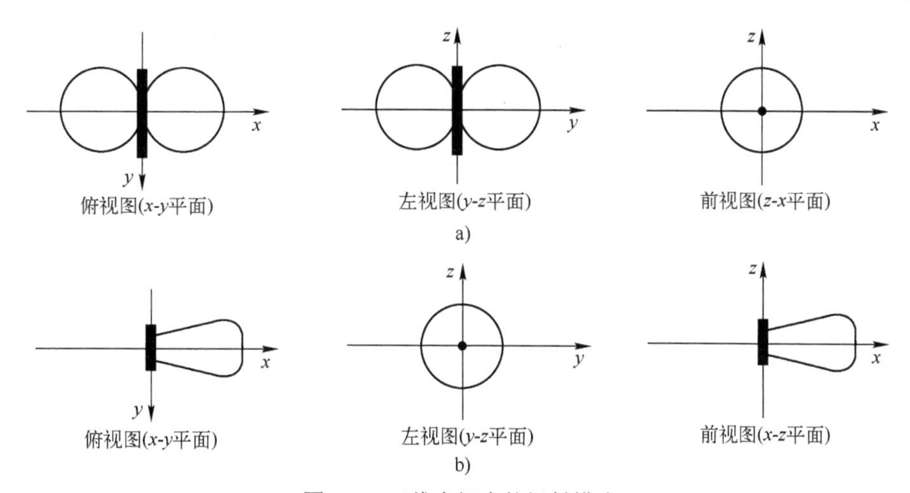

图 8-3　三维空间中的辐射模式

a) 半波偶极天线（全向）　b) 定向辐射模式

2）抛物面天线通常用于发射和接收地面微波及卫星。抛物线是由到一固定直线和不在该直线上的某一固定点的距离相等的点的轨迹所形成的平面曲线。这一固定点称为焦点，固定直线称为准线，如图 8-4a 所示。如果抛物线沿其轴旋转，所生成的曲面称为抛物面。穿过抛物面平行于轴的横截面形成一条抛物线，与轴正交的横截面形成一个圆周。

抛物面天线的特性为：如果将一个电磁能（或声）源置于抛物面的焦点，且抛物面的表面有一个可发射的面，则经抛物面发射出去的波平行于抛物面的轴。图 8-4b 显示了横截面内的这种发射效果。反之，效果也是一样的，如果射进来的波与反射抛物面的轴是平行的，则产生的信号会集中于焦点处。图 8-4c 显示了抛物面天线的典型辐射模式。天线的直径越大，波束越密集定向。汽车车灯、光学和无线电望远镜及微波天线中均采用了抛物面。

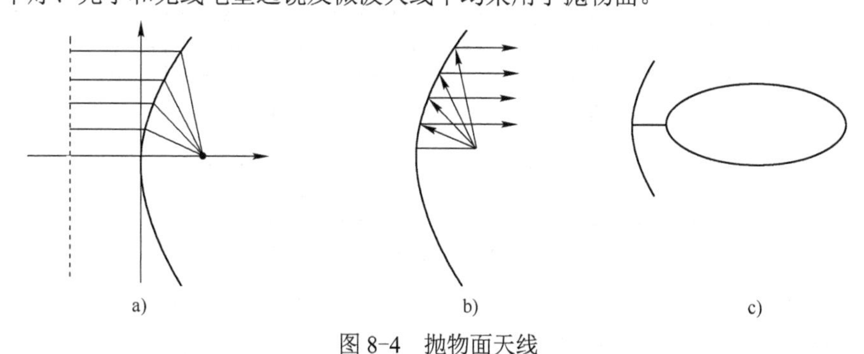

图 8-4　抛物面天线

a) 抛物线　b) 抛物面天线的横截面（显示了反射属性）　c) 抛物面天线的横截面（显示了辐射模式）

（3）天线增益

天线增益是天线定向性的一种度量。与全向天线在各个方向所产生的输出相比，天线增益主要是增加在某一特定方向上的功率输出。例如，如果一个天线有 3dB 的增益，则该天线比全向天线在某特定方向上有 3dB 的改进。对某一给定方向上增加辐射功率是以降低其他方向功率为代价的。增加的功率在一个方向上辐射出去需要降低在其他方向上功率的辐射。因此，天线增益并不是为了获得比输入功率更高的输出功率，其主要目的是为了天线的定向性。

2. 直线传输损伤

由于存在各种各样的传输损伤，任意一种传输系统所接收的信号都不同于传输信号。损伤对模拟信号可以降低信号质量，对数字信号将产生位差错（二进制数 1 变成了 0，或 0 变成了 1）。对于无线网络，更多关心的是直线的无线传输。直线传输的主要损伤有衰减、自由空间损耗、噪声、大气吸收、多径和折射。

1）衰减。衰减是指信号的强度随着所跨越的传输媒介的距离增加而降低。

2）自由空间损耗。自由空间损耗是指无线通信中信号随着距离增加而大面积扩散，从而产生的信号衰减。

3）噪声。噪声是指信号传输过程中插入的不希望的额外信号。噪声主要分为热噪声、互调噪声、串扰和脉冲噪声 4 类。

4）大气吸收。在传输和接收天线之间的另一种损耗是大气吸收。水蒸气和氧气是产生这种衰减的主要因素。雨和雾（有悬挂的小水滴）也会引起无线电波的散射，从而导致信号衰减。

5）多径。对于无线传输系统来说，发送端和接收端之间可能存在障碍物，信号可能会被障碍物反射，导致信号沿多条路径被反射发送，使接收端接收到具有不同延迟信号的多个副本，这就是直线传输中的多径问题。

6）折射。当信号通过大气传播时，无线电波可能会被折射（或弯曲）。由于信号高度的变化而引起的信号传输速度的改变或大气条件下其他空间的改变都会引起折射。折射将会导致只有小部分直线波或没有直线波抵达接收天线。

3. 扩频技术

扩频通信（Spread Spectrum Communication）是一种信息传输方式，其信号所占有的频带宽度远大于所传信息必需的最小带宽。在发送端对信号以扩频编码进行扩频调制，在接收端再以相关解调技术接收信息。

（1）扩频的工作原理

扩频的工作原理是使用与被传输数据无关的码进行传输信号的频谱扩展，使得传输带宽远大于被传输数据所需的最小带宽。扩频数字通信系统的一般模型如图 8-5 所示。

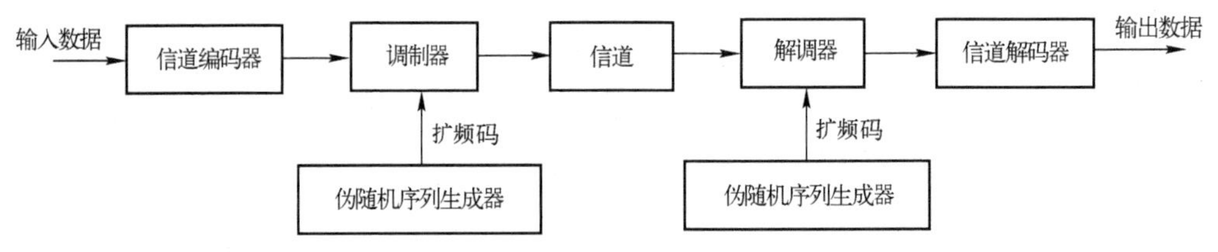

图 8-5　扩频数字通信系统的一般模型

1）发送端处理过程。

① 发送端输入的信息经过调制形成数字信号。

② 由扩频码发生器产生的扩频码序列对数字信号进行扩展频谱。

③ 射频发生器数字信号转换成模拟信号，并通过射频信号发送出去。

2）接收端处理过程。

① 在接收端，将收到的射频信号由高频变频至电子器件可以处理的中频，并将模拟信号转换成数字信号。

② 由扩频码发生器产生的和发送端相同的扩频码对数字信号进行解扩。

③ 将数字信号解调成原始信息输出。

（2）扩频的主要特点

经过扩频的信号具有以下 3 个特点。

- 扩频信号是不可预测的随机信号。
- 扩频信号带宽远大于待传输数据（信息）带宽。
- 扩频信号具有更强的抗干扰能力、更强的码分多址能力，以及更强的高速可扩展能力。

（3）扩频的分类

扩频技术通常有以下几种分类。

- 直接序列扩频（Direct Sequence Spread Spectrum，DSSS）：指发送端直接用具有高码率的扩频码序列（扩频函数）扩展原始信号的频谱；接收端用相同的扩频码序列进行解扩，将展宽的扩频信号还原成原始信息，即把原始信号中的每一位在传输信号中用多个位表示。码分多址（CDMA）就是一种基于DSSS的具有扩频功能的多路技术。
- 跳频扩频（Frequency Hopping Spread Spectrum，FHSS）：指在发送端将信号用看似随机的无线电频率序列进行广播，并在固定间隔里从一个频率跳到另一个频率；接收端接收消息时与发送端同步地从一个频率跳到另一个频率。
- 跳时扩频（Time Hopping Spread Spectrum，THSS）：指发送信号在时间轴上跳变，先将时间轴划分成许多时间片，然后由扩频码序列（扩频函数）控制在一帧内哪个时间片发送信号。
- 线性调频扩频（Chirp Modulation，Chirp）：指发射的射频脉冲信号在一个周期内，其载频的频率做线性变化。其频率在较宽的频带内变化，因此信号的频带也被展宽了。

（4）扩频的优点

- 抗干扰能力强。扩频通信系统扩展的频谱越宽，处理增益越高，抗干扰能力就越强。
- 码分多址能力强。扩频码序列是充分利用各种不同码型扩频序列之间优良的自相关特性和互相关特性，系统可以区分不同用户的信号，这样在同一频带上许多对用户可以同时通话而互不干扰。
- 高速可扩展能力强。由于独占信道且码分多址，所以速率很高。又因为在IEEE 802.11标准中，11位随机码元中只有1位用来传输数据，因此吞吐量的扩展能力强。

扫码看视频

8.2 无线局域网

无线局域网（Wireless Local Area Networks，WLAN）是指在局部区域内以无线媒体或介质进行通信的无线网络。WLAN是一种能在几十米到几千米范围内支持较高数据传输率（如2Mbit/s以上）的无线网络，可以采用微蜂窝（Microcell）、微微蜂窝（Picocell）结构，也可以采用非蜂窝（如Ad Hoc）结构。目前，无线局域网领域的两个典型标准是IEEE 802.11系列标准和HiperLAN系列标准。

无线局域网具有移动性好、灵活性高、可伸缩性强、经济实惠等优点，同时具有可靠性弱、带宽与系统容量小、兼容性与共存性差、覆盖范围有限、抗干扰能力和安全性不足等局限。

8.2.1 无线局域网体系结构

1. 无线局域网的分类

无线局域网可根据不同的层次、不同的业务、不同的技术和不同的标准以及不同的应用等进行分类，除第3章狭义无线局域网外，广义无线局域网包括无线局域网和无线个域网。

（1）按频段划分

按照频段的不同可分为专用频段和自由频段两类。不需要执照的自由频段又可分为红外线和主要是2.4GHz和5GHz频段的无线电两种。可再根据采用的传输技术进一步细分。按频段对无线局域网的分类如图 8-6 所示。

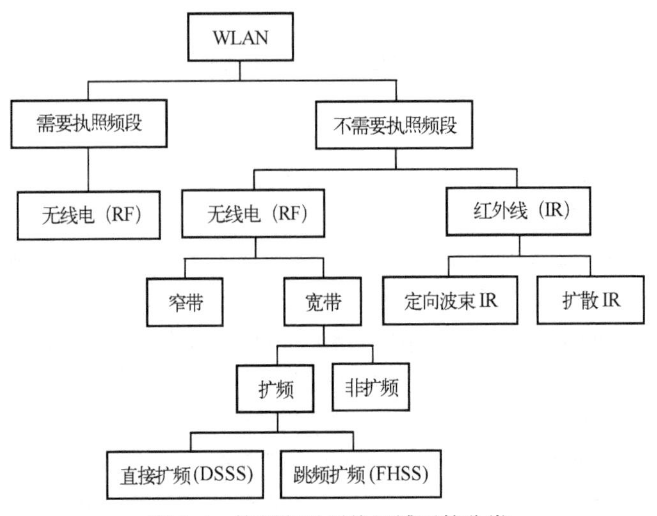

图 8-6　按频段对无线局域网的分类

（2）按业务类型划分

根据业务类型可分为面向连接的业务和面向非连接的业务两类。面向连接的业务主要用于传输语音等实时性较强的业务，一般采用基于 TDMA 和 ATM 的技术，主要标准有 HiperLAN 2 和 Bluetooth（蓝牙）等。面向非连接的业务主要用于高速数据传输，通常采用基于分组和 IP 的技术，典型标准为 IEEE 802.11x。按业务类型对无线局域网的分类如图 8-7 所示。

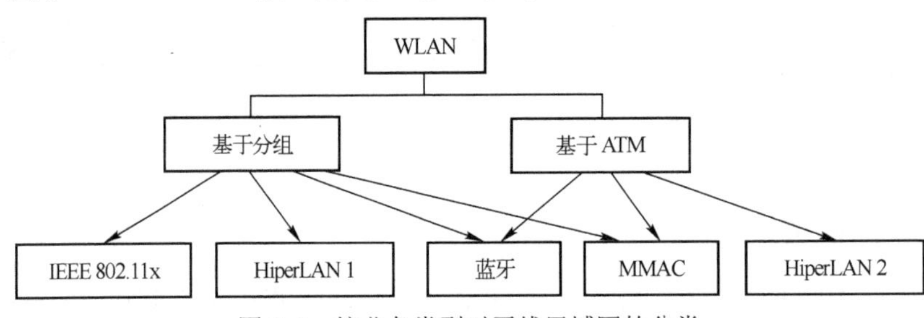

图 8-7　按业务类型对无线局域网的分类

此外，根据网络拓扑和应用的不同可以分为 Peer to Peer（对等式）、Infrastructure（基础结构式）和接入、中继等。

2．无线局域网的拓扑结构

WLAN 的拓扑结构从不同角度有不同的分类方式。从物理上可分为单区网和多区网；从逻辑上可分为对等式、基础结构式和线形、星形、环形等；从控制方式可分为无中心分布式和有中心集中控制式两种；从与外网的连接性上可分为独立 WLAN 和非独立 WLAN。

（1）BSS 网络拓扑

BSS（Basic Service Set）是 WLAN 的基本构造模块。它有两种基本拓扑结构或组网方式，分别是分布对等式拓扑和基础结构集中式拓扑。单个 BSS 称为单区网，多个 BSS 通过 DS 互连构成多区网。

1）分布对等式拓扑。

分布对等式网络是一种独立的 BSS（Independent BSS，IBSS），它至少有两个站。它是一种典型的、以自发方式构成的单区网。在可以直接通信的范围内，IBSS 中任意站之间可直接通信而无须 AP

转接，如图 8-8 所示。由于没有 AP，站之间的关系是对等的（Peer to Peer）、分布式的或无中心的。由于 IBSS 网络不需要预先计划，随时需要随时构建，因此该工作模式被称作特别网络或自组织网络（Ad Hoc Network）。采用这种拓扑结构的网络，各站点竞争公用信道。当站点数过多时，信道竞争成为限制网络性能的要害。因此，该工作模式比较适合于小规模、小范围的 WLAN 系统。

2）基础结构集中式拓扑。

基础结构包括分布式系统媒体（DSM）、AP 和端口实体。基础结构集中式拓扑是指在 WLAN 中，一个基础结构除 DS 外，还包含一个或多个 AP 及零个或多个端口。只包含一个 AP 的单区基础结构网络如图 8-9 所示。AP 是 BSS 的中心控制站，网中的站在该中心站的控制下与其他站进行通信。

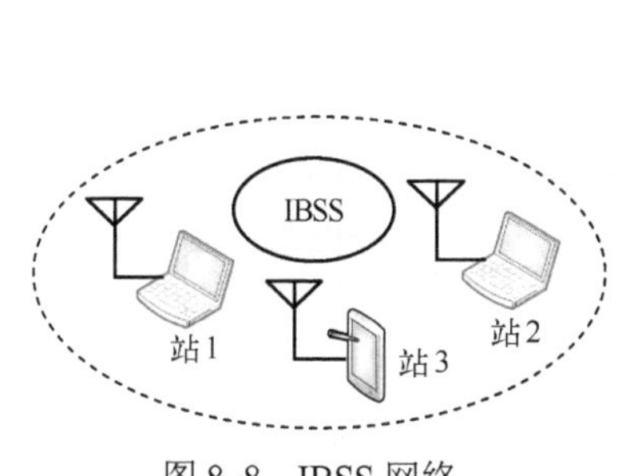

图 8-8　IBSS 网络

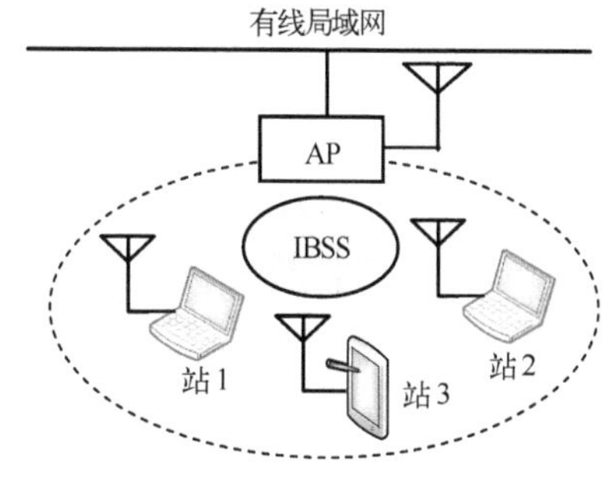

图 8-9　单区基础结构 BSS 网络

（2）ESS 网络拓扑

ESA（Expand Service Area，扩展业务区）是由多个 BSA（Basic Service Area，基本业务区）通过 DS 连接形成的一个扩展区域，其范围可覆盖数千米。属于同一个 ESA 的所有站组成 ESS（Expand Service Set）。一个完整的 ESS 无线局域网的拓扑结构如图 8-10 所示。ESS 是一种由多个 BSS 组成的多区网，其中每个 BSS 都被分配了一个标识号（BSSID）。如果一个网络由多个 ESS 组成，则每个 ESS 也被分配一个标识号 ESSID，所有的 ESSID 组成一个网络标识 NID（Network ID），用以标识由这几个 ESS 组成的网络。

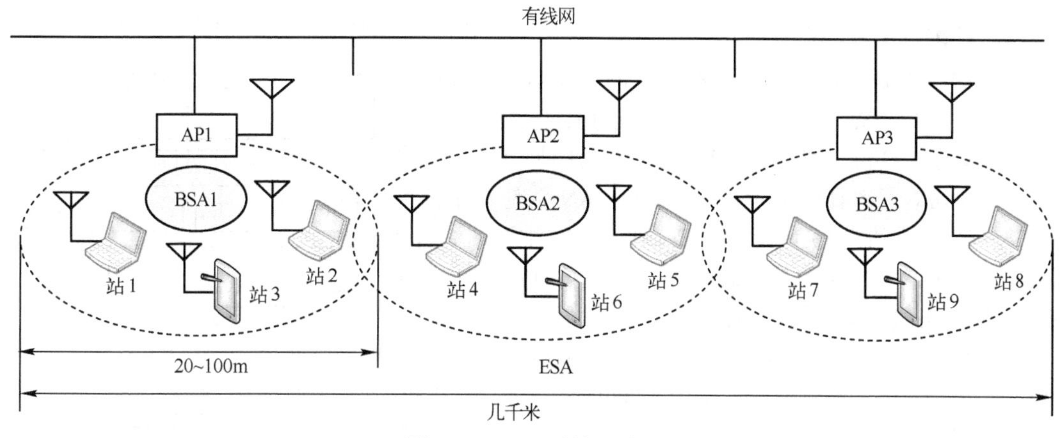

图 8-10　ESS 无线局域网

8.2.2　无线局域网协议体系

无线网络只工作在 OSI 参考模型的低三层，即物理层、数据链路层和网络层。无线调制解调器（Modem）或无线电台只具备物理层功能，WLAN 包括物理层和数据链路层功能，WWAN

（Wireless Wide Area Network，无线广域网）具有物理层、数据链路层和网络层功能。因此，WLAN 的协议体系也仅限于物理层、数据链路层和网络层协议。

1．IEEE 802.11x 协议体系

IEEE 802.11x 协议体系涉及物理层和数据链路层，且这两层又进一步划分为功能相对单一的子层。物理层划分为物理层会聚过程（Physical Layer Convergence Procedure，PLCP）子层、物理媒体依赖（Physical Medium Dependent，PMD）子层和物理层（PHY）管理子层。数据链路层划分为逻辑链路控制（Logical Link Control，LLC）层和介质访问控制（Medium Access Control，MAC）层。MAC 层划分为 MAC 子层和 MAC 管理子层。IEEE 802.11x 协议体系如图 8-11 所示。

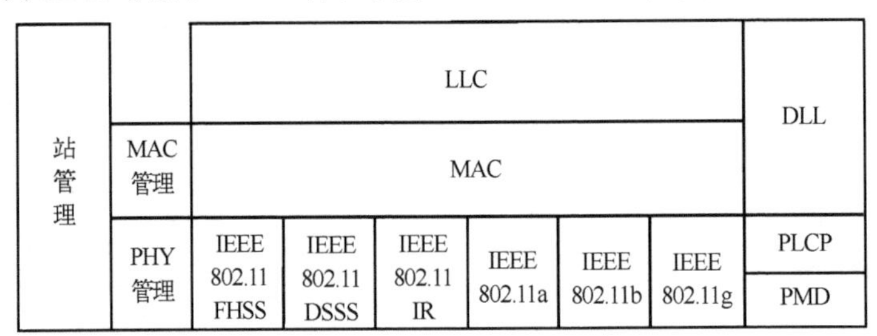

图 8-11　IEEE 802.11x 协议体系

LLC 层与其他 IEEE 802 局域网相同且共用，MAC 子层为多种物理层标准所共用。IEEE 802.11 MAC 子层支持 IEEE 802.11 FHSS、IEEE 802.11 DSSS、IEEE 802.11 IR、IEEE 802.11a、IEEE 802.11b、IEEE 802.11g 等物理层协议。

PLCP 子层将 MAC 帧映射到介质上，主要进行载波侦听的分析和针对不同的物理层形成相应格式的分组。PMD 子层用于识别相关介质传输的信号所使用的调制和编码技术，完成这些帧的发送。PHY 管理子层为物理层进行信道选择和协调。

MAC 子层负责访问机制的实现和分组的拆分与重组。MAC 管理子层负责 ESS 散步管理、电源（节能）管理，以及连接过程中的连接、解除连接和重新连接等过程的管理。

此外，IEEE 802.11 还定义了一个站管理子层，其主要任务是协调物理层和 MAC 层之间的交互。

2．HiperLAN 协议体系

HiperLAN 是欧洲的宽带无线接入网（BRAN）标准，是以无线 ATM（WATM）为基础的面向连接业务的标准。HiperLAN 分为 HiperLAN 1 和 HiperLAN 2 两种。HiperLAN 1 是早期标准，没有任何实际产品。HiperLAN 2 是一种支持 QoS 控制的先进的 WLAN 标准。HiperLAN 2 的协议体系如图 8-12 所示。它有 3 个基本的层：物理层（PHY）、数据链路控制层（DLC）和汇聚层（CL）。

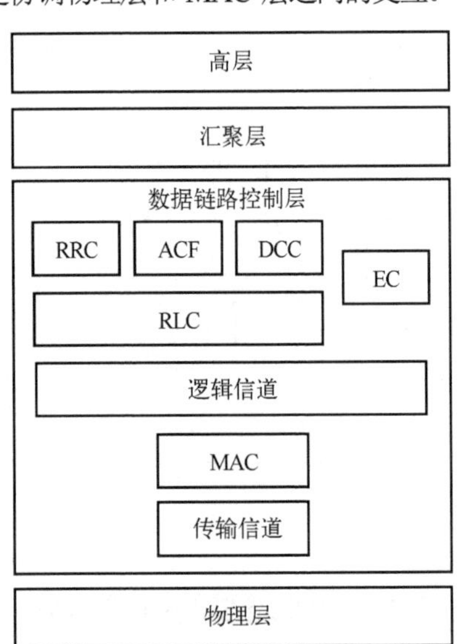

图 8-12　HiperLAN 2 协议体系

汇聚层将采用不同协议的高层分组映射到 DLC 层。DLC 层提供 AP 和移动终端（MT）之间的逻辑连接，提供介质访问的功能和用于连接处理的通信管理功能。DLC 层提供一个逻辑结构把执行不同应用协议的汇聚层分组映射到单一的物理层，包括以下几个协议。

1）MAC 协议。MAC 协议用于发送数据时控制对物理介质的访问，采用动态 TDMA/TDD MAC 协议。

2）差错控制（Error Control，EC）协议。采用自动重传请求（ARQ）方法，提高无线链路的可靠性。

3）无线链路控制（Radio Link Control，RLC）协议。为信令实体提供传输服务，主要具有下面 3 种功能。

- 连接控制功能（Association Control Function，ACF），用于身份验证、密钥管理、建立连接、解除连接和加密种子。
- 无线资源控制（Radio Resource Control，RRC），用于管理切换、动态频率选择、移动终端的激活与释放、省电和功率控制。
- DLC 连接控制（DLC Connection Control，DCC），用于建立和释放用户连接、多点传送和广播。

8.2.3　无线局域网标准

20 世纪 80 年代末，IEEE 802 委员会的 IEEE 802.4L 任务组开始了无线局域网的标准化工作，并于 1990 年 7 月在接受了 NCR 公司的“CSMA/CD 无线媒体标准扩充”的提案后，成立了独立的 IEEE 802.11 任务组，负责制定无线局域网物理层及介质访问控制（MAC）协议标准，开始了无线局域网标准的研究和制定工作。

目前，IEEE 802.11 标准系列见表 8-1。

表 8-1　IEEE 802.11 标准系列

标准	主要特性
IEEE 802.11a	高速 WLAN 标准，支持数据传输速率 54Mbit/s，工作在 5GHz ISM 频段，使用 OFDM 调制
IEEE 802.11b	最初的 Wi-Fi 标准，提供数据传输速率 11Mbit/s，工作在 2.4GHz ISM 频段，使用 DSSS 和 CCK
IEEE 802.11d	使所用速率的物理层电平配置、功率配置、信号带宽可遵从当地 RF 规范，从而有利于国际漫游业务
IEEE 802.11e	规定所有 IEEE 无线接口的服务质量（QoS）要求，提供 TDMA 的优先权和纠错方法，从而提高时延敏感应用的性能
IEEE 802.11f	定义了推荐方法和共用接入点协议，使得接入点之间能够交换需要的信息，以支持分布式系统，保证不同生产厂商的接入点的共用性，例如支持漫游
IEEE 802.11g	数据传输速率提高到 54Mbit/s，工作在 2.4GHz 频段，使用 OFDM 调制技术，可与相同网络中的 IEEE 802.11 设备共同工作
IEEE 802.11h	5GHz 频段的频谱管理，使用动态频率选择（Dynamic Frequency Selection，DFS）和传输功率控制（TPC），满足欧洲标准对军用雷达和卫星通信的干扰最小化的要求
IEEE 802.11i	弥补了用户认证和加密的安全弱点。定义了基于加密标准（Advanced Encryption Standard，AES）的全新加密协议 CCMP（CTR with CBC-MAC Protocol）和 IEEE 802.1x 认证
IEEE 802.11j	日本对 IEEE 802.11a 的扩充，在 4.9～5.0GHz 之间增加 RF 信道
IEEE 802.11k	通过信道选择、漫游和 TPC 进行网络性能优化。通过有效加载网络中的所有接入点，包括信号强度弱的接入点，来最大化整个网络吞吐量
IEEE 802.11n	采用 MIMO 无线通信技术、更宽的 RF 信道及改进的协议栈，提供更高的数据传输速率，从 150Mbit/s、350Mbit/s 到 600Mbit/s，可兼容 IEEE 802.11a/b 和 IEEE 802.11g
IEEE 802.11p	车辆环境无线接入（Wireless Access for Vehicular Environment，WAVE），提供车辆之间的通信或车辆和路边接入点的通信，使用工作在 5.9GHz 的授权智能交通系统（Intelligent Transportation System，ITS）
IEEE 802.11r	支持移动设备从基本业务区到 BSS 的快速切换，支持时延敏感服务，如 VoIP 在不同接入点之间的站点漫游
IEEE 802.11s	扩展了 IEEE 802.11 MAC 来支持扩展业务区（Extended Service Set，ESS），网状网络。IEEE 802.11s 协议使得消息能在自组织多跳网状网络拓扑结构网络中传递
IEEE 802.11T	评估 IEEE 802.11 设备及网络的性能测量、性能指标及测试过程的推荐性方法。大写字母 T 表示是推荐性而不是标准
IEEE 802.11u	与外部网络互通，修正物理层和 MAC 层，提供一个通用及标准的方法与非 IEEE 802. 11 网络（Bluetooth、ZigBee、WiMAX 等）共同工作
IEEE 802.11v	减少冲突，提高网络管理的可靠性
IEEE 802.11w	扩展 IEEE 802.11 对管理和数据锁的保护以提高网络安全性

8.3 无线个域网

无线个域网（Wireless Personal Area Network，WPAN）是指在便携式通信设备之间进行短距离自组连接的网络。它是为了实现活动半径小、业务类型丰富、面向特定群体、无线无缝连接而提出的无线通信网络技术。WPAN 的覆盖范围一般在 10m 半径以内，在 WPAN 中设备可以承担主控功能，又可以承担被控功能，设备可以很容易地加入或者离开现有网络。WPAN 主要用于短距离内无线通信，以减少各种传输线缆的使用。

近年来，WPAN 技术得到了飞速的发展，蓝牙、UWB、ZigBee、RFID、Z-Wave、NFC 及 Wibree 等各种技术竞相提出，在功耗、成本、传输速率、传输距离、组网能力等方面各有特点。

IEEE 802 于 1998 年成立从事 WPAN 标准化的工作组 IEEE 802.15。制定的 IEEE 802.15 标准主要如下。

- IEEE 802.15.1 是蓝牙底层协议的一个正式标准化版本 Bluetooth1.1。IEEE 802.15.1a 对应于 Bluetooth1.2，它包括某些 QoS 增强功能，并完全后向兼容。
- IEEE 802.15.2 负责建模和解决 WPAN 与 WLAN 间的共存问题。
- IEEE 802.15.3 也称 WiMedia，旨在实现高数据传输速率。原始版本规定的数据传输速率高达 55Mbit/s，使用基于 IEEE 802.11 但与之不兼容的物理层。后来多数厂商倾向于使用 802.15.3a，它使用超宽带（UWB）的多频段 OFDM 联盟的物理层，数据传输速率高达 480Mbit/s。
- IEEE 802.15.4 又称 ZigBee 技术，是低功耗、低复杂度、低数据传输速率的 WPAN 标准。该标准定位于低数据传输速率的应用。

8.3.1 蓝牙技术

蓝牙（Bluetooth）是一种短距离无线通信技术，它规定了通用无线传输接口与操作控制软件的公开标准。蓝牙技术提供低成本、近距离的无线通信，构成固定与移动设备通信环境中的个人网络，使得近距离内各种信息设备能够实现无缝资源共享。

1. 蓝牙技术概述

蓝牙技术主要基于 IEEE 802.15.1 标准，其工作在全球通用的 2.4GHz ISM（工业、科学、医学）频段。由于 ISM 频段是对所有无线电系统都开放的频段，因此使用其中的任何一个频段都会遇到不可预测的干扰源，例如某些家电、无绳电话、微波炉等都可能是干扰源。为此，蓝牙技术特别设计了快速确认和跳频方案以确保链路的稳定。与其他工作在相同频段的系统相比，蓝牙跳频更快、数据分组更短，这使蓝牙系统比其他系统更稳定。

蓝牙技术的传输范围大约为 10m，具有 79 个 1MHz 带宽的信道。在发射带宽为 1MHz 时，其有效数据传输速率为 721kbit/s。

蓝牙技术具有较高的安全机制。在数据链路层中，使用认证、加密和密钥管理等功能进行安全控制。在应用层中，用户可以使用个人标识码（Personal Identification Number，PIN）来进行单双向认证。

任意蓝牙设备一旦搜寻到另一个蓝牙设备，立刻就可以建立联系，而无须用户进行任何设置，在无线电环绕非常嘈杂的环境下，其优势更加明显。

蓝牙 1.0 规范中公布的主要技术指标和系统参数见表 8-2。

表 8-2　蓝牙 1.0 规范中公布的主要技术指标和系统参数

技术指标或参数	描　述
工作频段	ISM 频段：2.4～2.480GHz
双工方式	全双工，TDD 时分双工
业务类型	支持电路交换和分组交换业务
数据传输速率	1Mbit/s
非同步信道速率	非对称连接 721kbit/s、57.6kbit/s，对称连接 432.6kbit/s
同步信道速率	64kbit/s
功率	美国 FCC 要求小于 0dBm（1mW），其他国家可扩展为 100mW
跳频频率数	79 个频点/MHz
跳频速率	1600 跳/s
工作模式	PARK、HOLD、SNIFF
数据连接方式	面向连接业务 SCO（同步连接），无连接业务 ACL（异步无连接）
纠错方式	1/3FEC、2/3FEC、ARQ
鉴权	采用反应逻辑算术
信道加密	采用 0bit、40bit、60bit 加密字符
语音编码方式	连续可变斜率调制 CVSD
发射距离	一般可达到 10m，增加功率情况下可达到 100m

2. 蓝牙协议体系

蓝牙协议体系的目的是使符合该规范的各种应用之间能够互通。本地设备与远端设备需要使用相同的协议，不同的应用需要不同的协议，所有的应用都要使用协议体系中的数据链路层和物理层。完整的蓝牙协议栈如图 8-13 所示。

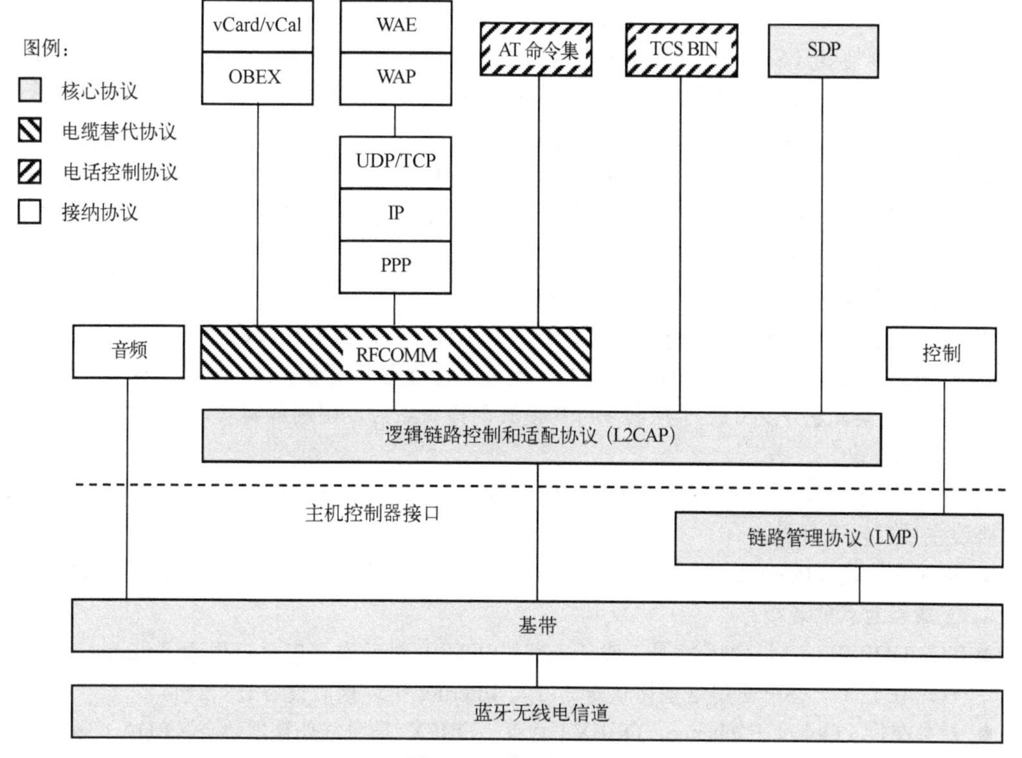

图 8-13　蓝牙协议栈

蓝牙协议体系为分层协议体系，由核心协议、电缆替代协议、电话控制协议和接纳协议4层组成。除上述协议层外，还定义了主机控制器接口（Host Controller Interface，HCI），它为基带控制器、连接管理器、硬件状态和控制寄存器提供命令接口。

（1）核心协议（Core Protocol）

蓝牙的核心协议包括基带（Baseband）协议、链路管理协议（LMP）、逻辑链路控制和适配协议（L2CAP）、服务发现协议（SDP）。大部分蓝牙设备都需要核心协议，其他协议根据应用而定。

- 基带（Baseband）协议。基带协议确保微微网内各蓝牙设备的物理连接。蓝牙的射频系统是一个跳频系统，其任一分组在指定时隙、指定频率上发送，它使用查询和寻呼进程同步不同设备间的发送频率和时钟，可为基带数据分组提供同步的面向连接的链路（Synchronous Connection-oriented，SCO）和异步无连接（Asynchronous Connectionless，ACL）两种物理连接方式，而且在同一射频上可实现多路数据传送。ACL适用于数据分组，SCO适用于话音以及话音与数据的组合，所有的话音和数据分组都会有不同级别的前向纠错（Forward Error Correction，FEC）或循环冗余校验（Cyclic Redundancy Check，CRC），而且可进行加密。此外，不同数据类型都分配一个特殊通道。
- 链路管理协议（Link Management Protocol，LMP）。LMP负责在蓝牙各设备间建立链路。LMP通过连接的发起、交换、核实，进行身份认证和加密，通过协商确定基带数据分组大小。LMP控制无线设备的电源模式和工作周期，以及微微网内设备单元的连接状态。
- 逻辑链路控制和适配协议（Logical Link Control and Adaptation Protocol，L2CAP）。L2CAP是基带的上层协议，向上层提供面向连接的和无连接的数据服务，它采用了多路复用技术、分割和重组技术、群提取技术。它只支持ACL，允许高层次的协议和应用能够以64KB的长度收发数据分组（L2CAP Service Data Units，SDU）。
- 服务发现协议（Service Discovery Protocol，SDP）。它可以查询到设备信息和服务类型，使两个或多个蓝牙设备间可以建立相应的连接。

（2）电缆替代协议（Cable Replacement Protocol）

RFCOMM（无线电频率通信）是包括在蓝牙规范中的电缆替代协议，它提出一个虚拟串行端口，该端口的设计使电缆技术的替代变得尽可能透明，在蓝牙基带协议上仿真RS-232控制和数据信号，为使用串行线路传送机制的上层协议提供服务。

（3）电话控制协议（Telephony Control Protocol）

- 二元电话控制（TCS Binary或TCS BIN）协议。它是面向比特的协议，它定义了蓝牙设备间建立语音和数据呼叫的控制命令，定义了处理蓝牙设备簇的移动管理进程。
- AT命令集。它定义了用于控制多用户模式下移动电话、调制解调器等的控制命令。

（4）接纳协议

接纳协议是指在其他标准制定组织发布的规范中定义的，并被纳入蓝牙协议体系中的协议。接纳协议主要有以下几种。

- 点对点协议（Point-to-Point Protocol，PPP）。在蓝牙技术中，PPP位于RFCOMM上层，完成点对点的连接。
- TCP/UDP/IP。它是由因特网工程任务组（IETF）制定的，广泛应用于Internet的通信协议。在蓝牙设备中使用这些协议是为了与Internet相连接的设备进行通信。
- 对象交换（Object Exchange，OBEX）协议。OBEX是由红外数据协会（IrDA）制定的会话层协议，它采用简单和自发的方式交换目标。OBEX是一种类似HTTP（Hypertext Transfer

Protocol）的协议，它假设传输层是可靠的，采用客户机/服务器（Client/Server）模式，独立于传输机制和传输应用程序接口。电子名片交换格式（vCard）、电子日历及日程交换格式（vCal）都是开放性规范，它们都没有定义传输机制，而只定义了数据传输格式。

- 无线应用协议（Wireless Application Protocol，WAP）。WAP 是由无线应用协议论坛制定的协议，它融合了各种广域无线网络技术，其目的是将 Internet 内容和电话传送的业务传送到数字蜂窝电话和其他无线终端上。选用 WAP，可以充分利用为无线应用环境（Wireless Application Environment，WAE）开发的高层应用软件。

3. 蓝牙网络的拓扑结构

蓝牙采用一种灵活的无基站组网方式，一个蓝牙设备可与其他 7 个蓝牙设备相连接。蓝牙网络的拓扑结构有微微网（Piconet）和散射网（Scatternet）两种形式。

（1）微微网

微微网是通过蓝牙技术以特定方式连接的一种微型网络。它由一个主设备（Master）和若干个从设备（Slave）组成，且从设备最多为 7 台。在一个微微网中，所有设备的级别是相同的，具有相同的权限，任何一个设备都可以成为网络中的主设备，而且主、从设备可转换角色。

微微网的基本结构如图 8-14 所示。其中，主设备单元负责提供时钟同步信号和跳频序列；从设备单元一般是受控同步的设备单元，受主设备单元控制。

在每个微微网中，用一组伪随机跳频序列来确定 79 个跳频信道，这个跳频序列对于每个微微网来说是唯一的，由主设备的地址和时钟决定。蓝牙无线信道使用跳频/时分复用（FH/TDD）方式，信道以 625μs 的时间长度划分时隙，根据微微网主设备的时钟对时隙进行编号，号码为 0～266，以 227 为一个循环长度，每个时隙对应一个跳频频率，通常跳频速率为 1600 跳/s。主设备只在偶数时隙开始传送信息，从设备只在奇数时隙开始传送，信息包的开始与时隙的开始相对应。主设备通过轮询从设备实现两者之间的通信，从设备只有收到主设备的信息包方可发送数据。

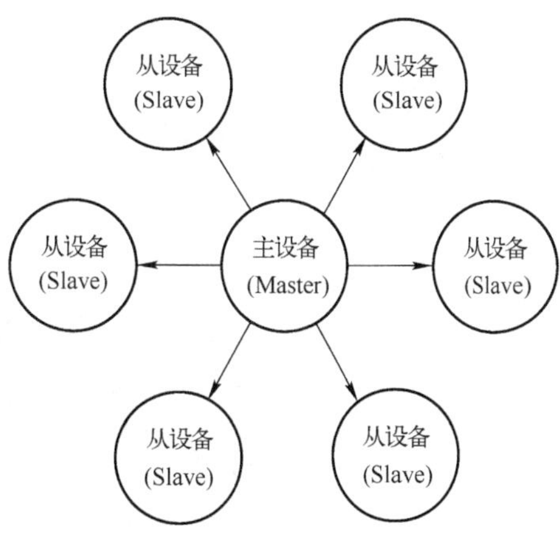

图 8-14　微微网基本结构

（2）散射网

一个微微网最多只能有 7 个从设备同时处于通信状态。为了能容纳更多的装置，并且扩大网络通信范围，将多个微微网连接在一起，就构成了蓝牙自组织网，即散射网，如图 8-15 所示。

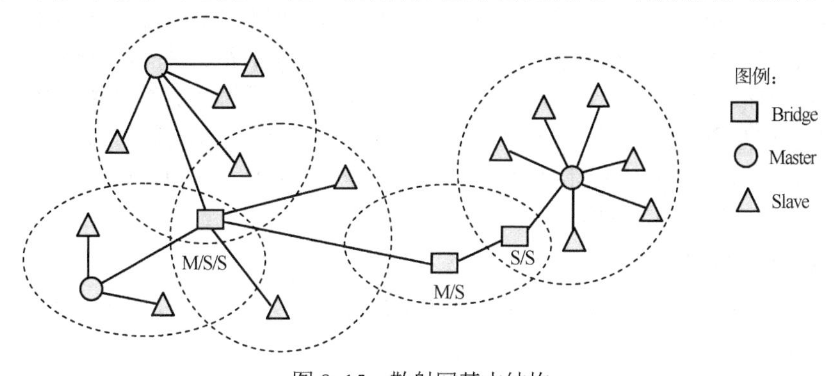

图 8-15　散射网基本结构

在散射网中，不同微微网间使用不同的跳频序列，因此，只要彼此没有同时跳跃到同一频道上，即便有多组数据流同时传送也不会造成干扰。连接微微网之间的设备称为网桥（Bridge），网桥通过不同时隙在不同的微微网之间转换，实现了跨微微网之间的数据传输。网桥可以是所有所属微微网中的从设备，这种网桥的类别为 Slave/Slave（S/S）；网桥也可以是其中某一所属微微网中的主设备，是其他微微网中的从设备，这样的网桥类别为 Master/Slave（M/S）。

8.3.2 ZigBee 技术

ZigBee 技术是一种近距离、低复杂度、低功耗、低速率、低成本的双向无线通信技术。主要用于距离短、功耗低且传输速率不高的各种电子设备之间的数据传输，以及典型的有周期性数据、间歇性数据和低反应时间数据传输的应用。

1. ZigBee 网络拓扑结构

ZigBee 网络拓扑结构主要有星形网络、树簇形网络和网形网络，如图 8-16 所示。不同的网络拓扑结构对网络节点的配置也不同。网络节点有协调器、路由器和终端节点 3 种类型，具体配置根据需要决定。

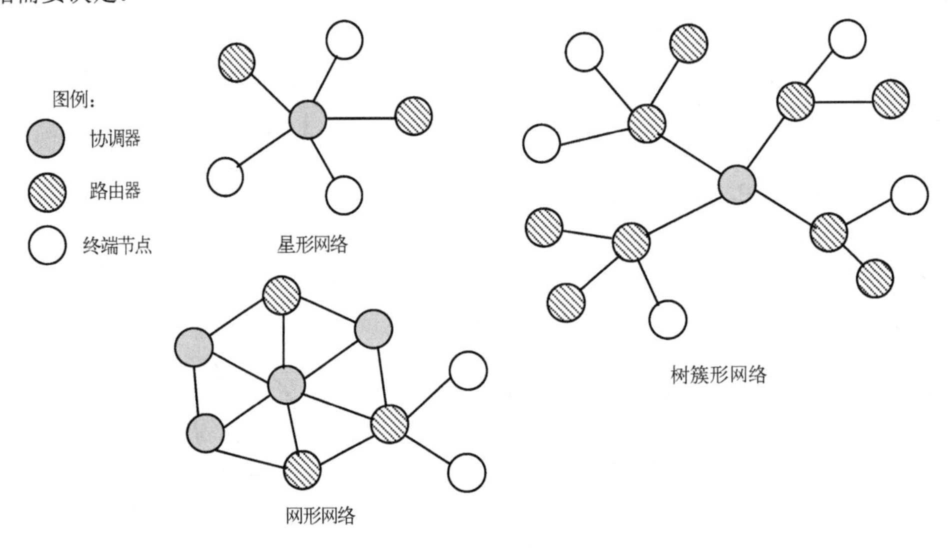

图 8-16 ZigBee 网络拓扑结构图

星形网络中各节点彼此并不通信，所有信息都要通过协调器节点进行转发；树簇形网络中包含协调器节点、路由器节点和终端节点，路由器节点完成数据的路由功能，终端节点的信息一般要通过路由器节点的转发后才能到达协调器节点，同样，协调器节点负责网络的管理；网形网络中节点间彼此互连互通，数据转发一般以多跳方式进行，每个节点都有转发功能，这是一种最复杂的网络结构。通常情况下，星形网络和树簇形网络是一对多点，常用在短距离信息采集和监测等领域，而对于大面积监测，通常要通过对等网络来完成。

2. ZigBee 协议架构

ZigBee 协议由 IEEE 802.15.4 定义了物理层和介质访问控制层协议，ZigBee 联盟定义了网络层（Network Layer，NWK）和应用层（Application Layer，APL）协议。ZigBee 协议架构如图 8-17 所示。

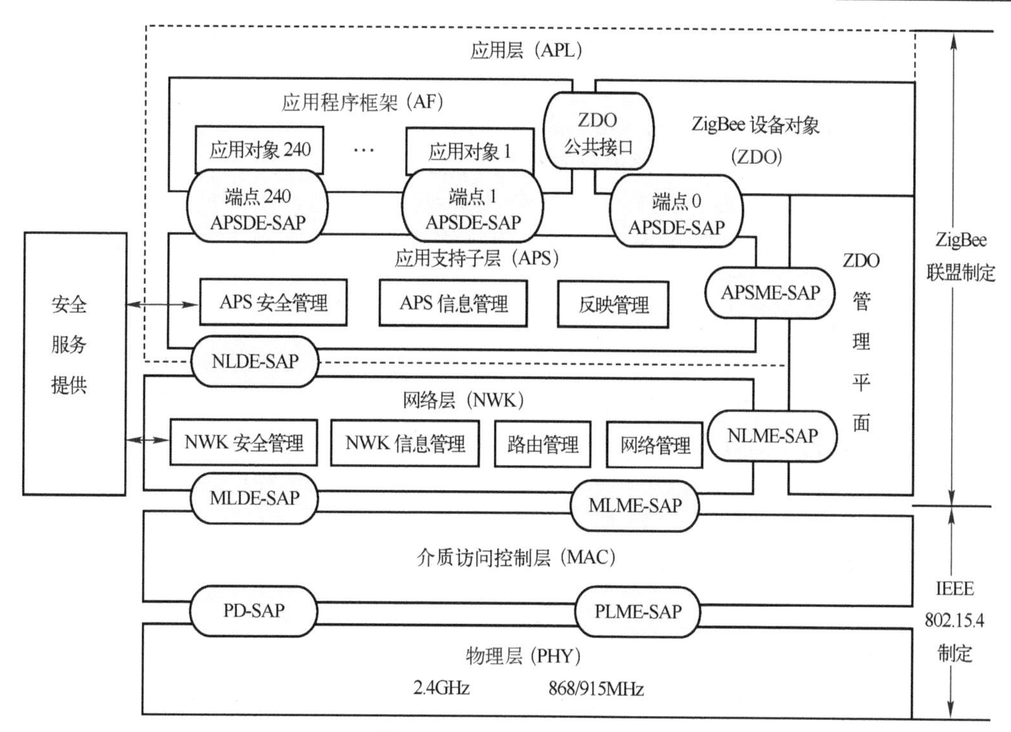

图 8-17 ZigBee 协议架构

物理层定义了无线信道和 MAC 子层之间的接口，提供物理层数据服务和物理层管理服务。

介质访问控制层（MAC）负责处理所有的物理无线信道访问，并产生网络信号、同步信号；支持 PAN 连接和分离，提供两个对等 MAC 实体之间可靠的链路。

网络层（NWK）是 ZigBee 协议栈的核心部分。网络层主要实现节点加入或离开网络、接收或抛弃其他节点、路由查找及传送数据等功能。

应用层（APL）定义了应用支持子层（Application Support sub Layer，APS）、ZigBee 设备对象（ZigBee Device Object，ZDO）（端点号 0）、应用框架中用户自定义应用对象（端点号 1～240，可以定义 0～240 个应用）。

3. ZigBee 的技术特点

ZigBee 技术致力于提供一种廉价的固定、便携或者移动设备使用的极低复杂度、低成本、低功耗、低速率的无线通信技术。这种无线通信技术具有如下一些特点。

1）数据传输速率低。ZigBee 只有 10～250kbit/s 的数据传输速率，专注于低传输速率应用。无线传感器网络不传输语音、视频之类的大容量的采集数据，仅传输一些采集到的温度、湿度之类的简单数据。

2）功耗低。ZigBee 工作模式情况下，传输速率低，发射功率仅为 1mW，传输数据量很小，因此信号的收发时间很短。ZigBee 的响应速度较快，一般从睡眠转入工作状态只需 15ms，节点连接进入网络只需 30ms。由于工作时间较短、收发信息功耗较低且采用了休眠模式，ZigBee 设备非常节能。在非工作模式时，ZigBee 节点处于休眠模式，耗电量仅有 1μW。

3）数据传输可靠。ZigBee 的 MAC 层采用 CSMA/CA 碰撞避免机制。在这种完全确认的数据传输机制下，当有数据传输需求时则立刻传输，发送的每个数据包都必须等待接收方的确认信息，并回复确认信息，若没有收到回复的确认信息则表示发生了碰撞，将再传一次。采用这种方法可以提高系统信息传输的可靠性。同时，为需要固定带宽的通信业务预留了专用时隙，避免发送数据时的竞争和冲突。

4）距离近。ZigBee 的传输范围（相邻节点间的距离）一般在 10～100m，在增加 RF 发射功率后，可增加到 1～3km。如果通过路由器和节点间通信的接力，传输距离可以更远。

5）容量高。ZigBee 可采用星形、树簇形和网形网络拓扑结构，由一个主设备管理若干子节点，一个主设备最多可管理 254 个子节点；同时主设备还可由上一层网络节点管理，最多可容纳 65000 个节点。

6）采用免执照频段。ZigBee 采用 2.4GHz（全球）、915MHz（美国）和 868MHz（欧洲）的 ISM 频段。这 3 个频带物理层并不相同，各自信道带宽也不同（分别为 0.6MHz、2MHz 和 5MHz，分别有 1 个、10 个和 16 个信道）。

7）提供安全机制。ZigBee 提供了数据完整性检查功能，在数据传输中提供了三级安全性。第一级是无安全方式，对于某种应用，如果安全并不重要或者上层已经提供了足够的安全保护，就可以选择这种方式来传输数据；第二级安全是使用访问控制列表（Access Control List，ACL）保证安全；第三级安全采用 AES-128 加密算法保证安全。

8.4 移动无线网

移动无线网是支持移动计算的网络环境。移动计算是指向分布在不同位置的移动用户（包括笔记本计算机、平板电脑、移动电话等）提供优质的信息服务（信息的存储、查询、计算等），即在无线环境下使计算机或其他信息智能终端设备实现数据传输及资源共享。

移动无线网络是指无线网络中各设备节点随着时间而发生位置变换且始终保持其网络连接的无线网络，它保证了节点可以随时随地保持网络畅通，访问所需信息。

8.4.1 移动 IP 网络

移动 IP 是支持移动性的因特网体系结构与协议的统称。移动 IP 网络是为了满足移动节点在移动中保持其连接性而设计的网络，移动节点（计算机、服务器、网段等）以固定的网络 IP 地址实现跨越不同网段的漫游功能，并保证了基于网络 IP 的网络权限在漫游过程中不发生任何改变。

1．移动 IP 网络的基本术语

（1）移动代理

基于 IPv4 的移动 IP 定义了移动节点（Mobile Node）、归属代理（Home Agent）和外部代理（Foreign Agent）3 种功能实体。其中，归属代理和外部代理又统称为移动代理（Mobility Agent），它是移动的 IP 服务器或路由器，可以知道移动节点实际连接在何处。

归属代理是归属网上的移动 IP 代理，它至少有一个接口在归属网上。其责任是当移动节点离开归属网，连至某一外部网时，截获发往移动节点的数据包，并使用隧道技术将这些数据包转发到移动节点的转交节点。归属代理还负责维护移动节点的当前位置信息。

外部代理位于移动节点当前连接的外部网络上，它向已登记的移动节点提供选路服务。当使用外部代理转交地址时，外部代理负责解除原始数据包的隧道封装，取出原始数据包，并将其转发到该移动节点。对于那些由移动节点发出的数据包，外部代理可作为已登记的移动节点的默认路由器使用。

（2）移动 IP 地址

移动 IP 节点拥有归属地址和转交地址两个 IP 地址。归属地址是移动节点与归属网连接时使用的地址，不管移动节点移至网络何处，其归属地址保持不变。转交地址是隧道终点地址，转交地址可能是外部代理转交地址，也可能是驻留本地的转交地址。通常使用的是外部代理转交地址。在这种地址模式中，外部代理就是隧道的终点，它接收隧道数据包，解除数据包的隧道封装，然后将原始数据包转发给移动节点。

（3）位置登记

移动节点必须将其位置信息向其归属代理进行登记，以便可以随时被发现。位置登记（Registration）有两种不同的登记规程：一种是通过外部代理，移动节点向外部代理发送登记请求报文，然后将报文中继到移动节点的归属代理，归属代理处理完登记请求报文后向外部代理发送登记答复报文（接受或拒绝登记请求），外部代理处理登记答复报文，并将其转发给移动节点；另一种是直接向归属代理进行登记，即移动节点向其归属代理发送登记请求报文，归属代理处理后向移动节点发送登记答复报文。

（4）代理发现

代理发现（Agent Discovery）分为被动发现和主动发现两种类型：被动发现是移动节点被动等待本地移动代理周期性的广播代理通告报文；主动发现是移动节点主动广播一条请求代理的报文。

（5）隧道技术

当移动节点处于外部网时，归属代理需要将原始数据包转发给已登记的外部代理。这时，归属代理使用 IP 隧道技术（Tunneling），将原始 IP 数据包封装在转发的 IP 数据包中，从而使原始 IP 数据包原封不动地转发到处于隧道终点的转交地址处。在转交地址处解除隧道封装，取出原始数据包，并将原始数据包发送给移动节点。

2．移动 IP 网络的基本原理

使用传统 IP 技术的主机使用固定的 IP 地址和 TCP 端口号进行通信，在通信期间它们的 IP 地址和 TCP 端口号必须保持不变，否则主机之间的通信将无法继续。而移动 IP 的基本问题是主机在通信期间可能需要在网络上移动，它的 IP 地址经常会发生变化，而 IP 地址的变化最终会导致通信的中断。解决移动 IP 问题的基本思路是使用漫游、位置登记、隧道技术及鉴权等技术。移动节点使用固定不变的 IP 地址，一次登录即可实现在任意位置（包括移动节点从一个 IP（子）网漫游到另一个 IP（子）网时）上保持与主机的单一链路层连接，使通信持续进行。

移动 IP 网络的工作原理如下。

1）移动代理（即外部代理和归属代理）通过代理通告报文广播其存在。移动节点通过代理请求报文，可有选择地向本地移动代理请求代理通告报文。

2）移动节点收到这些代理通告后，分辨其在归属网上还是在某一外部网上。

3）当移动节点检测到自己位于归属网上时，则不需要移动服务即可工作。假如移动节点从登记的其他外部网返回到归属网时，通过交换其携带的登记请求和登记答复报文，移动节点需要向其归属代理撤销其在外部网的登记信息。

4）当移动节点检测到自己已漫游到某一外部网时，它将获得该外部网上的一个转交地址。这个转交地址可能通过外部代理的通告获得，也可能通过外部分配机制获得，如 DHCP（一个驻留本地的转交地址）。

5）离开归属网的移动节点通过交换其携带的登记请求和登记答复报文，向归属代理登记其新的转交地址。另外，它也可以借助外部代理向归属代理进行登记。

6）发往移动节点归属地址的数据包被其归属代理接收，归属代理利用隧道技术封装该数据包，并将封装后的数据包发送到移动节点的转交地址，由隧道终点（外部代理或移动节点本身）接收，解除封装，并最终传送到移动节点。

3．移动 IP 网络的工作过程

移动 IP 网络的工作过程如图 8-18 所示，图中外部代理为移动节点的默认路由器。

1）移动节点在本地网时，按传统的 TCP/IP 方式进行通信。

2）移动节点漫游到一个外地网络时，仍然使用固定 IP 地址进行通信。为了能够收到通信对端发给它的 IP 分组，移动节点需要向本地代理注册当前的位置信息，即转交地址（外部代理的地址或动态配置的一个地址）。

3）本地代理接收来自转交地址的注册后，会构建一条通向转交地址的隧道，将截获的发给移动节点的 IP 分组通过隧道送到转交地址。

4）在转交地址处解除隧道封装，恢复原始的 IP 分组，转发给移动节点。

5）移动节点在外网通过外网的路由器或外部代理向通信对端发送 IP 数据包。

6）移动节点来到一个外网时，只需向本地代理更新注册的转交地址即可继续通信。

7）移动节点回到本地网时，移动节点向本地代理注销转交地址，这时移动节点又将使用传统的 TCP/IP 方式进行通信。

扫码看视频

移动 IP 为移动主机设置了两个 IP 地址，即主地址和辅地址（转交地址）。移动主机在本地网时，使用的是主地址。当移动到另一个网络时，需要获得一个临时的辅地址，但此时主地址仍然不变。从外网移回本地网时，辅地址改变或撤销，而主地址仍然保持不变。

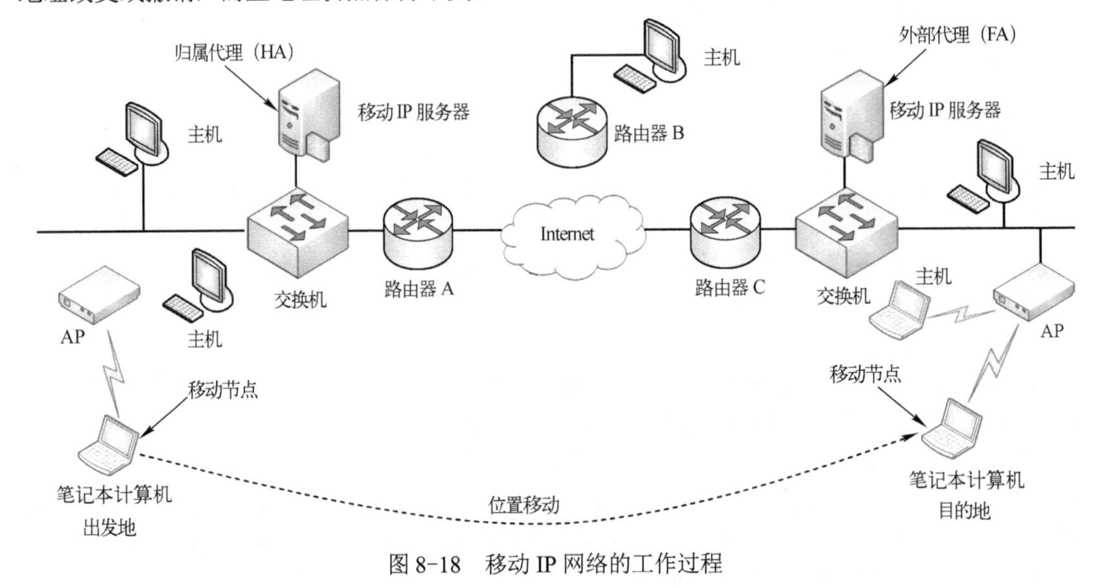

图 8-18 移动 IP 网络的工作过程

8.4.2 移动 Ad Hoc 网络

移动 Ad Hoc 网络是支持移动计算的主要网络环境，是目前和未来发展前景被广泛看好的一种组网技术，诸如无线传感器网络、无线 Mesh 网络等很多无线网络本质上都基于移动 Ad Hoc 网络的思想。

1. 移动 Ad Hoc 网络的定义

Ad Hoc 网络是由一组无线移动节点构成的一个临时性的、多跳的、无中心的自组织网、自愈的网络，是一种不需要依赖现有固定通信网络基础设施的、能够迅速展开使用的网络体系。各个网络节点相互协作，通过无线链路进行通信、交换信息，实现信息和服务的共享。网络节点能够动态地、随意地、频繁地进入和离开网络，而常常不需要事先示警或通知，而且不会破坏网络中其他节点的通信。同时，移动 Ad Hoc 网络节点可以快速地移动，且必须既作为路由器又作为主机，能够通过数据分组的发送和接收而进行无线通信。因此，网络节点在网络中的位置是快速变化的，缺少通信链路的情况也是经常发生的。

2. 移动 Ad Hoc 网络的特点

由于移动 Ad Hoc 网络是一种移动、多跳、自律式的自组网，因此它具有以下一些特点。

1）自组织和自管理。Ad Hoc 网络是一种没有基础结构支持的网络，所以要求自组织和自管理。

2）分布式结构。Ad Hoc 网络中，每个移动终端的地位是对等的，每个节点独立地进行分组转发。自组织网中的终端具备独立路由和主机功能，终端之间的关系是协同的，参与自组织网的每个终端需要承担为其他终端进行分组转发的义务，网络路由协议通常采用分布式的控制方式，因此具有很强的鲁棒性和抗毁性。

3）动态拓扑。自组网就是可以在任何时刻、任何地点，不依赖现有的基础网络设施，而仅利用终端节点自身就可以快速地建立一个移动通信网络。同时，组网节点可以任意移动，可能有新的节点加入，也有部分节点丢失。因此，网络的拓扑结构也会不断变化。

4）链路带宽受限、容量时变。由于拓扑动态变化导致每个节点转发的非自身作为目的地的业务量随时间而变化，因此与有线网络不同，它的链路容量表现出时变特征。

5）多跳共享信道。多跳共享广播信道带来的直接影响就是分组的冲突与节点所处的位置相关，即发送节点和接收节点感知到的信道状况不一定相同。自组织网中的节点发送消息时，只有在其覆盖范围内的节点才能收到，发送节点覆盖范围外的节点不受发送节点的影响，可以同时发送消息，即自组织网中的共享信道为多跳共享广播信道。

6）生存时间短。自组网通常是由于某个特定的原因而临时创建的，使用结束后，网络环境会自动消失。

7）能量受限。由于网络节点的移动特性，它们就不能依靠线路供能，而只能靠电池提供动力。因而，在进行系统设计时节能就成为一个非常重要的指标。

8）安全问题。Ad Hoc 网络由于移动等问题，可能导致更容易受到干扰、窃听和攻击等安全威胁。因此需要克服无线链路的安全弱点及移动拓扑所带来的新的安全隐患。

3. 移动 Ad Hoc 网络的结构类型

移动 Ad Hoc 网络有平面结构和分级结构两种类型。

（1）平面结构

在平面结构中，所有节点地位平等，也被称为是对等式结构。平面结构的基本拓扑如图 8-19 所示。

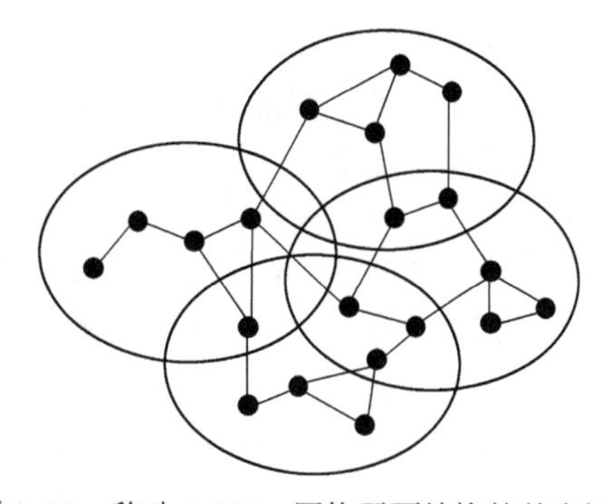

图 8-19　移动 Ad Hoc 网络平面结构的基本拓扑

平面结构的优点如下。

- 平面结构的网络是全分布式的结构，源节点和目的节点之间一般存在多条路径，因此可以选择最好的一条路径传输分组，进而较充分地利用网络带宽。
- 平面结构可以实现负载平衡，为不同的业务类型选择适当的路径。
- 网络中所有节点都是对等的，原则上不存在瓶颈，因此比较健壮。
- 平面结构中各节点的覆盖取值范围较小，信号被侦听/截获的概率较小，因此具有一定的安全性和健壮性。

平面结构的缺点如下。

- 平面结构的最大缺点是网络规模受限，可扩展性较差。
- 路径时延可能会变长。移动 Ad Hoc 网络不合适对响应时间要求严格的场合。
- 路径可能失败。由于移动 Ad Hoc 网络链路是动态变化的，在大规模移动 Ad Hoc 网络中，从源节点到目的节点的路径变得很长，任何一条链路的破坏就会引起整条路径的失败。即使没有路径失败，由于时延很长，可能在很长时间后，信息到达预计的目标端时，目的节点可能已经不存在了。

（2）分级结构

在分级结构中，网络被划分为多个簇，每个簇由一个簇头和多个簇成员组成。这些簇头组成了一个更高一级的网络，而在这个更高一级的网络中又可以分簇，形成再高一级的网络，直至最高级。任意两个不在一个簇内的簇成员之间的通信都要通过各自的簇头来中转。分级结构的网络拓扑如图 8-20 所示。

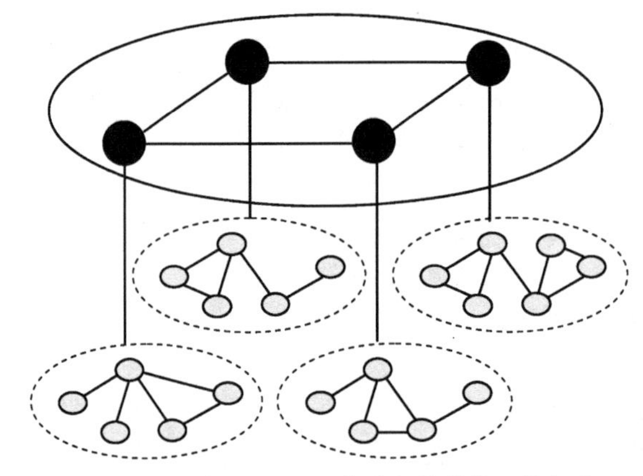

图 8-20　移动 Ad Hoc 网络分级结构的网络拓扑

分级结构的优点如下。

- 可扩展性好。网络的规模不受限制，必要的时候可以通过增加簇的个数和级数来提高整个网络的容量。
- 簇内成员的功能相对简单，基本上不需要维护拓扑结构，大大减少了网络中拓扑维护对有限的无线链路带宽的消耗。
- 如果簇内通信的信息流量在整个网络的通信盘中占较大比例时，各簇之间可以互不干扰地进行通信。
- 分级结构是层次结构，可以在簇头实现功能较为复杂的 QoS 路由算法，实现对整个网络的管理和监控，可以控制某些节点的移动状态及性能等属性，向节点发送特定命令，使节点完成特定操作。

分级结构的不足是，簇头的功能较复杂，不仅需要维护到达其他节点的拓扑控制信息，还要知道所有节点与簇的关系。

4．移动 Ad Hoc 网络的物理层

物理层负责频率选择、载波产生和监听、信号监测、调制、数据的发送接收和加密等。移动 Ad Hoc 网络物理层的设计要根据实际的需要而定。目前一般采用基于 2.4GHz 的 ISM 频段，在 2～6GHz 频段上可提供 2～50Mbit/s 速率的数据业务和多媒体业务。军事应用会采用专用频段。

移动 Ad Hoc 网络物理层可以选择和参考的标准包括 IEEE 802.11、蓝牙和 HiperLAN 等标准所定义的物理层，可以采用的传输技术包括正交频分复用技术（OFDM）、红外线和扩频技术。移动 Ad Hoc 网络物理层的发展方向是面向简单和低功率的调制技术，减少信号传播特性的负面影响，开发低功耗、低成本和高性能的硬件等。

5．移动 Ad Hoc 网络的 MAC 层

数据链路层解决的主要问题包括媒体接入控制，以及数据的传送、同步、纠错以及流量控制等。移动 Ad Hoc 数据链路层分为 MAC 和 LLC 两个子层，MAC 子层决定了数据链路层的绝大部分功能。

移动 Ad Hoc 网络的 MAC 协议可以分为竞争协议（Contention Protocol）、分配协议（Allocation Protocol）、竞争协议与分配协议的组合协议（也称混合协议，Hybrid Protocol）3 类。这 3 类协议的区别在于各自的信道访问策略不同。

（1）竞争协议

竞争协议使用直接竞争决定信道访问权，且通过随机重传解决碰撞问题。当前针对 MAC 层的共享竞争问题，已经有 ALOHA、时隙 ALOHA、CSMA，以及 IEEE 802.11 所采用的 CSMA/CA 被移动 Ad Hoc 网络使用。除了时隙 ALOHA 协议，大多数竞争协议都使用异步通信模式。

竞争协议中碰撞回避是一个关键性设计问题，这需要通过某种控制信令形式来实现。由于竞争协议简单，因而在低传输载荷条件下运行良好，例如，碰撞次数很少，导致信道利用率高、分组传输时延小。随着传输载荷的增大，协议性能下降、碰撞次数增多。在传输载荷很重的时候，竞争协议可能随着信道利用率下降而变得不稳定，这就可能导致分组传输时延呈指数级增大，以及网络服务的崩溃，即使能够成功交付分组，也只能够成功交付少数几个分组。

由于 ALOHA、时隙 ALOHA、CSMA 都存在媒介冲突、终端暴露及终端隐藏等严重的问题，所以，移动 Ad Hoc 网络中使用 CSMA/CA 协议较多。

（2）分配协议

分配协议使用同步通信模式，采用某种传输时间安排算法将时隙映射为节点。这种映射导致一个发送时间安排决定了一个节点在其特定的时隙（可以使用一个时隙，也可以使用多个时隙）内允许访问的信道。大多数分配协议建立无碰撞的发送时间安排，安排的发送时间长度（按照时隙个数计算）是建立协议性能的基础。时隙可以静态分配、也可以动态分配，从而分别得到固定长度的传输时间安排和可变长度的传输时间安排。

分配协议的优点是在中等到繁重传输载荷条件下运行良好，只有在这种条件下才可能充分利用所有的时隙。分配协议即使在传输载荷非常繁重的时候也能够保持稳定。这是由于大多数分配协议确保每个节点、每帧至少可以无碰撞地访问一个时隙。

分配协议的缺点是在较轻传输载荷条件下表现不佳。这是因为人为时隙化信道而引入的时延，结果分配协议的时延相对于竞争协议是非常大的。

（3）混合协议

混合协议可以被简单描述为两种或者更多种协议的组合。但是，这里将混合 MAC 协议中的“混合”定义局限为只包含竞争协议要素和分配协议要素的综合。混合 MAC 协议能够保持所组合的各个访问协议的优点，同时又能避免所组合的各个协议的缺陷。因此，一个混合协议的性能在传输载荷轻的情况下近似表现为竞争协议的性能，而在传输载荷重的情况下近似表现为分配协议的性能。

6．移动 Ad Hoc 网络的网络层

Ad Hoc 的网络层主要完成相关的路由选择和 IP 支持。网络层是移动 Ad Hoc 网络的骨干层次。常规的路由协议是为固定网络设计的，它们的拓扑结构不会出现大的变化，而移动 Ad Hoc 网络的拓扑结构则是动态变化的，因此，在移动 Ad Hoc 网络中采用常规的路由算法将导致失败。另外，移动 Ad Hoc 网络中可能存在单向信道。无线信道的广播特性使得常规路由过程中产生冗余链路。此外，常规路由的周期性广播路由更新报文会消耗大量的网络带宽和主机能源，这将对有限的主机能源带来更多的压力。为此，移动 Ad Hoc 网络必须实现能按需分配的智能化路由协议，要求路由协议能实现分布式运行，能提供无路由环路，并具备安全性和可靠性，同时提供设备“休眠”操作特性，以实现节能等。

在整个研究领域，对 Ad Hoc 路由协议的研究非常多。Ad Hoc 的路由协议大致可以分为主动式（Proactive）路由协议、被动式（Reactive）路由协议及混合式路由协议。

主动式路由协议又称为表驱动路由协议，在这种路由协议中，每个节点维护一张包含到达其他节点的路由信息的路由表。这种路由协议的时延较小，但是路由协议的开销较大。常用的主动式路由协议有目的序列距离矢量（Destination Sequenced Distance Vector，DSDV）路由协议、鱼眼状态路由（Fisheye State Routing，FSR）协议、无线路由协议（Wireless Routing Protocol，WRP）等。

被动式路由协议又称为按需路由协议，是一种当需要发送数据时才查找路由的路由算法。在这种路由协议中，节点不需要维护及时、准确的路由信息，当向目的节点发送报文时，源节点才在网络中发起路由查找过程，找到相应的路由。被动式路由协议的开销小，但是传输时延较大。常用的被动式路由协议有 Ad Hoc 按需距离矢量（Ad Hoc On demand Distance Vector，AODV）路由协议、动态源路由协议（Dynamic Source Routing Protocol，DSR）、临时预定路由算法（Temporally Ordered Routing Algorithm，TORA）协议等。

混合式路由协议又称为层次型路由协议，是一种将主动式和被动式两种路由方式结合起来形成的路由协议，它体现了二者的优点。混合式路由协议分为若干层次，每个层次由若干个节点组成，在层次内的节点之间采用表驱动路由算法，在各层次间采用按需路由算法，常用的混合式路由协议有区域路由协议（Zone Routing Protocol，ZRP）。

8.5　延伸阅读——移动通信发展的 5G 新时代

改革开放以来，我国的移动通信技术不断进步。1G 时代一片空白；2G 时代跟随国外脚步；3G 时代开始突破，有了自己的标准（TD-SCDMA）；4G 时代与世界同步，不仅有了自己的 4G 标准（TD-LTE），还做出了世界上最好的 4G 网络；5G 时代，我国的移动通信技术已经走到了世界的前沿。

从某种意义上说，通信技术的演进史也是社会发展的演变史，每一次通信技术的变革都会给人们的生产和生活带来便利，对社会的影响也是十分巨大的。1G 时代移动网进入了模拟时代，实现了基本的语音需求，虽然是模拟语音信号、不能漫游，但是确实甩掉了电话线的困扰；2G 时代进入了数字时代，手机可以实现简单上网，如 QQ 聊天、发送文字和图片，以语音、短信、低速数据业务为主；3G 时代进入了移动多媒体时代，用手机不仅可以语音通话、发送简单的文字和图片，还可以看视频，以语音、短信、中高速数据业务为主，智能手机开始普及；4G 时代进入了高速上网时代，用手机可以看高清视频，改变了人们的生活方式，以 IP 语音、视频电话、高速数据业务为主；5G 时代进入了万物互联时代，实现了人与人、人与物、物与物之间的通信，催生出更多的产业链，比如无人驾驶、VR/AR、AI、远程医疗、车联网、云端机器人、智慧城市、无人工厂等，5G 实现了数字化、智能化社会的改变。

5G 有三大技术特性：超大带宽、超低时延和超密连接。5G 的单基站传输速率能够达到 20Gbit/s，是 4G 的 200 倍，用户体验速率能够达到 1Gbit/s，是 4G 的 10～100 倍，几秒内就能下载一部高清视频，在高速移动场景下（例如高铁等）能达到 100Mbit/s，是 4G 的 5 倍（4G 下在 20Mbit/s 左右）。5G 的时延仅为 1ms，是 4G 的 1/100，该特性为智能化工业制造、车联网等对时延要求比较高的应用创造了条件。5G 的连接数能够达到 100 万/km^2。5G 的技术特性全方位地超越 4G。5G 不仅是一张网，它融合了云计算、物联网、大数据、人工智能、边缘计算等技术，推动第七次信息革命和工业 4.0 时代的到来。

说到 5G 自然不能不提华为这个作为跟随、赶超的核心技术研发最佳代表，因为华为拥有最先进的 5G 技术，其 5G 专利位居全球第一，且最先商用 5G 设备。由于华为在中国这个全球最大的市场建成全球最大的 5G 网络，因此它也拥有最成熟的 5G 网络建设和优化经验。这里重点以华为 5G 的发展战略为例简要说明 5G 如何实现利用无线网络技术融合行业领域应用的。2021 年 10 月，华为在东莞松山湖园区举行“军团”组建成立大会，第一批 5 个“军团”：煤矿“军团”、智慧公路“军团”、海关和港口“军团”、智能光伏“军团”和数据中心能源“军团”的 300 余名“将士”组成新的协作团队。2022 年 3 月，华为又设立第二批 10 个“军团”：电力数字化“军团”、政务一网通“军团”、机场与轨道“军团”、互动媒体“军团”、运动健康“军团”、显示新核“军团”、园区“军团”、广域网络“军团”、数据中心底座“军团”与数字站点“军团”。华为采取“军团”化的改革，就是缩短客户需求和解决方案及产品开发维护之间的联结，打通快速、简洁的传递过程，减少传递中的物耗和损耗。通过“军团”来协同公司的各个组织，面向产业、面向行业，构筑解决方案的竞争力。因此，5G 应用量变加速，跨行业融合走向更深更广已成为通信行业的主流趋势。

8.6　思考与练习

1．选择题

1）下列技术中不属于扩频传输的是（　　）。

A．DSSS　　B．FHSS　　C．脉冲调频　　D．SHSS

2）蓝牙使用的扩频技术是（　　）。

A．DSSS　　B．FHSS　　C．脉冲调频　　D．SHSS

3）无线局域网的通信标准主要采用（　　）标准。

A．IEEE 802.2　　B．IEEE 802.3　　C．IEEE 802.5　　D．IEEE 802.11

4）BSS 代表（　　）。

A．基本服务信号　　B．基本服务分离

C．基本服务组　　D．基本信号服务器

5）ESS 代表（　　）。

A．扩展服务信号　　B．扩展服务分离

C．扩展服务组　　D．扩展信号服务器

6）一个学生在自习室使用无线网连接到他的试验合作者的笔记本计算机，他正在使用的无线模式是（　　）。

A．Ad Hoc 模式　　B．基础结构模式

C．固定基站模式　　D．漫游模式

7）IEEE 802.11 网络的 LLC 层由（　　）标准进行规范。

A．IEEE 802.11　　B．IEEE 802.3　　C．IEEE 802.1　　D．IEEE 802.2

8）下列主要在无线局域网中使用的技术是（　　）。

A．CSMA/CA　　B．CSMA/CD　　C．冲突检测　　D．以上所有

9）IEEE 802.11g 最大的数据传输速率可以达到（　　）。

A．108Mbit/s　　B．54Mbit/s　　C．24Mbit/s　　D．11Mbit/s

10）IEEE 802.11b 标准采用（　　）调制方式。

A．FHSS　　B．DSSS　　C．OFDM　　D．MIMO

11）以下 RF 通信标准中可以将 8 台设备组织形成一个微微网的是（　　）。

A．蓝牙　　B．IrDA　　C．UWB　　D．ZigBee

12）以下定义了用于构建和管理个人域网的标准是（　　）。

A．IEEE 802.3　　B．IEEE 802. 1　　C．IEEE 802.15　　D．IEEE 802.16

13）IEEE 802.15.1 标准中，FHSS 系统的跳频速度是每秒（　　）次。

A．1200　　B．1400　　C．1600　　D．1800

14）蓝牙 FHSS 系统中，在 2.40～2.48GHz ISM 频段之间有（　　）个信道。

A．78　　B．79　　C．80　　D．81

15）关于 Ad Hoc 模式下列描述正确的是（　　）。

A．Ad Hoc 模式需要使用无线网桥以连接两个或多个无线客户端

B．Ad Hoc 模式需要使用 AP 以连接两个或多个无线客户端

C．Ad Hoc 模式需要使用 AP 和无线网桥以连接两个或多个无线客户端

D．Ad Hoc 模式不需使用 AP 或无线网桥

2．问答题

1）无线传输技术主要有哪些？

2）直线传输系统中的损伤主要有哪些？

3）简述主要的扩频传输技术及扩频的工作原理。

4）简述无线局域网体系结构和拓扑结构。

5）简述蓝牙协议体系和蓝牙网络的拓扑结构。

6）简述 ZigBee 协议的架构及各层功能。

7）简述 ZigBee 的技术特点。

8）简述移动 IP 的工作原理。

9）试画图说明移动 IP 的工作过程。

10）移动 Ad Hoc 网络为什么采用分级结构？

第 9 章 网络管理与网络安全

本章导读（思维导图）

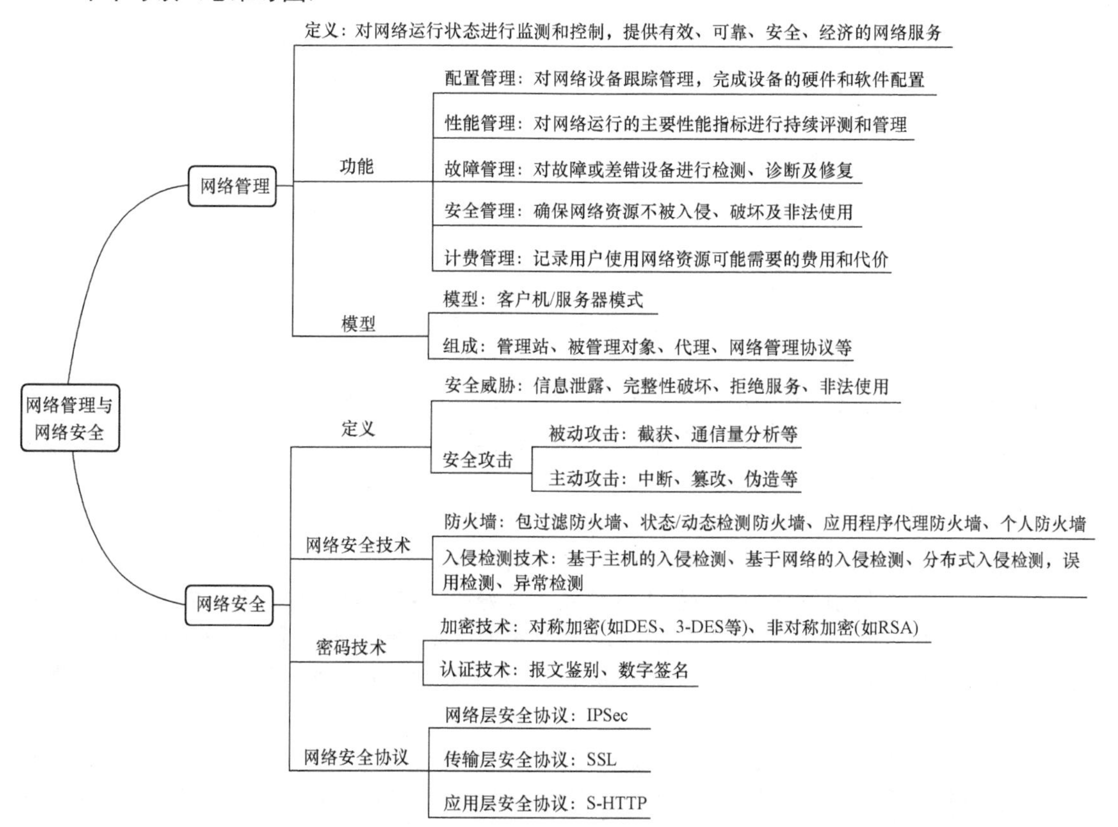

随着网络的广泛应用，尤其是在企业、军事、政府机关及工业生产和信息处理领域，计算机网络需要承载的信息量十分巨大，网络规模、网络结构也越来越复杂，人们对网络的需求与日俱增。在这种形势下，人们对计算机网络的性能、运行状况及安全性等方面都有了更高的要求。本章主要介绍网络管理与网络安全的基本概念和基本原理。

9.1 网络管理

计算机网络包括硬件设备，如计算机终端、服务器、交换机、路由器、传输介质等，也包括控制和协调硬件设备工作的各种协议。整个网络可能由若干不同的网络互连而成，网络中的设备和使用的操作系统等也不尽相同。复杂而庞大的异构网络需要有效的管理才能保证系统的正常工作。没有网络管理的计算机网络系统是十分危险的，一旦系统性能下降或因故障导致系统瘫痪，由此造成的损失是十分巨大的，其代价将远远高于计算机网络组建时的投资。因此，一个高效且坚固的计算机网络是离不开网络管理的。

9.1.1　网络管理概述

一个完善的网络管理系统是网络能够可靠稳定运行的保证，也是网络上承载的业务系统和应用系统顺利运行的基础。现代网络的管理已从传统的保证网络连通性为目标转向以保证网络应用、特别是应用服务为主要目的，因此网络管理也需相应的改进，网络的管理必须建立在应用和服务层次之上，以期满足应用和信息服务为主的网络管理需求。

1．网络管理的定义

网络管理是指对网络的运行状态进行监测和控制，并能提供有效、可靠、安全、经济的网络服务。网络管理完成两个任务：一是对网络的运行状态进行监测；二是对网络的运行进行控制。通过监测可以了解当前网络状态是否正常，是否出现危机和故障；通过控制可以对网络资源进行合理分配，优化网络性能，保证网络服务质量。监测是控制的前提，控制是监测的结果。因此，网络管理就是对网络的监测和控制。

网络管理涉及网络和网络管理员两个主体。从网络管理员的角度来看，网络管理就是网络管理员借助工具主动管理、监控和控制他们所负责的网络，保证网络可靠、安全地进行数据通信。具体可以体现在以下几个方面。

- 主机监测：定期检查网络，查看网络中的所有主机是否正常运行，以便能够在用户对网络提出问题之前，率先对用户遇到的网络问题做出响应。
- 检测主机或路由器接口的故障：如果网络中的某个实体（如路由器）向网络管理员报告其某个接口可能已经失效，网络管理员在该接口发生故障之前换掉它，这样可以在网络用户出现问题之前解决故障。
- 流量监测：通过检测源主机到目的主机流量的模式和通告，优化资源部署。例如，网络管理员可以通过流量监测，在 LAN 网段间切换服务器，使得跨越多个 LAN 的流量大大减少，在不增加新设备的前提下取得相对较好的网络性能。网络管理员监测网络利用率，如果某个 LAN 网段或通往外部的链路出现过载，可以更换为高带宽的链路；同时，网络管理员希望在链路出现过载的情况时，及时得到通知，在网络更拥挤之前更换高带宽链路等。
- 监测路由表的变化情况：路由表的内容如果经常发生变化，表示路由选择不稳定或者路由器配置不正确，网络管理员可以在网络因路由器配置不正确而出现问题之前，及时解决问题。
- 监测服务等级协定（Service Level Agreement，SLA）：服务等级协定定义了特定的性能测度和网络提供商提供的可接受的、相对这些性能测度的性能等级。SLA 包括服务可用性（断线率）、时延、吞吐量和断线通知要求等。
- 入侵检测：当网络流量来自或流向一个可疑的源，网络管理员希望能够检测出这一类型的流量的存在，从而锁定这一类型的攻击。

从网络本身来定义网络管理，可以将网络管理归结为以下 3 点。

- 网络服务提供：指向用户提供新的服务类型、增加网络设备、提高网络性能。

- 网络维护：指网络性能监控、故障报警、故障诊断、故障隔离与恢复等。
- 网络处理：指网络线路、设备利用率数据的采集和分析，以及提高网络利用率的各种控制。

2．网络管理模型

网络管理一般采用客户机/服务器模式，主要由管理站，即网络运行中心（Network Operations Center，NOC）、被管理对象、代理、网络管理协议、管理员等部分组成。网络管理的一般模型如图 9-1 所示。

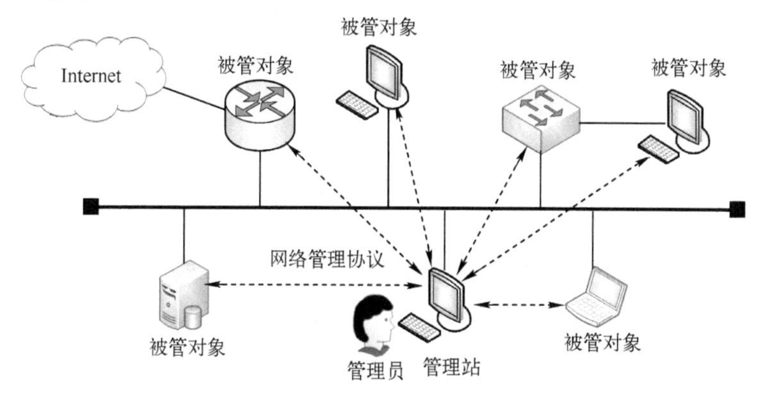

图 9-1　网络管理的一般模型

- 管理站：管理站是网络管理系统的核心。管理实体，即管理程序，运行在 NOC 的集中式网络管理工作站上，控制网络管理信息的收集、处理、分析和显示。管理程序是执行网络管理活动的地方。网络设备和网络管理员通过管理程序产生交集，达到控制网络行为的目的。NOC 和管理程序都可称为管理者，这里的管理者指的是设备或软件，网络管理员指的是人。通常一个大型网络采用多级管理，有多个管理者，每个管理者一般负责本地网络设备的管理。
- 被管理对象：网络中被管理的设备可称为网络元素或网元，包括主机、路由器、交换机、集线器、打印机或调制解调器等。一个被管理设备中可能存在多个被管理对象。被管理对象是指被管理设备中硬件的某些有效部分（如网络接口卡），或者某些硬件和软件的配置参数集合（如路由选择协议）。被管理对象可以是被管理设备的一个部分，二者之间的联系信息收集在管理信息库（Management Information Base，MIB）中。
- 代理：在管理程序命令和控制下，每个被管理设备都需运行一个程序，以便和管理站中的管理程序进行通信，运行的这些程序被称为网络管理代理程序，简称代理。
- 网络管理协议：该协议运行在管理程序和被管理设备之间，是管理程序和代理程序的通信规则。协议允许管理程序查询被管理设备的状态，利用代理对这些设备进行控制。代理能够利用网络管理协议向管理程序通知异常事件（如组件故障或超过了性能阈值）。网络管理协议本身并不能管理网络，它只是作为一种工具，网络管理员利用这种工具实现管理站对被管理设备的管理。常用的有简单网络管理协议（Simple Net Management Protocol，SNMP）。

9.1.2　网络管理的主要功能

从最初的网络管理框架发展至今，现在的网络管理系统包含 5 个功能：配置管理、性能管理、故障管理、安全管理和计费管理。

1. 配置管理

配置管理是网络中最基本的管理功能。配置功能是指对网络中的设备进行跟踪管理，完成设备的硬件和软件配置，包括对管理对象进行识别、定义、初始化，以及控制与监测。配置管理的被管设备是一个逻辑概念，可以是路由器、交换机等硬件网络设备，也可以是运行在硬件设备上的网络服务进程。配置管理监控每个设备的功能、相互连接关系和工作参数，它反映了网络的状态。

配置管理所管理的网络信息包括以下几个方面。

- 网络设备的拓扑关系。
- 网络设备的寻址信息，包括设备的域名和IP地址信息。
- 网络设备的运行参数。
- 网络设备的备份条件及备份。
- 网络设备配置的修改条件。

配置管理定义、收集、检测并修改网络设备的上述配置信息，包括所有设备的静态信息和动态信息，通过修改网络设备的配置信息来达到控制被管设备。配置管理的基本功能包括以下几个。

- 确定被管设备的名称和位置等信息，设置、维护被管设备的参数表。
- 配置设备的功能。
- 初始化、启动和关闭被管理对象。
- 收集被管对象的状态数据。
- 修改被管对象的配置信息。
- 定义和修改被管对象之间的关联关系。
- 生成配置状态报告。

2. 性能管理

性能管理是网络管理的重要功能之一。性能管理是指对网络运行过程中主要的性能指标进行持续的评测，以检验网络服务是否达到预期水平，找到已发生或可能发生的网络瓶颈，及时监测网络性能的变化趋势，从而为网络管理提供性能判断依据。

性能管理明确规定了对性能指标的需求，以及度量网络或开放系统资源性能的标准；定义了网络中的一些性能指标参数，如网络负荷参数、吞吐量、资源等待时间、响应时间、传播时延、资源可用性度量，以及服务质量变化度量参数。

性能管理的目的是维护网络服务质量和网络运营效率，提供网络性能检测、性能分析和性能管理控制等功能。因此，网络性能管理包括性能检测和网络控制两大部分。性能检测主要是完成网络活动中信息的收集和整理；网络控制主要是采取某些动作和措施，改善网络设备的性能。网络性能管理的功能主要包括以下几个。

- 实时采集被管对象与网络性能相关的数据。
- 分析和统计相关性能数据，从而产生进一步的处理动作。
- 维护和检查系统运行日志，便于对网络性能做进一步分析。
- 对网络性能进行预警，形成并改造性能评价准则和性能门限，改变系统操作模式以进行系统性能管理的操作。
- 生成性能分析报告。对被管对象进行控制，以保证网络的性能。

📖 性能管理是对管理对象的状态进行收集、分析和调整，以保证网络可提供可靠的、高性能的通信服务。

3. 故障管理

故障管理是网络管理最基本的功能之一。故障管理是指网络管理功能中与故障设备相关联的一组管理功能，包括检测故障设备、诊断差错设备、故障设备的恢复及故障设备的排除。故障管理需要及时发现网络中出现故障的设备，找出故障原因，必要时启动控制功能排除故障。故障管理的目的是记录、检测和响应网络中的故障问题，保证网络能够提供更可靠的服务。

故障管理主要包括以下几个方面。

- 故障检测：其主要内容有警告、测试、诊断、业务恢复和更换障碍设备等。
- 故障恢复：在系统可靠性下降的时候，为网络提供一定的治愈能力。
- 预防故障：提供一定的故障预防能力。

故障管理的基本功能包括以下几个方面。

- 维护和使用差错日志。
- 跟踪故障。
- 接收故障事件的通知并做出响应。
- 执行故障诊断命令。
- 执行故障恢复命令和相关工作。

4. 安全管理

网络中存在的安全问题主要有数据的保密（保证数据不被非法用户获取）、身份鉴别（保证非法用户不能进入网络系统）和授权（保证合法用户只能访问规定的数据）等方面。安全管理的目的就是确保网络资源不被非法使用，防止网络资源由于入侵者攻击而遭受破坏。

安全管理主要包括以下几个方面。

- 与安全措施有关的信息分发，如密钥的分发和访问权限设置等。
- 与安全有关的通知，如非法侵入、无权用户对特定信息的访问企图等。
- 安全服务措施的创建、控制和删除。
- 与安全有关的网络操作事件的记录、维护和查询日志管理工作等。

一个完善的计算机网络管理系统必须制定网络管理的安全策略，并根据这一策略设计实现网络安全管理系统。安全管理采用信息安全措施来保护网络中的系统、数据和业务。一般的网络安全管理系统包含风险分析功能、安全告警和日志管理功能、安全审计跟踪功能、安全访问控制、网络管理系统保护功能等。安全管理系统提供多种网络安全技术，如数据加密技术、防火墙技术、网络安全扫描技术、网络入侵监测技术、黑客诱骗技术等。

因此，安全管理的主要功能包括以下几个方面。

- 记录系统中出现的各类事件，如用户登录、退出系统、文件复制等。
- 提供检测非法入侵的手段，报告和接收侵犯安全的警示信号，在怀疑出现威胁安全的活动时采取防范措施，如封锁被入侵用户账号或强行停止恶意程序执行等。
- 备份和保护敏感文件，支持数据传输过程中的安全保护。
- 支持身份鉴别、访问控制和授权等服务。
- 支持密钥管理功能。
- 提供网络系统的审计功能。
- 提供网络遭受入侵后系统恢复的能力。
- 采取多层防护手段，将受到侵扰的概率降到最低。

📖 安全管理并不能杜绝对网络的侵扰和破坏，只能是最大限度地进行防范。

5. 计费管理

公共网络一般要求用户必须为使用网络服务进行付费。计费管理的主要任务是根据网络管理部门指定的计费策略，按用户对网络资源的使用情况收取费用。计费管理记录网络资源的使用，估算出用户使用网络资源可能需要的费用和代价。同时，计费管理还要进行网络资源利用率的统计和网络的成本效益核算。

此外，网络管理员可以规定用户费用上限，从而控制用户过多地占用和使用网络资源，以提高网络的效率。

计费管理的基本功能包括以下几个方面。

- 计算网络建设和运营成本核算。
- 统计网络及其所包含的资源的利用率，确定收费依据和收费标准。
- 将应缴纳的费用通知用户。
- 保存收费账单的原始数据，以备用户查询和质疑。
- 支持用户费用上限的设置。
- 必须用多个通信实体才能完成通信时，能够统计多个管理对象费用的总和。

扫码看视频

在一些不需要计费的专网中，计费管理可以记录用户对网络的使用情况、统计网络的利用率、检查资源的使用情况等。

9.2 网络安全

目前，计算机网络已深入政治、经济、文化及国防建设等各个领域，网络已成为人们日常不可缺少的一部分，但网络中的安全问题正危及网络的各种应用，如信息泄露、信息窃取、数据篡改、计算机病毒等问题严重影响了网络的进一步发展。网络安全问题已成为人们高度关注的焦点问题。

9.2.1 网络安全概述

1. 网络安全的定义

网络安全是指网络系统的硬件、软件及其系统中的数据受到保护，不因偶然的或者恶意的原因而遭受破坏、更改、泄露，系统能连续、可靠、正常地运行，网络服务不中断。从广义来说，凡是涉及网络信息的保密性、完整性、可用性、真实性和可控性的相关技术和理论，都是网络安全研究范畴。网络安全的本质就是解决网络环境中存在的安全问题，以确保信息在存储、处理、传输过程中的安全。网络安全主要涉及网络安全威胁和网络安全攻击。

2. 网络安全威胁

网络安全威胁是指某个人、物、事件或概念对某一资源的保密性、完整性、可用性或合法使用所造成的危险。安全威胁可以分为故意的（如黑客渗透）和偶然的（如信息被发往错误的地方）两类。网络安全威胁主要有以下 4 种。

- 信息泄露。信息被泄露或透露给某个非授权的人或实体，如窃听。
- 完整性破坏。非授权用户对数据进行增、删、改或破坏而使数据受到损坏。
- 拒绝服务。对信息或资源的访问被无条件阻止。因攻击者对系统进行大量的非法访问尝试而使系统产生负荷过载，导致合法用户不能使用系统资源而中断服务。
- 非法使用。某一资源被某个非授权的人，或以某种非授权的方式使用。例如，攻击者入侵某个计算机系统，利用此系统作为盗用电信服务的基点。

3. 网络安全攻击

网络安全攻击是网络安全威胁的具体实施，指一切对网络系统进行破坏的行为。网络安全攻击分为被动攻击和主动攻击。攻击方式如图 9-2 所示。

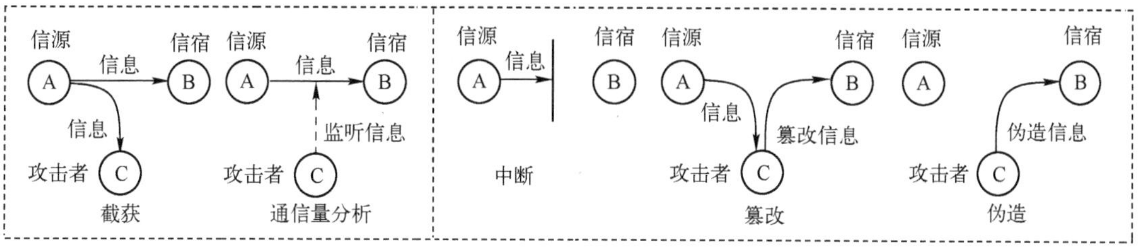

图 9-2　攻击方式

1）被动攻击。通常只对信息进行监听（如搭线窃听），而不对其进行修改，主要表现为截获、通信量分析等。

- 截获。攻击者从网络上窃听他人的通信内容。
- 通信量分析。监听网络中两个通信实体之间数据交换的长度和频度等，以便了解所交换数据的某种性质。

2）主动攻击。指主动对信息进行故意（或恶意）修改（如改动某次金融会话过程中货币的数量）。主要表现为中断、篡改、伪造等攻击。

- 中断。攻击者故意中断他人在网络上的通信。
- 篡改。攻击者故意篡改网络上传送的信息，并传给接收方。
- 伪造。攻击无中生有伪造信息在网络上传送。

此外，网络攻击还可以分为入侵系统类攻击、缓冲区溢出攻击、欺骗类攻击、拒绝服务攻击、对防火墙攻击、利用病毒攻击、后门攻击等。

扫码看视频

9.2.2 防火墙技术

外来网络对内部网络的攻击除了可能采用高超的技术手段，也有可能是由网络配置上的低级错误或不合适的认证口令等造成的。防火墙是网络安全防护技术之一，它一般位于机构网络和公共网络之间，控制网络的分组进入。防火墙的作用就是防止不希望的、未授权的信息进出被保护的网络。

1. 防火墙的定义

防火墙是指设置在不同网络（如可信任的企业内部网和不可信的公共网）或网络安全域之间的一系列部件的组合。它是不同网络或网络安全域之间信息的唯一出入口，能根据企业的安全策略控制（允许、拒绝、监测）出入网络的信息流，且本身具有较强的抗攻击能力。它是提供信息安全服务，实现网络和信息安全的基础设施。

防火墙是一种非常有效的网络安全模型，通过它可以隔离风险区域（即 Internet 或有一定风险的网络）与安全区域（局域网）的连接，同时不会妨碍人们对风险区域的访问。防火墙可以监控进出网络的通信量，仅让安全、核准了的信息进入，抵制对企业构成威胁的信息进入。典型的防火墙结构如图 9-3 所示。

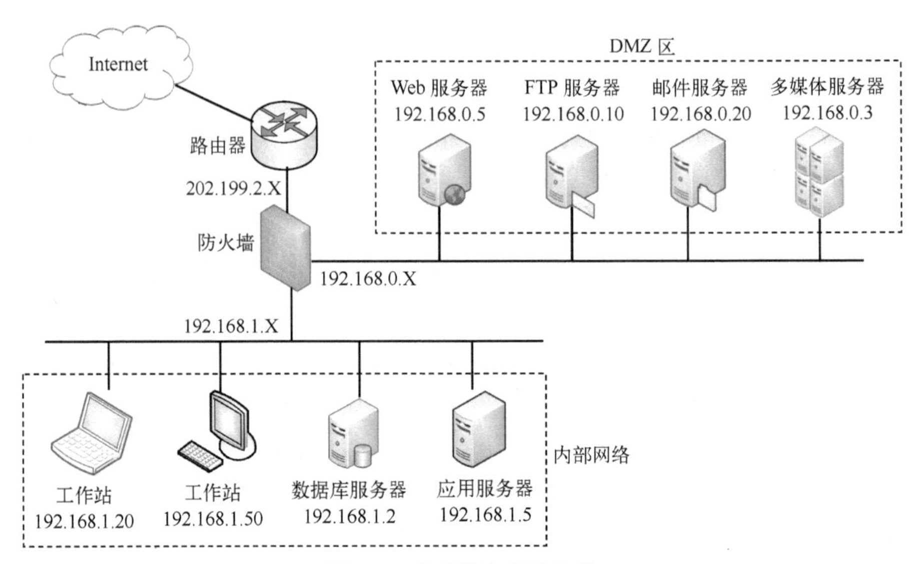

图 9-3　典型的防火墙结构

2. 防火墙的分类

（1）包过滤防火墙

包过滤防火墙是指防火墙检查每一个通过防火墙的数据包，根据建立的一套规则对该数据包决定是放行还是丢弃。包过滤防火墙至少具有两个以上网络适配器或接口，一个对应内部网络，一个对应公共网络。防火墙的任务是放行正常数据包，同时阻止有危害数据包。

包过滤防火墙工作过程如下。

- 检查每一个传入的数据包。查看数据包中可用的基本信息，包括源地址、目的地址、源端口号、目的端口号、协议等。
- 将数据包中的基本信息与防火墙中事先设置的规则做比较，符合规则的数据包放行，否则将其丢弃。

建立包过滤防火墙规则如下。

- 对于来自专用网络的数据包，只允许来自内部地址的包通过。这条规则可以防止网络内部任何人通过欺骗性的源地址发起攻击。而且如果黑客对专用网络内部计算机具有非法访问权，这种过滤方式也可以阻止黑客从网络内部发起攻击。
- 对于来自公共网络的数据包，只允许目的端口号为 80 的包通过。这条规则允许传入的连接为 Web 连接的同时也允许与 Web 连接使用相同端口的连接，因此它并不十分安全。
- 丢弃从公共网络传入的、却具有源地址为内部网络地址的数据包。这条规则可以减少 IP 地址欺骗攻击。
- 丢弃包含源路由信息的数据包，以减少源路由攻击。在源路由攻击中，传入的数据包中包含路由信息，它覆盖了包通过网络应采取的正常路由，可能会绕过已有的安全程序。忽略源路由信息，防火墙可以减少这种方式的攻击。

（2）状态/动态检测防火墙

状态/动态检测防火墙是指在使用包过滤技术的基础上附加一组标准，试图跟踪通过防火墙的网络连接和数据包，再确定是允许或拒绝通信。包过滤防火墙所检测的每一个数据包都是孤立存在的，没有历史信息和未来状态。允许或拒绝数据包只取决于数据包本身所包含的信息，如源地址、目的地址、端口号等。数据包中不存在任何描述它在信息流中的位置等信息，这种数据包被认为是无状态的。而一个具有状态包检查的防火墙跟踪的不仅是数据包中包含的信息，还将记录有用的信息以帮助识别数据包，例如已有的网络连接、数据的传出请求等，这样才能跟踪数据包的状态。

例如，如果传入的数据包包含视频数据流，而防火墙可能已经记录了有关信息，就是位于特定 IP 地址的应用程序最近向发送该视频数据包的源地址请求视频信号的信息。如果传入的数据包的目的地址是发出视频请求的系统，则防火墙进行匹配，该视频数据包可以被允许通过。一个状态/动态检测防火墙可截断所有传入的通信，而允许所有传出的通信。因为防火墙跟踪内部出去的请求，所有按要求传入的数据将被允许通过，直到连接被关闭为止。未被请求的传入通信将被阻止。

（3）应用程序代理防火墙

应用程序代理防火墙是指内部网络与外部网络并不直接通信，而是通过一个运行应用程序代理的主机来完成内外网的通信，该主机中运行特定的代理程序，可以配置为用户希望的运行模式。该防火墙只允许有明确配置的连接通信，拒绝任何没有明确配置的连接。例如，可以配置为允许来自内部网络的任何连接，或者配置成要求用户认证后才建立连接等多种模式。应用程序代理防火墙是接受来自内部网络特定用户应用程序的通信，然后建立与公共网络服务器单独的连接，并不允许在它连接的网络之间直接通信。由于网络内部的用户不直接与外部的服务器通信，所以服务器不能直接访问内部网的任何一部分，为内部网络的安全性提供了额外的保证。

例如，一个用户的 Web 浏览器可能在 80 端口，也可能是在 1080 端口，连接到了内部网络的 HTTP 代理防火墙，防火墙会接受这个连接请求，并把它转到所请求的 Web 服务器。这种连接和转移对该用户来说是透明的，因为它完全是由代理防火墙自动处理的。

代理防火墙支持的一些常见的应用程序有 HTTP、HTTPS、SSL、SMTP、POP3、IMAP、Telnet、FTP 等。

📖 应用程序代理防火墙要求认证的方式是只为已知的用户建立连接，使得从内部发动攻击的可能性大大降低。

（4）个人防火墙

个人防火墙是一种能够保护个人计算机系统安全的软件，它可以直接在用户的计算机上运行，使用与状态/动态检测防火墙相同的方式，保护一台计算机免受攻击。通常，这种防火墙是安装在计算机网络接口的较低级别上，这样使得它们可以监视传入/传出网卡的所有网络通信。个人防火墙的工作模式通常是对所遇到的每一种新的网络通信都会提示用户一次，询问如何处理这种通信，然后防火墙便记住这种响应方式，并应用于以后遇到的相同的网络通信。

3．防火墙的优缺点

（1）防火墙的优点

防火墙能够提高主机整体的安全性，它主要有以下几方面的优点。

- 防火墙是网络安全的屏障。只有经过精心选择的应用协议才能通过防火墙，因此，防火墙（作为阻塞点、控制点）能极大地提高一个内部网络的安全性，并通过过滤不安全的服务而降低风险。
- 控制对主机系统的访问。通过配置防火墙，可以有效控制外部网络对内部主机的访问权限。
- 监控和审计网络访问。防火墙记录所有对内部网络的访问日志，提供网络使用情况的统计数据，提供网络是否受到监测和攻击的详细信息等。
- 防止内部信息外泄。通过利用防火墙对内部网络的划分，可实现对内部网络中重点网段隔离，从而限制局部重点或敏感网络安全问题对全局网络造成的影响。

- 部署 NAT（网络地址转换）机制。防火墙可以部署 NAT 机制，用来缓解地址空间短缺的问题，也可以隐藏内部网络的结构。

（2）防火墙的缺点

虽然防火墙是网络安全体系中极为重要的一环，但这并不代表防火墙能解决一切网络安全隐患。防火墙存在以下几个缺点。

- 防火墙不能完全防范来自内部网络的攻击。目前防火墙只提供对外部网络用户攻击的防护。
- 防火墙不能防范不经由防火墙的攻击。如果允许从受保护网内部不受防火墙限制（绕过防火墙）访问外网（公网），则造成一个潜在的后门攻击渠道。
- 防火墙不能防范感染了病毒的软件或文件的传输。防火墙不能有效地防范病毒的入侵。在网络上传输二进制文件的编码方式有很多，并且有太多的病毒，因此防火墙不可能扫描每一个文件，查找潜在的所有病毒。
- 防火墙不能防范数据驱动式攻击。当有些表面看来无害的数据被传输或复制到内部网的主机上并被执行时，可能会发生数据驱动式的攻击。
- 防火墙不能防范利用标准网络协议中的缺陷进行的攻击。一旦防火墙准许某些标准网络协议，防火墙则不能防止利用该协议中的缺陷进行的攻击。
- 防火墙不能防范利用服务器系统漏洞进行的攻击。防火墙无法防止通过防火墙准许的访问端口对该服务器的漏洞进行的攻击。
- 防火墙不能防范新的网络安全问题。防火墙作为一种被动式防护手段，只能对现在已知的网络威胁起作用，不能解决未来的网络安全问题。
- 防火墙可能限制有用的网络服务。防火墙为了提高被保护网络的安全性，可能限制或关闭了很多有用但存在安全缺陷的网络服务。

扫码看视频

9.2.3 入侵检测技术

防火墙并不能阻止所有的入侵攻击，而且由于性能的限制，防火墙通常不能提供实时的入侵检测功能，同时防火墙不能阻止来自企业内部的攻击。入侵检测（Intrusion Detection，ID）是网络的第二道防御机制。

1. 入侵检测的定义

入侵检测是指通过对网络数据包或信息的收集，检测可能的入侵行为，能在入侵行为造成危害前及时发出警告，通知系统管理员，并采取相应的处理措施。也就是说，通过收集和分析计算机网络或计算机系统中若干关键点的信息，检查网络或系统中是否存在违反安全策略的行为和被攻击的迹象。进行入侵检测的软件与硬件的组合便是入侵检测系统（Intrusion Detection System，IDS）。

入侵检测系统能在入侵攻击对系统发生危害前检测到入侵攻击，并利用警告与防护系统驱逐入侵攻击。在入侵攻击过程中，能减少入侵攻击所造成的损失。在被入侵攻击后，收集入侵攻击的相关信息，作为防范系统的知识，添加入知识库内，增强系统的防范能力，避免系统再次受到入侵。入侵检测系统能够用于检测多种网络攻击，如网络映射、端口扫描、DoS 攻击、蠕虫和病毒、系统漏洞攻击等。

2. 入侵检测系统的组成

入侵检测系统主要包含信息来源、分析引擎和响应组件 3 个必要的组件。

- 信息来源（Information Source）：为检测可能的恶意攻击，IDS 所检测的网络或系统必须能提供足够的信息给 IDS，信息来源的任务就是收集这些信息作为 IDS 分析引擎的数据输入。
- 分析引擎（Analysis Engine）：利用统计或规则的方式找出可能的入侵行为，并将事件提供给响应组件。
- 响应组件（Response Component）：能够根据分析引擎的输出来采取相应的行动。通常系统具有自动化机制，如主动通知系统管理员、中断入侵者的连接和收集入侵信息等。

3. 入侵检测系统的分类

入侵检测系统按照信息来源收集方式的不同，可分为基于主机的入侵检测、基于网络的入侵检测和分布式入侵检测；按照其分析方法不同，可分为误用检测和异常检测。

（1）基于主机的入侵检测

基于主机的入侵检测系统通常安装在被保护的主机上，用来保护其所属的计算机系统。它以系统日志、应用程序日志作为数据源，对该主机的日志数据进行分析和检测；同时，对网络实时连接进行监测，当系统发现违规行为和事件，就会向管理员发出警报，请求采取措施。基于主机的入侵检测服务于单一的计算机，因此它可以确定是哪一个进程参与了这一次对操作系统的攻击，并且能够对攻击的后果做出相对准确和可靠的评估。

（2）基于网络的入侵检测

基于网络的入侵检测系统通常安装在需要保护的网段中，其数据源是原始的数据帧，实时监控网段中传输的这些数据包，通常将网卡设置为“混合模式”，采用识别技术（模式、表达式或字节的匹配、频率或阈值匹配、时间相关性检测或统计意义上的非正常现象的检测）对数据包进行监测和分析，一旦发现入侵行为或者可疑事件，系统就会发出警报，甚至切断网络以阻断入侵行为。基于网络的入侵检测系统与基于主机的入侵检测不同，它只需要在网络中安放一台入侵检测器就可以监测整个网络的运行情况。这一类型的网络一般为被动式的网络监听，通过分析和异常监测特征对比，发现网络入侵事件。因此这种类型的系统在运行时不会给原系统带来额外的网络负担。

（3）分布式入侵检测

分布式入侵检测系统通常采用控制台-探测器结构，一般由分布在网络中不同位置的检测部件组成。将上述两种探测器（基于主机和基于网络的）放置在网络的关键节点处，分别进行数据采集与数据分析，并向中央控制台汇报数据监测情况。攻击日志会定期传回控制台并保存到中央数据库中，同时新的攻击特征及时发送到各个探测器上，探测器根据自身需要进行规则集的配置。分布式入侵检测系统不仅可以监测到针对单个主机的入侵，也可以监测整个网络上的主机入侵。

（4）误用检测

误用检测系统需要解决的问题是如何定义攻击的特征模式，使其可以覆盖与实际攻击相关的所有要素，同时系统可以对入侵活动的特征进行匹配。误用检测系统维护一个包含已知攻击标志性特征的数据库，每个特征都是某一种入侵的有效描述。这些特征通常由网络安全专家拟定，机构的网络管理员负责定制并加入数据库中。当用户的行为与某种攻击特征相匹配，则认为发生了入侵。从误用检测系统的搭建方式可以看出，它只能对数据库中已知的攻击进行防御，对于未知的攻击则没有作用。

（5）异常检测

在网络正常活动下，如果网络状态出现了异常，则可能出现了攻击。这种异常通常体现在网络运行过程中的网络流量指标上。异常检测的重点在于对正常网络的定义，它需要学习正常流量的统计特性和规律，对正常网络状态下的活动特征进行建模，当网络行为特征与特征原型有很大差异时，则认为出现了异常。入侵活动与异常活动的区别在于判别的阈值的设定。如何合理的设计区分异常活动和入侵活动的阈值是减少漏报和误报的关键。

📖 入侵检测系统在不影响网络性能的情况下可对网络进行监听，从而提供对内部攻击、外部攻击和误操作的实时保护，大大提高了网络的安全性。

9.2.4　密码技术

网络安全从其本质上来说是网络上的信息安全。网络信息安全一般是指网络信息的机密性、完整性、可用性、真实性、实用性和占有性。密码技术是实现网络信息安全的核心技术。通过加密变换，将可读的文件变换成不可理解的乱码，从而起到保护信息的作用。它直接支持信息的机密性、完整性和真实性。

1．密码学基本概念

密码学（Cryptology）主要包括两个分支：密码编码学和密码分析学。密码编码学研究的是设计密码的技术，利用加密算法和密钥实现对信息编码的隐藏，其主要目的是寻求保证信息保密性或认证性的方法。密码分析学研究的是破解密码的技术，试图对加密的信息进行破解，其主要目的是研究加密信息的破译或信息的伪造。二者共同发展，既相互促进，又相互对立。密码学涉及的基本概念如下。

1）明文：被隐蔽的信息称为明文（Plaintext）。

2）密文：隐蔽后的信息称为密文（Ciphertext）或密报（Cryptogram）。

3）加密：将明文变换成密文的过程称为加密（Encryption）。

4）解密：由密文恢复出原明文的过程称为解密（Decryption）。

5）加密算法：对明文进行加密时采用的一组规则称为加密算法（Encryption Algorithm）。

6）解密算法：对密文进行解密时采用的一组规则称为解密算法（Decryption Algorithm）。

7）加密密钥和解密密钥：加密算法和解密算法的操作通常是在一组密钥（Key）的控制下进行的，分别称为加密密钥（Encryption Key）和解密密钥（Decryption Key）。

8）密码体制分类：根据密钥的个数将密码体制分为对称密码体制（Symmetric Cryptosystem）和非对称密码体制（Asymmetric Cryptosystem）两种。对称密码体制又称单钥（One Key）、私钥（Private Key）或传统（Classical）密码体制；非对称密码体制又称双钥（Two Key）或公钥（Public Key）密码体制。

9）密码分析：虽然不知道系统所用的密钥，但通过分析可从截获的密文推断出原来的明文过程称为密码分析（Cryptanalysis）。

10）被动攻击：对一个密码系统采取截获密文进行分析的攻击称为被动攻击。

11）主动攻击：非法入侵者主动向系统窜扰，采用删除、更改、增添、重放、伪造等手段向系统注入假消息，以达到攻击目的的称为主动攻击。

2．密码攻击

根据密码分析者破译时已具备的条件，通常可将攻击类型分为唯密文攻击、已知明文攻击、选择明文攻击、选择密文攻击 4 种。

- 唯密文攻击：密码分析者有一个或更多的用同一密钥加密的密文，通过对这些截获的密文进行分析得出明文或密钥。
- 已知明文攻击：除了待破解的密文外，密码分析者有一些明文和用同一个密钥加密这些明文所对应的密文。
- 选择明文攻击：密码分析者可以得到所需要的任何明文所对应的密文，这些明文与待破解的密文是用同一密钥加密得来的。
- 选择密文攻击：密码分析者可得到所需要的任何密文所对应的明文，解密这些密文所使用的密钥与待解密文的密钥是一样的。

上述 4 种攻击类型的强度顺序递增，如果一个密码系统能抵抗选择明文攻击，那么它自然能够抵抗唯密文攻击和已知明文攻击。

3. 加密和解密过程

数据通信保密系统如图 9-4 所示。

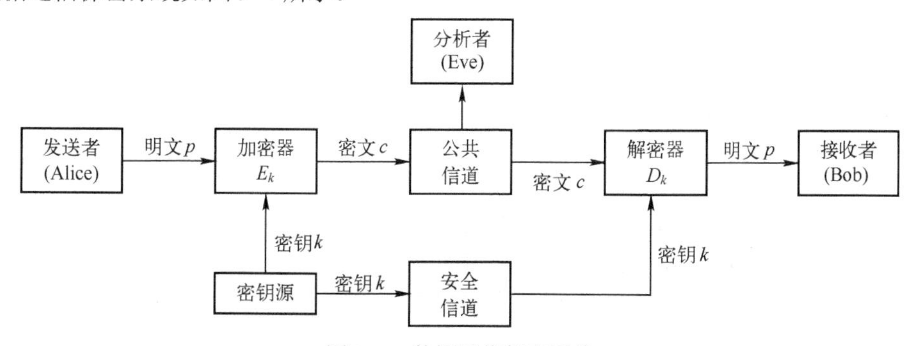

图 9-4 数据通信保密系统

通信中包括以下参与者。

- 发送者（Alice）：在双方交互中合法的信息发送实体。
- 接收者（Bob）：在双方交互中合法的信息接收实体。
- 分析者（Eve）：破坏通信接收和发送双方正常安全通信的其他实体。
- 信道：从一个实体向另一个实体传递信息的通路。
- 安全信道：分析者没有能力对其上的信息进行读、写、改的信道。
- 公共信道：分析者可以任意对其上的信息进行读、写、改的信道。

图 9-4 所示系统的加密/解密过程主要如下。

- 加密：明文 p 经过加密器 E_k（函数变换）变换为密文 c 的过程。该函数变换以密钥 k 为参数。
- 传输：加密后的密文 c 通过公共信道发送出去。
- 解密：将密文 c 经过解密器 D_k（函数变换）恢复为明文 p 的过程。该函数变换以密钥 k 为参数。

加密和解密时使用的函数变换规则分别称为加密算法和解密算法。

分析者的目的如下。

- 监听并解读公共信道上的密文消息（被动攻击）。
- 确定密钥以解读所有用该密钥加密的密文消息（被动攻击）。
- 变更密文消息以便接收者（Bob）认为变更消息来自发送者（Alice）（主动攻击）。

- 冒充密文消息发送者（Alice）与接收者（Bob）通信，以便接收者（Bob）相信消息来自真实的发送者（Alice）（主动攻击）。

例如，假设发送者（Alice）对一个待传输的明文 p 采用加密算法得到密文 c，使用的密钥为 k，将密文 c 传送给目标接收者（Bob）。如果出现了攻击者 C，则 C 可能已经获知了整个密文 c，但是 Bob 与 C 的区别在于 Bob 知道密钥 k，而 C 不知道密钥 k，因此 C 无法对密文 c 进行解密。攻击者不仅可以监听通信信道，而且可以将消息记录下来，在以后再回放，或者插入自己的消息，或者在接收方（Bob）接收之前篡改消息内容等。

明文 p、密文 c、加密算法 E_k、解密算法 D_k 的关系如下。

- 加密：$c=E_k(p)$，加密算法利用密钥 k 将明文 p 加密为密文 c 的过程。
- 解密：$p=D_k(c)$，解密算法利用密钥 k 将密文 c 解密得到明文 p 的过程。

加密/解密过程统一表示为 $D_k(E_k(p))=p$。

📖 加密密钥 k 与解密密钥 k 可以相同，也可以不同。相同的称对称加密，不同的称非对称加密。

4．对称加密技术

对称加密技术又称为私钥加密技术，它是最快速、最简单的一种加密方式，效率较高，被用于许多加密协议中。对称加密算法是应用较早的加密算法，技术成熟。

（1）对称加密的定义

在对称加密技术中，加密用的密钥 k 和解密用的密钥 k 以及加解密算法均相同。通信过程中需要保密的是密钥 k，这样可以保证信息的机密性和完整性。对称加密技术中最关键的要素是通信双方确保密钥 k 的安全交换。对称加密过程图如图 9-5 所示。

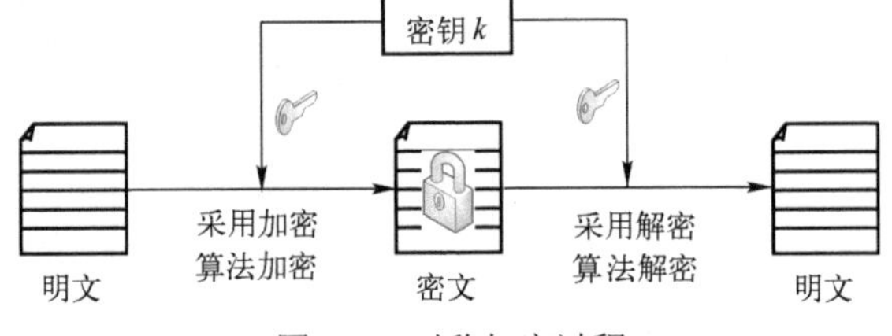

图 9-5　对称加密过程

如果网络中有一个用户需要与 N 个用户进行加密通信，那么该用户与这 N 个用户分别各自对应一把密钥，则该用户需要有 N 个密钥保证与这 N 个用户间实现加密通信；如果网络中有 N 个用户相互进行加密通信，则需要 $N\times(N-1)$个密钥才能保证任意两个用户间实现加密通信。

（2）对称加密算法的特点

对称加密算法的优点如下。

- 对称加密算法公开。
- 加密算法计算量小、速度快、加密效率高。

对称加密算法有以下不足。

- 安全性弱：通信双方使用同样密钥，安全性得不到保证。
- 密钥管理困难：每对用户每次使用对称加密算法时，都需要使用其他人不知道的唯一密钥，这使得通信双方所拥有的密钥数量呈几何级数增长，密钥管理成为用户的负担。
- 分布式系统应用困难：对称加密算法在分布式网络系统上使用较为困难，主要是因为密钥管理困难，使用成本较高。

（3）对称加密算法——DES 算法

数据加密标准（Data Encryption Standard，DES）是一种典型的对称加密算法。它是由 IBM 公司提出的，并在 1977 年被国际标准化组织（ISO）定为数据加密的国际标准。DES 是一种分组密码，密钥的长度为 64 位，其中有 8 位奇偶校验位，其余 56 位为用户可定义的实际密钥长度。在加密前，DES 先对整个明文进行分组处理，每个分组由 64 位的二进制数表示，对每个分组进行加密处理，产生一组 64 位的密文，将所有分组密文连接起来，得到整个密文。

DES 设计中使用了分组密码设计的两个原则：混淆（Confusion）和扩散（Diffusion）。其目的是抗击攻击者对密码系统的统计分析。

- 混淆是使密文的统计特性与密钥的取值之间的关系尽可能复杂化，以使密钥和明文及密文之间的依赖性对密码分析者来说是无法利用的。
- 扩散就是将每一位明文的影响尽可能迅速地作用到较多的输出密文位中，以便在大量的密文中消除明文的统计特性，并且使每一位密钥的影响尽可能迅速地扩展到较多的密文位中，以防对密钥进行逐段破译。

DES 加密算法一般是公开的，其保密性在于对密钥的保密。由于 DES 密钥的实际长度为 56 位，说明 DES 有 2^{56} 种可能的密钥，即使攻击者使用运算速度足够快的计算机，在破解密钥上也需要花费一定的时间，只要破译时间超过了密文有效期，则通信就是安全的。

但是，随着计算机运算速度的提高，DES 算法的安全性大打折扣，尤其是现在已经设计出搜索 DES 密钥的专用芯片，密钥破解的时间大大缩短。目前比 DES 更安全的对称加密算法主要有：国际数据加密算法（International Data Encryption Algorithm，IDEA）、高级加密标准（Advanced Encryption Standard，AES）算法、3 重 DES（3-DES）算法、RC2 算法、RC4 算法、RC5 算法等。

5．非对称加密技术

非对称加密技术又称为公钥密码技术，它比对称加密技术复杂。

（1）非对称加密的定义

非对称加密算法需要公开密钥（Public key）和私有密钥（Secret key）两个密钥。公开密钥（简称公钥）与私有密钥（简称私钥）是数学相关的一对不同密钥，二者成对出现。如果使用公钥对数据进行加密，则只能使用对应的私钥才能解密；如果使用私钥对数据进行加密，则只能使用对应的公钥才能解密。因为加密和解密使用的是两个不同的密钥，因此，称其为非对称加密算法。

由于公钥和私钥不同，因此公钥是可以公开的，而私钥是需要保密的。因为公钥与私钥是依赖数学难解问题产生的一对密钥，因此不能通过公钥计算得到私钥。

（2）非对称加密过程

非对称加密过程如图 9-6 所示。首先需要从接收方的密钥对产生器中得到一对密钥中的公钥，发送方用公钥加密明文，得到密文，密文通过网络发送到接收方，接收方利用一对密钥中的私钥进行解密，还原明文。

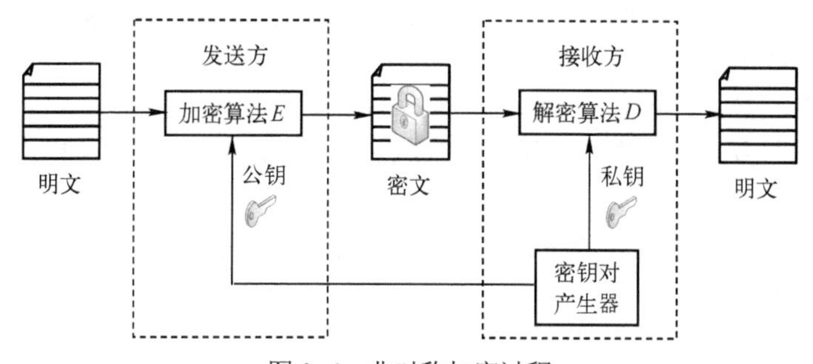

图 9-6　非对称加密过程

非对称加密算法实现数据加密、解密的基本过程如下。

- 甲方生成一对密钥，并将其中的一个作为公钥向其他方公开，私钥保密。

- 得到该公钥的乙方使用该公钥对机密信息进行加密后再发送给甲方。
- 甲方用自己保存的另一把私钥对加密后的信息进行解密。

由于非对称加密系统使用一对密钥（公钥加密、私钥解密）来实现信息的加密传输，并从理论上保证了公钥与私钥之间的不可计算性，因此可实现多个用户发送的密文，只能由拥有对应私钥的用户进行解密还原。反过来，如果采用私钥加密而用公钥解密，则可以实现一个密文由多个用户进行解密还原。

（3）非对称加密算法的特点

非对称加密算法的优点如下。

- 保密性比较好，它消除了最终用户交换密钥的需要。
- 密钥管理简单，每个用户只需管理自己的私钥即可。例如，M 个用户之间的通信只需要 M 个密钥。
- 不需要使用通用密钥，其解密的私钥不用在网络中进行传递，而在网络中传递的公钥即使被截获，因为无法找到与之匹配的私钥，对通信的安全性也没有威胁。

非对称加密算法有以下不足。

- 密钥的生成依赖复杂的数学难解问题。
- 加密算法过于复杂，加密和解密过程比较慢。

非对称加密算法在如何对信息的发送方和接收方的身份进行确认、防止双方对发送的信息存在歧义或否认现象，以及保证信息的完整性等方面具有很大优势。

（4）非对称加密算法——RSA 算法

RSA 公钥加密算法是 1977 年由罗纳德·李维斯特（Ron Rivest）、阿迪·萨莫尔（Adi Shamir）和伦纳德·阿德曼（Leonard Adleman）一起提出的。RSA 是由他们三人姓氏开头字母组成的。

RSA 公钥体制是一种典型的非对称加密算法，它是目前公认的理论成熟、有影响力和常用的公钥加密算法之一。它能够抵抗到目前为止已知的绝大多数密码攻击，被 ISO 推荐为公钥数据加密标准。

RSA 算法基于数论中的大数分解难问题，即将两个大素数相乘十分容易，但是想要对其乘积进行因式分解却极其困难，因此依据同余原理找出一对同余素数，将其乘积作为公钥。RSA 算法多用于数字签名、密钥管理和身份认证等方面。

以 RSA 为首的公钥密码体制中，用于加密的公钥是公开的，用于解密的私钥是保密的，但加密算法和解密算法均是公开的。

若规定加密算法为 E，解密算法为 D，公钥为 P_k，私钥为 S_k，则 RSA 算法中公钥加密和私钥解密的基本过程如下。

- 接收方的密钥产生器产生一对密钥，即 P_k 和 S_k，并将 P_k 公开。
- 发送方使用接收方的公钥 P_k，利用加密算法 E 对明文 p 加密处理为密文 c，并将密文 c 发送给接收方。
- 接收方用自己的私钥 S_k 通过解密算法 D 对密文 c 进行解密，恢复成明文 p。

对明文 p 进行 E（加密）和 D（解密）运算的前后顺序结果是一样的，即

$$D_{P_k}(E_{S_k}(p)) = E_{P_k}(D_{S_k}(p)) = p$$

RSA 作为代表性的公钥密码技术，其保密性随着密钥长度增加而加强，但是存在的问题是随着密钥的长度加长，加密和解密的时间也会增加。因此密钥的长度要同时考虑到安全性与有效性。

公钥加密算法除了 RSA 外，还有 ELGamal、DSA（Digital Signature Algorithm）、PKCS（The Public-Key Cryptography Standards）算法、PGP（Pretty Good Privacy）算法、Rabin 算法、D-H（Diffie-Hellman）算法和 ECC（椭圆曲线加密）算法等。

9.2.5　报文鉴别与数字签名

报文鉴别又称为报文完整性鉴别。报文有时并不需要加密，但却需要辨别报文的真伪。数字签名是确认通信双方身份的一种认证方法。

1．报文鉴别

报文摘要算法是进行报文鉴别的一种简单方法。它是采用一种密码散列函数（又称为哈希函数、密码编码的校验和）计算形成一个固定长度的报文摘要。

密码散列函数工作过程就是将一个长报文作为密码散列函数的输入，经过该函数计算得到一个固定长度的字符串（报文摘要）。密码散列函数能够保证任意两个报文经过函数计算后的结果是不相同的。也就是说，攻击者找不到其他报文来替换由散列函数保护的报文。

报文摘要的计算是单向函数的，可以利用算法计算报文 X 的报文摘要 H，但是无法根据 H 还原出原始报文 X。

如果发送方对传输的报文 m 通过散列函数计算得到固定长度的散列值 $H(m)$，构建扩展报文 $(m,H(m))$，将其发送给接收方。但这种方法存在明显缺陷，如果有一个假报文 n，计算 $H(n)$后，构建 $(n,H(n))$，将其以发送方的名义发送给接收方，那么接收方是无法发现错误的。

为了保证报文的完整性，可引入双方共享的鉴别密钥 s，再利用散列函数计算，具体过程如下。

- 对于报文 m、密钥 s，将 s 级连 m 生成 $m+s$，计算散列 $H(m+s)$，其中 $H(m+s)$称为报文鉴别码（Message Authentication，MAC）。
- 将 MAC 附加到报文 m 上，生成扩展报文（$m,H(m+s)$），将扩展报文发送出去。
- 接收方接收到一个扩展报文（m,h），因为接收方已经收到报文 m，且知道鉴别密钥 s，则接收方计算 MAC 的 $H(m+s)$。如果 $H(m+s)=h$，则接收方认为报文正常。

报文完整性鉴别如图 9-7 所示。报文 m 和 MAC 合在一起构成了不可伪造的信息，是可检验的和不可否认的。

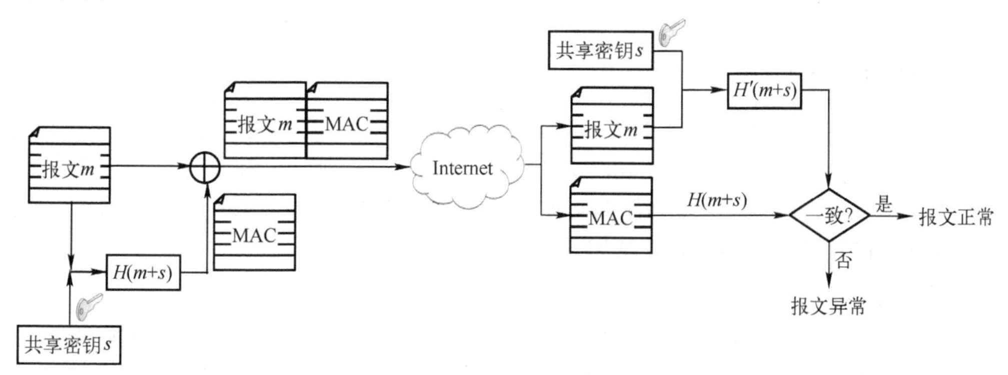

图 9-7　报文完整性鉴别

2．数字签名

一个人的签名代表了一种承诺和承认。亲笔签名是一种保证文件或资料真实性的方法。如果想要对网络中传输的文件进行归属或身份的认证，则需要对其进行数字签名。数字签名将发送者身份和信息合并起来，既保证了信息传送过程的完整性，又可以保证网络通信中，发送者身份的验证，防止信息发送者出现抵赖行为。利用非对称加密算法进行数字签名是最为常见的方法。

数字签名需要实现以下功能。

- 接收方能够利用信息上的签名识别发送方的身份。
- 发送方在信息上签名后则不能抵赖签名和发送的信息。
- 接收方无法伪造发送方的签名。

数字签名的基本过程如下。

- 发送方利用密码散列函数对要发送的报文生成报文摘要。
- 发送方使用自己的私钥，利用非对称加密算法，对生成的报文摘要进行数字签名（加密）。
- 发送方将信息本身和已进行数字签名的报文摘要发送给接收方。
- 接收方采用相同的密码散列函数对收到的信息进行计算，再一次生成报文摘要。
- 接收方利用发送方的公钥进行报文信息的解密。
- 将解密的报文摘要和自己生成的报文摘要进行比较，判断信息在网络传送过程中是否被恶意篡改过。

扫码看视频

数字签名的工作原理如图 9-8 所示。密码散列函数是一个单向函数，因此报文生成固定长度的散列值具有唯一性。人们常将散列值比作一个消息的指纹，因此单向散列函数可以用于检测报文的完整性。

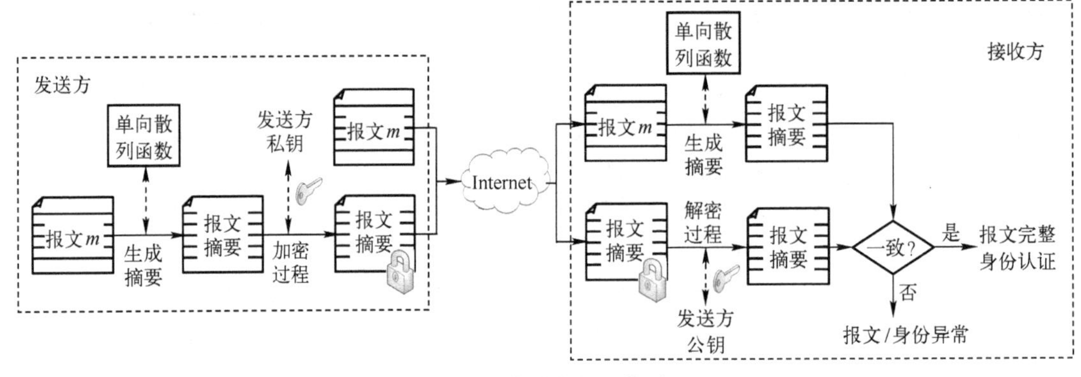

图 9-8　数字签名的工作原理

9.2.6　网络安全通信协议

目前 Internet 和机构内局域网的许多应用并不使用真正的加密系统，只是依赖基于加密的协议来提供所需的网络安全等级。Internet 及其相应协议在最初设计中并不具有安全性，但随着 Internet 的飞速发展，网络安全威胁不断增加，人们对网络协议的安全性有了较大需求，因此，在网络层、传输层、应用层等协议中增加了安全属性。

1. 网络层安全协议

Internet 网络层典型的安全协议是 IPSec（IP Security）协议，由于所有支持 TCP/IP 的主机进行通信时，都要经过 IP 层的处理，所以提供了 IP 层的安全性就相当于为整个网络提供了安全通信的基础。

（1）IPSec 基本工作原理

IPSec 通过查询安全策略数据库（Security Policy Database，SPD）决定对接收到的 IP 数据报的处理。对 IP 数据报的处理方法除了有丢弃、转发（绕过 IPSec）外，还包括对 IP 数据报进行加密和认证处理，以保证在外部网络传输的机密性、真实性和完整性，保证 Internet 的安全通信。

IPSec 既可以对 IP 数据报只进行加密或只进行认证，也可以两者同时实施。无论是进行加密还是进行认证，IPSec 都有两种工作模式：隧道模式（Tunnel Mode）和传输模式（Transport Mode）。

传输模式只对 IP 数据报有效负载进行加密或认证，如图 9-9 所示。其报文使用原 IP 首部，只修改 IP 首部部分域，将 IPSec 协议首部（封装安全有效荷载（Encapsulating Security Payload，ESP）首部或认证首部（Authentication Header，AH））插入到 IP 首部和传输层首部之间。

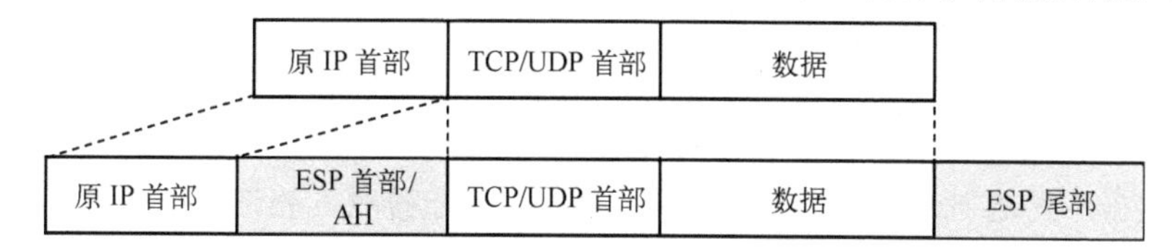

图 9-9　IPSec 报文的传输模式封装 ESP 首部或 AH 示意图

隧道模式对整个 IP 数据报进行加密或认证，如图 9-10 所示。其报文需要产生一个新 IP 首部，IPSec 首部（ESP 首部或 AH）被放在产生的新 IP 首部和原始 IP 数据报之间。

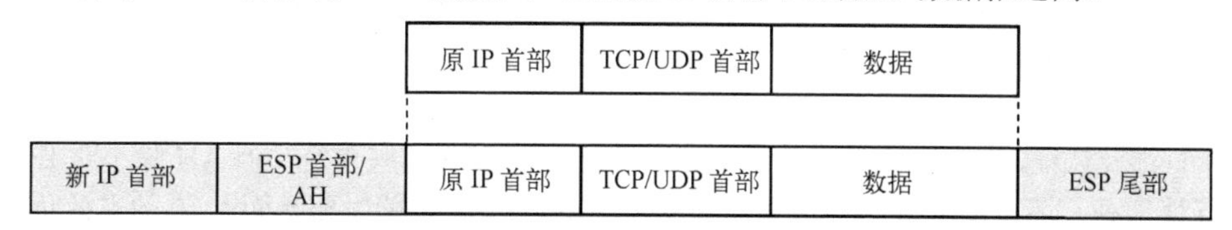

图 9-10　IPSec 报文的隧道模式封装 ESP 首部或 AH 示意图

（2）安全关联

IPSec 的中心概念之一是安全关联（Security Association，SA），当通信双方需要使用 IPSec 建立一条安全的传输通道时，应协商将要采用的安全策略，如双方使用的加密算法、密钥、密钥生存期等。安全策略协商完毕，通信双方建立了一个 SA。SA 是指可以向其上的数据传输提供某种 IPSec 安全保障的一个简单连接，可以由 AH 或 ESP 提供。当确定了一个 SA，就确定了 IPSec 要执行的处理，如加密、认证等。

IPSec 本质上可以认为是 AH+ESP。当两个网络节点在 IPSec 保护下通信时，必须协商一个 SA（用于认证）或者协商两个 SA（用于认证和加密），同时协商共享的会话密钥以便它们能够执行加密操作。

建立两个安全网关之间的安全双工通信需要在每个方向建立 SA。每个 SA 有 3 个唯一标识：一个安全参数索引（SPI）；一个 IP 目的地址；一个安全协议 AH 或 ESP。

假如有一个 IPSec 数据报需要由路由器 R1 传送到路由器 R2，则需要在 R1 和 R2 之间建立一条 SA，R1 必须维护 SA 的状态信息，这些信息包括以下内容。

- 安全参数索引（SPI），它是一个 32 位的连接标识符。
- 数据报的加密类型。
- 加密密钥。
- SA 的源点（R1 的 IP 地址）和目的地（R2 的 IP 地址）。
- 报文完整性检查的类型（如使用报文摘要的报文鉴别码 MAC）。
- 鉴别所使用的密钥。

R1 在发送 IPSec 数据报前首先读取 SA 的状态信息，以获取该 IP 数据报加密和鉴别方式。

同时，路由器 R2 也需要读取 SA 的状态信息，以便进行数据报的解密和鉴别。

SA 定义了传输模式和隧道模式两种模式。传输模式 SA 是两个主机间的安全联合，隧道模式 SA 是适用于 IP 隧道的 SA。如果 SA 在两个安全网关之间或一个安全网关和一个主机之间产生，此时 SA 必须使用隧道模式。

（3）IPSec 报文格式

1）认证首部（AH）格式。

认证是 IPSec 的强制性服务，带有源身份信息的数据完整性验证。AH 格式如图 9-11 所示。AH 提供无连接的完整性、数据源的验证、反重放服务（可选）等安全服务。

AH 中与网络安全相关的字段含义如下。

- 安全参数索引（SPI）：占 32 位，唯一标识，指出用于该 IP 数据报认证服务的密码算法。
- 序列号：占 32 位，用于抵抗 IP 数据报重放攻击。
- 认证数据：发送方为接收方生成的认证数据，用于接收方验证数据完整性，又称为完整性校验值（Integrity Check Value，ICV），长度为 32 的整数倍。IP 数据报的接收方能够使用密钥和 SPI 唯一标识的算法重新生成认证数据，然后比较自己生成的认证数据和接收到的认证数据，完成 ICV 校验。

AH 有传输方式和隧道方式两种实现方式。当 AH 以传输方式实现时，它主要提供对高层协议的保护，因为在那里数据报不进行加密。当 AH 以隧道方式实现时，协议被应用于通过隧道的 IP 数据报。

AH 只涉及认证，不涉及加密。AH 虽然在功能上和 ESP 有些重复，但 AH 除了对 IP 的有效负载进行认证外，还可以对 IP 首部实施认证。而 ESP 的认证功能主要是面对 IP 的有效负载。

2）ESP 格式。

ESP 主要用于处理对 IP 数据报的加密，对认证也提供一定程度的支持。ESP 的格式如图 9-12 所示。ESP 数据单元由 ESP 首部、加密数据（载荷数据），ESP 尾部（可选，用于认证功能中）3 个部分组成。

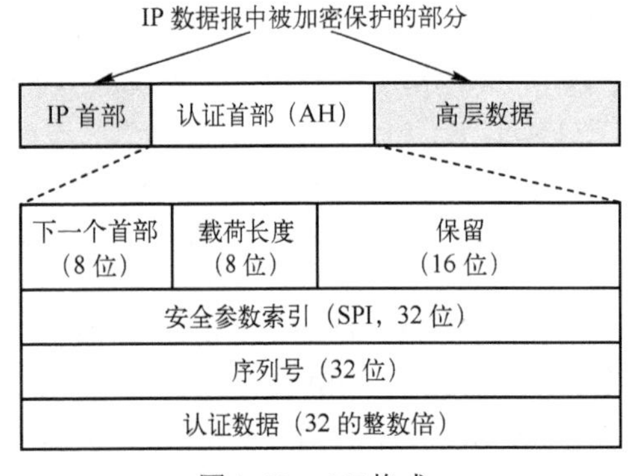

图 9-11　AH 格式

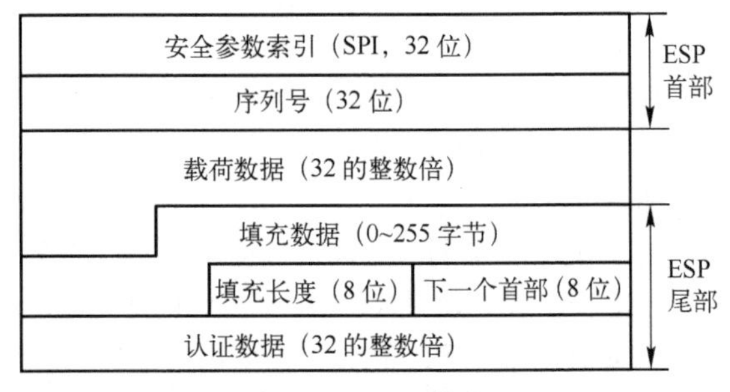

图 9-12　ESP 格式

ESP 可以提供以下 3 个基本操作。

- 只有 IP 数据报的机密性和完整性验证。
- 只有认证。
- IP 数据报的认证及机密性和完整性验证。

ESP 报文各字段含义如下。

- 安全参数索引（SPI）：用于标识发送方使用哪组加密策略来处理 IP 数据报，当接收方收到该索引号就可知如何处理接收到的 IP 数据报。

- 序列号：用于区分使用同一组加密策略的不同数据报。
- 载荷数据：又称加密数据，除了包含原 IP 数据报的有效负载外，填充数据（用于保证加密数据部分满足块加密的长度要求，32 的整数倍）在传输时也都是加密的。
- 下一个首部：用来指出有效负载部分使用的协议，可能是传输层协议（TCP 或 UDP），也可能是 IPSec 协议（ESP 或 AH）。
- 认证数据：验证数据完整性。

ESP 也有传输和隧道两种模式。当 ESP 工作在传输模式时，采用当前的 IP 首部。ESP 工作在隧道模式时，整个 IP 数据报进行加密作为 ESP 的有效负载，并在 ESP 首部前增添以网关地址为源地址的新的 IP 首部，此时可以起到 NAT 的作用。

2．传输层安全协议

传输层安全协议是为了保护传输层的安全，并在传输层上提供实现保密、认证和完整性的方法。安全套接字层（Secure Socket Layer，SSL）协议是 Netscape 公司提出的基于 Web 应用的传输层安全协议。SSL 指定了一种在应用程序协议（如 HTTP、Telnet、NNTP、FTP）和 TCP/IP 之间提供数据安全性分层机制。它为 TCP 连接提供数据加密、服务器认证、消息完整性及可选的客户机认证。

（1）SSL 协议的体系结构

SSL 协议采用分层体系结构，分为上下两层：下层是 SSL 记录协议层，传输各种加密信息和鉴别信息，为不同的高层协议提供基本安全服务；上层是 SSL 握手协议、SSL 修改密文协议和 SSL 告警协议。

SSL 定义了以下两个重要概念。

- SSL 连接：连接提供服务之间的传输。SSL 连接是点对点的，每一个连接与一个会话相联系。
- SSL 会话：SSL 会话是客户机和服务器之间的关联，会话通过 SSL 握手协议创建。会话定义了加密安全参数的一个集合，该集合可以被多个连接所共享。

（2）SSL 记录协议

SSL 记录协议为 HTTP 准备了一个简单的套接字应用程序接口，这也是 SSL 得名的原因。SSL 协议位于传输层之上，为了实现机密性和消息完整性服务，它将从应用层取得的数据重定格式，如分片、数据压缩（可选）、应用 MAC、加密等，然后才能传给传输层进行发送。同样，当 SSL 协议从传输层接收到数据后需要对其进行解密等操作后才能交给上层的应用层。

SSL 记录协议中规定，发送方发送数据的工作过程如下。

- 接收报文：从上层接收传输的应用报文。
- 分片：将数据分片成可管理的块，每个上层报文被分成 16KB 或更小的数据块。
- 数据压缩（可选）：不丢失数据的压缩机制，并且增加的内容长度不能超过 1024B，默认的压缩算法为空。
- 增加信息认证码（MAC）：在数据中加入 MAC 码，需要共享密钥。
- 加密：利用 DES、3-DES 或其他加密算法对压缩报文和 MAC 码进行数据加密。
- 增加 SSL 记录首部：增加由内容类型、主要版本、次要版本和压缩长度组成的首部。
- 向下层传递：将结果传递到下层。

SSL 记录协议中规定，接收方接收数据的工作过程与发送过程相反，步骤如下。

- 从低层接收报文，并解密。
- 用事先商定的 MAC 码校验数据。
- 如果是压缩数据，则解压缩。
- 将分片的数据重新组装成原数据。
- 将数据传递到上层。

（3）SSL 修改密文规约协议

SSL 修改密文规约协议用于发送修改密文规约协议信息。任何时候客户都可以请求修改密码参数，如握手密钥交换。具体过程如下。

- 客户发出修改密文规约的通告，包括一个握手密钥交换信息（如果可得到的话）和鉴定认证信息。
- 服务器处理密钥交换信息，然后发送一个修改密文规约信息。

至此，新的双方约定的密钥就将一直使用到下一次提出修改密钥规约请求为止。

（4）SSL 告警协议

SSL 告警协议是用来将 SSL 有关的告警传送给对方实体的。和其他使用 SSL 的情况一样，告警报文按照当前状态说明被压缩和加密。SSL 告警协议的每个报文由 2 字节组成。第 1 个字节的值用来表明告警的级别，第 2 个字节表示特定告警的代码。如果在通信过程中某一方发现任何异常，就需要给对方发送一条告警报文。告警报文有两种，分别如下。

- 第 1 种是 Fatal 错误，如传递数据过程中，发现错误的 MAC，双方就需要立即中断会话，同时消除自己缓冲区中相应的会话记录。
- 第 2 种是 Warning 消息，在这种情况下，通信双方通常都只是记录日志，而对通信过程不会造成任何影响。

（5）SSL 握手协议

SSL 握手协议用于协调客户机和服务器之间的状态。对应于修改密文规约信息的加密操作有读/写两种状态。当会话双方中任意一方发送一个修改密文规约的请求时，它便从挂起写状态改变为当前写状态；同样，双方中任意一方收到了一个修改密文规约的请求时，它便从挂起读状态改变为当前读状态。

SSL 握手协议还用于认证初始化和传输密钥，它使得服务器和客户机能相互认证对方的身份，并保护 SSL 记录中发送的数据。因此在传输任何应用数据前，都必须使用握手协议。一个 SSL 会话初始化的步骤如下。

- 在客户机，用户用 URL 发出的请求中，HTTP 用 HTTPS 替代。
- 客户机的 SSL 请求通过 TCP 的 443 端口与服务器端的 SSL 进程建立连接。
- 客户机初始化 SSL 握手状态，用 SSL 记录协议作为载体。这时，客户机/服务器双方的连接中还没有加密和完整性检查的信息。

此外，SSL 握手协议允许客户机和服务器一起协商决定 SSL 连接期间所需的参数，如协议版本、密码算法、客户机和服务器的双向认证（可选），以及公钥加密算法。在协商期间，所有握手信息都封装成特定的 SSL 信息转发给 SSL 记录协议。

3. 应用层安全协议

安全超文本传输协议（Secure Hypertext Transfer Protocol，S-HTTP）是一种面向安全信息通信的协议。S-HTTP 为 HTTP 客户机和服务器提供了多种安全机制，为客户机和服务器提供了相同的性能（同等对待请求和应答，也同等对待客户机和服务器），同时维持 HTTP 的事务模型和实施特征。

（1）S-HTTP 的基本概念

S-HTTP 是 HTTP 的扩展，它提供 Internet 上客户机与服务器之间每个消息的加密过程。S-HTTP 的设计目的是只在 Internet 上发送一次消息，因此，每次传输都必须被预先建立，客户机和服务器必须具有互相兼容的密码系统，并就其配置达成一致协议。

S-HTTP 的原理如下。

- 客户机向服务器发送其公钥，生成一个会话密钥，会话密钥使用客户机的公钥被加密并返回到客户机。
- 客户机和服务器具有相同的会话密钥，用于加密双方的消息。
- S-HTTP 通过各种信任模式及加密算法提供机密性、授权和数据完整性。

S-HTTP 被设计成可方便地与 HTTP 应用进行集成，并且实现了与 HTTP 的结合。明文消息的传输是透明的，所有有关 HTTP 的信息都是在 S-HTTP 包容器内完成传输的。

（2）S-HTTP 的功能

- S-HTTP 客户机和服务器能与某些加密信息格式标准相结合。
- S-HTTP 不需要客户机公钥认证，支持对称密钥的操作模式。
- S-HTTP 支持端到端安全事务通信。客户机可以首先启动安全传输。
- S-HTTP 使敏感数据信息不会以明文形式在网络上传送。
- S-HTTP 提供了完整且灵活的加密算法、模态及相关参数。

正常的 HTTP 会话在客户机和服务器之间建立起来后，客户机获得需要安全通信的 Web 站点的部分访问权。服务器发送一个消息给客户机指出需要建立一个安全连接。客户机通过发送其公钥和安全参数进行响应。这个握手过程在服务器找到一个公钥匹配并且通过使用其数字证书进行授权对客户机做出响应后完成。然后，客户机必须检验接收到的证书是高效的和可信任的。

扫码看视频

9.3 延伸阅读——我国的商用密码发展

保障网络安全的关键核心技术是信息安全，而信息安全的基础是密码。商用密码是推动国家数字经济高质量发展、构建网络强国的基础支撑。因此，国家不断强化密码应用管理和创新发展，国家密码管理局先后颁布了 SM 系列商用密码算法，主要包括对称加密算法 SSF33、SM1、SM4、SM7、祖冲之算法，非对称加密算法 SM2 和 SM9，杂凑算法 SM3 等。其中 SM1 和 SM7 对外不公开，需要通过加密芯片的接口才可调用。

（1）SM2 椭圆曲线公钥密码算法

SM2 算法是基于椭圆曲线上离散对数计算问题的。由于基于椭圆曲线上离散对数问题的困难性要高于一般乘法群上的离散对数问题的困难性，且椭圆曲线所基于的域的运算要远小于传统离散对数的运算位数。因此，椭圆曲线密码体制比原有的 RSA 密码体制更具优越性。SM2 算法密钥长度为 256bit，具有密钥长度短、安全性高等特点。SM2 算法中的公钥加密算法可应用于数据加/解密和密钥协商等。SM2 算法中的数字签名算法已在我国电子认证领域广泛应用。

（2）SM3 密码杂凑算法

SM3 算法采用 M-D 结构，输入消息经过填充、扩展、迭代压缩后，生成长度为 256bit 的杂凑值。SM3 算法的实现过程主要包括填充分组和迭代压缩等步骤。SM3 算法在结构上和 SHA-256 相似，消息分组大小、迭代轮数、输出长度均与 SHA-256 相同。但相比于 SHA-256，SM3

算法增加了多种新的设计技术，从而在安全性和效率上更具优势。在保障安全性的前提下，SM3 算法的综合性能指标与 SHA-256 在同等条件下相当。

（3）SM4 分组密码算法

SM4 算法是我国颁布的商用密码标准算法中的分组密码算法。为配合无线局域网标准的推广应用，SM4 算法于 2006 年公开发布，并于 2012 年 3 月发布密码行业标准，2016 年 8 月转为国家标准。SM4 算法是一个迭代的分组密码算法，数据分组长度为 128bit，密钥长度为 128bit，加密算法与密钥扩展算法都采用 32 轮非线性迭代结构（非平衡 Feistel 结构），明文分组经过迭代加密函数变换后的输出，又成为下一轮迭代加密函数的输入，如此迭代 32 轮，最终得到密文分组。每一轮迭代的函数相同，输入的轮密钥不同。Feistel 结构的特点是加密和解密的算法结构一样。

（4）SM9 公钥密码算法

SM9 算法是一种基于双线性对的标识密码算法，它可以把用户的身份标识用以生成用户的公、私密钥对，主要用于数字签名、数据加密、密钥协商及身份认证等。SM9 算法的密钥长度是 256bit，应用与管理不需要数字证书、证书库或密钥库。签名者持有一个标识和相应的私钥，该私钥由密钥生成中心通过主私钥（又称主密钥，是临时产生的一个保密的秘密数，是组成私钥的一部分）和签名者的标识结合产生，签名者用自身的私钥对数据产生数字签名，验证者用签名者的标识生成其公钥，验证签名的可靠性，即验证发送数据的完整性、来源的真实性和数据发送者身份。

（5）祖冲之算法

祖冲之序列密码算法是我国自主研究的流密码算法，是运用于移动通信 4G 网络中的国际标准密码算法。该算法包括祖冲之算法（ZUC 算法）、加密算法（128-EEA3）和完整性算法（128-EIA3）3 个部分。目前已有对 ZUC 算法的优化实现、专门针对 128-EEA3 和 128-EIA3 的硬件实现与优化。

9.4　思考与练习

1. 选择题

1）下列选项中（　　）不属于网络管理的目标。

A．提高网络设备的利用率　　B．提高网络性能、安全性能、服务质量

C．预测网络的使用趋势　　D．鼓励用户上网、推动软件技术进步

2）故障管理的功能包括（　　）、建立和维护差错日志并进行分析。

A．发现故障　　B．接收差错报告并做出反应

C．通知用户　　D．恢复故障

3）网络中常见的故障不包含（　　）。

A．物理故障　　B．配置故障　　C．程序故障　　D．系统故障

4）网络性能管理是指（　　）。

A．维护网络设备，保证网络性能

B．监视网络运行过程中的主要性能指标，报告网络性能变化趋势，提供决策依据

C．在脱机条件下分析故障，找出可能的问题

D．限制非法用户使用网络资源

5）网络故障管理的目的是保证网络能够提供连续、可靠的服务，主要是（　　）。

A．故障设备的发现、诊断，故障设备的恢复或故障排除等
B．故障信息的分布
C．网络故障应急方案的制定
D．网络故障现场的保护

6）下列说法错误的是（　　）。
A．服务攻击是针对某种特定网络的攻击
B．非服务攻击是针对网络层协议而进行的
C．主要的渗入威胁有特洛伊木马和陷阱
D．潜在的网络威胁主要包括窃听、通信量分析、人员疏忽和媒体清理等

7）下列关于防火墙的说法中错误的是（　　）。
A．防火墙无法阻止来自防火墙内部的攻击
B．防火墙可以防止感染病毒的程序或文件的传输
C．防火墙通常由软件和硬件组成
D．防火墙可以记录和统计网络利用数据以及非法使用数据的情况

8）下列不属于防火墙技术的是（　　）。
A．IP 过滤　　B．线路过滤　　C．应用层代理　　D．计算机病毒检测

9）防火墙技术可以分为（　　）3 种类型。
A．包过滤、入侵检测和数据加密　　B．包过滤、入侵检测和应用代理
C．IP 过滤、线路过滤和入侵检测　　D．IP 过滤、线路过滤和应用代理

10）防火墙系统通常由（　　）组成，防止不希望的、未经授权的通信进出被保护的内部网络。
A．杀病毒卡和杀毒软件　　B．代理服务器和入侵检测系统
C．过滤路由器和入侵检测系统　　D．过滤路由器和代理服务器

11）按密钥的使用个数，密码体制可以分为（　　）。
A．替换密码和移位密码　　B．分组密码和序列密码
C．对称密码和非对称密码　　D．密码编码学和密码分析学

12）在网络安全中，截获是指获得了信息的访问权，这是对（　　）的攻击。
A．可用性　　B．保密性　　C．完整性　　D．真实性

13）RSA 是一种基于（　　）原理的公钥加密算法。
A．大素数分解　　B．椭圆曲线　　C．背包问题　　D．离散对数

14）下列叙述中错误的是（　　）。
A．数字签名可以保证信息在传输过程中的完整性
B．数字签名可以保证数据在传输过程中的安全性
C．数字签名可以对发送者的身份进行认证
D．数字签名可以防止交易中的抵赖行为

15）SSL 安全协议在网络协议层次上位于（　　）。
A．物理层　　B．TCP/IP 之上
C．应用层　　D．数据链路层

2．问答题

1）简述网络管理的定义和主要功能。

2）试画图说明网络管理模型。

3）简述计算机网络面临的主要网络威胁。

4）简述包过滤防火墙的工作原理。

5）什么是入侵检测系统？入侵检测系统按照功能可分为哪几类？

6）简述对称密钥体制和公钥密钥体制各自的特点。

7）简述公钥密码体制下的加密和解密过程。

8）试画图说明数字签名的过程。

9）简述安全超文本传输协议（S-HTTP）的工作原理和功能。

参 考 文 献

[1] 谢希仁. 计算机网络[M]. 7 版. 北京：电子工业出版社，2017.

[2] 徐磊. 计算机网络原理与实践[M]. 2 版. 北京：机械工业出版社，2013.

[3] 陈虹，李建东，等. 网络协议实践教程[M]. 2 版. 北京：清华大学出版社，2016.

[4] 佛罗赞，莫沙拉夫. 计算机网络教程：自顶向下方法[M]. 张建忠，靳星，林安华，等译. 北京：机械工业出版社，2013.

[5] 蔡开裕，朱培栋，徐明. 计算机网络[M]. 2 版. 北京：机械工业出版社，2008.

[6] 斯托林斯. 无线通信与网络：第 2 版. [M]. 何军，等译. 北京：清华大学出版社，2005.

[7] 普赖斯. 无线网络原理与应用[M]. 冉晓旻，王彬，王锋，译. 北京：清华大学出版社，2008.

[8] 陈明. 计算机网络概论[M]. 北京：中国铁道出版社，2012.

[9] 申普兵. 计算机网络与通信[M]. 2 版. 北京：人民邮电出版社，2012.

[10] 吴功宜. 计算机网络[M]. 3 版. 北京：清华大学出版社，2011.

[11] 胡道元. 计算机网络[M]. 北京：清华大学出版社，2005.

[12] 汪涛. 无线网络技术导论[M]. 2 版. 北京：清华大学出版社，2012.

[13] 张东亮，李渊，任黎科. IPv6 技术[M]. 北京：清华大学出版社，2010.

[14] 黄传河. 计算机网络[M]. 北京：机械工业出版社，2010.